高等学校计算机专业教材精选·数理基础

离散数学及其应用

周忠荣 主编

林伟初 江定汉 袁燕 周志轩 编

清华大学出版社

北京

内 容 简 介

本书系统阐述了离散数学的经典内容，包括命题逻辑、谓词逻辑、集合、关系、代数系统、图论等方面的基本知识。本书根据计算机科学各专业的需要选择内容、把握尺度，尽可能将离散数学知识和计算机科学中的实际问题相结合。本书编排新颖，每章通过定义、定理、实例、例等形式将内容有机结合、融会贯通，达到学练兼顾的目的。本书加入了机上实现内容，满足了普通高校理工类本科生的实际需求。

本书书末还提供了离散数学常用符号、中英文名词术语对照表、英中文名词术语对照表以及习题答案与提示，能很好地帮助读者理解和学习。

本书既可作为应用型本科和高职高专院校计算机科学各专业的教材，也可作为工程技术人员的参考书。

图书在版编目(CIP)数据

离散数学及其应用 / 周忠荣主编；林伟初等编. —北京：清华大学出版社，2007.12（2022.2重印）
（高等学校计算机专业教材精选·数理基础）
ISBN 978-7-302-16574-3

Ⅰ. 离… Ⅱ. ①周… ②林… Ⅲ. 离散数学—高等学校—教材 Ⅳ. O158

中国版本图书馆 CIP 数据核字(2007)第 185358 号

责任编辑： 王昕讲　马　珂
责任校对： 赵丽敏
责任印制： 朱雨萌

出版发行： 清华大学出版社
　　网　　址： http://www.tup.com.cn，http://www.wqbook.com
　　地　　址： 北京清华大学学研大厦 A 座　　**邮　　编：** 100084
　　社 总 机： 010-62770175　　**邮　　购：** 010-62786544
　　投稿与读者服务： 010-62776969，c-service@tup.tsinghua.edu.cn
　　质 量 反 馈： 010-62772015，zhiliang@tup.tsinghua.edu.cn
印 装 者： 北京九州迅驰传媒文化有限公司
经　　销： 全国新华书店
开　　本： 185mm×260mm　　**印　张：** 18.75　　**字　　数：** 453 千字
版　　次： 2007 年 12 月第 1 版　　**印　　次：** 2022 年 2 月第 7 次印刷
定　　价： 55.00 元

产品编号：024026-04

出版说明

我国高等学校计算机教育近年来迅猛发展，应用计算机知识解决实际问题，已经成为当代大学生的必备能力。

时代的进步与社会的发展对高等学校计算机教育的质量提出了更高、更新的要求。现在，很多高等学校都在积极探索符合自身特点的教学模式，涌现出一大批非常优秀的精品课程。

为了适应社会的需求，满足计算机教育的发展需要，清华大学出版社在进行了大量调查研究的基础上，组织编写了《高等学校计算机专业教材精选》。本套教材从全国各高校的优秀计算机教材中精挑细选了一批很有代表性且特色鲜明的计算机精品教材，把作者们对各自所授计算机课程的独特理解和先进经验推荐给全国师生。

本系列教材特点如下。

(1) 编写目的明确。本套教材主要面向广大高校的计算机专业学生，使学生通过本套教材，学习计算机科学与技术方面的基本理论和基本知识，接受应用计算机解决实际问题的基本训练。

(2) 注重编写理念。本套教材作者群为各校相应课程的主讲，有一定经验积累，且编写思路清晰，有独特的教学思路和指导思想，其教学经验具有推广价值。本套教材中不乏各类精品课配套教材，并力图努力把不同学校的教学特点反映到每本教材中。

(3) 理论知识与实践相结合。本套教材贯彻从实践中来到实践中去的原则，书中的许多必须掌握的理论都将结合实例来讲，同时注重培养学生分析、解决问题的能力，满足社会用人要求。

(4) 易教易用，合理适当。本套教材编写时注意结合教学实际的课时数，把握教材的篇幅。同时，对一些知识点按教育部教学指导委员会的最新精神进行合理取舍与难易控制。

(5) 注重教材的立体化配套。大多数教材都将配套教师用课件、习题及其解答，学生上机实验指导、教学网站等辅助教学资源，方便教学。

随着本套教材陆续出版，相信能够得到广大读者的认可和支持，为我国计算机教材建设及计算机教学水平的提高，为计算机教育事业的发展做出应有的贡献。

清华大学出版社
2006 年 11 月

前　言

离散数学是研究离散量的结构及相互关系的数学科学，是现代数学的一个重要分支。由于计算机只能处理离散的数量关系，所以离散数学是计算机科学各专业最重要的专业基础课之一。随着计算机科学的发展，离散数学作为计算机科学的一种数学工具，其作用日益重要。同时，离散数学还是计算机科学许多专业课程的基础，其基本概念、基本理论和基本方法在数据结构、操作系统、编译原理、软件工程、程序设计语言、算法设计与分析、计算机网络、通信与接口、多媒体技术、数据库管理系统、人工智能、形式语言与自动机、数字电路等课程中有广泛的应用。

应用型本科培养计算机技术方面的应用型高级技术人才。这种类型的人才既需要懂得离散数学的基本概念和基本理论，更需要掌握离散数学的基本方法和实际应用。

由于各院校计算机专业培养目标不同，因而对离散数学知识有不同的要求。已经出版的不同版本的离散数学教材不仅包含的数学分支不完全一样，而且各部分的广度差别较大，难度也显著不同。本教材是在已出版的同类教材的基础上继续探索和创新的结果，相信会满足不同读者的需要。

本教材编者有着长期从事离散数学课程教学的丰富经验，熟悉多门计算机科学专业课程。为了编写出有特色的高质量教材，编者多次向计算机科学方面的专家、学者请教，深入了解计算机科学各专业所需的离散数学知识。在此基础上确定了本教材的下列编写原则：

(1) 根据计算机科学各专业对离散数学知识的基本要求确定内容的广度和深度。

本教材包括命题逻辑、谓词逻辑、集合、关系、代数系统、图论 6 个分支，涵盖了离散数学的主要分支。每个分支都包括了基本内容，并严格把握其广度和深度。凡是重要的基本概念、基本方法不惜篇幅讲透彻，例题和习题恰当地控制了难度和深度。

针对应用型本科的培养目标，本教材编写了以下 3 个有特色的内容：①第 1 章介绍了离散数学必需的基础知识；②第 8 章介绍了几个主要算法的伪代码；③附录 A、附录 B、附录 C 收录了离散数学的常用符号及中英文、英中文名词术语对照表。这些内容对应用型本科学生的学习很有帮助。

(2) 便于学生阅读理解。

针对应用型本科学生的实际水平和认知能力，本教材在编写方式上采取了以下 3 个措施，期望有助于读者阅读理解：①尽可能先通过实例提出问题，再介绍有关定义、定理和概念，或者随后附加实例对有关概念的各个方面进行补充说明；②对较难理解的概念，充分利用图形、图像和通俗的语言予以说明；③对基本概念、重要定理、重要公式和解题方法，不惜篇幅，叙述清楚。

(3) 与专业知识相结合。

各章节都尽可能编写了本部分内容在计算机科学中的实际应用，使离散数学亲近专业。本教材突出培养学生运用离散数学知识解决与计算机科学相关的实际问题的能力。

本教材力求做到：深入浅出、概念准确、知识结构完整。

本教材采用了周忠荣编著、清华大学出版社出版的《计算机数学》中的相关内容，特此说明。

为了便于读者理解和注意，本教材使用了一些特殊的表达方式：

(1) 重要数学名词在第一次出现时以黑体字标出。如：**集合**。

(2) 重要的问题以**【说明】**的方式给出。

(3) 定理、推论、说明和一些重要结论都用楷体字表述。如：*一个关系可以既不是对称的，也不是反对称的。*

本教材的编写得到了广州大学华软软件学院邹婉玲副院长、徐祥副院长、教务处麦才淞处长、网络技术系黄友谦主任、软件工程系黄思曾主任的全力支持和指导，编者对他们表示感谢。

本教材由周忠荣(第5,7,8章和附录)，林伟初(第2章)，江定汉(第6章)，袁燕(第1,4章)，周志轩(第3章)编写。周忠荣为全书拟订了详细的编写提纲和要求，并负责统一修改、定稿。江定汉、周志轩审阅了部分章节的初稿，数学教研室的各位教师也给予了积极支持和帮助。

编者期望本教材能得到广大教师和学生的欢迎，能对离散数学课程的改革做些贡献。本教材虽经多次修改，但因编写时间紧迫、编者水平有限，书中疏漏、差错难免，恳请读者批评指正。希望本教材在广大教师和学生的建议和帮助下得到不断的改进和完善。编者的E-mail 地址是：zzr@tsinghua.org.cn。

编　者

于广州大学华软软件学院

2007年8月

目　　录

第1章　基础知识 …… 1
1.1　集合的初步知识 …… 1
1.2　数学归纳法 …… 1
1.3　整数的基本性质 …… 2
1.3.1　整除 …… 2
1.3.2　素数 …… 3
1.3.3　带余除法 …… 4
1.3.4　最大公约数 …… 5
1.3.5　最小公倍数 …… 7
1.3.6　模运算 …… 8
1.3.7　同余的应用 …… 10
1.4　序列的基本知识 …… 11
1.4.1　序列 …… 11
1.4.2　典型的整数序列 …… 12
1.4.3　序列求和 …… 13
1.5　计数 …… 15
1.5.1　加法原理和乘法原理 …… 15
1.5.2　排列与组合 …… 17
1.5.3　二项式定理 …… 21
1.5.4　鸽巢原理 …… 22
1.6　矩阵的初步知识 …… 23
1.6.1　矩阵的概念 …… 23
1.6.2　矩阵的加法和数乘 …… 25
1.6.3　矩阵的乘法 …… 26
1.6.4　转置矩阵和逆矩阵 …… 27
1.7　本章小结 …… 28
1.8　习题 …… 28

第2章　命题逻辑 …… 31
2.1　命题与联结词 …… 31
2.1.1　命题 …… 31
2.1.2　逻辑联结词 …… 33
2.1.3　联结词的优先级 …… 37
2.1.4　命题符号化 …… 37

2.1.5 逻辑运算在计算机中的直接运用 …… 39
2.2 命题公式与等价演算 …… 41
2.2.1 命题公式及其层次 …… 41
2.2.2 命题公式的赋值 …… 42
2.2.3 等价式与等价演算 …… 45
2.2.4 等价演算的实际应用 …… 48
2.3 联结词的扩充与联结词完备集 …… 49
2.3.1 联结词的扩充 …… 49
2.3.2 与非、或非、异或的性质 …… 51
2.3.3 联结词完备集 …… 52
2.4 范式 …… 53
2.4.1 析取范式与合取范式 …… 53
2.4.2 主析取范式与主合取范式 …… 57
2.4.3 主范式的作用 …… 62
2.4.4 用主范式解答实际问题 …… 63
2.5 命题逻辑推理 …… 66
2.5.1 推理的形式结构 …… 66
2.5.2 推理的证明方法 …… 68
2.5.3 命题逻辑推理的实际应用 …… 71
2.6 本章小结 …… 72
2.7 习题 …… 73

第3章 谓词逻辑 …… 76
3.1 谓词逻辑的基本概念 …… 76
3.1.1 个体和谓词 …… 76
3.1.2 量词 …… 78
3.1.3 特性谓词 …… 80
3.1.4 谓词逻辑符号化 …… 81
3.2 谓词公式与翻译 …… 82
3.2.1 谓词公式 …… 82
3.2.2 谓词逻辑的翻译 …… 83
3.3 变元的约束 …… 86
3.3.1 约束变元和自由变元 …… 86
3.3.2 约束变元的换名规则 …… 87
3.3.3 自由变元的代替规则 …… 88
3.4 谓词公式的解释与分类 …… 89
3.4.1 谓词公式的解释 …… 89
3.4.2 谓词公式的分类 …… 90
3.5 谓词逻辑的等价式和前束范式 …… 91

3.5.1 谓词逻辑等价式 …… 91
3.5.2 前束范式 …… 94
3.6 谓词逻辑推理 …… 95
3.6.1 推理定律 …… 95
3.6.2 推理规则 …… 97
3.6.3 谓词逻辑推理例题 …… 98
3.7 程序正确性证明 …… 100
3.8 本章小结 …… 102
3.9 习题 …… 102

第4章 集合 …… 106
4.1 集合的基本概念 …… 106
4.1.1 集合及其表示方法 …… 106
4.1.2 集合间的关系 …… 108
4.1.3 特殊集合 …… 109
4.1.4 有限幂集元素的编码表示 …… 110
4.2 集合的基本运算 …… 111
4.3 集合恒等式 …… 113
4.4 集合的划分与覆盖 …… 115
4.5 有穷集合的计数 …… 117
4.6 本章小结 …… 118
4.7 习题 …… 119

第5章 关系 …… 121
5.1 关系的概念与表示 …… 121
5.1.1 笛卡儿积 …… 121
5.1.2 二元关系的概念 …… 123
5.1.3 关系矩阵和关系图 …… 125
5.2 复合关系和逆关系 …… 127
5.2.1 复合关系 …… 127
5.2.2 逆关系 …… 130
5.3 关系的性质 …… 131
5.4 关系的闭包 …… 135
5.5 等价关系和偏序关系 …… 136
5.5.1 等价关系 …… 136
5.5.2 偏序关系 …… 138
5.5.3 字典排序和拓扑排序 …… 141
5.6 函数 …… 143
5.6.1 函数的基本概念 …… 143

5.6.2 复合函数和逆函数 …… 145
5.6.3 几个重要的函数 …… 147
5.7 二元关系的应用 …… 148
5.7.1 等价关系的应用 …… 149
5.7.2 函数的应用 …… 149
5.8 多元关系及其应用 …… 149
5.8.1 多元关系 …… 149
5.8.2 关系数据库 …… 151
5.9 本章小结 …… 153
5.10 习题 …… 153

第6章 代数系统 …… 155
6.1 二元运算及其性质 …… 155
6.1.1 二元运算与一元运算 …… 155
6.1.2 二元运算的性质与特殊元素 …… 157
6.1.3 代数系统简介 …… 162
6.1.4 典型例题分析 …… 163
6.2 半群与群 …… 164
6.2.1 半群、独异点与群 …… 164
6.2.2 幂 …… 167
6.2.3 群的性质 …… 168
6.2.4 典型例题分析 …… 170
6.3 子群、循环群与置换群 …… 170
6.3.1 元素的周期 …… 170
6.3.2 子群 …… 171
6.3.3 循环群 …… 173
6.3.4 置换群 …… 176
6.4 陪集和正规子群 …… 178
6.4.1 陪集 …… 178
6.4.2 正规子群 …… 180
6.4.3 典型例题分析 …… 181
6.5 群的同态与同构 …… 182
6.5.1 基本概念 …… 182
6.5.2 基本性质 …… 183
6.6 环和域 …… 184
6.6.1 环 …… 184
6.6.2 域 …… 187
6.7 格 …… 187
6.7.1 格的定义 …… 187

6.7.2 格的性质 …… 189
6.7.3 几种特殊的格 …… 191
6.8 布尔代数 …… 193
6.8.1 布尔代数及其性质 …… 193
6.8.2 布尔函数与布尔表达式 …… 196
6.9 应用实例 …… 196
6.9.1 门电路 …… 196
6.9.2 逻辑电路设计 …… 197
6.10 本章小结 …… 199
6.11 习题 …… 200

第7章 图论 …… 204
7.1 图的基本概念 …… 204
7.1.1 图的定义 …… 204
7.1.2 特殊的图 …… 207
7.1.3 子图 …… 208
7.1.4 结点的度 …… 209
7.2 图的连通性 …… 211
7.2.1 路径和回路 …… 211
7.2.2 无向图的连通性 …… 212
7.2.3 有向图的连通性 …… 212
7.2.4 欧拉图 …… 213
7.2.5 哈密顿图 …… 217
7.2.6 带权图的最短路 …… 217
7.3 图的矩阵表示 …… 219
7.3.1 无向图的关联矩阵 …… 219
7.3.2 有向图的关联矩阵 …… 220
7.3.3 有向图的邻接矩阵 …… 220
7.3.4 无向图的邻接矩阵 …… 221
7.4 树 …… 222
7.4.1 无向树与生成树 …… 222
7.4.2 有向树 …… 224
7.4.3 最优二元树 …… 226
7.4.4 前缀码 …… 228
7.4.5 树的遍历 …… 230
7.5 本章小结 …… 231
7.6 习题 …… 232

第 8 章　算法与伪代码 ······ 234
8.1　算法概述 ······ 234
8.2　判断素数算法 ······ 236
8.3　求最大数算法 ······ 236
8.4　求最大公约数的欧几里得算法 ······ 237
8.5　求拓扑排序的算法 ······ 237
8.6　求欧拉路的 Fleury 算法 ······ 239
8.7　求最短路径的 Dijkstra 算法 ······ 240
8.8　求最小生成树的 Prim 算法 ······ 241
8.9　求最优二元树的 Huffman 算法 ······ 243
附录 A　离散数学常用符号 ······ 245
附录 B　中英文名词术语对照表 ······ 250
附录 C　英中文名词术语对照表 ······ 263
附录 D　习题答案与提示 ······ 275
参考文献 ······ 286

第1章　基础知识

本章主要介绍以下内容：

(1) 集合、元素的概念。

(2) 整除、素数、合数、带余除法、最大公约数、最小公倍数、模运算、同余等概念。

(3) 数学归纳法、带余除法定理、求最大公约数的辗转相除法、同余的应用等知识。

(4) 序列、典型的整数序列、序列求和等知识。

(5) 排列、组合和二项式定理等基本知识。

(6) 矩阵、矩阵的加法与数乘运算、矩阵的乘法运算、转置矩阵和逆矩阵等基本知识。

1.1　集合的初步知识

什么是集合？像“广州大学华软软件学院的全体学生”、“英文字母表中的26个英文字母”等都是集合。直观地说，把一些确定的、彼此不同的、具有某种共同特性的事物作为一个整体来研究时，这个整体就称为一个**集合**，而组成这个集合的个别事物就称为该集合的**元素**。几乎所有的数学对象，无论它们可能具有哪些特有的性质，它们首先是集合。因此，在某种意义上，集合论成为构建一切数学知识的基础。

实例1-1　长度为2的二进制串组成一个集合：{00,01,10,11}。

习惯用大写字母A,B等表示集合，用小写字母a,b等表示元素。

本书最常用的数集符号如下：

N：全体正整数和0组成的集合；

Z：全体整数组成的集合；

$\mathbf{Z}^+$：全体正整数组成的集合；

R：全体实数组成的集合。

如果一个集合中的元素为有限个，则称该集合为**有限集**，否则称它为**无限集**。前面介绍的4个数集都是无限集，而{00,01,10,11}是有限集。

这里只介绍集合的最基本的概念，有关集合的详细内容，将在第4章介绍。

1.2　数学归纳法

数学命题正确性证明有多种方法，本节将介绍一种重要方法：**数学归纳法**。

有这样一种类型的命题：对于大于等于某个正整数n_0的所有正整数n，命题总是成立的。数学归纳法就适用于这类命题的证明。

用数学归纳法证明一个命题需要两个步骤。首先用直接证明法证明命题对正整数n_0成立。这一步称为归纳法的**基础步骤**；其次，在假设命题对正整数$k(k\geqslant n_0)$成立的前提下，证明命题对正整数$k+1$也成立。这一步称为归纳法的**归纳步骤**。经过数学归纳法的基础步骤和归纳步骤就证明了该命题。

对于一些特殊的命题，用数学归纳法证明需要做些改进。例如，基础步骤可能需要用直接证明法证明命题对多个连续正整数(如 n_0 和 n_0+1)同时成立，归纳步骤需要假设命题对多个连续正整数(如 $2,3,\cdots,k$)同时成立(参见后面定理 1-2 的证明)。

例 1-1 用数学归纳法证明：对所有正整数 n，有

$$1+2+3+\cdots+n=\frac{n(n+1)}{2}$$

证明 ① 当 $n=1$ 时，由于 $1=\frac{1\times(1+1)}{2}$，所以命题成立。

② 假设 $n=k$ 时命题成立，即 $1+2+3+\cdots+k=\frac{k(k+1)}{2}$，则有

$$\begin{aligned}1+2+3+\cdots+k+(k+1)&=\frac{k(k+1)}{2}+(k+1)\\&=\frac{k(k+1)+2(k+1)}{2}=\frac{(k+1)[(k+1)+1]}{2}\end{aligned}$$

这表明，当 $n=k+1$ 时命题也成立。

根据①、②两步，命题得证。

例 1-2 用数学归纳法证明：对所有正整数 n，有

$$n<2^n$$

证明 ① 当 $n=1$ 时，由于 $1<2^1$，所以命题成立。

② 假设 $n=k$ 时命题成立，即 $k<2^k$，则有

$$\begin{aligned}k+1&<2^k+1<2^k+2\\&\leqslant 2^k+2^k=2^{k+1}\end{aligned}$$

这表明，当 $n=k+1$ 时命题也成立。

根据①、②两步，命题得证。

1.3 整数的基本性质

人类认识数是从正整数开始的，然后又认识了 0 和负整数。正整数、0 和负整数构成了整数。整数的基本性质非常有用，是研究其他各种类型的数及其性质的基础。

任意两个整数相加、相减或相乘的结果还是整数。但两个整数相除的结果可能是整数，也可能不是整数。因此，整数的性质基本上都是以整数的整除性为基础的。

由于负整数与正整数仅相差一个负号，所以正整数的性质能反映整数的性质。本节的内容基本上是针对正整数的。

1.3.1 整除

定义 1-1 对于任意两个整数 a 和 $b(b\neq 0)$，若存在一个整数 q，使得 $a=qb$，则称 **b 整除 a** 或 **a 能被 b 整除**，记作 $b|a$；否则记作 $b\nmid a$。当 $b|a$ 时称 a 是 b 的**倍数**，b 是 a 的**因数**(或约数)；如果还满足 $b\neq\pm a$ 且 $b\neq\pm 1$，则称 b 是 a 的**真因数**。

由整除的定义，很容易证明下面几条简单的性质。

定理 1-1 设 a,b,c 都是整数，且 $a\neq 0$，则有

(1) 若 $a|b,a|c$，则 $a|(b+c)$；

(2) 若 $a|b$，则对任意整数 m 有 $a|mb$；

(3) 若 $a|b,a|c$，则对任意整数 m,n，有 $a|(mb+nc)$；

(4) 若等式

$$b_1+b_2+\cdots+b_n=c_1+c_2+\cdots+c_m$$

中除某一项外，其余各项都是 a 的倍数，则该项也是 a 的倍数；

(5) 若 $a|b,b|c\ (b\neq 0)$，则 $a|c$；

(6) 若 $a|b,b|a$，则 $b=\pm a$；

(7) 若 $a|b$，则 $|a|\leqslant|b|$，即任一非零整数仅有有限个因数。

证明 (1) 因为 $a|b,a|c$，故有整数 d 和 e，使得 $b=ad$ 和 $c=ae$。由此得

$$b+c=a(d+e)$$

因为 $d+e$ 是整数，所以 $a|(b+c)$。

(4) 在等式 $b_1+b_2+\cdots+b_n=c_1+c_2+\cdots+c_m$ 中，不妨设除 b_1 外的其余各项都是 a 的倍数，从中解出 b_1：$b_1=c_1+c_2+\cdots+c_m-b_2-\cdots-b_n$。

由(1)知，$c_1+c_2+\cdots+c_m-b_2-\cdots-b_n$ 是 a 的倍数，所以，b_1 也是 a 的倍数。

其他性质由读者自己证明。

例 1-3 对于正整数 n，若 $3|n$ 且 $5|n$，则必定 $15|n$。

证明 因为 $3|n$，所以存在正整数 m，使得 $n=3m$，所以 $5|3m$。

又因为 $5|5m$，所以 $5|(2\times 3m-5m)$，即 $5|m$。

从而有 $15|3m$，此即 $15|n$。

1.3.2 素数

有些正整数只能被 1 和它自身整除，而有些正整数可以被 1 和它自身以外的整数整除。据此，可以把正整数进行分类。

定义 1-2 设 a 是大于 1 的正整数，如果 a 只有 1 和 a 两个正因数，则称 a 为**素数或质数**；否则称 a 为**合数**。若合数 a 的某个因数 b 是素数，则称 b 是 a 的**素因数**。

例如，2，3，5，7，11 都是素数，4，6，8，9，10，12 都是合数。12 有两个素因数 2 和 3，8 只有一个素因数 2。

在正整数中，素数占有突出的地位。正如古希腊人所言，素数是认识整数和整数问题的基石。另外，素数本身就有重要的作用。例如，在密码学中，为信息加密的某些方法（如数字盔甲技术）就是以大素数为基础的。

定理 1-2(算术基本定理) 每一个大于 1 的正整数 n 都能惟一地表示为 $p_1^{a_1}p_2^{a_2}\cdots p_s^{a_s}$，其中，$2\leqslant p_1<p_2<\cdots<p_s\leqslant n$ 是整数 n 的素因数，$a_i(i=1,2,\cdots,s)$ 是 n 的相应素因数出现的次数。

证明 用数学归纳法。

① 当 $n=2$ 时，由于 2 是素数，所以命题成立。

② 假设 $n=2,3,\cdots,k$ 时命题成立，下面证明在这样的假设下当 $n=k+1$ 时命题也成立。

如果 $k+1$ 是素数，命题已经成立。

如果 $k+1$ 是合数，则必定存在两个数 l 和 m，使得 $k+1=lm$，并且 $2\leqslant l<k+1$ 和 $2\leqslant m<k+1$。

由假设得

$$l=q_1^{b_1}q_2^{b_2}\cdots q_t^{b_t},\quad m=r_1^{c_1}r_2^{c_2}\cdots r_u^{c_u}$$

因而有

$$k+1=lm=q_1^{b_1}q_2^{b_2}\cdots q_t^{b_t}r_1^{c_1}r_2^{c_2}\cdots r_u^{c_u} \tag{a}$$

如果存在某些 $q_v=r_w(v=1,2,\cdots,t;w=1,2,\cdots,u)$，则将它们合并。由于 l 和 m 的因数分解是惟一的，所以，$k+1$ 的因数分解是惟一的，即式(a)可以表示成

$$k+1=p_1^{a_1}p_2^{a_2}\cdots p_s^{a_s}$$

这表明，$n=k+1$ 时命题也成立。

根据①、②两步，命题得证。

实例 1-2 (1) $12=2\times2\times3=2^2\times3^1$。

(2) $600=2\times2\times2\times3\times5\times5=2^3\times3^1\times5^2$。

(3) $197=197^1$。

【说明】 根据定义 1-2 和定理 1-2，为了保证素数和合数的整体性质，1 既不能纳入素数也不能纳入合数。所以，正整数可以分为 3 类：①素数；②合数；③1。

如何判断一个正整数是素数还是合数呢？经过长期的研究，数学家们陆续提出了多种方法。下面的定理 1-3 是一种最显见的方法。

定理 1-3 如果 n 是合数，那么 n 必有一个不大于$\sqrt{n}$的素因数。

证明 ① 先证明 n 必有一个大于 1 且不大于$\sqrt{n}$的因子，用反证法。

如果 n 是合数，它必然有一个因子 a，满足 $1<a<n$。于是有 $n=ab$。

由于 $1<a<n$，所以 $1<b<n$。

假设 $a>\sqrt{n}$，且 $b>\sqrt{n}$，则有 $ab>n$。这与 $n=ab$ 矛盾。所以，假设是错误的，因而 a,b 两个数中至少有一个不大于$\sqrt{n}$，不妨设它是 a，即

$$1<a\leqslant\sqrt{n} \tag{a}$$

② 再证明 n 必有不大于$\sqrt{n}$的素因数。

如果 a 是素数，由式(a)知，命题已经得证。

如果 a 不是素数，根据定理 1-2 知，a 至少有一个不大于 a 的素因数 p。当然，p 也是 n 的素因数。再根据式(a)得

$$1<p\leqslant\sqrt{n} \tag{b}$$

命题也得证。

至此，定理证毕。

根据定理 1-3，如果大于 1 的正整数 n 不能被所有小于或等于$\sqrt{n}$的素因数整除，则 n 必然是素数。因此，可以设计一个程序来判断一个正整数是否为素数，参看第 8 章。

1.3.3 带余除法

一个整数并不一定能被另一个整数整除。例如，11 不能整除 30。如果引入商和余数的

知识,11 除 30 可以写成

$$30=2\times 11+8$$

其中 2 是商,8 是余数。以上是带余除法定理的一个实例。

定理 1-4(带余除法定理) 设 a 是任意整数,b 是任意正整数,则必然存在惟一的整数 q 和 r,使得

$$a=qb+r \quad (0\leqslant r<b) \tag{1-1}$$

成立。其中,q 和 r 分别称为 b 除 a 的**商**和**余数**。

实例 1-3 (1) 若 $a=16,b=5$,则商 $q=3$,余数 $r=1$,即 $16=3\times 5+1$。

(2) 若 $a=17,b=6$,则商 $q=2$,余数 $r=5$,即 $17=2\times 6+5$。

(3) 若 $a=3,b=5$,则商 $q=0$,余数 $r=3$,即 $3=0\times 5+3$。

(4) 若 $a=-17,b=6$,则商 $q=-3$,余数 $r=1$,即 $-17=(-3)\times 6+1$。

【说明】 带余除法中商可以为负数,余数不能为负数。对于实例 1-3 中的(4),不能说商 $q=-2$,余数 $r=-5$,即等式 $-17=(-2)\times 6+(-5)$ 虽然成立,但不是带余除法的正确表示。

计算机科学中经常使用二进制数、八进制数和十六进制数。不同的数制通过下标以示区别。例如,$(73)_8$ 表示八进制数,$(73)_{16}$ 表示十六进制数。对于十进制数,通常将下标连同括号一起省略。将十进制数转换成其他进制的数就是根据带余除法定理进行的。

例 1-4 把十进制数 1249 转换成八进制数。

解 在式(1-1)中令 $b=8$ 就能得到下列 4 个等式

$$1249=156\times 8+1$$
$$156=19\times 8+4$$
$$19=2\times 8+3$$
$$2=0\times 8+2$$

由以上 4 个等式可得

$$1249=2\times 8^3+3\times 8^2+4\times 8^1+1\times 8^0$$

即

$$1249=(2341)_8$$

用同样的方法可将十进制数 1249 转换成二进制数:$1249=(10011100001)_2$。

推论 设 a 是任意整数,b 是任意正整数,则 $b|a$ 的充分必要条件是式(1-1)中的余数 $r=0$。

由此推论可以看出,带余除法与整除性的关系非常密切。

1.3.4 最大公约数

有一些实际问题需要考虑两个甚至多个整数的公约数,而两个整数的公约数是基础。因此,本书主要介绍两个整数的最大公约数和最小公倍数。

定义 1-3 设 a,b,k 都是正整数,如果 $k|a,k|b$,则称 k 是 a 和 b 的**公约数**;若 d 是 a 和 b 的所有公约数中的最大者,则称 d 是 a 和 b 的**最大公约数**,记为 $d=\gcd(a,b)$。

最大公约数有一些独特的性质:它能写成 a 和 b 的一个线性组合;它不仅比所有其他公约数大,而且也是它们的倍数。这就是下面的定理 1-5。

定理 1-5 若 $d=\gcd(a,b)$，则有

(1) $d=sa+tb$，其中 s 和 t 是整数(不限于正整数)；

(2) 若 c 是 a 和 b 的任意一个不同于 d 的公约数，则 $c|d$。

证明 对整数 s 和 t，设 x 是能写成 $x=sa+tb$ 的最小正整数，再设 c 是 a 和 b 的任意一个公约数。下面分两步进行证明。

① 先证明 a 和 b 的任意一个公约数都不大于 x。

因为 $c|a$ 且 $c|b$，根据定理 1-1 知，$c|x$；因此，$c\leqslant x$。

② 再证明 x 是 a 和 b 的一个公约数。

由定理 1-4 知，$a=qx+r, 0\leqslant r<x$。解出 r，得

$$
\begin{aligned}
r&=a-qx=a-q(sa+tb)\\
&=(1-qs)a+(-qt)b
\end{aligned}
$$

这表明，r 是 a 的倍数和 b 的倍数之和。

如果 $r\neq 0$，则 $r<x$ 与"x 是能写成 $x=sa+tb$ 的最小正整数"相矛盾。所以必然 $r=0$，因而有 $a=qx$。这表明 $x|a$。

同理可证 $x|b$。所以，x 是 a 和 b 的一个公约数。

根据①、②知，x 就是 a 和 b 的最大公约数 d。至此，定理 1-5 的两部分都得到了证明。

实例 1-4 (1) 12 和 30 的公约数是 1,2,3,6，因此 $\gcd(12,30)=6$，并且有 $6=(-2)\times 12+1\times 30$。

(2) 因为 7 是素数且 $7\nmid 30$，所以 7 和 30 只有一个公约数 1，因此 $\gcd(7,30)=1$，并且有 $1=13\times 7+(-3)\times 30$。

(3) 48 和 49 也只有一个公约数 1，因此 $\gcd(48,49)=1$，并且有 $1=(-1)\times 48+1\times 49$。

从实例 1-4 可以看出，存在着这样两个正整数 a 和 b，满足 $\gcd(a,b)=1$。

对于两个正整数 a 和 b，如果 $\gcd(a,b)=1$，则称 a 和 b **互素**。

由实例 1-4 可以看出，如果两个大于 1 的整数中只有一个是素数，而另一个不是该素数的整数倍，则这两个数一定互素。但是，两个合数也可能互素。

如果两个正整数比较小，求它们的最大公约数不算麻烦。如果两个正整数至少有一个比较大，求它们的最大公约数就不简单了。下面介绍一种求两个正整数的最大公约数的著名方法：**辗转相除法，又称欧几里得算法**。

不妨设正整数 $a>b>0$，由定理 1-4 得

$$
a=k_1b+r_1 \tag{a}
$$

式中，$k_1\in\mathbf{Z}^+$ 且 $0\leqslant r_1<b$。

反复使用定理 1-4 得

$$
\begin{aligned}
&b=k_2r_1+r_2 \quad (0\leqslant r_2<r_1)\\
&r_1=k_3r_2+r_3 \quad (0\leqslant r_3<r_2)\\
&r_2=k_4r_3+r_4 \quad (0\leqslant r_4<r_3)\\
&\cdots\\
&r_{n-2}=k_nr_{n-1}+r_n \quad (0\leqslant r_n<r_{n-1})\\
&r_{n-1}=k_{n+1}r_n+r_{n+1} \quad (0\leqslant r_{n+1}<r_n)
\end{aligned}
$$

因为 $a>b>r_1>r_2>\cdots$，所以，余数最终会变成 0。不妨设 $r_{n+1}=0$。因此，上面最后一式为

$$r_{n-1}=k_{n+1}r_n$$

所以,$\gcd(r_{n-1}, r_n)=r_n$。

下面证明 $r_n=\gcd(a,b)$。

将式(a)改写成 $r_1=a-k_1b$。由定理 1-1 知,若某正整数能整除 a 和 b,那么它必整除 r_1。

同理,对式 $a=k_1b+r_1$,若某正整数能整除 b 和 r_1,那么它必整除 a。

所以,a 和 b 的公约数与 b 和 r_1 的公约数完全相同。因此,$\gcd(a,b)=\gcd(b, r_1)$。

同理,根据以上各式可证得

$$\begin{aligned}\gcd(a,b)&=\gcd(b, r_1)=\gcd(r_1, r_2)\\&=\gcd(r_2, r_3)=\cdots\\&=\gcd(r_{n-1}, r_n)=r_n\end{aligned}$$

例 1-5 用辗转相除法求 62 和 80 的最大公约数。

解 因为

$$80=1\times62+18$$
$$62=3\times18+8$$
$$18=2\times8+2$$
$$8=4\times2+0$$

所以,$\gcd(62,80)=2$。

由定理 1-5 知,两个正整数的最大公约数可以用它们的线性组合表示,即对 $d=\gcd(a,b)$,能够找到惟一一组整数 s 和 t,使得 $d=sa+tb$。实际上,s 和 t 可以由辗转相除法倒过来推得。将前面介绍的辗转相除法中的各式进行变换,并将解题过程倒过来排,有

$$r_n=r_{n-2}-k_nr_{n-1} \tag{a}$$

$$r_{n-1}=r_{n-3}-k_{n-1}r_{n-2} \tag{b}$$

将式(b)代入式(a),得

$$r_n=r_{n-2}-k_n(r_{n-3}-k_{n-1}r_{n-2})=(1+k_nk_{n-1})r_{n-2}-k_nr_{n-3}$$

将上述代入过程继续下去,最后一定得到用 a 和 b 的线性组合表示 r_n(即 $\gcd(a,b)$)的表达式。

例 1-6 将 $\gcd(62,80)$用 62 和 80 的线性组合表示。

解 由例 1-5 的结果知,$\gcd(62,80)=2$。将例 1-5 的解题过程倒过来,可得

$$2=18-2\times8$$
$$8=62-3\times18$$
$$18=80-1\times62$$

所以有

$$\begin{aligned}\gcd(62,80)=2&=18-2\times8=18-2\times(62-3\times18)\\&=7\times18-2\times62=7\times(80-1\times62)-2\times62\\&=7\times80-9\times62\end{aligned}$$

求两个正整数的最大公约数的算法的伪代码见第 8 章。

1.3.5 最小公倍数

定义 1-4 设 a,b,k 都是正整数,如果 $a|k$,$b|k$,则称 k 是 a 和 b 的**公倍数**;若 c 是 a 和 b

的所有公倍数中的最小者，则称 c 是 a 和 b 的**最小公倍数**，记为 $c=\mathrm{lcm}(a,b)$。

最大公约数和最小公倍数之间有如下关系：

定理 1-6 设 a 和 b 是两个非负整数，则

$$\gcd(a,b)\times \mathrm{lcm}(a,b)=ab$$

证明 设 $\{p_1,p_2,\cdots,p_n\}$ 是 a 和 b 的所有素数因子组成的集合，那么就有

$$a=p_1^{k_1}p_2^{k_2}\cdots p_n^{k_n},\quad b=p_1^{l_1}p_2^{l_2}\cdots p_n^{l_n}$$

其中，某些 $k_i(i=1,2,\cdots,n)$ 和 $l_j(j=1,2,\cdots,n)$ 可以是 0。由此得到

$$\gcd(a,b)=p_1^{\min(k_1,l_1)}p_2^{\min(k_2,l_2)}\cdots p_n^{\min(k_n,l_n)}$$

和

$$\mathrm{lcm}(a,b)=p_1^{\max(k_1,l_1)}p_2^{\max(k_2,l_2)}\cdots p_n^{\max(k_n,l_n)}$$

所以，有

$$\begin{aligned}\gcd(a,b)\times \mathrm{lcm}(a,b)&=p_1^{k_1+l_1}p_2^{k_2+l_2}\cdots p_n^{k_n+l_n}\\&=(p_1^{k_1}p_2^{k_2}\cdots p_n^{k_n})\times(p_1^{l_1}p_2^{l_2}\cdots p_n^{l_n})=ab\end{aligned}$$

证毕

这个定理表明，只要求出两个正整数的最大公约数，就可以用下面的公式求它们的最小公倍数。

$$\mathrm{lcm}(a,b)=\frac{ab}{\gcd(a,b)} \tag{1-2}$$

例 1-7 求 62 和 80 的最小公倍数。

解 由例 1-5 知，$\gcd(62,80)=2$。所以，由公式(1-2)得

$$\mathrm{lcm}(62,80)=\frac{62\times 80}{\gcd(62,80)}=\frac{4960}{2}=2480$$

实际上，公约数、公倍数、最大公约数和最小公倍数的概念可以推广到多个正整数的情形，本书不作介绍，有兴趣的读者可参阅有关书籍。

1.3.6 模运算

根据带余除法定理，任意两个整数相除都存在惟一的商和余数。实际问题中，两个整数相除的余数比商更重要。既然两个整数相除有惟一的余数，则可以定义一个专门的代数运算来求这个余数。这就是下面介绍的模运算。

定义 1-5 设 a 为整数，m 为正整数，求 m 除 a 所得余数的运算称为**模运算**。模运算的符号是：mod。式 $a \bmod m$ 中的 m 称为**模**。通常，模 m 都是正整数。$a \bmod m=r$ 读作“a 模 m 余 r”。

实例 1-5 由于 $17=3\times5+2$，$17=4\times4+1$，$-17=-5\times4+3$，$10=5\times2+0$，所以，$17 \bmod 5=2$，$17 \bmod 4=1$，$-17 \bmod 4=3$，$10 \bmod 2=0$。

模运算是一种十分重要的代数运算，有广泛的运用，实例 1-6 就是一个典型的实际应用的例子。

实例 1-6 用数字 0,1,2,…,6 分别表示星期日、星期一、星期二、……、星期六。那么 $(3+6)\bmod 7=2$ 表明星期三过 6 天后是星期二，$(3+100)\bmod 7=5$ 表明星期三过 100 天后是星期五。

定义 1-6 设 a 和 b 为两个整数，m 为正整数，如果用 m 去除 a 和 b 所得的余数相同，则

称 a 和 b **关于模 m 同余**，记作 $a\equiv b(\bmod m)$，并称该式为**同余式**；否则，称 a 和 b **关于模 m 不同余**，记作 $a\not\equiv b(\bmod m)$。

例如，$11\equiv 3(\bmod 4)$，$8\equiv 0(\bmod 4)$，$14\equiv -2(\bmod 4)$、$10\not\equiv 12(\bmod 4)$。

对于给定的 b 和 m，与 b 模 m 同余的数有无穷多个，可以用下面的式子表示：

$$b+km \quad (k=0,\pm 1,\pm 2,\pm 3,\cdots)$$

定理 1-7 整数 a,b 关于模 m 同余，即 $a\equiv b(\bmod m)$，当且仅当 $m\mid(a-b)$。

证明 ① 必要性。如果 $a\equiv b(\bmod m)$，则有

$$a=q_1m+r, b=q_2m+r \quad (\text{其中 } 0\leqslant r<m)$$

于是 $a-b=(q_1-q_2)m$，所以 $m\mid(a-b)$。

② 充分性。如果 $m\mid(a-b)$，则有 $a-b=mq$，因而 $a=b+mq$。

令 $b=mq_2+r(0\leqslant r<m)$，那么有

$$a=b+mq=m(q+q_2)+r=mq_1+r \quad (\text{其中 } q_1=q+q_2)$$

于是 $a\equiv b(\bmod m)$。

证毕

由定理 1-7 可知，两个整数同余又可以这样定义：若 $m\mid(a-b)$，则称 a,b 关于模 m 同余。

运用定理 1-7 可以很方便地判断两个整数是否关于模 m 同余。例如，因为 $5-19=-14$，-14 可以被 7 整除，所以 5 和 19 关于模 7 同余，即 $5\equiv 19(\bmod 7)$。同样，因为 $90-64=26$，而 26 可以被 13 整除，所以 $90\equiv 64(\bmod 13)$。

定理 1-8 若 $a\equiv b(\bmod m)$，$c\equiv d(\bmod m)$，则

(1) $ax+cy\equiv bx+dy(\bmod m)$，其中 x 和 y 是任意整数；

(2) $ac\equiv bd(\bmod m)$；

(3) $a^n\equiv b^n(\bmod m)$，其中 $n>0$；

(4) $f(a)\equiv f(b)(\bmod m)$，其中 $f(x)$ 为任意的一个整系数多项式。

证明 (1) 因为 $a\equiv b(\bmod m)$，$c\equiv d(\bmod m)$，所以

$$m\mid(a-b), m\mid(c-d)$$

于是
$$m\mid(x(a-b)+y(c-d)) \quad (\text{其中 } x \text{ 和 } y \text{ 是任意整数})$$

即
$$m\mid((ax+cy)-(bx+dy))$$

故
$$ax+cy\equiv bx+dy(\bmod m)$$

(2) 在(1)的证明过程中取 $x=c$ 和 $y=b$，得

$$m\mid(c(a-b)+b(c-d))$$

即
$$m\mid(ac-bd)$$

故
$$ac\equiv bd(\bmod m)$$

(3) 因为 $m\mid(a-b)$，则存在整数 q，使得 $a-b=mq$，于是

$$\begin{aligned}a^n-b^n &=(b+mq)^n-b^n=b^n+C_n^1b^{n-1}(mq)^1+\cdots+C_n^{n-1}b^1(mq)^{n-1}+(mq)^n-b^n\\&=mq[C_n^1b^{n-1}+\cdots+C_n^{n-1}b^1(mq)^{n-2}+(mq)^{n-1}]=mp\end{aligned}$$

其中，$p=q[C_n^1b^{n-1}+\cdots+C_n^{n-1}b^1(mq)^{n-2}+(mq)^{n-1}]$是一个整数。所以

$$m\mid(a^n-b^n)$$

即
$$a^n\equiv b^n(\bmod m)$$

(4) 可由(1)和(3)证明，读者自己完成。

例 1-8 求 3^{399} 写成十进制数时的个位数。

解 因为 $3^4 \equiv 1 \pmod{10}$，$3^3 \equiv 7 \pmod{10}$，而 $3^{399} = 3^{396} \times 3^3 = (3^4)^{99} \times 3^3$，所以

$$(3^4)^{99} \times 3^3 \equiv 3^3 \pmod{10}$$

即

$$3^{399} \equiv 7 \pmod{10}$$

故 3^{399} 写成十进制数时的个位数是 7。

定理 1-9 任意一个十进制整数与其各位上的数字之和关于模 9 同余。

设十进制整数 $a = \sum_{i=0}^{n} a_i \cdot 10^i$，记 $b = \sum_{i=0}^{n} a_i$，则该定理等价于 $a \equiv b \pmod 9$。

证明 令 $f(x) = \sum_{i=0}^{n} a_i \cdot x^i$，则 $a = f(10)$，$b = f(1)$。

因为 $10 \equiv 1 \pmod 9$，根据定理 1-8(4)有 $f(10) \equiv f(1) \pmod 9$，即

$$a \equiv b \pmod 9$$

证毕

下面介绍建立在模运算基础上的两种重要运算：模加法和模乘法。

定义 1-7 设 a 和 b 为集合 $\mathbf{N}_m = \{0,1,2,\cdots,m-1\}$ 上的两个正整数，则称运算 $a \oplus_m b = (a+b) \bmod m$ 为**模 m 加法**，称运算 $a \otimes_m b = (a \times b) \bmod m$ 为**模 m 乘法**。

例如，$2 \oplus_6 3 = (2+3) \bmod 6 = 5$，$2 \oplus_6 5 = (2+5) \bmod 6 = 1$，$2 \otimes_6 3 = (2 \times 3) \bmod 6 = 0$，$2 \otimes_6 5 = (2 \times 5) \bmod 6 = 4$。

在模加法和模乘法的实际运算中，通常省略取模的步骤，上面各式就写成：$2 \oplus_6 3 = 5$，$2 \oplus_6 5 = 1$，$2 \otimes_6 3 = 0$，$2 \otimes_6 5 = 4$。

模加法比模乘法有更广泛的实际应用，本书将重点介绍模加法。

模加法与模运算本质上是一样的，但是，模加法有很重要的性质，将在第 6 章详细介绍。

1.3.7 同余的应用

随着社会的不断进步，将信息加密日益重要。尤其是进入网络通信的时代，几乎所有重要信息的存储、传送都需要加密。因此，密码学也就不断发展。

密码学是研究把原始信息转换成加密信息、传输加密信息、将加密信息解密还原到原始信息的科学。将原始信息（又称**明文**）转换成加密信息（又称**密文**）的过程叫做**加密**。此操作的逆过程，即把密文恢复到明文的过程叫做**解密**。为了把明文加密，需要知道一个特别的信息，称为**加密密钥**；要把密文解密，还要知道一个特别的信息，称为**解密密钥**。

恺撒(Julius Caesar)是最早使用密码者之一。他把字母表中的字母往后移动 3 位（字母表中原来的最后 3 个字母移至最前 3 位）以获取加密信息，这就是著名的 **Caesar 密码**。Caesar 密码属于**位移密码算法**。当然，用现代的眼光看，Caesar 密码是很不安全的，这里仅仅以此为例说明同余在密码学里的一个简单应用。

下面用数学方法来描述 Caesar 密码。按顺序分别用数字 0,1,2,3,…,25 表示字母表中的字母 $a,b,c,d,\cdots,z$。Caesar 密码可以用函数 f 表示：对于任意的 $p \in \{0,1,2,3,\cdots,25\}$，设

$$f(p) = p \oplus_{26} 3$$

那么，在密文中，数字 p 所对应的字母将由数字 $p \oplus_{26} 3$ 所对应的字母代替。

例 1-9 求信息“meet me at noon”用 Caesar 密码加密后的加密信息。

解 首先用数字代替明文中的字母,得

12 4 4 19　12 4　0 19　13 14 14 13

再用 $f(p)=p \oplus_{26} 3$ 代替 p,得

15 7 7 22　15 7　3 22　16 17 17 16

转换成相应的字母为：phhw ph dw qrrq。这就是密文。

本题的解密密钥是 $p \oplus_{26} (26-3)$,将密文用 $p \oplus_{26} (26-3)$ 解密就能获得原文,请读者自己完成。

1.4 序列的基本知识

1.4.1 序列

序列是一个既简单又重要的数学概念,在计算机科学中序列是一种重要的数据结构。离散数学中以许多方式使用序列。

简单地说,**序列**就是以一定的次序列举出来的对象所构成的整体：第 1 个元素,第 2 个元素,第 3 个元素,……。如果这种列举在 $n(n \in \mathbf{N})$ 步后停止,则称序列是**有限的**;如果这种列举无休止地进行下去,则称序列是**无限的**。

实例 1-7 1,2,3,4,…是一个无限序列,它是所有正整数的列举。

实例 1-8 英文单词"smile"可看作由英文字母表中的字母 s,m,i,l,e 构成的字符序列,且是有限序列。

序列与集合比较,有如下的相同与不同。

(1) 序列中的元素和集合中的元素一样,可以是任何对象,包括数和字符(串)等;

(2) 集合中的元素无顺序限制,序列中的元素必须按一定的顺序排列;

(3) 集合中的元素必须各不相同,序列中的元素可以相同。

绝大多数常用序列中的元素是数,这样的序列又称为**数列**。本书将重点介绍这样的序列。

序列中的元素又称为**项**。序列中的第 1 个元素、第 2 个元素、第 3 个元素又分别称为第 1 项、第 2 项、第 3 项。

通常将一个序列记为 $a_1,a_2,a_3,\cdots,a_n$ 或 $a_1,a_2,a_3,\cdots,a_n,\cdots$,需要时用符号 $\{a_n\}$ 表示,其中 a_n 表示序列中的第 n 项,又称为序列的**通项(一般项)**。必要时,将序列 $\{a_n\}$ 的开始几项称为**初始项**。

许多序列很容易看出它们的组成规律,且每一项与该项的下标有简单的函数关系,即 $a_n=f(n)$。$a_n=f(n)$ 通常称为**显式公式**或**通项公式**。实际上,知道了一个序列的显式公式就知道了整个序列。因此,显式公式是序列的重要概念。例如,对于序列 $\{a_n\}$,如果 $a_n=n^2$,则 $a_1=1,a_2=2^2=4,a_3=3^2=9,\cdots$。有些序列从 $n=0$ 开始。

实例 1-9 序列 0,1,0,1,1,1,0,1 是一个有重复项的有限序列。数 1 出现在序列第 2、第 4、第 5、第 6、第 8 项。

实例 1-10 序列 $1,\frac{1}{2},\frac{1}{3},\frac{1}{4},\cdots$ 是一个无限序列,它是所有正整数倒数的列举,显式公

式是 $a_n=\frac{1}{n}$。

一个序列,如果省略各元素间的逗号就成为**字符串**,简称**串**,串中所含项的个数称为串的**长度**。例如:a1bcd2 就是一个串,它的长度是 6。

不含任何项的串称为**空字符串**,简称**空串**。空串的长度为 0。串也可以全部由数字组成。

在计算机科学中,序列有时被称为**线性数组**或**表格**。

本书在序列和数组之间将做某些微小但实用的区分。如果有一个序列 S:$s_1,s_2,s_3,\cdots$,则认为 S 的所有元素都已确定。例如,元素 s_3 是序列 S 中的第 3 个元素。而且,如果改变序列中的任何一个元素,就得到一个新的序列,并且必须给新序列重新命名。例如,对于有限序列 S:1,2,3,2,1,如果把其中的 3 换成 1,则得到另一个序列:1,2,1,2,1。并且,为了和序列 S 区分,应该用非 S 的其他字母命名。

一个数组可以看成一个位置序列。每一个位置放置相应的元素。例如,放置在第 n 个位置的元素将用 $S[n]$表示,而序列 $S[1],S[2],S[3],\cdots$ 通常称为 S 的**值序列**。数组中的某些位置可以不放置元素,换句话说,数组中的元素可以不连续放置。

1.4.2 典型的整数序列

定义 1-8 形如 $a_1,a_1+d,a_1+2d,\cdots,a_1+(n-1)d,\cdots$ 的序列称为**等差序列**或**算术序列**。其中,a_1 称为**初始项**,d 称为**公差**。$a_n=a_1+(n-1)d$ 就是等差序列的显式公式。

实例 1-11 序列 2,7,12,17,…是一个初始项 $a_1=2$,公差 $d=5$ 的算术序列。此序列的显式公式是 $a_n=2+5(n-1)$。

定义 1-9 形如 $a_1,a_1q,a_1q^2,\cdots,a_1q^{n-1},\cdots$ 的序列称为**等比序列**或**几何序列**。其中,初始项为 a_1,q 称为公比,且 $q\neq0$。$a_n=a_1q^{n-1}$ 就是等比序列的显式公式。

实例 1-12 序列 2,6,18,54,…是一个初始项 $a_1=2$,公比 $q=3$ 的几何序列。此序列的显式公式是 $a_n=2\times3^{n-1}$。

除了一般的等差序列和等比序列外,下面介绍一些典型的整数序列及其显式公式。

所有正整数构成的序列 1,2,3,4,…;$a_n=n$。

所有正奇数构成的序列 1,3,5,7,…;$a_n=2n-1$。

所有正偶数构成的序列 2,4,6,8,…;$a_n=2n$。

所有正整数的平方构成的序列 1,4,9,16,…;$a_n=n^2$。

所有正整数的立方构成的序列 1,8,27,64,…;$a_n=n^3$。

所有 2 的正整数幂构成的序列 2,4,8,16,…;$a_n=2^n$。

通过前面的介绍可以看出,显式公式可以描述整个序列,这种方法可以称为序列的**显式定义**。然而,有些序列的显式公式很难获得或者显式公式的表达很复杂。这就需要寻找其他描述整个序列的方法。下面先看一个例子。

序列 2,5,8,11,14,…的第 1 项是 2,以后是前一项加 3 得到后一项。所以,该序列可以这样描述:$a_1=2,a_n=a_{n-1}+3(n\geqslant2)$。类似这种由前项定义后项的公式,称为**递归公式**。

显然,给定序列的初始项和它的递归公式就能描述整个序列,通常将这种方法称为序列的**递归定义**。递归定义中的初始项也称为**初始条件**。

意大利数学家斐波那契(Fibonacci)在13世纪初曾提出如例1-10所述的有趣问题。

例 1-10 年初饲养了雌雄各一的1对兔子。假设兔子两个月后成年即可繁殖后代，并且1对成年兔子中的母兔每月产下的也是雌雄各一的1对小兔子。假定兔子都不死亡，问1年后共有多少对兔子？

解 用 f_i 表示第 i 个月底的兔子总对数。

第1个月时仅有1对初生兔子，即 $f_1=1$。

第2个月时这对兔子还不能繁殖后代，所以仍然只有1对兔子，即 $f_2=1$。

第3个月时这对兔子产下1对兔子，兔子总数变成2对，即 $f_3=2$。

第4个月时成年兔子又产下1对小兔，加上一月龄的1对兔子，兔子总数变为3对，即 $f_4=3$。

依此类推，除了前两个月没有新生兔子外，第 n 个月时的兔子总对数 f_n 等于第 $n-1$ 个月时的兔子对数 f_{n-1} 加上由第 $n-2$ 个月时的兔子生下的 f_{n-2} 对小兔子，即满足下面的递归关系式

$$f_n=f_{n-1}+f_{n-2} \quad (n\geqslant 3)$$

由此可得：$f_5=5, f_6=8, f_7=13, f_8=21, f_9=34, f_{10}=55, f_{11}=89, f_{12}=144$。因此，1年后兔子总对数为144对。

序列1,1,2,3,5,8,13,…就是著名的**Fibonacci序列**。该序列的递归定义是：$f_1=f_2=1$，$f_n=f_{n-1}+f_{n-2}(n\geqslant 3)$。这样描述既直接又明了。可以推导出Fibonacci序列的显式公式为(推导过程从略)

$$f_n=\frac{1}{\sqrt{5}}\left(\frac{1+\sqrt{5}}{2}\right)^n-\frac{1}{\sqrt{5}}\left(\frac{1-\sqrt{5}}{2}\right)^n$$

显然，这个显式公式很不直观，用它计算具体项的值非常麻烦。

从前面的介绍可以看出：序列的显式定义能直接计算序列的任意一项的值，但不适合定义比较复杂的序列；序列的递归定义适用面比较广，但不能直接计算序列的任意一项的值。

例 1-11 序列 $\{a_n\}$ 的通项公式为 $a_n=2^n+2\times 3^n(n\geqslant 0)$，

(1) 求 a_0。(2) 求 a_1。(3) 求 a_{n-1}。(4) 验证 $a_n=5a_{n-1}-6a_{n-2}$。

解 (1) 令 $n=0$ 得 $a_0=2^0+2\times 3^0=3$。

(2) 令 $n=1$ 得 $a_1=2^1+2\times 3^1=8$。

(3) 用 $n-1$ 替换 n 得 $a_{n-1}=2^{n-1}+2\times 3^{n-1}$。

(4)
$$\begin{aligned}5a_{n-1}-6a_{n-2}&=5\times(2^{n-1}+2\times 3^{n-1})-6\times(2^{n-2}+2\times 3^{n-2})\\&=2^n+2\times 3^n=a_n\end{aligned}$$

1.4.3 序列求和

对于序列求和，引入特殊的符号不但可以将表达式简化，更可以方便理论分析。

求序列 $\{a_n\}$ 前 n 项的和用符号 $\sum_{i=1}^{n}a_i$ 表示。其中，大写希腊字母 $\sum$ 表示求和，i 称为**求和下标**。$\sum_{i=1}^{n}a_i$ 的含义是：求和下标 i 从它的**下界** 1 开始到**上界** n 终止，取遍其间所有整数

值，并将所得各项相加，即

$$\sum_{i=1}^{n} a_i = a_1 + a_2 + \cdots + a_n$$

显然，上式与求和下标用什么字母无关。换句话说，求和下标可以任选一个字母，即

$$\sum_{i=1}^{n} a_i = \sum_{j=1}^{n} a_j = \sum_{k=1}^{n} a_k$$

在前面介绍的求和符号中，求和下标的下界和上界都可以是任意确定的整数，但要求下界不能大于上界。

例 1-12 求 $\sum_{i=3}^{5} i^2$。

解 $\sum_{i=3}^{5} i^2 = 3^2 + 4^2 + 5^2 = 9 + 16 + 25 = 50$

对于双重求和的情形，一般情况下先对内层求和，再对外层求和。

例 1-13 求 $\sum_{i=1}^{4}\sum_{j=1}^{3} ij$。

解

$$\sum_{i=1}^{4}\sum_{j=1}^{3} ij = \sum_{i=1}^{4}(i + 2i + 3i) = \sum_{i=1}^{4} 6i$$

$$= 6\sum_{i=1}^{4} i = 6 \times (1 + 2 + 3 + 4) = 60$$

例 1-12、例 1-13 这样仅有少数几项的简单求和可以直接计算，而项数不定的复杂求和需要有求和公式才能方便计算。

例 1-14 用数学归纳法证明等比数列前 n 项的求和公式为

$$a_1 + a_1 q + a_1 q^2 + \cdots + a_1 q^{n-1} = \frac{a_1(1-q^n)}{1-q} \quad (q \neq 1)$$

证明 ① 当 $n=1$ 时，由于 $a_1 = \frac{a_1(1-q^1)}{1-q}$，所以命题成立。

② 假设 $n=k$ 时命题成立，即 $a_1 + a_1 q + a_1 q^2 + \cdots + a_1 q^{k-1} = \frac{a_1(1-q^k)}{1-q}$，则有

$$a_1 + a_1 q + a_1 q^2 + \cdots + a_1 q^{k-1} + a_1 q^k = \frac{a_1(1-q^k)}{1-q} + a_1 q^k$$

$$= \frac{a_1(1-q^k) + a_1(1-q)q^k}{1-q} = \frac{a_1(1-q^{k+1})}{1-q}$$

这表明，当 $n=k+1$ 时命题也成立。

根据①、②两步，命题得证。

下面是几个典型序列前 n 项的求和公式，有兴趣的读者不妨用数学归纳法进行证明。

(1) $1+2+3+\cdots+n = \frac{n(n+1)}{2}$。

(2) $1+3+5+\cdots+(2n-1) = n^2$。

(3) $1^2+2^2+3^2+\cdots+n^2 = \frac{n(n+1)(2n+1)}{6}$。

(4) $1^3+2^3+3^3+\cdots+n^3 = \frac{n^2(n+1)^2}{4}$。

(5) $1+2^1+2^2+\cdots+2^{n-1}=2^n-1$。

有了这些求和公式就能方便地计算项数较多的序列的和。

例 1-15 求 $\sum\limits_{k=11}^{20}k^2$。

解 利用求和公式 $1^2+2^2+3^2+\cdots+n^2=\dfrac{n(n+1)(2n+1)}{6}$,得

$$\begin{aligned}\sum_{k=11}^{20}k^2&=\sum_{k=1}^{20}k^2-\sum_{k=1}^{10}k^2\\&=\frac{20\times(20+1)\times(2\times20+1)}{6}-\frac{10\times(10+1)\times(2\times10+1)}{6}\\&=2870-385=2485\end{aligned}$$

1.5 计　　数

排列与组合是普遍存在的重要计数问题。本节将介绍排列与组合的基本概念和典型例题。

1.5.1 加法原理和乘法原理

计数有两个非常重要的基本原理,一个是加法原理,另一个是乘法原理。这两个原理是排列与组合的基础,运用这两个原理,可以将复杂的问题分解为若干个比较简单的问题来解决。

下面介绍一类计数问题。

实例 1-13 从甲地到乙地,既可以乘火车,也可以乘汽车,还可以乘轮船。一天中,火车有 6 个班次,汽车有 3 个班次,轮船有 2 个班次。那么一天中乘坐这些交通工具从甲地到乙地,共有多少种不同的走法呢?

显然,在火车、汽车、轮船中任选一类交通工具中的任何一个班次都能完成一次旅行,所以共有 11(=6+3+2)种不同的走法。

这类问题有这样一个共同的特点:完成一件事,可以有几类办法,每一类办法又有多种不同的方法,采取任何一类办法中的某一个方法都可以完成这件事。解决这类问题依据下面的加法原理。

加法原理 完成一件事,有 n 类办法,在第 1 类办法中有 m_1 种不同的方法,在第 2 类办法中有 m_2 种不同的方法,……,在第 n 类办法中有 m_n 种不同的方法,那么完成这件事共有

$$N=m_1+m_2+\cdots+m_n \tag{1-3}$$

种不同的方法。

加法原理又称**分类计数原理**。

例 1-16 某大学生消费,由于费用的限制,只能在数码相机和电脑中选购一种。数码相机有 3 个品牌可选,电脑有 5 个品牌可选。问该大学生共有几种消费选择?

解 该大学生消费,可以有两类办法,第 1 类办法是从 3 个品牌的数码相机中任选 1 个,有 3 种方法;第 2 类办法是从 5 个品牌的电脑中任选 1 个,有 5 种方法。根据公

式(1-3),有

$$3+5=8$$

故该大学生共有 8 种消费选择。

例 1-17 书架上放有 2 本不同的数学书,4 本不同的计算机书,2 本不同的小说书,还有 1 本英语书,从这些书中任取一本,有多少种不同的取法?

解 本题符合加法原理,根据公式(1-3),有

$$2+4+2+1=9$$

故从书架上任取一本书有 9 种不同的取法。

下面介绍另一类计数问题。

实例 1-14 从甲地到丙地只能乘汽车,从丙地到乙地只能乘轮船。一天中,从甲地到丙地的汽车有 3 个班次,从丙地到乙地的轮船有 2 个班次。某人计划第 1 天从甲地到丙地,第 2 天从丙地到乙地,那么完成一次从甲地到乙地的旅行共有多少种不同的走法呢?

如果将一天中从甲地到丙地的汽车班次记为汽车 1、汽车 2 和汽车 3,从丙地到乙地的轮船班次记为轮船 1 和轮船 2。显然,所有不同的走法是:汽车 1+轮船 1、汽车 1+轮船 2、汽车 2+轮船 1、汽车 2+轮船 2、汽车 3+轮船 1、汽车 3+轮船 2。因此,共有 6(=3×2)种不同的走法。

这类问题有这样一个共同的特点:完成一件事,需要分成几个步骤,每一个步骤又有多种不同的方法,必须经过每一个步骤(只要其中的某一个方法)才能完成这件事。解决这类问题依据下面的乘法原理。

乘法原理 完成一件事,需要分成 n 个步骤,做第 1 步有 m_1 种不同的方法,做第 2 步有 m_2 种不同的方法,……,做第 n 步有 m_n 种不同的方法,那么完成这件事共有

$$N=m_1 m_2 \cdots m_n \tag{1-4}$$

种不同的方法。

乘法原理又称**分步计数原理**。

例 1-18 衣橱中有 4 件 T 恤,3 条牛仔裤和 2 条腰带。如果现在要穿 1 件 T 恤、1 条牛仔裤,扎 1 条腰带出门,请问有几种穿法?

解 本题符合乘法原理。根据公式(1-4),有

$$4\times3\times2=24$$

故有 24 种不同的穿法。

对每一个具体问题,尤其是比较复杂的问题,首先要仔细分析,看它是符合加法原理还是乘法原理,然后才能正确解答。加法原理针对"分类"问题,其中各种方法相互独立,用任何一种方法都能完成这件事;乘法原理针对"分步"问题,不同步骤间的方法相互依存,只有完成各个步骤才算做完这件事。

例 1-19 汽车上有 5 名乘客,沿途有 3 个车站,这 5 名乘客可以在任何 1 个车站下车。问 5 名乘客下车一共有多少种不同方式?

解 每名乘客都有 3 种可能的下车方式,互相独立,并且这 5 个人都下了车才是完成这一件事,符合乘法原理。根据公式(1-4),有

$$3\times3\times3\times3\times3=243$$

故有 243 种不同的下车方式。

例 1-20 书架的第 1 层放有 4 本不同的计算机类书，第 2 层放有 2 本不同的英语类书，第 3 层放有 3 本不同的数学类书。

(1) 从书架上任取一本书，有多少种不同的取法？

(2) 从书架的第 1、第 2、第 3 层各取一本书，有多少种不同的取法？

解 (1) 只要取到一本书就完成了这件事，所以本小题符合加法原理。根据公式(1-3)，有

$$4+2+3=9$$

应有 9 种不同的取法。

(2) 必须从书架的第 1、第 2、第 3 层各取一本书，共取 3 本书才算完成这件事，并且在各层取哪本书互相独立，所以本小题符合乘法原理。根据公式(1-4)，有

$$4\times 2\times 3=24$$

应有 24 种不同的取法。

例 1-21 有三名男生(赵、钱、孙)和三名女生(李、周、吴)参加联谊活动，某游戏需一名男生和一名女生配对进行，共有几种不同的配对方式？

解 必须确定一名男生和一名女生，并且确定男生和确定女生互相独立，所以本小题符合乘法原理。根据公式(1-4)，有

$$3\times 3=9$$

共有 9 种不同的配对方式。

本题所有可能的配对是：赵李、赵周、赵吴、钱李、钱周、钱吴、孙李、孙周、孙吴。

例 1-22 在计算机 BASIC 语言的某个版本中，变量名必须是含有一个或两个字符(英文字母和数字)的字符串，但必须以字母开头，其中的字母不区分大小写。另外，由两个英文字母构成的专门用于程序设计的 5 个保留字不能作为变量名。求在这个 BASIC 版本中可以有多少个不同的变量名？

解 令 x 表示这个 BASIC 版本中所有不同的变量名个数，y 表示由一个字符构成的变量名个数，z 表示由两个字符构成，并且以字母开头的变量名个数，由加法原理得

$$x=y+z \tag{a}$$

由于一个字符的变量名只能是英文字母，所以 $y=26$。

两个字符的变量名的第一个字符也只能是英文字母，所以有 26 种选择。第二个字符既可以是英文字母，也可以是数字，所以有 36 种选择。根据乘法原理，两个字符的字符串共有 26×36 个，但作为变量名要在此基础上减去 5 个保留字，所以 $z=26\times 36-5$。将此结果代入式(a)得

$$x=26+26\times 36-5=957$$

所以，这个 BASIC 版本中可以有 957 个不同的变量名。

1.5.2 排列与组合

有了加法原理和乘法原理的知识就可以介绍排列与组合了。

1. 排列

先看一个排列问题的实例。

实例 1-15 从甲、乙、丙、丁 4 名同学中推选 2 名分别参加两个会议，其中 1 名同学参加

校团委的座谈会，另1名同学参加教务处的座谈会，有多少种不同的推选方案？

可以按如下方法解决这个问题：第1步，推选参加团委座谈会的同学。从4人中任选1人，有4种方法。第2步，在推选参加团委座谈会的同学后再推选参加教务处座谈会的同学。从余下的3人中任选1人，有3种方法。根据乘法原理，共有12（$=4\times3$）种不同的推选方案。

实际上，实例1-15也可以按照先推选参加教务处座谈会的同学，再推选参加团委座谈会的同学的顺序进行，其结果是一样的。

这类问题有这样一个共同的特点：完成一件事，需要分成几个性质相同的步骤，每个步骤选择1个对象，已经被选择的对象在以后的步骤中不能再被选择。实际上，被选中的对象是按一定的顺序排列的。这类问题就是下面定义的排列，在排列中被选取的对象称为**元素**。

定义1-10 从含n个元素的集合S中任取m（$m\leqslant n$）个元素，按照一定的顺序排成一列，称为S的一个***m*-排列**。所有这些m-排列的个数，称为S的***m*-排列数**，记为A_n^m或P_n^m。如果$m=n$，则称为S的**全排列**，简称为S的**排列**。

显然，对于实例1-15有$\mathrm{A}_4^2=4\times3=12$。对于一般的情形，如何计算$\mathrm{A}_n^m$呢？实际上是依据下面的定理1-10。

定理1-10 设$n,m\in\mathbf{Z}^+$，当$m\leqslant n$时，

$$\mathrm{A}_n^m=n\cdot(n-1)\cdot(n-2)\cdot\cdots\cdot(n-m+1) \tag{1-5}$$

证明 该定理相当于有m个顺序摆放的盒子，每个盒子必须并且只能放集合S（含n个元素）中的1个元素。那么，第1个盒子可以在n个元素中选1个，因而有n种选法。

第1个盒子放置后，第2个盒子只能在剩下的$n-1$个元素中选1个，因而有$n-1$种选法。

依此类推，第3个盒子有$n-2$种选法，……，第m个盒子有$n-(m-1)=n-m+1$种选法。

根据乘法原理，不同的放置方法数为

$$\mathrm{A}_n^m=n\cdot(n-1)\cdot(n-2)\cdot\cdots\cdot(n-m+1)$$

证毕

为了方便表达排列与组合问题中的有关公式，需要引进阶乘记号：正整数1到n的连乘称为***n*的阶乘**，记为$n!$，即

$$n!=n\cdot(n-1)\cdot(n-2)\cdot\cdots\cdot2\cdot1 \tag{1-6}$$

为了使阶乘记号能在必要的范围内都适用，规定$0!=1$。

引用阶乘记号，公式(1-5)可以写成

$$\mathrm{A}_n^m=\frac{n!}{(n-m)!} \tag{1-7}$$

显然，对于全排列有

$$\mathrm{A}_n^n=n! \tag{1-8}$$

例1-23 由1,2,3,4,5五个数字可以组成多少个不重复的5位数？

解 这是全排列问题。根据公式(1-8)，有

$$\mathrm{A}_5^5=5!=5\times4\times3\times2\times1=120(\text{个})$$

2. 组合

组合不同于排列，但与排列有密切联系。先看一个实例。

实例 1-16 从甲、乙、丙、丁 4 名同学中推选 2 名去参观一个展览，有多少种不同的推选方案？

实例 1-16 与实例 1-15 不同，实例 1-15 推选出的 2 名同学参加的活动不同（有"顺序"），实例 1-16 推选出的 2 名同学参加的活动相同（没有"顺序"）。"先选甲，后选乙"与"先选乙，后选甲"实际上是同一种推选方案。

实例 1-16 所有可能的推选是：甲乙、甲丙、甲丁、乙丙、乙丁、丙丁。所以，共有 6 种不同的推选方案。

这类问题有这样一个共同的特点：完成一件事，需要分成几个性质相同的步骤，每个步骤选择 1 个对象，已经被选择的对象在以后的步骤中不能再被选择。所有被选中的对象组成一组（没有顺序关系）。这类问题就是下面定义的组合。在组合中被选取的对象也称为元素。

定义 1-11 从含 n 个元素的集合 S 中任取 m $(m\leqslant n)$ 个元素组成一组，称为 S 的一个 ***m*-组合**。所有这些 m-组合的个数，称为 S 的 ***m*-组合数**，记为 C_n^m 或 $\binom{n}{m}$。

对于所有的 $n\geqslant 0$，都有 $C_n^0=1$。

对于一般的情形，如何计算 C_n^m 呢？实际上是依据下面的定理 1-11。

定理 1-11 设 $n,m\in\mathbf{Z}^+$，当 $m\leqslant n$ 时，

$$A_n^m=m!\,C_n^m \tag{1-9}$$

证明 从集合 S 的 n 个不同的元素中每次取出 m 个不同元素构成的排列数为 A_n^m。

现在换一个角度看排列问题：(1)先从集合 S 的 n 个不同的元素中每次取出 m 个不同元素组成一组；(2)再将这 m 个不同元素进行全排列。

由于 S 的 m-组合数为 C_n^m，而 m 个不同元素的全排列数为 $m!$。根据乘法原理，有

$$A_n^m=m!\,C_n^m$$

所以

$$C_n^m=\frac{A_n^m}{m!}$$

将公式(1-7)代入上式，得

$$C_n^m=\frac{n!}{m!\,(n-m)!} \tag{1-10}$$

约去分子分母中的公因数 $(n-m)!$，得组合数的另一个计算公式

$$C_n^m=\frac{n\cdot(n-1)\cdot(n-2)\cdot\cdots\cdot(n-m+1)}{m!} \tag{1-11}$$

显然，仅含 1 个元素的排列与组合是完全相同的，即 $A_n^1=C_n^1$，在实际解题时用哪个都可以。

例 1-24 从 8 名同学中任选 3 名参加数学竞赛，有几种选法？

解 这是组合问题。根据公式(1-11)，有

$$C_8^3=\frac{8\times7\times6}{3\times2\times1}=56\text{(种)}$$

3. 组合的性质

组合有如下重要性质：设 $n,m\in\mathbf{N}$，当 $m\leqslant n$ 时，

(1) $C_n^m=C_n^{n-m}$； (1-12)

(2) $C_{n+1}^m = C_n^m + C_n^{m-1}$。 (1-13)

公式(1-13)通常称为 **Pascal 公式**。

证明 (1) 根据公式(1-10),有

$$C_n^{n-m} = \frac{n!}{(n-m)!(n-(n-m))!}$$
$$= \frac{n!}{(n-m)!m!} = C_n^m$$

证毕

(2) 根据公式(1-10),有

$$C_n^m + C_n^{m-1} = \frac{n!}{m!(n-m)!} + \frac{n!}{(m-1)!(n-(m-1))!}$$
$$= \frac{n!(n+1-m)}{m!(n+1-m)!} + \frac{n!m}{m!(n+1-m)!}$$
$$= \frac{n!(n+1)}{m!(n+1-m)!} = \frac{(n+1)!}{m!(n+1-m)!} = C_{n+1}^m$$

证毕

例 1-25 计算 C_{100}^{98}。

解 利用公式(1-12),得

$$C_{100}^{98} = C_{100}^{100-98} = C_{100}^2$$
$$= \frac{100\times 99}{2\times 1} = 4950$$

4. 典型例题分析

对于比较复杂的排列或组合问题,需要用合理的方法将其分解成几个典型的组合或排列问题,再适当运用乘法原理或加法原理来解决。当与次序有关时按排列计数,当与次序无关时按组合计数。

例 1-26 (1)从集合$\{1,2,3,\cdots,9\}$中选取数字构成每位数都不相同的 3 位数,可以构成多少个 3 位数? (2)从集合$\{0,1,2,3,\cdots,9\}$中选取数字构成每位数都不相同的 3 位数,可以构成多少个 3 位数?

解 (1) 该问题为从 9 个不同的元素中选取 3 个元素进行排列,根据公式(1-5)计算排列数得

$$A_9^3 = 9\times 8\times 7 = 504$$

(2) 因为数字的首位不能为 0,因此,百位数只能在子集$\{1,2,3,\cdots,9\}$中任选其一,有 A_9^1 种选法。十位和个位数只能在包括 0 在内的剩下 9 个数中选取 2 个进行排列,有 A_9^2 种选法。根据乘法原理,构成的 3 位数的个数为

$$A_9^1\times A_9^2 = 9\times 9\times 8 = 648$$

例 1-27 从 6 名男同学和 4 名女同学中,选 3 名男同学和 2 名女同学分别担任班长、副班长、学习委员、文体委员和宣传委员,一共有多少种选法?

解 这是有限制条件的排列问题。这样分析问题是合理的:先把担任班干部的 5 名同学选出来,再进行分工。因此,从 6 名男同学中选出 3 名的选法有 C_6^3 种,从 4 名女同学中选出 2 名的选法有 C_4^2 种,选出的 3 男 2 女 5 名同学担任 5 种不同职务的排法共有 A_5^5 种。由乘法原理,共有

$$C_6^3 C_4^2 A_5^5 = \frac{6\times 5\times 4}{3\times 2\times 1}\times\frac{4\times 3}{2\times 1}\times 5!$$
$$= 20\times 6\times 120 = 14400(\text{种})$$

例 1-28 从集合$\{a,b,c,d,e\}$中以下面 2 种不同方式选取字母组成字符串，不允许有字母相同，可以组成多少个不同的字符串？

(1) 只能选 3 个字母，且第 1 个字母不能是 a 和 e。

(2) 可以选 1 至 5 个字母。

解 (1) 因为第 1 个字母只能在子集$\{b,c,d\}$中任选其一，有 A_3^1 种选法。第 1 个字母选定后，第 2、第 3 个字母只能在剩下的 4 个字母中选取 2 个进行排列，有 A_4^2 种选法。根据乘法原理，构成的字符串数为

$$A_3^1 \times A_4^2 = 3 \times 4 \times 3 = 36(\text{种})$$

(2) 本小题可以分解成分别含 1,2,3,4,5 个字母的 5 类字符串，每一类字符串都是一个典型的排列问题。选 1 个字母是在 5 个字母中任选其一，有 A_5^1 种选法；选 2 个字母是在 5 个字母中选取 2 个进行排列，有 A_5^2 种选法；……；选 5 个字母是在 5 个字母中选取 5 个进行全排列，有 A_5^5 种选法。根据加法原理，构成的字符串数为

$$\begin{aligned} A_5^1 + A_5^2 + A_5^3 + A_5^4 + A_5^5 &= 5 + 5\times 4 + 5\times 4\times 3 + 5\times 4\times 3\times 2 + 5\times 4\times 3\times 2\times 1 \\ &= 5 + 20 + 60 + 120 + 120 = 325(\text{种}) \end{aligned}$$

1.5.3 二项式定理

组合数可以用于二项式的展开计算。为了得到二项式$(a+b)^n$($n\in\mathbf{Z}^+$)的展开式，将其改写成 n 个$(a+b)$连乘的形式：

$$\underbrace{(a+b)(a+b)\cdots(a+b)}_{n\text{个}}$$

用分配律将上式完全展开，一共有 2^n 项，其中有许多同类项，每一项都是 $a^{n-r}b^r$ 的形式(其中 $r=0,1,2,\cdots,n$)。由于 $a^{n-r}b^r$ 是在 n 个因子中选择 r 个 b 和 $n-r$ 个 a 得到的，所以，$a^{n-r}b^r$ 项出现的次数是 n 个因子中选择 r 个因子的组合数，即 C_n^r。这个结论就是下面的二项式定理。

定理 1-12(二项式定理) 设 $n\in\mathbf{Z}^+$，则对任意的 a 和 b，有

$$\begin{aligned} (a+b)^n &= C_n^0 a^n + C_n^1 a^{n-1} b + \cdots + C_n^r a^{n-r} b^r + \cdots + C_n^n b^n \\ &= \sum_{r=0}^{n} C_n^r a^{n-r} b^r \end{aligned} \tag{1-14}$$

证明 用数学归纳法。

① 当 $n=1$ 时命题显然成立。

② 假设当 $n=k$ 时命题成立，即

$$(a+b)^k = \sum_{r=0}^{k} C_k^r a^{k-r} b^r$$

对 $n=k+1$，有

$$\begin{aligned} (a+b)^{k+1} &= (a+b)(a+b)^k = (a+b)\sum_{r=0}^{k} C_k^r a^{k-r} b^r \\ &= \sum_{r=0}^{k} C_k^r a^{k-r+1} b^r + \sum_{r=0}^{k} C_k^r a^{k-r} b^{r+1} \end{aligned}$$

$$= C_k^0 a^{k+1} + \sum_{r=1}^{k} C_k^r a^{k-r+1} b^r + \sum_{r=0}^{k-1} C_k^r a^{k-r} b^{r+1} + C_k^k b^{k+1} \tag{a}$$

由于

$$\sum_{r=0}^{k-1} C_k^r a^{k-r} b^{r+1} = \sum_{r=1}^{k} C_k^{r-1} a^{k-r+1} b^r \tag{b}$$

将式(b)代入式(a),并引用公式(1-13),得

$$\begin{aligned}(a+b)^{k+1} &= a^{k+1} + \sum_{r=1}^{k} C_k^r a^{k-r+1} b^r + \sum_{r=1}^{k} C_k^{r-1} a^{k-r+1} b^r + b^{k+1} \\ &= a^{k+1} + \sum_{r=1}^{k} (C_k^r + C_k^{r-1}) a^{k-r+1} b^r + b^{k+1} \\ &= a^{k+1} + \sum_{r=1}^{k} C_{k+1}^r a^{k-r+1} b^r + b^{k+1} \\ &= \sum_{r=0}^{k+1} C_{k+1}^r a^{k+1-r} b^r\end{aligned}$$

这表明,当 $n=k+1$ 时命题也成立。

根据①、②两步,命题得证。

公式(1-14)右边的多项式称为 $(a+b)^n$ 的**二项展开式**,$T_{r+1}=C_n^r a^{n-r} b^r$ 称为二项展开式的**通项**,$C_n^r(r=0,1,2,\cdots,n)$ 称为**二项式系数**。二项式系数共有 $n+1$ 个,中间的一项(n 为偶数时)或中间的两项(n 为奇数时)系数最大。

如果在公式(1-14)中令 $a=b=1$,就得到

$$\sum_{r=0}^{n} C_n^r = C_n^0 + C_n^1 + C_n^2 + \cdots + C_n^r + \cdots + C_n^n = 2^n \tag{1-15}$$

公式(1-15)实际上就是 $(a+b)^n$ 的展开式的全部系数的和。

例 1-29 求 $(3x+2)^8$ 的展开式中 x^3 的系数。

解 在公式(1-14)中令 $a=3x,b=2$,则本题的实质是求 $T_{5+1}=C_8^5(3x)^{8-5}\cdot 2^5$ 中 x^3 的系数,所以有

$$\begin{aligned}C_8^5 \times 3^{8-5} \times 2^5 &= C_8^3 \times 27 \times 32 \\ &= \frac{8\times 7\times 6}{3\times 2\times 1} \times 27 \times 32 = 48384\end{aligned}$$

1.5.4 鸽巢原理

定理 1-13(鸽巢原理) 将 n 只鸽子放到 r 个鸽巢中,如果 $r<n$,那么至少有 1 个鸽巢含有 2 只或更多只鸽子。

鸽巢原理通常又称为**抽屉原理**。

证明 用反证法。假设每 1 个鸽巢至多放 1 只鸽子,则 r 个鸽巢至多放 r 只鸽子。但是,由于 $r<n$,因而这种放法并不能将所有的鸽子都放进鸽巢中。所以,假设是错误的,原命题成立。

鸽巢原理非常直观、简单,但能证明许多复杂的命题。

正确运用鸽巢原理的关键是在具体问题中分清什么是"鸽子",什么是"鸽巢",尤其是正确构造"鸽巢",并且要计算出鸽子数和鸽巢数。

例 1-30　证明：如果从 1 到 8 中任选 5 个数，那么其中必定有两个数的和是 9。

分析　本题中，要选的 5 个数是"鸽子"。那么什么是"鸽巢"呢？显然，"鸽巢"数应该小于 5。因此，构造 4 个不同的集合，每个集合包含两个数，且这两个数的和是 9，即 $A_1=\{1,8\}$，$A_2=\{2,7\}$，$A_3=\{3,6\}$，$A_4=\{4,5\}$。

证明　所选的 5 个数必然来自上述 4 个集合。由鸽巢原理知，这 5 个数至少有两个是来自同一个集合。这两个数的和是 9。命题得证。

例 1-31　证明：如果从集合$\{1,2,3,\cdots,20\}$中任选 11 个数，那么其中必定有一个数是另一个数的倍数。

分析　本题中，要选的 11 个数是"鸽子"。那么什么是"鸽巢"呢？显然，"鸽巢"数应该小于 11。因为每一个正整数都可以表示成 2 的若干次幂与一个奇数因子的乘积，即 $n=2^k r$，其中 r 是正奇数且 $k\in\mathbf{N}$。例如，$7=2^0\times7$，$8=2^3\times1$，$18=2^1\times9$。因此，将集合$\{1,2,3,\cdots,20\}$中的 20 个数都写成 $2^k r$ 的形式。将所含奇数因子相同的数构成一个集合。例如，将 3$(=2^0\times3)$，6$(=2^1\times3)$，12$(=2^2\times3)$这 3 个数构成一个集合。由于集合$\{1,2,3,\cdots,20\}$中仅有 10 个奇数，因此，这样的集合只有 10 个。

证明　所选的 11 个数必然来自上述 10 个集合。由鸽巢原理知，这 11 个数至少有两个是来自同一个集合。这两个数的奇数因子相同。不妨将这两个数记为 $n_1=2^{k_1}r$ 和 $n_2=2^{k_2}r$。如果 $k_1>k_2$，那么 n_1 是 n_2 的倍数；否则，n_2 是 n_1 的倍数。命题得证。

1.6　矩阵的初步知识

1.6.1　矩阵的概念

矩阵是数学中表示一批相关数的重要方式。例如，可以用矩阵表示通信网络模型和交通运输模型。许多算法都是以矩阵为基础开发的。下面先介绍一个实例。

实例 1-17　将某种货物从甲、乙、丙三个产地运往 A，B，C，D 四个销地。表 1-1 为调运计划表。

表　1-1　　t

产地＼销地	A	B	C	D
甲	40	120	40	110
乙	20	100	30	90
丙	80	50	110	60

省略表 1-1 中的说明，仅把其中的各个数按原来的位置排列，并用括号括起来就得

$$\begin{pmatrix} 40 & 120 & 40 & 110 \\ 20 & 100 & 30 & 90 \\ 80 & 50 & 110 & 60 \end{pmatrix}$$

这类矩形数表就是下面定义的矩阵。

定义 1-12　由 $m\times n$ 个数 a_{ij} $(i=1,2,\cdots,m;j=1,2,\cdots,n)$排成的如下 m 行 n 列矩形数表

$$\begin{pmatrix} a_{11} & a_{12} & \cdots & a_{1n} \\ a_{21} & a_{22} & \cdots & a_{2n} \\ \vdots & \vdots & & \vdots \\ a_{m1} & a_{m2} & \cdots & a_{mn} \end{pmatrix}$$

称为 **m 行 n 列矩阵**，简称 **$m\times n$ 矩阵**。通常用大写字母 $\boldsymbol{A},\boldsymbol{B},\boldsymbol{C},\cdots$ 表示矩阵，a_{ij} 称为矩阵 $\boldsymbol{A}$ 的第 i 行第 j 列的**元素**。有时为了标明一个矩阵的行数和列数，用 $\boldsymbol{A}_{m\times n}$ 或 $(a_{ij})_{m\times n}$ 表示一个 m 行 n 列矩阵。

下面介绍几种特殊矩阵。

(1) 当 $m=n$ 时，矩阵 $\boldsymbol{A}$ 称为 **n 阶方阵**。

(2) 当 $m=1$ 时，矩阵 $\boldsymbol{A}$ 称为**行矩阵**，此时

$$\boldsymbol{A}=(a_{11} \quad a_{12} \quad \cdots \quad a_{1n})$$

(3) 当 $n=1$ 时，矩阵 $\boldsymbol{A}$ 称为**列矩阵**，此时

$$\boldsymbol{A}=\begin{pmatrix} a_{11} \\ a_{21} \\ \vdots \\ a_{m1} \end{pmatrix}$$

(4) 当 $a_{ij}(i=1,2,\cdots,m;j=1,2,\cdots,n)=0$ 时，称 $\boldsymbol{A}$ 为**零矩阵**，记为 $\boldsymbol{O}_{m\times n}$ 或 $\boldsymbol{O}$。

(5) 如果方阵 $\boldsymbol{A}$ 的主对角线下方所有元素都是 0，即

$$\boldsymbol{A}=\begin{pmatrix} a_{11} & a_{12} & \cdots & a_{1n} \\ 0 & a_{22} & \cdots & a_{2n} \\ \vdots & \vdots & \ddots & \vdots \\ 0 & 0 & \cdots & a_{nn} \end{pmatrix}$$

则称 $\boldsymbol{A}$ 为**上三角形矩阵**。

(6) 如果方阵 $\boldsymbol{A}$ 的主对角线上方所有元素都是 0，即

$$\boldsymbol{A}=\begin{pmatrix} a_{11} & 0 & \cdots & 0 \\ a_{21} & a_{22} & \cdots & 0 \\ \vdots & \vdots & \ddots & \vdots \\ a_{n1} & a_{n2} & \cdots & a_{nn} \end{pmatrix}$$

则称 $\boldsymbol{A}$ 为**下三角形矩阵**。

上三角形矩阵和下三角形矩阵统称为**三角形矩阵**。

(7) 如果 n 阶方阵 $\boldsymbol{A}$ 的主对角线以外所有元素都是 0，则称 $\boldsymbol{A}$ 为 **n 阶对角矩阵**。

(8) 如果 n 阶方阵 $\boldsymbol{A}$ 的主对角线上的元素全为 1，则称 $\boldsymbol{A}$ 为 **n 阶单位矩阵**，记为 $\boldsymbol{E}_n$ 或 $\boldsymbol{E}$，即

$$\boldsymbol{E}_n=\begin{pmatrix} 1 & 0 & \cdots & 0 \\ 0 & 1 & \cdots & 0 \\ \vdots & \vdots & \ddots & \vdots \\ 0 & 0 & \cdots & 1 \end{pmatrix}$$

1.6.2 矩阵的加法和数乘

定义 1-13 若矩阵 $\boldsymbol{A}$ 和矩阵 $\boldsymbol{B}$ 的行数和列数分别相等，则称 $\boldsymbol{A}$ 与 $\boldsymbol{B}$ 为**同型矩阵**。

定义 1-14 若矩阵 $\boldsymbol{A}$ 和矩阵 $\boldsymbol{B}$ 为同型矩阵，并且对应的元素相等，则称矩阵 $\boldsymbol{A}$ 和矩阵 $\boldsymbol{B}$ 相等，记为 $\boldsymbol{A}=\boldsymbol{B}$。

例 1-32 设 $\boldsymbol{A}=\begin{pmatrix} 3 & -1 & 2 \\ a-b & b & 0 \end{pmatrix}$，$\boldsymbol{B}=\begin{pmatrix} a+b & -1 & 2 \\ 5 & b & 0 \end{pmatrix}$，且 $\boldsymbol{A}=\boldsymbol{B}$，求 a,b。

解 由 $\boldsymbol{A}=\boldsymbol{B}$ 知，$\boldsymbol{A}$ 和 $\boldsymbol{B}$ 的对应元素都应相等，比较两矩阵的相关对应元素，得

$$\begin{cases} a+b=3 \\ a-b=5 \end{cases}$$

解之，得 $a=4,b=-1$。

定义 1-15 两个同型矩阵 $\boldsymbol{A}$ 和 $\boldsymbol{B}$ 的对应元素相加得到的矩阵 $\boldsymbol{C}$，称为矩阵 $\boldsymbol{A}$ 和 $\boldsymbol{B}$ 的**和**，记为 $\boldsymbol{C}=\boldsymbol{A}+\boldsymbol{B}$。

例 1-33 设 $\boldsymbol{A}=\begin{pmatrix} 1 & -1 \\ 3 & 2 \end{pmatrix}$，$\boldsymbol{B}=\begin{pmatrix} -2 & 1 \\ 0 & 4 \end{pmatrix}$，求 $\boldsymbol{A}+\boldsymbol{B}$。

解 $\boldsymbol{A}+\boldsymbol{B}=\begin{pmatrix} 1+(-2) & -1+1 \\ 3+0 & 2+4 \end{pmatrix}=\begin{pmatrix} -1 & 0 \\ 3 & 6 \end{pmatrix}$

矩阵的加法有如下性质：

(1) $\boldsymbol{A}+\boldsymbol{B}=\boldsymbol{B}+\boldsymbol{A}$；

(2) $(\boldsymbol{A}+\boldsymbol{B})+\boldsymbol{C}=\boldsymbol{A}+(\boldsymbol{B}+\boldsymbol{C})$；

(3) $\boldsymbol{A}+\boldsymbol{O}=\boldsymbol{A}$。

其中，$\boldsymbol{A},\boldsymbol{B},\boldsymbol{C},\boldsymbol{O}$ 是同型矩阵。

定义 1-16 以常数 k 乘矩阵 $\boldsymbol{A}$ 的每一个元素所得到的矩阵 $\boldsymbol{C}$，称为**数 k 与矩阵 $\boldsymbol{A}$ 的乘积**，简称**数乘**，记为 $k\boldsymbol{A}$。

矩阵的数乘有如下性质：

(1) $(k+l)\boldsymbol{A}=k\boldsymbol{A}+l\boldsymbol{A}$；

(2) $k(\boldsymbol{A}+\boldsymbol{B})=k\boldsymbol{A}+k\boldsymbol{B}$；

(3) $(kl)\boldsymbol{A}=k(l\boldsymbol{A})$。

其中，$\boldsymbol{A},\boldsymbol{B}$ 是同型矩阵；k,l 是任意实数。

例 1-34 设

$$\boldsymbol{A}=\begin{pmatrix} 3 & 2 & -2 \\ -1 & 3 & 1 \end{pmatrix}, \quad \boldsymbol{B}=\begin{pmatrix} 2 & -1 & 3 \\ 1 & -2 & 2 \end{pmatrix}$$

求：(1)$\boldsymbol{A}+2\boldsymbol{B}$。(2)$\boldsymbol{B}-3\boldsymbol{A}$。

解 (1) $\boldsymbol{A}+2\boldsymbol{B}=\begin{pmatrix} 3 & 2 & -2 \\ -1 & 3 & 1 \end{pmatrix}+2\begin{pmatrix} 2 & -1 & 3 \\ 1 & -2 & 2 \end{pmatrix}$

$$=\begin{pmatrix} 3+2\times 2 & 2+2\times(-1) & -2+2\times 3 \\ -1+2\times 1 & 3+2\times(-2) & 1+2\times 2 \end{pmatrix}=\begin{pmatrix} 7 & 0 & 4 \\ 1 & -1 & 5 \end{pmatrix}$$

(2) $\boldsymbol{B}-3\boldsymbol{A}=\begin{pmatrix} 2 & -1 & 3 \\ 1 & -2 & 2 \end{pmatrix}-3\begin{pmatrix} 3 & 2 & -2 \\ -1 & 3 & 1 \end{pmatrix}$

$$=\begin{pmatrix}2-3\times3 & -1-3\times2 & 3-3\times(-2)\\1-3\times(-1) & -2-3\times3 & 2-3\times1\end{pmatrix}=\begin{pmatrix}-7 & -7 & 9\\4 & -11 & -1\end{pmatrix}$$

1.6.3 矩阵的乘法

定义 1-17 设 $\boldsymbol{A}=(a_{ij})_{m\times s}$，$\boldsymbol{B}=(b_{ij})_{s\times n}$，则由元素

$$c_{ij}=a_{i1}b_{1j}+a_{i2}b_{2j}+\cdots+a_{is}b_{sj}$$
$$=\sum_{k=1}^{s}a_{ik}b_{kj}\quad(i=1,2,\cdots,m;j=1,2,\cdots,n)$$

构成的 m 行 n 列矩阵 $\boldsymbol{C}$，称为矩阵 $\boldsymbol{A}$ 与矩阵 $\boldsymbol{B}$ 的乘积，记为 $\boldsymbol{C}=\boldsymbol{AB}$。

【说明】 矩阵 $\boldsymbol{A}$ 与矩阵 $\boldsymbol{B}$ 可以相乘，当且仅当矩阵 $\boldsymbol{A}$ 的列数与矩阵 $\boldsymbol{B}$ 的行数相等。

例 1-35 设

$$\boldsymbol{A}=\begin{pmatrix}2 & 4\\1 & 2\end{pmatrix},\quad \boldsymbol{B}=\begin{pmatrix}2 & -2\\-1 & 1\end{pmatrix}$$

求：(1)$\boldsymbol{AB}$。(2)$\boldsymbol{BA}$。

解 (1) $\boldsymbol{AB}=\begin{pmatrix}2 & 4\\1 & 2\end{pmatrix}\begin{pmatrix}2 & -2\\-1 & 1\end{pmatrix}$

$$=\begin{pmatrix}2\times2+4\times(-1) & 2\times(-2)+4\times1\\1\times2+2\times(-1) & 1\times(-2)+2\times1\end{pmatrix}$$

$$=\begin{pmatrix}0 & 0\\0 & 0\end{pmatrix}$$

(2) $\boldsymbol{BA}=\begin{pmatrix}2 & -2\\-1 & 1\end{pmatrix}\begin{pmatrix}2 & 4\\1 & 2\end{pmatrix}$

$$=\begin{pmatrix}2\times2+(-2)\times1 & 2\times4+(-2)\times2\\(-1)\times2+1\times1 & (-1)\times4+1\times2\end{pmatrix}$$

$$=\begin{pmatrix}2 & 4\\-1 & -2\end{pmatrix}$$

例 1-36 设

$$\boldsymbol{A}=\begin{pmatrix}1 & 0 & -1 & 2\\-1 & 1 & 3 & 0\\0 & 5 & -1 & 4\end{pmatrix},\quad \boldsymbol{B}=\begin{pmatrix}0 & 3 & 0\\1 & 2 & 1\\0 & 1 & -1\\-1 & 2 & 1\end{pmatrix}$$

求：(1)$\boldsymbol{AB}$。(2)$\boldsymbol{BA}$。

解 (1) $\boldsymbol{AB}=\begin{pmatrix}1 & 0 & -1 & 2\\-1 & 1 & 3 & 0\\0 & 5 & -1 & 4\end{pmatrix}\begin{pmatrix}0 & 3 & 0\\1 & 2 & 1\\0 & 1 & -1\\-1 & 2 & 1\end{pmatrix}=\begin{pmatrix}-2 & 6 & 3\\1 & 2 & -2\\1 & 17 & 10\end{pmatrix}$

(2) $\boldsymbol{BA}=\begin{pmatrix}0 & 3 & 0\\1 & 2 & 1\\0 & 1 & -1\\-1 & 2 & 1\end{pmatrix}\begin{pmatrix}1 & 0 & -1 & 2\\-1 & 1 & 3 & 0\\0 & 5 & -1 & 4\end{pmatrix}=\begin{pmatrix}-3 & 3 & 9 & 0\\-1 & 7 & 4 & 6\\-1 & -4 & 4 & -4\\-3 & 7 & 6 & 2\end{pmatrix}$

由上面的例题可以看出，进行矩阵乘法时，不能随意改变乘的次序，即矩阵乘法不满足交换律。还要指出的是：矩阵乘法不满足消去律，即不能由 $\boldsymbol{AB}=\boldsymbol{AC}$ 一定得到 $\boldsymbol{B}=\boldsymbol{C}$。

为简便起见，对于方阵 $\boldsymbol{A}$，通常将 $\boldsymbol{AA}$，$\boldsymbol{AAA}$ 分别记为 $\boldsymbol{A}^2$，$\boldsymbol{A}^3$ 等。

矩阵乘法具有下列性质(假定下述所有的矩阵乘法都能进行)：

(1) $(\boldsymbol{AB})\boldsymbol{C}=\boldsymbol{A}(\boldsymbol{BC})$；

(2) $k(\boldsymbol{AB})=(k\boldsymbol{A})\boldsymbol{B}=\boldsymbol{A}(k\boldsymbol{B})$；

(3) $(\boldsymbol{A}+\boldsymbol{B})\boldsymbol{C}=\boldsymbol{AC}+\boldsymbol{BC}$；

(4) $\boldsymbol{A}(\boldsymbol{B}+\boldsymbol{C})=\boldsymbol{AB}+\boldsymbol{AC}$；

(5) $\boldsymbol{E}_m\boldsymbol{A}_{m\times n}=\boldsymbol{A}_{m\times n}$，$\boldsymbol{A}_{m\times n}\boldsymbol{E}_n=\boldsymbol{A}_{m\times n}$；

(6) 当 $\boldsymbol{A}$ 是 n 阶方阵时，$\boldsymbol{E}_n\boldsymbol{A}=\boldsymbol{AE}_n=\boldsymbol{A}$；

(7) 若 $\boldsymbol{A}$ 为方阵，k，l 为正整数，$\boldsymbol{A}^k\boldsymbol{A}^l=\boldsymbol{A}^{k+l}$，$(\boldsymbol{A}^k)^l=\boldsymbol{A}^{kl}$。

1.6.4 转置矩阵和逆矩阵

定义 1-18 $m\times n$ 矩阵

$$\boldsymbol{A}=\begin{pmatrix} a_{11} & a_{12} & \cdots & a_{1n} \\ a_{21} & a_{22} & \cdots & a_{2n} \\ \vdots & \vdots & & \vdots \\ a_{m1} & a_{m2} & \cdots & a_{mn} \end{pmatrix}$$

的行、列互换得到的 $n\times m$ 矩阵称为 $\boldsymbol{A}$ 的**转置矩阵**，简记为 $\boldsymbol{A}^{\mathrm{T}}$，即

$$\boldsymbol{A}^{\mathrm{T}}=\begin{pmatrix} a_{11} & a_{21} & \cdots & a_{m1} \\ a_{12} & a_{22} & \cdots & a_{m2} \\ \vdots & \vdots & & \vdots \\ a_{1n} & a_{2n} & \cdots & a_{mn} \end{pmatrix}$$

实例 1-18 (1) 矩阵 $\boldsymbol{A}=\begin{pmatrix} 1 & 2 & -1 \\ 0 & 3 & 2 \\ -1 & -2 & 0 \\ 2 & 1 & -2 \end{pmatrix}$ 的转置矩阵 $\boldsymbol{A}^{\mathrm{T}}=\begin{pmatrix} 1 & 0 & -1 & 2 \\ 2 & 3 & -2 & 1 \\ -1 & 2 & 0 & -2 \end{pmatrix}$。

(2) 矩阵 $\boldsymbol{A}=\begin{pmatrix} 1 & 0 & 2 \\ 0 & 3 & -1 \\ 2 & -1 & 4 \end{pmatrix}$ 的转置矩阵和它自身相同，即 $\boldsymbol{A}^{\mathrm{T}}=\begin{pmatrix} 1 & 0 & 2 \\ 0 & 3 & -1 \\ 2 & -1 & 4 \end{pmatrix}=\boldsymbol{A}$。

定义 1-19 设 $\boldsymbol{A}$ 为 n 阶方阵，如果存在 n 阶方阵 $\boldsymbol{B}$，使得

$$\boldsymbol{AB}=\boldsymbol{BA}=\boldsymbol{E}$$

则称方阵 $\boldsymbol{A}$ 是**可逆矩阵**(简称 $\boldsymbol{A}$ **可逆**)，并把方阵 $\boldsymbol{B}$ 称为 $\boldsymbol{A}$ 的**逆矩阵**(简称为 $\boldsymbol{A}$ 的**逆阵**，或 $\boldsymbol{A}$ 的逆)。

一般地，$\boldsymbol{A}$ 的逆矩阵记为 $\boldsymbol{A}^{-1}$(读作"$\boldsymbol{A}$ 逆")，即若 $\boldsymbol{AB}=\boldsymbol{BA}=\boldsymbol{E}$，则 $\boldsymbol{B}=\boldsymbol{A}^{-1}$。

于是，若矩阵 $\boldsymbol{A}$ 是可逆矩阵，则存在矩阵 $\boldsymbol{A}^{-1}$，满足

$$\boldsymbol{AA}^{-1}=\boldsymbol{A}^{-1}\boldsymbol{A}=\boldsymbol{E}$$

例 1-37 设

$$\boldsymbol{A}=\begin{pmatrix}-1 & 2\\ 2 & -3\end{pmatrix},\quad \boldsymbol{B}=\begin{pmatrix}3 & 2\\ 2 & 1\end{pmatrix}$$

验证 $\boldsymbol{B}$ 是 $\boldsymbol{A}$ 的逆矩阵。

解 因为

$$\boldsymbol{AB}=\begin{pmatrix}-1 & 2\\ 2 & -3\end{pmatrix}\begin{pmatrix}3 & 2\\ 2 & 1\end{pmatrix}=\begin{pmatrix}1 & 0\\ 0 & 1\end{pmatrix},\quad \boldsymbol{BA}=\begin{pmatrix}3 & 2\\ 2 & 1\end{pmatrix}\begin{pmatrix}-1 & 2\\ 2 & -3\end{pmatrix}=\begin{pmatrix}1 & 0\\ 0 & 1\end{pmatrix}$$

所以,$\boldsymbol{B}$ 是 $\boldsymbol{A}$ 的逆矩阵。

并不是所有方阵都存在逆矩阵。这个问题可参考线性代数教材,本书省略。

1.7 本章小结

本章介绍了后面几章需要用到的基础知识。下面是本章知识的要点以及对它们的要求。

- 理解集合、元素等重要概念。
- 掌握数学归纳法。
- 理解整除、素数、合数、带余除法、最大公约数、最小公倍数、模运算、同余等概念。
- 理解带余除法定理,熟练掌握用辗转相除法求两个整数的最大公约数。会求两个整数的最小公倍数。理解同余的概念及性质,了解同余的应用。
- 深刻理解序列的概念,熟练掌握典型整数序列的显式公式及求和公式。
- 理解和掌握排列、组合、二项式定理的概念及计算公式,并能够运用它们解决实际问题。
- 理解矩阵的概念,熟练掌握矩阵的加法、数乘和矩阵的乘法运算。

1.8 习　题

1-1 设集合 $A=\{x|x<9\}$,判断下列各命题是否正确:

(1) $2\in A$。(2) $9\in A$。(3) $6\notin A$。(4) $10\notin A$。

1-2 用数学归纳法证明:对所有非负整数 n,有

$$2^0+2^1+2^2+\cdots+2^n=2^{n+1}-1$$

1-3 证明定理 1-1(5)。

1-4 将十进制数 87 转换成二进制数。

1-5 已知 a 和 b,试将 a 写成 $qb+r(0\leqslant r<b)$ 的形式:

(1) $a=129,b=55$。(2) $a=48,b=6$。(3) $a=7,b=29$。(4) $a=-31,b=12$。

1-6 求整数 a 和 b 的最大公约数和最小公倍数:

(1) $a=35,b=15$。(2) $a=20,b=30$。(3) $a=34,b=58$。

1-7 将 gcd(35,15)用 35 和 15 的线性组合表示。

1-8 列出 3 个模 11 余 5 的整数。

1-9　计算下列各值：

(1) 17 mod 2。(2) 119 mod 18。(3) 147 mod 7。(4) −29 mod 6。

1-10　现在的时间是 17 点，256 小时后是几点？

1-11　完成下列模加法和模乘法：

(1) $7\oplus_9 8$。(2) $5\oplus_{12}11$。(3) $3\otimes_8 7$。(4) $4\otimes_7 5$。

1-12　求信息“this message is encrypted”用 $f(p)=p\oplus_{26}15$ 加密后的加密信息。

1-13　已知序列$\{a_n\}$的通项公式为 $a_n=(-2)^n+3^n$，求 a_1,a_2,a_3,a_4。

1-14　已知序列$\{a_n\}$的通项公式为 $a_n=1+(-1)^n$，求 a_{100}。

1-15　用数学归纳法证明等差数列前 n 项的求和公式：

$$a_1+(a_1+d)+(a_1+2d)+\cdots+[a_1+(n-1)d]=na_1+\frac{n(n-1)}{2}d$$

1-16　计算下列各式的值：

(1) $\sum_{k=0}^{4}(-2)^k$。(2) $\sum_{k=2}^{5}(2k+1)$。(3) $\sum_{i=1}^{3}\sum_{j=1}^{4}(i+1)(j-1)$。

1-17　某次考试要求学生从 12 道问题中选出 10 道作答，共有多少种选择方法？

1-18　计算下列问题：

(1) 6 个人互相握手致意，共握手多少次？

(2) 6 个人互相签名留念，共签名多少次？

1-19　从 8 名女士和 10 名男士中，分别选出 2 名女士和 3 名男士组成 5 人委员会，那么能形成多少种不同的 5 人委员会？

1-20　某计算机系统的每个用户有一个登录密码，该密码由 3 或 4 个字符构成，其中每个字符必须是大写英文字母或数字，但每个密码必须至少含有一个数字，问可以有多少个密码？

1-21　有颜色不同的四盏灯，

(1) 把它们按不同的次序全部挂在灯杆上表示信号，共有多少种不同的信号？

(2) 每次使用 1 盏、2 盏、3 盏或 4 盏灯按一定的次序挂在灯杆上表示信号，共有多少种不同的信号？

1-22　有精美挂历 3 份，校历纪念册 5 本，赠给 8 位同学，每人得一件，共有多少种不同的送法？

1-23　一家银行的密码是由 3 个英文字母后跟 3 个数字组成的，共可构成多少种不同的密码？

1-24　把字母 a,b,c,d,e 进行排列，(1)要求字母 c 必须紧跟在字母 d 的右边，有多少种排法？(2)要求字母 c 只能在字母 d 的右边，又有多少种排法？

1-25　一个商店出售 5 种不同品牌的冰激凌。一个顾客买了 3 盒冰激凌，有多少种选法？如果 3 盒中只有 2 种不同品牌的冰激凌，又有多少种选法？

1-26　从集合$\{a,b,c,d,e\}$中选取 3 个字母组成字符串，不允许有字母相同，且第 1 个字母不能是 a，第 3 个字母不能是 c，可以组成多少个不同的字符串？

1-27　计算$(1-2x)^8$ 展开式中 x^7 的系数。

1-28　计算$(2x-3y)^5$ 展开式中 x^3y^2 的系数。

1-29　证明：如果一个学生周一至周五要听 8 次课，那么他一周内至少有一天需要听 2 次或更多次课。

1-30　证明：如果任选 6 个正整数，那么当用 5 去除时，它们当中至少有两个数的余数相同。

1-31　已知 $\boldsymbol{A}=\begin{pmatrix} x-2y & 1 \\ -4 & 0 \end{pmatrix}$，$\boldsymbol{B}=\begin{pmatrix} 3 & 1 \\ -4 & x+y \end{pmatrix}$，且 $\boldsymbol{A}=\boldsymbol{B}$，求 x, y 的值。

1-32　已知

$$\boldsymbol{A}=\begin{bmatrix} 1 & 2 & 3 & 4 \\ 0 & -1 & 5 & 2 \\ 2 & 3 & 1 & 0 \end{bmatrix}, \quad \boldsymbol{B}=\begin{bmatrix} 0 & 2 & 1 & 3 \\ 4 & 1 & 0 & 2 \\ 0 & -3 & 2 & 5 \end{bmatrix}$$

求 $\boldsymbol{A}+\boldsymbol{B}$，$2\boldsymbol{A}+3\boldsymbol{B}$。

1-33　已知矩阵 $\boldsymbol{A}=\begin{pmatrix} 3 & 1 & -2 \\ 1 & 2 & 1 \end{pmatrix}$，$\boldsymbol{B}=\begin{pmatrix} 2 & -1 & 0 \\ -3 & 1 & -5 \end{pmatrix}$，求 $\boldsymbol{A}+\boldsymbol{B}$，$2\boldsymbol{A}-3\boldsymbol{B}$。

1-34　已知

$$\boldsymbol{A}=\begin{pmatrix} 3 & 2 & -1 \\ 2 & -3 & 5 \end{pmatrix}, \quad \boldsymbol{B}=\begin{bmatrix} 1 & 3 \\ -5 & 4 \\ 3 & 6 \end{bmatrix}$$

求 $\boldsymbol{AB}$ 及 $\boldsymbol{BA}$。

1-35　已知

$$\boldsymbol{A}=\begin{bmatrix} 1 & 3 \\ -2 & 2 \\ -1 & -5 \end{bmatrix}, \quad \boldsymbol{B}=\begin{pmatrix} 1 & 2 & -1 \\ -1 & -3 & 2 \end{pmatrix}$$

验证：$(\boldsymbol{AB})^{\mathrm{T}}=\boldsymbol{B}^{\mathrm{T}}\boldsymbol{A}^{\mathrm{T}}$。

1-36　设

$$\boldsymbol{A}=\begin{pmatrix} -1 & 2 \\ 2 & -3 \end{pmatrix}, \quad \boldsymbol{B}=\begin{pmatrix} 3 & 2 \\ 2 & 1 \end{pmatrix}$$

验证：$\boldsymbol{B}$ 是 $\boldsymbol{A}$ 的逆矩阵。

第2章 命题逻辑

本章主要介绍以下内容：

(1) 命题、联结词、命题符号化的概念。

(2) 命题公式及其层次、真值表、命题公式的赋值及分类。

(3) 命题的等价式与等价演算。

(4) 联结词的扩充与联结词完备集。

(5) 析取范式与合取范式、主析取范式与主合取范式、范式的应用。

(6) 命题逻辑推理的形式结构和证明方法。

逻辑遍布日常生活的各个角落。例如，"某人讲话很有逻辑"；"只许州官放火，不许百姓点灯，这是哪家的逻辑！"。在法庭上的唇枪舌剑中，可以听到你来我往的逻辑论辩；在案件的侦破过程中，需要严密的逻辑推理。随着计算机技术的迅猛发展，新的逻辑学分支——**数理逻辑**——在20世纪的下半个世纪迅速发展起来。

数理逻辑和形式逻辑、辩证逻辑是逻辑学的三大分支学科。形式逻辑主要是对思维的形式结构和规律进行研究的类似于语法的一门工具性学科。辩证逻辑是以辩证法认识论为基础的逻辑学。数理逻辑是用数学的方法来研究推理的形式结构和推理规律的学科，需要用一套符号来表示逻辑关系。因此，数理逻辑也称**符号逻辑**。

早在17世纪，德国数学家莱布尼茨(Leibniz G W)就曾设想创造一种"通用的科学语言"，能将逻辑推理过程像数学一样利用公式来进行计算，并得出正确结论。可以说，莱布尼茨是数理逻辑的先驱。1847年，英国数学家布尔(Boole G)创造了一套符号，并利用它们表示逻辑中的各种概念。布尔还建立了一系列运算法则，利用代数方法研究逻辑问题，从而奠定了数理逻辑的基础。19世纪末以来，数理逻辑有了较大的发展，并成为一门独立的学科。

数理逻辑在逻辑电路、自动控制、人工智能、程序设计、数据库理论以及计算机科学的其他领域有着广泛的应用。

数理逻辑的内容相当广泛，本书在第2章和第3章分别介绍其中的命题逻辑和谓词逻辑两部分。

2.1 命题与联结词

2.1.1 命题

数理逻辑是研究思维形式结构的学科。思维的形式结构包括概念、判断和推理。其中，概念是思维的基本单位；判断是通过概念来回答一个事物是否具有某种属性或多个事物间是否存在某种关系；由一个或多个判断推出另一个判断的思维过程就是推理。可见，判断在数理逻辑中有着举足轻重的地位。

在日常语言中，语句的类型可分为陈述句、疑问句、感叹句和祈使句。在这些语句类型中只有陈述句能起到判断的作用，因为只有陈述句才能够表达对事物的“肯定”或“否定”思维。例如，陈述句“今天下雨。”就是一个判断。如果今天真的下雨了，则这个判断是对的；如果今天没有下雨，则这个判断错了。

在数理逻辑中，把能惟一判断真假的陈述句称为**命题**，以命题作为研究对象的逻辑称为**命题逻辑**。

命题可能为真，也可能为假。命题的**真**、**假**统称为命题的**真值**。真值为真的命题称为**真命题**，记作“1”（也可记作“T”）；真值为假的命题称为**假命题**，记作“0”（也可记作“F”）。

例 2-1 判断下列句子哪些是命题：

(1) 广州是广东省的省会。

(2) 雪是黑色的。

(3) 2100 年人类将在月亮上生活。

(4) $11+1=100$。

(5) 如果天气炎热，小梅就去游泳。

(6) $x+y>5$。

(7) 我正在撒谎。

(8) 请把门关好。

(9) 这里可以坐吗？

(10) 这幅画真好看！

解 这 10 个句子中，(8)、(9)、(10)都不是陈述句，因而都不是命题。

(1) 是真命题。

(2) 是假命题。

(3) 的真值虽然现在还不能判断，到 2100 年就能判断了，因而是命题。

(4) 在十进制中为假，在二进制中为真，当确定了进位制时其真值就确定了，因而是命题。

(5) 是命题，其真值视具体情况惟一确定（不是真就是假）。

(6) 不是命题，因为它没有确定的真值。如果赋给 x,y 一组确定的值，这句话就成了命题。例如，当 $x=3,y=4$ 时，$3+4>5$ 是真命题，而当 $x=2,y=1$ 时，$2+1>5$ 是假命题。3.1 节将对这类问题进行详细的讨论。

(7) 是陈述句，但无法给出真值。因为，如果“我正在撒谎”的真值为真，则“我正在撒谎”这句话可信，其真值应该为假；如果“我正在撒谎”的真值为假，则“我正在撒谎”这句话不可信，其真值应该为真。所以，这句话说它为真不对，说它为假也不对。这种自相矛盾的陈述句称为**悖论**。

从例 2-1 的解答可以看出：

(1) 命题一定是陈述句，但并非所有陈述句都是命题。如例 2-1 中的(6)、(7)。

(2) 命题必须有惟一确定的真值，但其真值可能受范围、时间、空间、环境、判断的标准及认识程度的限制，一时无法确定。所以，能分辨真、假的陈述句为命题。如例 2-1 中的(3)、(4)、(5)。

有的命题不能再分解为更简单的陈述句，这样的命题称为**原子命题**或**简单命题**。原子命题是命题逻辑的基本单位。例 2-1 中，(1)、(2)、(3)、(4)都是原子命题。

有的命题是由原子命题和联结词，如“非……”、“不(是)……”、“……和……”、“不但……而且……”、“(或者)……或者……”、“如果……就(那么)……”、“……当且仅当……”，组成。这种通过一系列的联结词把原子命题组合起来的命题称为**复合命题**。例 2-1 的(5)是复合命题。

命题逻辑主要研究抽象的命题及其相互间的关系。因此，有必要用符号来表示命题。在命题逻辑中，通常用小写英文字母或带下标的小写英文字母 $p,q,r,p_1,q_i,\cdots$ 来表示命题。例如，

p：广州是广东省的省会。

q：今天下雨。

用来表示命题的符号称为**命题标识符**，p,q,r,p_1,q_i 都是命题标识符。

如果一个命题标识符代表一个确定的命题，则称此命题标识符为**命题常元**或**命题常项**。如果一个命题标识符代表任意一个未知命题，则称该命题标识符为**命题变元**或**命题变项**。

命题变元类似代数式中的变量，命题常元类似代数式中的常量，但它们有着本质的区别。命题变元或命题常元代表的是**命题元素**，而变量和常量代表的是一个数值。例 2-1 中的(6)：$x+y>5$ 是一个代数式，其中 x 和 y 是变量，不是命题变元，但表达式 $x+y>5$ 可以作为一个命题变元，当变量 x 和 y 的值确定后，它就成为一个原子命题，且命题的真值随变量 x 和 y 的不同取值而变化。

命题变元可以表示任意命题，其真值无法确定。因此，命题变元不是命题。当命题变元用一个确定的命题代入时，才能确定其真值，此时称为对命题变元的**赋值**，亦称对命题变元的**指派**或**代入**。

2.1.2 逻辑联结词

在介绍逻辑联结词以前，有必要考察以下语句：

(1) 金无足赤，人无完人。

(2) 爱因斯坦不但是一位著名的物理学家，而且是一位哲学家。

(3) 得道多助，失道寡助。

(4) 要么闭关锁国而落后挨打，要么改革开放而走向富强。

(5) 没有太阳就没有鲜花，没有黎明就没有朝霞，……，没有基石就没有大厦。

(6) 人不犯我，我不犯人；人若犯我，我必犯人。

在这些语句中，有的出现了“无”、“不”、“不但……而且……”、“要么……要么……”、“没有……，就没有……”等联结词，有的没有出现联结词，但隐含联结词的含义。

日常语言的联结词没有经过严格定义，有的存在二义性。在数理逻辑中，联结词必须经过严格定义，其中一些联结词的含义与日常语言的联结词并不完全一致。数理逻辑中的联结词通常称为**逻辑联结词**或**命题联结词**，简称**联结词**。

逻辑联结词与日常语言中的联结词的区别是：

(1) 逻辑联结词经过严格定义，不含二义性；

(2) 逻辑联结词只起逻辑联结作用，不考虑被联结命题的实际含义。

在传统数学中严格定义了加、减、乘、除 4 种运算，并且分别用特定的符号表示。例如，“+”表示“加”，“×”表示“乘”。有了严格定义并符号化了的四则运算符，就能够准确地表达

代数式，且方便书写和演算。同样地，在数理逻辑中，必须对逻辑联结词给出严格定义，并且用特定的符号表示。只有这样做，才能准确表达各种命题，并方便书写和推演。

在传统数学中，用四则运算符和括号将若干表示常量或变量的字母以及数字联结起来形成代数式。在命题逻辑中，则用联结词和括号将若干表示原子命题的标识符联结起来表示复合命题。这个过程称为**命题符号化**。

下面介绍在命题逻辑中常用的5种逻辑联结词。

1. 否定"¬"

定义 2-1 设 p 为任一命题，复合命题"非 p"(或"p 的否定")称为 p 的**否定式**，记作 $\neg p$。"¬"为**否定联结词**。$\neg p$ 为真，当且仅当 p 为假。$\neg p$ 读作"非 p"。

$\neg p$ 的真值表("真值表"定义见定义 2-10)如表 2-1 所示。

表 2-1

p	$\neg p$
0	1
1	0

一般地，日常语言中的"不"、"无"、"没有"、"非"等词均可符号化为"¬"。

例 2-2 将下列命题符号化：

(1) 今天没有下雨。

(2) 小梅不会游泳。

解 (1) 设 p：今天下雨。则该命题符号化为

$$\neg p$$

(2) 设 q：小梅会游泳。则该命题符号化为

$$\neg q$$

2. 合取"∧"

定义 2-2 设 p,q 为任意两个命题，复合命题"p 并且 q"(或"p 与 q")称为 p 与 q 的**合取式**，记作 $p\wedge q$。"∧"为**合取联结词**。$p\wedge q$ 为真，当且仅当 p 与 q 同时为真。$p\wedge q$ 读作"p 与 q"或"p 与 q 的合取"。

$p\wedge q$ 的真值表如表 2-2 所示。

表 2-2

p	q	$p\wedge q$
0	0	0
0	1	0
1	0	0
1	1	1

一般地，日常语言中的"……和……"、"……与……"、"……并且……"、"既……又……"、"不但……而且……"等词均可符号化为"∧"。

例 2-3 将下列命题符号化：

(1) 小刚和小明都是男孩子。

(2) 爱因斯坦不但是一位著名的物理学家，而且是一位哲学家。

解 (1) 设 p：小刚是男孩子，q：小明是男孩子。则该命题符号化为

$$p\wedge q$$

(2) 设 r：爱因斯坦是一位著名的物理学家，s：爱因斯坦是一位哲学家。则该命题符号化为

$$r\wedge s$$

【说明】 不能一见到"和"、"与"就用"∧"，需要从具体语句的实际含义去判断。例如，"韩平和张雷是好朋友"是原子命题，不是复合命题。

3. 析取"$\vee$"

定义 2-3 设 p,q 为任意两个命题,复合命题"p 或 q"称为 p 与 q 的**析取式**,记作 $p \vee q$。"$\vee$"为**析取联结词**。$p \vee q$ 为假,当且仅当 p 与 q 同时为假。$p \vee q$ 读作"p 或 q"或"p 与 q 的析取"。

$p \vee q$ 的真值表如表 2-3 所示。

表 2-3

p	q	$p \vee q$
0	0	0
0	1	1
1	0	1
1	1	1

一般地,日常语言中的"(或者)……或者……"、"可能……可能……"等词均可符号化为"$\vee$"。

【说明】 析取联结词"$\vee$"与日常语言中"或"的含义并不完全相同。日常语言中"或"具有二义性,既可表示两者同时为"真",也可表示两者不同时为"真"。通常称前者为**可兼或**,称后者为**不可兼或**。例如,"小李在看书或听音乐"中的"或"是可兼或;"小李正在教室看书或正在图书馆上网"中的"或"是不可兼或,因为同一个人不可能同时出现在两个不同的地方。由定义 2-3 可知,"$\vee$"只表示可兼或,不能表示不可兼或。不可兼或的表示方法参看例 2-4。2.3.1 节将介绍直接表示不可兼或的方法。

例 2-4 将下列命题符号化:

(1) 小李在看书或听音乐。

(2) 小李正在教室看书或正在图书馆上网。

解 (1) 设 p:小李在看书,q:小李在听音乐。则该命题符号化为

$$p \vee q$$

(2) 设 r:小李正在教室看书,s:小李正在图书馆上网。按题意,r 和 s 不可能同时为真,所以该命题符号化为

$$(r \wedge \neg s) \vee (\neg r \wedge s) \tag{a}$$

换一个角度思考,该命题还可以符号化为

$$(r \vee s) \wedge \neg(r \wedge s) \tag{b}$$

读者在学习了 2.2.3 节的等价式以后,可以证明式(b)和式(a)是等价的。

4. 条件"$\rightarrow$"

定义 2-4 设 p,q 为任意两个命题,复合命题"如果 p,则 q"称为 p 与 q 的**蕴涵式**或**蕴涵命题**或**条件命题**,记作 $p \rightarrow q$。p 为蕴涵式的**前件**,q 为蕴涵式的**后件**,"$\rightarrow$"为**蕴涵联结词**或**条件命题联结词**。$p \rightarrow q$ 为假,当且仅当 p 为真、q 为假。$p \rightarrow q$ 读作"如果 p,那么 q"或"由 p 推出 q",也可读作"若 p,则 q"。

定义 2-4 的实质是:如果 p 是 q 的充分条件(或 q 是 p 的必要条件),则命题 $p \rightarrow q$ 为真。$p \rightarrow q$ 的真值表如表 2-4 所示。

表 2-4

p	q	$p \rightarrow q$
0	0	1
0	1	1
1	0	0
1	1	1

读者不难发现,在 $p \rightarrow q$ 的真值表 2-4 中,除了前件为真,后件为假时 $p \rightarrow q$ 为假外,其余都为真。下面对此作出解释。

如果前件为真,后件也为真,意味着由正确的前提得到正确的结论,符合通常的逻辑,因此 $p \rightarrow q$ 为真。

如果前件为真,后件为假,意味着由正确的前提得到错误的结论,不符合通常的逻辑,因此 $p \rightarrow q$ 为假。

如果前件为假，则不管后件是真还是假，都规定 $p \to q$ 为真。这似乎不妥当，但实际上是合理的。这种情况逻辑学上称为**善意推定**。阿基米德有句名言："如果给我一个支点，我能把地球撬起来。"因为没有办法给他一个支点，所以不能判定在有了支点后，他能否把地球撬起来。根据善意推定，阿基米德的这句话是对的。日常生活中的善意推定很多。例如，"如果太阳从西边出，那么……。"，"……，除非公鸡下蛋。"

读者可能感到蕴涵式不够直观，难以理解。编者建议，对具体命题进行仔细分析，看命题在哪些条件下为真，然后用符号表示。例如，可以把命题"如果星期日天晴，我们就去登山"视为一个约定。如果星期日天晴，并且我们确实去登山了，则约定实现了；如果星期日天晴，我们没有去登山，则约定被破坏了；如果星期日并非天晴，我们去还是不去登山，超出了约定的范围，则都可以接受。这样，如果设 p：星期日天晴，q：我们去登山，则该命题可以表示为 $p \to q$。

如果把握住蕴涵式中前件是后件的充分条件（或后件是前件的必要条件）这一点，则有助于问题的解决。

在日常语言里，特别是数学语言中，q 是 p 的必要条件有多种不同的叙述方式。例如，"如果 p 就 q"、"只要 p 就 q"、"p 仅当 q（仅当 q，才 p）"、"只有 q 才 p"、"除非 q，否则不 p"，这些均可符号化为 $p \to q$。

例 2-5 将下列命题符号化：

(1) 如果 $x=2$，那么 $x^2=4$。

(2) 只有 $x=2$，才有 $x^2=4$。

(3) 只要 $x=2$，就有 $x^2=4$。

(4) 仅当 $x=2$，才有 $x^2=4$。

(5) 除非 $x=2$，否则没有 $x^2=4$。

解 设 p：$x=2$，q：$x^2=4$。则

(1)、(3)皆符号化为 $p \to q$；

(2)、(4)、(5)均符号化为 $q \to p$。注意"只有"和"只要"的区别。

【说明】 *在日常语言中，"如果 p 则 q"往往表示前件 p 和后件 q 之间有一定的内在联系。而在数理逻辑中，p 与 q 不一定有什么内在联系，参看例 2-6 中的(2)。实际上，联结词 $\wedge$、$\vee$ 以及后面要介绍的 $\leftrightarrow$ 也是如此。*

例 2-6 将下列命题符号化：

(1) 如果天下雨，则地上湿。

(2) 如果石头会说话，那么月亮上就会出现海洋。

解 (1) 设 p：天下雨，q：地上湿。则该命题符号化为：$p \to q$。

(2) 设 r：石头会说话，s：月亮上出现海洋。则该命题符号化为：$r \to s$。"石头会说话"与"月亮上出现海洋"显然没有什么内在联系，但仍可以构成蕴涵式。

5. 双条件"$\leftrightarrow$"

定义 2-5 设 p,q 为任意两个命题，复合命题"p 当且仅当 q"称为 p 与 q 的**双条件命题**或**等价式**，记作 $p \leftrightarrow q$。"$\leftrightarrow$"为**双条件联结词**。$p \leftrightarrow q$ 为真，当且仅当 p 与 q 真值相同。$p \leftrightarrow q$ 读作"p 当且仅当 q"。

定义 2-5 的实质是：如果 p 和 q 互为充分必要条件，则命题 $p \leftrightarrow q$ 为真。$p \leftrightarrow q$ 的真值表如表 2-5 所示。

表 2-5

p	q	$p \leftrightarrow q$
0	0	1
0	1	0
1	0	0
1	1	1

在数学书籍和计算机书籍中常将“p 当且仅当 q”缩写为 p iff q，其中 iff 就表示当且仅当。

例 2-7 将下列命题符号化，并求其真值：

(1) 两个圆的面积相等当且仅当它们的半径相等。

(2) 当且仅当 $x=2$，才有 $x^2=4$。

解 (1) 设 p：两个圆的半径相等，q：两个圆的面积相等。则该命题符号化为：$p \leftrightarrow q$。如果 p 为真，则 q 必为真；如果 q 为真，则 p 必为真。即 p 与 q 互为充分必要条件。因此 $p \leftrightarrow q$ 的真值为 1。

(2) 设 r：$x=2$，s：$x^2=4$。则该命题符号化为：$r \leftrightarrow s$ 。如果 r 为真，则 s 为真；但如果 s 为真，则 r 不一定为真(这时可能 $x=-2$)。因此 $r \leftrightarrow s$ 的真值为 0。

2.1.3 联结词的优先级

逻辑联结词的基本作用是将若干原子命题联结起来构成复合命题，而复合命题的真值取决于这些原子命题的真值。这表明，逻辑联结词实际上起着“运算”的作用。所以，逻辑联结词也称为**逻辑运算符**。“$\neg$”是一元运算符，“$\wedge$”、“$\vee$”、“$\rightarrow$”、“$\leftrightarrow$”是二元运算符。

例 2-4 的解答表明：有时候命题符号化需要括号。为了使命题符号化清晰而简洁，则需要遵循一个原则：必要的括号不可省略，括号层数要尽可能少。给逻辑运算符规定优先级就可以实现这个原则。本书规定，前面介绍的 5 种逻辑运算符的优先级顺序为：“$\neg$”、“$\wedge$”、“$\vee$”、“$\rightarrow$”、“$\leftrightarrow$”。“$\neg$”的优先级最高，“$\leftrightarrow$”的优先级最低。如果有括号，括号最优先。如果在同一括号层并列两个以上相同的联结词，则按从左到右的顺序运算。例如，$p \vee \neg q \rightarrow r$ 与 $(p \vee (\neg q)) \rightarrow r$ 的含义相同，而与 $p \vee ((\neg q) \rightarrow r)$ 和 $p \vee (\neg (q \rightarrow r))$ 的含义不同。

例 2-8 下列命题中哪个命题与命题 $\neg p \vee q \rightarrow r$ 的含义相同？

(1) $((\neg p) \vee q) \rightarrow r$。　　(2) $(\neg (p \vee q)) \rightarrow r$。

(3) $\neg p \vee (q \rightarrow r)$。　　(4) $\neg (p \vee q \rightarrow r)$。

解 只有(1)与 $\neg p \vee q \rightarrow r$ 的含义相同，其他 3 个命题都与 $\neg p \vee q \rightarrow r$ 的含义不相同。因为，只有(1)中的括号没有改变运算符的优先顺序，其他 3 个命题中的括号都改变了运算符的优先顺序。

例 2-8 中，虽然 $((\neg p) \vee q) \rightarrow r$ 与 $\neg p \vee q \rightarrow r$ 的含义相同，但 $\neg p \vee q \rightarrow r$ 的表达更清晰。

请读者思考：$p \rightarrow (\neg (q \vee r))$，$p \rightarrow \neg q \vee r$，$p \rightarrow ((\neg q) \vee r)$ 中的哪一个与 $p \rightarrow \neg (q \vee r)$ 的含义相同？

2.1.4 命题符号化

有一些命题要比前面列举的复杂。但是，仔细分析具体命题的逻辑关系并不难将其符号化。另外，根据命题运算符的优先级，还可以用最简洁、最清晰的方式将命题符号化。下面将由浅入深地介绍几个例题。

例 2-9 将下列命题符号化：

(1) 小强既聪明又用功。

(2) 小强不是不聪明，而是不用功。

(3) 小强虽然不聪明，但很用功。

(4) 小强既不聪明，也不用功。

解 设 p：小强聪明，q：小强用功。则这 4 个命题分别符号化为

(1) $p \wedge q$。

(2) $\neg(\neg p) \wedge \neg q$。

(3) $\neg p \wedge q$。

(4) $\neg p \wedge \neg q$。

例 2-10 将下列命题符号化：

(1) 8 能被 2 整除，但不能被 6 整除。

(2) 林强学过英语或法语。

(3) 方梅出生于 1956 年或 1957 年。

(4) 小芳只能拿一个苹果或一个梨。

解 (1) 设 p：8 能被 2 整除，q：8 能被 6 整除。则该命题符号化为

$$p \wedge \neg q$$

(2) 设 p：林强学过英语，q：林强学过法语。由于林强既可能学过其中一种语言，也可能这两种语言都学过，还可能这两种语言都没有学过。因此，这里的"或"是可兼或。该命题符号化为

$$p \vee q$$

(3) 设 p：方梅出生于 1956 年，q：方梅出生于 1957 年。由于方梅可能出生于 1956 年，也可能出生于 1957 年，还可能出生于其他年份，但不可能既出生于 1956 年又出生于 1957 年。因此，这里的"或"是不可兼或。但是，由于 p 和 q 不能同时为真，所以该命题依然可以符号化为

$$p \vee q$$

(4) 设 s：小芳拿一个苹果，t：小芳拿一个梨。这也是不可兼或，但它与(3)的不可兼或不一样，这里的 s 和 t 可以同时为真，所以该命题只能符号化为

$$(s \wedge \neg t) \vee (\neg s \wedge t)$$

实际上，(3)也可以符号化为：$(p \wedge \neg q) \vee (\neg p \wedge q)$，但(2)却不能符号化为：$(p \wedge \neg q) \vee (\neg p \wedge q)$。希望读者认真想明白其中的原因。

对于任何一个蕴涵式 $p \to q$，都存在另外 3 个相关的蕴涵式：**逆命题** $q \to p$、**否命题** $\neg p \to \neg q$ 和**逆否命题** $\neg q \to \neg p$。相应地，命题 $p \to q$ 称为**原命题**。初等数学曾经指出，原命题与逆否命题等价，否命题与逆命题等价，这是有普遍意义的。例 2-11 就是有关这些命题的一个例题。

例 2-11 将下列命题符号化：

(1) 如果明天晴天，那么明天举行学校运动会。(原命题)

(2) 如果明天举行学校运动会，明天必定是晴天。(逆命题)

(3) 如果明天不是晴天，明天不举行学校运动会。(否命题)

(4) 如果明天不举行学校运动会，则明天不是晴天。(逆否命题)

解 设 p：明天是晴天，q：明天举行学校运动会。则这 4 个命题分别符号化为

(1) $p \to q$。

(2) $q \to p$。

(3) $\neg p \to \neg q$。

(4) $\neg q \to \neg p$。

显然,例 2-11 中原命题与逆否命题同时为真或同时为假,逆命题与否命题同时为真或同时为假。这既可以通过真值表验证,也可以用 2.2 节介绍的等价演算进行证明。

例 2-12 将下列命题符号化:

(1) 金无足赤,人无完人。

(2) 得道多助,失道寡助。

(3) 要么闭关锁国而落后挨打,要么改革开放而走向富强。

(4) 没有太阳就没有鲜花,没有黎明就没有朝霞,……,没有基石就没有大厦。

(5) 人不犯我,我不犯人;人若犯我,我必犯人。

解 (1) 这句话可以详细表述为:不但金无足赤,而且人无完人。因此,设 p:金有足赤,q:人有完人。则该命题可以符号化为

$$\neg p \wedge \neg q$$

(2) 这句话可以详细表述为:如果得道(符合社会公道),则多助(能获得多数人的赞同),并且如果失道(不符合社会公道),则寡助(不能获得多数人的赞同,只有少数人赞同)。因此,设 p:得道,q:多助。则该命题可以符号化为

$$(p \to q) \wedge (\neg p \to \neg q)$$

(3) 这句话可以详细表述为:要么因为闭关锁国(不改革开放)招致落后挨打,要么因为改革开放(不闭关锁国)而必定走向富强。因此,设 p:改革开放,q:落后挨打,r:走向富强。则该命题可以符号化为

$$(\neg p \to q) \vee (p \to r)$$

(4) 设 p:有太阳,q:有鲜花,r:有黎明,s:有朝霞,……,t:有基石,u:有大厦。则该命题可以符号化为

$$(\neg p \to \neg q) \wedge (\neg r \to \neg s) \wedge \cdots \wedge (\neg t \to \neg u)$$

(5) 这句话可以详细表述为:如果人不犯我,则我不犯人;如果人犯我,则我必犯人。因此,设 p:人犯我,q:我犯人。则该命题可以符号化为

$$(\neg p \to \neg q) \wedge (p \to q)$$

2.1.5 逻辑运算在计算机中的直接运用

逻辑运算在计算机中有多方面的直接运用。

计算机高级语言中表示逻辑关系的“NOT”、“AND”、“OR”分别与命题逻辑中的运算符“¬”、“∧”、“∨”的含义相同。

计算机都用**位串**表示信息,而位串则是由所谓的**字位**构成的序列。位串所含字位的个数不限(包括没有字位的空串),其中每个字位都按二进制取值 0 或 1。位串所含字位的个数称为位串的**长度**。为了方便阅读,位串通常这样书写:自右向左,每 3 位一组,每组间留一个空格。例如,“01 101 110”就是一个长度为 8 的位串。

计算机的字位运算是和逻辑运算对应的。这就是,字位运算的“非(NOT)”、“与

(AND)”、“或(OR)”恰好分别和逻辑运算的“否定(¬)”、“合取(∧)”、“析取(∨)”对应。

在字位运算的基础上定义了位串的运算：按位 NOT(bitwise NOT)就是由位串的每一字位经 NOT 得到；两个长度相同的位串的按位 AND(bitwise AND)和按位 OR(bitwise OR)分别由这两个位串对应的字位经 AND 和 OR 运算得到。

例 2-13 求下列各位串的按位 NOT：

(1) 01 101 110。(2) 10 001 010。

解 (1) 01 101 110
　　　 ―――――――
　　　 10 010 001 按位 NOT。

(2) 10 001 010
　 ―――――――
　 01 110 101 按位 NOT。

例 2-14 求下列各组两个位串的按位 AND 和按位 OR：

(1) 01 101 110， 00 110 011。(2) 10 001 010， 11 101 110。

解 (1) 01 101 110
　　　 00 110 011
　　　 ―――――――
　　　 00 100 010 按位 AND
　　　 01 111 111 按位 OR。

(2) 10 001 010
　 11 101 110
　 ―――――――
　 10 001 010 按位 AND
　 11 101 110 按位 OR。

逻辑电路的设计是和逻辑运算一致的，即逻辑电路的“非门(NOT-gate)”、“与门(AND-gate)”、“或门(OR-gate)”恰好分别和逻辑运算的“否定(¬)”、“合取(∧)”、“析取(∨)”对应。

计算机编程语言中的判定结构(或选择结构)是以逻辑运算为基础的。

在计算机高级编程语言，如 Java 和 C++ 中，有 **if-then** 和 **if-then-else** 这样的(以及类似其他形式的)判定结构。在语句“**if** p **then** q”和“**if** p **then** q **else** r”中，前件 p 通常是一个关系表达式，比如 $x>10$。变量 x 的值确定后，这个关系表达式就是一个具有真值的命题。当程序执行到此时，如果 p 为真，执行语句 q(q 不是命题)；如果 p 为假，执行程序段中的下一条语句。

逻辑运算还广泛用于信息检索。在计算机存储设备中检索文件或在网上检索网页就是使用称为**布尔检索**的命题逻辑技术。在布尔检索中，运算符∧用于检索与∧前后两项都匹配的记录，而运算符∨用于检索与∨前后两项之一匹配或两项均匹配的记录。

例如，唐老师前几天建立的一个文件找不到了。建立的时间不到一个月，但不记得存在哪个硬盘了。现在能想到的信息有：这是一个 Word 文档，文件名中有个 1。通过在“我的电脑”中查“全部或部分文件名”为 1. doc 的文件，很快就查出 5 个文件，而其中那个“秘密 1”就是要找的文件。

图 2-1 就是在计算机上执行上述搜索的对话框。如果设 p：“全部或部分文件名”是“1. doc”，q：“在这里寻找”是“我的电脑”，r：“什么时候修改的?”是“上个月”。则上述搜索就是执行 $p\wedge q\wedge r$ 的布尔检索。

绝大部分网上检索引擎都是依据布尔检索的，并且执行的也是 $p\wedge q\wedge r$ 类型的布尔检索。例如，如果要在雅虎网站搜索关于华软软件学院、软件工程系、精品课程的信息，则只要在检索引擎中输入“华软软件学院，软件工程系，精品课程”即可(如图 2-2 所示)。这相当于 p：检索有关“华软软件学院”的信息，q：检索有关“软件工程系”的信息，r：检索有关“精品课程”的信息。

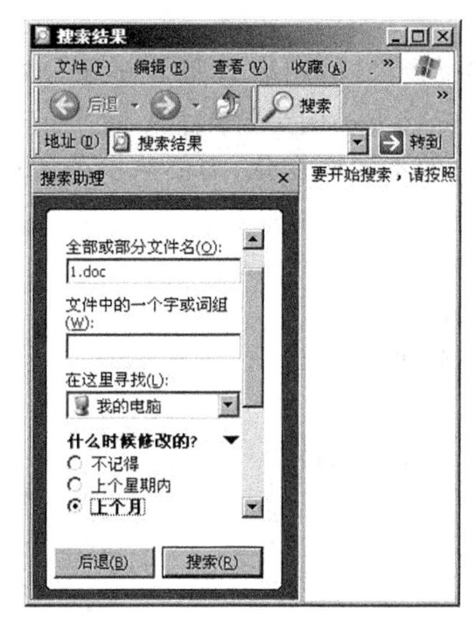

图 2-1

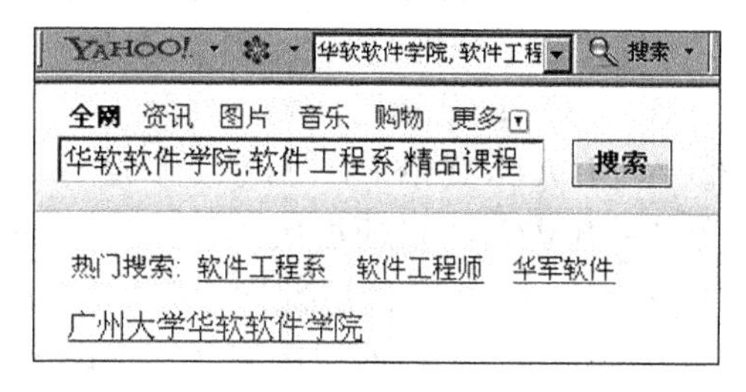

图 2-2

2.2 命题公式与等价演算

2.1 节介绍了如何将具体的命题符号化。然而，命题逻辑主要的内容是研究抽象的命题。从本节开始，将陆续介绍命题公式与赋值、等价演算、范式和命题逻辑推理。

2.2.1 命题公式及其层次

将命题常元和命题变元用联结词和括号按一定逻辑关系联结起来的符号串称为**合式公式**。合式公式的严格定义如下。

定义 2-6 合式公式的递归定义如下：

(1) 单个的命题常元、命题变元和命题常元 1,0 都是合式公式；

(2) 如果 A 是合式公式，则$(\neg A)$也是合式公式；

(3) 如果 A 和 B 都是合式公式，则$(A\wedge B)$、$(A\vee B)$、$(A\rightarrow B)$、$(A\leftrightarrow B)$也是合式公式；

(4) 只有有限次地应用(1)、(2)、(3)所得到的符号串是合式公式。

合式公式也称为**命题公式**，简称**公式**。

根据定义 2-6，$\neg(p\wedge q)$，$p\rightarrow(q\rightarrow\neg r)$，$(p\wedge q)\rightarrow r$ 都是公式，而$(\wedge p)$，$\neg p\wedge q)$，$pq\rightarrow r$ 都不是公式，因为$(\wedge p)$中运算符 $\wedge$ 左边缺少一个命题，$\neg p\wedge q)$中括号不配对，$pq\rightarrow r$ 的 pq 中间缺少联结词。

【说明】 定义 2-6 中的 A 和 B 代表任意的公式。本书以后出现的 A,B 等符号除特别说明外，均表示公式。为简洁起见，公式最外层及$(\neg A)$的括号均可以省略。不过，为了使公式既清晰又易懂，有时需要适当添加括号，尤其是 $\wedge$ 和 $\vee$ 同时存在的场合。

$((A\wedge B)\rightarrow(\neg C))$，$((p\wedge q)\rightarrow(q\vee r))$，$(p\rightarrow(q\rightarrow r))$都是公式。根据运算符的优先级，这些公式中的部分括号可以省略，即它们可写成：$A\wedge B\rightarrow\neg C$，$p\wedge q\rightarrow q\vee r$，$p\rightarrow(q\rightarrow r)$。公式$(p\wedge\neg q\wedge r)\vee(s\wedge t)$中的括号虽然可以省略，但还是保留为好。公式$(p\vee\neg q\vee$

$r) \wedge (s \vee t)$中的括号不能省略。

定义 2-7 设 B 是命题公式 A 的一部分，且 B 也是命题公式，则称 B 是 A 的**子公式**。

例如，$(p \wedge \neg q) \to r$ 和 $p \wedge \neg q$ 都是$((p \wedge \neg q) \to r) \vee (q \wedge r)$的子公式。

为了方便地讨论公式的真值是如何随命题变元取值的不同而变化，需要给出公式层次的定义。

定义 2-8 公式的**层次**是指：

(1) 若 A 是命题常元或命题变元，则称 A 是 0 层公式；

(2) 若符合下列情况之一，则称 A 是 $n+1(n \geqslant 0)$层公式：

① $A=\neg B$，B 是 n 层公式；

② $A=B \wedge C$，其中 B，C 分别是 i 层、j 层公式，且 $n=\max(i,j)$；

③ $A=B \vee C$，B，C 的层次同②，且 $n=\max(i,j)$；

④ $A=B \to C$，B，C 的层次同②，且 $n=\max(i,j)$；

⑤ $A=B \leftrightarrow C$，B，C 的层次同②，且 $n=\max(i,j)$。

可以通俗地说，从命题常元或命题变元开始，每多一个运算符，层次加 1。

由定义 2-7 知，公式的任何一层都是公式的子公式。

例 2-15 已知 p,q,r,s 为命题常元(或命题变元)，下列命题公式各为几层公式：

(1) $((\neg p \to q) \vee r) \wedge s$。

(2) $(p \vee \neg q \vee r) \wedge s \leftrightarrow (p \vee q \vee r)$。

解 (1) 由定义 2-8 知：p 是 0 层公式，$\neg p$ 是 1 层公式，$\neg p \to q$ 是 2 层公式(其中 q 是 0 层公式)，$(\neg p \to q) \vee r$ 是 3 层公式(其中 r 是 0 层公式)，$((\neg p \to q) \vee r) \wedge s$ 是 4 层公式(其中 s 是 0 层公式)。

(2) 由定义 2-8 知(省略一些过程)：$(p \vee \neg q \vee r) \wedge s$ 是 4 层公式，$p \vee q \vee r$ 是 3 层公式，从而，$(p \vee \neg q \vee r) \wedge s \leftrightarrow (p \vee q \vee r)$是 5 层公式。

2.2.2 命题公式的赋值

在命题公式中，由于命题变元的存在，使得公式的真值无法确定。当公式中的全部命题变元都解释为具体命题时，公式的真值就确定了。于是，公式随之成为真值确定的复合命题。

例 2-16 对公式 $p \wedge q \to r$ 给出两种不同的解释，使其真值不相同。

解 (1) 设 p：3 是一个奇数，q：7 是一个奇数，r：3×7 是一个奇数。显然，p,q,r 的真值分别为 1,1,1，此时，公式 $p \wedge q \to r$ 的真值为 1。

(2) 将 p,q 的解释同(1)，再设 r：3×7 是一个偶数。这时，p,q,r 的真值分别为 1,1,0，因而，公式 $p \wedge q \to r$ 的真值为 0。

定义 2-9 设 A 是一个命题公式，$p_1,p_2,\cdots,p_n$ 为出现在 A 中的所有命题变元。给 $p_1,p_2,\cdots,p_n$ 指定一组真值，称为对 A 的一个**赋值**(或**解释**或**真值指派**)。若指定的一组值使 A 的值为 1，则称这组值为 A 的**成真赋值**；若使 A 的值为 0，则称这组值为 A 的**成假赋值**。

定义 2-10 设 A 是含有 n 个命题变元的命题公式，将 A 在所有赋值下的取值列成一个表，表的最左一列是 A 的所有命题变元，向右的各列是 A 的各层子公式(如果有的话)，表的最右一列就是 A。表的第 2 行及以下是该公式的各种赋值以及各层子公式和 A 的相应的真值。这样的表称为 A 的**真值表**。

真值表是一个很有用的工具，利用它可以解答几乎所有关于命题逻辑的问题。构造命题公式真值表的步骤如下：

(1) 找出公式 A 中所含的全部命题变元 $p_1, p_2, \cdots, p_n$；

(2) 在表格的第 1 行写出全部命题变元 $p_1, p_2, \cdots, p_n$ 和层次从低到高的各层子公式，直至公式 A；

(3) 从第 2 行起，在第 1 列用 $0 \sim (2^n-1)$ 这 2^n 个二进制计数(即 $00\cdots0, 00\cdots1, \cdots, 11\cdots1$)顺序分行列出全部命题变元的所有可能的赋值；

(4) 对应各组赋值，计算各层子公式，直至公式 A 的真值。

例 2-17 构造下列命题公式的真值表：

(1) $(p \wedge (p \rightarrow q)) \rightarrow q$。

(2) $\neg(p \rightarrow q) \wedge q$。

(3) $(p \rightarrow q) \wedge \neg r$。

解 上述三个公式的真值表分别见表 2-6～表 2-8。

表 2-6

p q	$p \rightarrow q$	$p \wedge (p \rightarrow q)$	$(p \wedge (p \rightarrow q)) \rightarrow q$
0 0	1	0	1
0 1	1	0	1
1 0	0	0	1
1 1	1	1	1

表 2-7

p q	$p \rightarrow q$	$\neg(p \rightarrow q)$	$\neg(p \rightarrow q) \wedge q$
0 0	1	0	0
0 1	1	0	0
1 0	0	1	0
1 1	1	0	0

表 2-8

p q r	$p \rightarrow q$	$\neg r$	$(p \rightarrow q) \wedge \neg r$
0 0 0	1	1	1
0 0 1	1	0	0
0 1 0	1	1	1
0 1 1	1	0	0
1 0 0	0	1	0
1 0 1	0	0	0
1 1 0	1	1	1
1 1 1	1	0	0

由表 2-6 可知，公式(1)全是成真赋值。由表 2-7 可知，公式(2)全是成假赋值。由表 2-8 可知，公式(3)既有成真赋值，又有成假赋值。

例 2-17 的 3 个公式代表了 3 种不同类型的命题公式。命题公式分类的严格定义如下：

定义 2-11 设 A 是一个命题公式，

(1) 若 A 在它的各种赋值下取值均为真，则称 A 为**重言式**或**永真式**；

(2) 若 A 在它的各种赋值下取值均为假，则称 A 为**矛盾式**或**永假式**；

(3) 若 A 在它的各种赋值下，既存在成真赋值又存在成假赋值，则称 A 为**偶然式**。

例 2-17 中，(1)是重言式，(2)是矛盾式，(3)是偶然式。

【说明】 由定义 2-11 可知，用真值表可以判断公式的类型：若真值表的最后一列全为 1，则公式为重言式；若真值表的最后一列全为 0，则公式为矛盾式；若真值表的最后一列既有 1 又有 0，则公式为偶然式。

例 2-18 求例 2-17 中各命题公式的成真赋值和成假赋值。

解 由表 2-6～表 2-8 可知：

$(p\wedge(p\rightarrow q))\rightarrow q$ 的成真赋值是 00，01，10 和 11，没有成假赋值；

$\neg(p\rightarrow q)\wedge q$ 的成假赋值是 00，01，10 和 11，没有成真赋值；

$(p\rightarrow q)\wedge\neg r$ 的成真赋值是 000，010 和 110，成假赋值是 001，011，100，101 和 111。

显然，一个命题公式的真值表的大小(不同赋值的行数)取决于该命题公式中命题变元的个数。如果某命题公式含 n 个命题变元，则该命题公式的真值表有 2^n 行不同赋值。当一个命题公式的命题变元超过 3 个，用真值表判断公式的类型就不简便了。因此，需要更加有效的方法来判断给定命题公式的类型，其中最常用的方法是 2.2.3 节将要介绍的等价演算。

下面介绍命题公式的一个实际应用，它实际上是一个智力测验题。

实例 2-1 有一位逻辑学家误入了某部落，被拘于牢狱。酋长有意放行，但他想考考这位逻辑学家。部落酋长对逻辑学家说：“这里有两扇门，一扇通向自由，一扇通向死亡。你可以任意打开一扇门。为了帮助你逃脱，现在派两名战士负责回答你提出的任何问题，但只能问一个问题。不过，这两人中有一个人一贯诚实，另一个人总是撒谎。”逻辑学家沉思片刻后向其中一名战士发问，在得到回答后就从容开门离去。请问，逻辑学家是如何发问的？

如果逻辑学家指向其中一扇门这样发问：“这扇门通向自由，对吗？”那肯定不行。应该把问题变得复杂一些，并且无论回答问题者是诚实还是撒谎，同样的回答应有同样的结论。要想达到这个目的，就要把“两个战士中有一个人一贯诚实，另一个人总是撒谎”的条件嵌入问话中。

逻辑学家指着一扇门向其中一名战士这样发问：“这扇门通向自由，他(指另一名战士)将回答‘错’，对吗？”

如果这名战士回答“对”，逻辑学家就打开这扇门；如果这名战士回答“错”，逻辑学家就打开另一扇门。

下面分析这种问法是否恰当，分几种情况进行讨论。为了方便叙述，下面称被问的战士为甲，另一名战士为乙。

(1) 如果甲诚实，他回答“对”意味着乙(撒谎者)对所指的那扇门“通向自由”回答“错”是在说假话。所以这扇门通向自由；

(2) 如果甲撒谎，他回答“对”意味着乙(诚实人)不会对所指的那扇门“通向自由”回答“错”。所以这扇门通向自由；

(3) 如果甲诚实，他回答“错”意味着乙(撒谎者)不会对所指的那扇门“通向自由”回答

"错"。所以这扇门通向死亡；

(4) 如果甲撒谎，他回答"错"意味着乙(诚实人)对所指的那扇门"通向自由"回答"错"是在说真话。所以这扇门通向死亡。

从以上分析可以看出，无论甲是诚实人还是撒谎者，只要他对逻辑学家提出的那个问题回答"对"，则逻辑学家所指的那扇门一定是通向自由的。

实际上，这个问题还有其他问法，读者想一想。

2.2.3 等价式与等价演算

在介绍等价演算之前先介绍等价式的概念。

例 2-19 构造公式 $\neg p \vee q, p \to q, \neg q \to \neg p$ 的真值表。

解 公式 $\neg p \vee q, p \to q, \neg q \to \neg p$ 的真值表如表 2-9 所示。

表 2-9

p q	$\neg p \vee q$	$p \to q$	$\neg q \to \neg p$
0 0	1	1	1
0 1	1	1	1
1 0	0	0	0
1 1	1	1	1

表 2-9 表明，本例的 3 个公式虽然形式上不同，但它们的真值表完全相同。这不是偶然的。事实上，$n(n \geqslant 2)$个命题变元可以生成无穷多个命题公式，而 n 个命题变元的不同赋值是有限的(共有 2^n 组)，这有限个不同赋值只能生成有限个(共有 2^{2^n} 个)真值不完全相同的真值表。所以，必然有一些公式在命题变元的所有赋值下真值是一样的，这些公式称为是等价的。下面是公式等价的严格定义。

定义 2-12 设 A,B 是两个命题公式，若双条件命题 $A \leftrightarrow B$ 是重言式，则称 A 与 B 是**逻辑等价**的或**等价**的，记作 $A \Leftrightarrow B$。$A \Leftrightarrow B$ 读作"A 等价 B"。

定义 2-12 的实质是：若双条件命题 $A \leftrightarrow B$ 是重言式，则 A 与 B 互为充分必要条件。

【说明】 (1) "$\Leftrightarrow$"与"$\leftrightarrow$"是两个不同的符号。"$\leftrightarrow$"是联结词，$A \leftrightarrow B$ 是一个公式。"$\Leftrightarrow$"不是联结词，而是两个公式之间的关系符。$A \Leftrightarrow B$ 不是一个公式，它表示 A 与 B 是两个真值表完全相同的公式；

(2) "$\Leftrightarrow$"具有如下性质：

① 自反性：$A \Leftrightarrow A$；

② 对称性：若 $A \Leftrightarrow B$，则 $B \Leftrightarrow A$；

③ 传递性：若 $A \Leftrightarrow B, B \Leftrightarrow C$，则 $A \Leftrightarrow C$。

根据定义 2-12，当且仅当 A,B 的真值表相同时，A 与 B 等价。所以，判断两命题是否等价可用真值表法。

例 2-20 用真值表判断下列命题公式是否等价：

(1) $\neg(p \wedge q)$与$\neg p \vee \neg q$。

(2) $\neg(p \wedge q)$与$\neg p \wedge \neg q$。

解 由表 2-10 知，$\neg(p \wedge q)$与$\neg p \vee \neg q$ 是等价的，$\neg(p \wedge q)$与$\neg p \wedge \neg q$ 不等价。

表 2-10

p q	$\neg p$	$\neg q$	$p\wedge q$	$\neg(p\wedge q)$	$\neg p\vee\neg q$	$\neg p\wedge\neg q$
0 0	1	1	0	1	1	1
0 1	1	0	0	1	1	0
1 0	0	1	0	1	1	0
1 1	0	0	1	0	0	0

例 2-20 表明，用真值表法可以判断命题公式是否等价或验证等价式是否成立。但是，当命题变元较多时，这种方法不太方便，需要寻求其他方法。

在许多等价式中，有一些是最重要、最基本的，它们在等价演算中起重要作用。下面给出 24 个基本等价式，希望读者牢记，这是学好数理逻辑的关键之一。

(1) 双重否定律：$A\Leftrightarrow\neg\neg A$；

(2) 幂等律：$A\Leftrightarrow A\vee A, A\Leftrightarrow A\wedge A$；

(3) 交换律：$A\vee B\Leftrightarrow B\vee A, A\wedge B\Leftrightarrow B\wedge A$；

(4) 结合律：$(A\vee B)\vee C\Leftrightarrow A\vee(B\vee C), (A\wedge B)\wedge C\Leftrightarrow A\wedge(B\wedge C)$；

(5) 分配律：$A\vee(B\wedge C)\Leftrightarrow(A\vee B)\wedge(A\vee C)$，

$A\wedge(B\vee C)\Leftrightarrow(A\wedge B)\vee(A\wedge C)$；

(6) 德·摩根律：$\neg(A\vee B)\Leftrightarrow\neg A\wedge\neg B, \neg(A\wedge B)\Leftrightarrow\neg A\vee\neg B$；

(7) 吸收律：$A\vee(A\wedge B)\Leftrightarrow A, A\wedge(A\vee B)\Leftrightarrow A$；

(8) 零律：$A\vee 1\Leftrightarrow 1, A\wedge 0\Leftrightarrow 0$；

(9) 同一律：$A\vee 0\Leftrightarrow A, A\wedge 1\Leftrightarrow A$；

(10) 排中律：$A\vee\neg A\Leftrightarrow 1$；

(11) 矛盾律：$A\wedge\neg A\Leftrightarrow 0$；

(12) 蕴涵律：$A\rightarrow B\Leftrightarrow\neg A\vee B$；

(13) 双条件转化律：$A\leftrightarrow B\Leftrightarrow(A\rightarrow B)\wedge(B\rightarrow A)$；

(14) 假言易位：$A\rightarrow B\Leftrightarrow\neg B\rightarrow\neg A$；

(15) 双条件否定律：$A\leftrightarrow B\Leftrightarrow\neg A\leftrightarrow\neg B$；

(16) 归谬律：$(A\rightarrow B)\wedge(A\rightarrow\neg B)\Leftrightarrow\neg A$。

这些基本等价式都可以用真值表验证。例如，$A\vee(B\wedge C)\Leftrightarrow(A\vee B)\wedge(A\vee C)$的$\Leftrightarrow$左右两边公式的真值表如表 2-11 所示。比较表 2-11 的第 5 和第 6 列可知，$A\vee(B\wedge C)$与$(A\vee B)\wedge(A\vee C)$的真值表完全相同，等价式得到了验证。读者可以用真值表验证其他基本等价式。

表 2-11

A B C	$B\wedge C$	$A\vee B$	$A\vee C$	$A\vee(B\wedge C)$	$(A\vee B)\wedge(A\vee C)$
0 0 0	0	0	0	0	0
0 0 1	0	0	1	0	0
0 1 0	0	1	0	0	0
0 1 1	1	1	1	1	1
1 0 0	0	1	1	0	0
1 0 1	0	1	1	0	0
1 1 0	0	1	1	0	0
1 1 1	1	1	1	1	1

由上述24个基本等价式可以推演出更多的等价式来。由已知的等价式推演出另外一些等价式的过程称为**等价演算**。

上述仅含$\neg$、$\rightarrow$和$\leftrightarrow$的那些基本等价式都是成对出现的。这些成对出现的基本等价式有如下特点：只要将一个基本等价式中的$\wedge$换成$\vee$，同时将$\vee$换成$\wedge$，并且将可能有的1换成0、0换成1，就得到另一个基本等价式。这样成对出现的基本等价式互称为**对偶式**。例如，$\neg(A\vee B)\Leftrightarrow\neg A\wedge\neg B$和$\neg(A\wedge B)\Leftrightarrow\neg A\vee\neg B$是对偶式，$A\vee\neg A\Leftrightarrow 1$和$A\wedge\neg A\Leftrightarrow 0$也是对偶式。

定理 2-1（对偶定理） 设A和B是命题公式，A^*是A的对偶式，B^*是B的对偶式，如果$A\Leftrightarrow B$，则$A^*\Leftrightarrow B^*$。

定理 2-2（置换规则） 如果$\Phi(A)$是含公式A的命题公式，且$B\Leftrightarrow A$，则可以用公式B置换$\Phi(A)$中的A，从而将$\Phi(A)$置换成$\Phi(B)$，并且必定有$\Phi(A)\Leftrightarrow\Phi(B)$。

【说明】 在等价演算中需要注意以下两点：

(1) 在等价演算中，随时可以按置换规则进行等价置换；

(2) 由于基本等价式中A,B,C均表示任意的命题公式，因而每个基本等价式都可以对应无数个同类型的等价式。例如，在排中律$A\vee\neg A\Leftrightarrow 1$中，如果用$p$代替$A$，则得等价式$p\vee\neg p\Leftrightarrow 1$；如果用$p\rightarrow q$代替$A$，则得等价式$(p\rightarrow q)\vee\neg(p\rightarrow q)\Leftrightarrow 1$。因此，排中律可以有无数种形式。其他等价式也是如此。

在等价演算中，对于$(p\rightarrow q)\wedge r$，需要时可以根据蕴涵律$p\rightarrow q\Leftrightarrow\neg p\vee q$将$p\rightarrow q$置换为$\neg p\vee q$，从而得$(\neg p\vee q)\wedge r$。

例 2-21 用等价演算证明下列等价式：

(1) $(p\rightarrow r)\wedge(q\rightarrow r)\Leftrightarrow(p\vee q)\rightarrow r$。

(2) $p\rightarrow(q\rightarrow r)\Leftrightarrow(p\wedge q)\rightarrow r$。

证明 (1) $(p\rightarrow r)\wedge(q\rightarrow r)\Leftrightarrow(\neg p\vee r)\wedge(\neg q\vee r)$ （蕴涵律）

$\Leftrightarrow(\neg p\wedge\neg q)\vee r$ （分配律）

$\Leftrightarrow\neg(p\vee q)\vee r$ （德·摩根律）

$\Leftrightarrow(p\vee q)\rightarrow r$ （蕴涵律）

(2) $p\rightarrow(q\rightarrow r)\Leftrightarrow p\rightarrow(\neg q\vee r)$ （蕴涵律）

$\Leftrightarrow\neg p\vee(\neg q\vee r)$ （蕴涵律）

$\Leftrightarrow(\neg p\vee\neg q)\vee r$ （结合律）

$\Leftrightarrow\neg(p\wedge q)\vee r$ （德·摩根律）

$\Leftrightarrow(p\wedge q)\rightarrow r$ （蕴涵律）

在演算的每一步，都使用了置换规则。以上的演算都是从$\Leftrightarrow$左边公式开始，当然也可从$\Leftrightarrow$右边公式开始进行演算，请读者自己完成。

利用等价演算还可以化简形式较复杂的命题公式，并进一步判别公式的类型。通过等价演算，若得到公式A和1等价，则A必为重言式；若A和0等价，则A必为矛盾式；如果公式A不与1等价，也不与0等价，则A必为偶然式。

例 2-22 判别下列各公式的类型：

(1) $((p\vee q)\wedge\neg q)\rightarrow p$。

(2) $(p\vee\neg p)\rightarrow((q\wedge\neg q)\wedge r)$。

(3) $(\neg p \land (\neg q \land r)) \lor (q \land r) \lor (p \land r)$。

解 (1) $((p \lor q) \land \neg q) \to p$

$\Leftrightarrow ((p \land \neg q) \lor (q \land \neg q)) \to p$ (分配律)

$\Leftrightarrow ((p \land \neg q) \lor 0) \to p$ (矛盾律)

$\Leftrightarrow (p \land \neg q) \to p$ (同一律)

$\Leftrightarrow \neg (p \land \neg q) \lor p$ (蕴涵律)

$\Leftrightarrow (\neg p \lor q) \lor p$ (德·摩根律、双重否定律)

$\Leftrightarrow (\neg p \lor p) \lor q$ (交换律、结合律)

$\Leftrightarrow 1 \lor q$ (排中律)

$\Leftrightarrow 1$ (零律)

由此可知,$((p \lor q) \land \neg q) \to p$ 为重言式。

(2) $(p \lor \neg p) \to ((q \land \neg q) \land r)$

$\Leftrightarrow 1 \to (0 \land r)$ (排中律、矛盾律)

$\Leftrightarrow 1 \to 0$ (零律)

$\Leftrightarrow 0$ (等价置换)

这说明,$(p \lor \neg p) \to ((q \land \neg q) \land r)$为矛盾式。

(3) $(\neg p \land (\neg q \land r)) \lor (q \land r) \lor (p \land r)$

$\Leftrightarrow (\neg p \land (\neg q \land r)) \lor ((q \land r) \lor (p \land r))$ (结合律)

$\Leftrightarrow ((\neg p \land \neg q) \land r) \lor ((q \lor p) \land r)$ (结合律、分配律)

$\Leftrightarrow ((\neg p \land \neg q) \land r) \lor ((p \lor q) \land r)$ (交换律)

$\Leftrightarrow ((\neg p \land \neg q) \lor (p \lor q)) \land r$ (分配律)

$\Leftrightarrow (\neg (p \lor q) \lor (p \lor q)) \land r$ (德·摩根律)

$\Leftrightarrow 1 \land r$ (排中律)

$\Leftrightarrow r$ (同一律)

因此,$(\neg p \land (\neg q \land r)) \lor (q \land r) \lor (p \land r)$为偶然式。

通过例 2-21 和例 2-22 的解答可知,等价演算的功能比真值表强。

正因为等价演算能揭示各种命题公式间的等价关系,因而等价演算在计算机硬件设计、开关理论以及电子元器件设计中都占有重要地位。

2.2.4 等价演算的实际应用

在程序设计中,很有可能把逻辑关系搞得比较混乱、复杂,这样的程序将大大降低程序运行的速度。利用等价演算可以将这样的逻辑关系简化,根据简化了的逻辑关系编写程序将提高程序运行的速度。下面是一个典型的例子。

例 2-23 将下面一段程序简化:

```
IF 基本工资<800 and 奖金<200 THEN
    IF 医疗费>400 THEN
        补助=200
    ELSE
        补助=100
```

```
    END
ELSE
    IF 奖金≥200 and 医疗费>400 THEN
        补助=200
    ELSE
        补助=100
    END
END
```

解 设 p：基本工资<800，q：奖金<200，r：医疗费>400，则执行程序段"补助=200"的条件是：$((p\wedge q)\wedge r)\vee(\neg(p\wedge q)\wedge(\neg q\wedge r))$。下面将它化简：

$$
\begin{aligned}
&((p\wedge q)\wedge r)\vee(\neg(p\wedge q)\wedge(\neg q\wedge r))\\
&\quad\Leftrightarrow((p\wedge q)\wedge r)\vee((\neg p\vee\neg q)\wedge(\neg q\wedge r))\\
&\quad\Leftrightarrow((p\wedge q)\wedge r)\vee((\neg p\wedge\neg q\wedge r)\vee(\neg q\wedge\neg q\wedge r))\\
&\quad\Leftrightarrow((p\wedge q)\wedge r)\vee((\neg p\wedge\neg q\wedge r)\vee(\neg q\wedge r))\\
&\quad\Leftrightarrow((p\wedge q)\wedge r)\vee(\neg q\wedge r)\\
&\quad\Leftrightarrow((p\wedge q)\vee\neg q)\wedge r\\
&\quad\Leftrightarrow(p\vee\neg q)\wedge(q\vee\neg q)\wedge r\\
&\quad\Leftrightarrow(p\vee\neg q)\wedge r
\end{aligned}
$$

这表明，执行程序段"补助=200"的条件可化简为$(p\vee\neg q)\wedge r$，即

(基本工资<800 or 奖金≥200) and 医疗费>400

于是，这一段程序可以化简为

```
IF (基本工资<800 or 奖金≥200) and 医疗费>400 THEN
    补助=200
ELSE
    补助=100
END
```

顺便指出，根据上面化简的结果可以立即得到，执行程序段"补助=100"的条件可化简为$\neg((p\vee\neg q)\wedge r)$或$(\neg p\wedge q)\vee\neg r$。

2.3 联结词的扩充与联结词完备集

2.3.1 联结词的扩充

2.1.2 节介绍了 5 种命题联结词。本节将要讨论：可以允许有多少种命题联结词，其中哪些是必不可少的。为了说明问题，有必要先介绍真值函数的概念。

定义 2-13 从集合$\{0,1\}^n$到集合$\{0,1\}$的 n 元函数 $f(p_1,p_2,\cdots,p_n)$称为 ***n* 元真值函数**。

从定义 2-13 可以看出，n 元真值函数 $f(p_1,p_2,\cdots,p_n)$具有这样的特点：n 个变量 p_1，$p_2,\cdots,p_n$ 都只能取 0 或 1，函数 $f(p_1,p_2,\cdots,p_n)$也只能取 0 或 1。因此，完全可以把 n 个变量 $p_1,p_2,\cdots,p_n$ 看成 n 个命题变元，而函数 $f(p_1,p_2,\cdots,p_n)$是含有 n 个命题变元 p_1，

$p_2,\cdots,p_n$ 的命题公式。所以，真值函数和命题公式有对应关系。

根据 2.1.2 节的介绍，两个命题变元共有 4 种不同的赋值，这 4 种不同赋值可以并且只能生成 16 个不同的取值情况。因此，两个命题变元可以构成 16 个不同的 2 元真值函数。表 2-12 将这 16 个不同的真值函数集中列出，并分别用 $f_0,f_1,\cdots,f_{15}$ 表示。

表　2-12

p　q	f_0	f_1	f_2	f_3	f_4	f_5	f_6	f_7
0　0	0	0	0	0	0	0	0	0
0　1	0	0	0	0	1	1	1	1
1　0	0	0	1	1	0	0	1	1
1　1	0	1	0	1	0	1	0	1
	矛盾式	合取						析取
		$p\wedge q$		p		q		$p\vee q$
p　q	f_8	f_9	f_{10}	f_{11}	f_{12}	f_{13}	f_{14}	f_{15}
0　0	1	1	1	1	1	1	1	1
0　1	0	0	0	0	1	1	1	1
1　0	0	0	1	1	0	0	1	1
1　1	0	1	0	1	0	1	0	1
		双条件	否定	条件	否定	条件		重言式
		$p\leftrightarrow q$	$\neg q$	$q\rightarrow q$	$\neg p$	$p\rightarrow q$		

看起来，要能够直接对应表 2-12 中所有 16 个不同取值需要 16 个联结词。下面将说明，有 9 个联结词就够了。本节还将进一步说明，在 9 个联结词中哪些更为重要。

从表 2-12 可以看出，这 16 个真值函数中有 7 个与前面介绍的 5 个逻辑联结词对应(表中已标明)，如 f_1 与 $p\wedge q$ 对应、f_7 与 $p\vee q$ 对应、f_{10} 与 $\neg q$ 对应。而 f_3 和 f_5 分别与 p,q 相同，f_0 是矛盾式，f_{15} 是重言式，它们都不必定义专门的联结词。剩下的 5 个真值函数 f_2，f_4,f_6,f_8,f_{14} 只需要再定义 4 个联结词就可以了。下面介绍这 4 个新的逻辑联结词。

定义 2-14　设 p,q 为任意两个命题，复合命题"p 与 q 的否定"称为 p 与 q 的**与非式**，记作 $p\uparrow q$。"$\uparrow$"为**与非联结词**。$p\uparrow q$ 为假，当且仅当 p 与 q 同为真。$p\uparrow q$ 读作"p 与非 q"。

由定义 2-14 知，$p\uparrow q\Leftrightarrow\neg(p\wedge q)$。

定义 2-15　设 p,q 为任意两个命题，复合命题"p 或 q 的否定"称为 p 与 q 的**或非式**，记作 $p\downarrow q$。"$\downarrow$"为**或非联结词**。$p\downarrow q$ 为真，当且仅当 p 与 q 同为假。$p\downarrow q$ 读作"p 或非 q"。

由定义 2-15 知，$p\downarrow q\Leftrightarrow\neg(p\vee q)$。

定义 2-16　设 p,q 为任意两个命题，复合命题"如果 p 则 q 的否定"称为 p 与 q 的**条件否定式**，记作 $p\stackrel{c}{\rightarrow}q$。"$\stackrel{c}{\rightarrow}$"为**条件否定联结词**。$p\stackrel{c}{\rightarrow}q$ 为真，当且仅当 p 为真、q 为假。$p\stackrel{c}{\rightarrow}q$ 读作"p 条件否定 q"。

由定义 2-16 知，$p\stackrel{c}{\rightarrow}q\Leftrightarrow\neg(p\rightarrow q)$。

定义 2-17　设 p,q 为任意两个命题，复合命题"p,q 中恰有一个成立"称为 p 与 q 的**异或式(或不可兼或或不可兼析取式)**，记作 $p\overline{\vee}q$。"$\overline{\vee}$"为**异或联结词**。$p\overline{\vee}q$ 为真，当且仅当

p 与 q 真值不同。$p \overline{\vee} q$ 读作“p 或非 q”。

由定义 2-17 知，$p \overline{\vee} q \Leftrightarrow \neg(p \leftrightarrow q)$。

这 4 个新的逻辑联结词的真值表如表 2-13 所示。

表 2-13

p	q	$p \uparrow q$	$p \downarrow q$	$p \xrightarrow{c} q$	$p \overline{\vee} q$
0	0	1	1	0	0
0	1	1	0	0	1
1	0	1	0	1	1
1	1	0	0	0	0

对比表 2-12 和表 2-13 可知，表 2-12 中的 $f_2, f_4, f_6, f_8, f_{14}$ 分别与 $p \xrightarrow{c} q, q \xrightarrow{c} p, p \overline{\vee} q, p \downarrow q, p \uparrow q$ 对应。

有了这 4 个新的逻辑联结词，可以用更简洁的方式将有关命题符号化。

例 2-24 将下列命题符号化：

(1) 并非小王钢琴弹得很好而且文章也写得很好。

(2) 小明到操场并非打球或者跑步。

(3) 并非如果天晴我们就去登山。

(4) 小李正在教室看书或正在图书馆上网。

(5) 并不是当且仅当门开着，猫才会进屋。

解 (1) 设 p：小王钢琴弹得很好，q：小王文章写得很好。则该命题可符号化为：$p \uparrow q$。

(2) 设 p：小明到操场打球，q：小明到操场跑步。则该命题可符号化为：$p \downarrow q$。

(3) 设 p：天晴，q：我们去登山。则该命题可符号化为：$p \xrightarrow{c} q$。

(4) 设 r：小李正在教室看书，s：小李正在图书馆上网。则该命题可符号化为：$r \overline{\vee} s$。

(5) 设 p：门开着，q：猫进屋。则该命题可符号化为：$p \overline{\vee} q$ 。

2.1.3 节对 5 个联结词规定了它们的优先级次序，现对全部 9 个联结词的优先级次序规定如下：

①$\neg$；②$\wedge$；③$\vee, \overline{\vee}, \uparrow, \downarrow$；④$\rightarrow, \xrightarrow{c}$；⑤$\leftrightarrow$

其中，③的 4 个联结词的优先级相同，④的 2 个联结词的优先级相同。

2.3.2 与非、或非、异或的性质

在 2.3.1 节定义的 4 个新的逻辑联结词中，与非、或非、异或是计算机科学中经常用到的 3 个联结词。在计算机类书籍中，异或经常用符号“$\oplus$”表示，即 $p \oplus q$ 和 $p \overline{\vee} q$ 的含义相同。下面是与非、或非、异或的性质，其中 A, B, C 都是命题变元。

1. “与非”的性质

(1) $A \uparrow B \Leftrightarrow B \uparrow A$；

(2) $A \uparrow A \Leftrightarrow \neg(A \wedge A) \Leftrightarrow \neg A$；

(3) $(A \uparrow B) \uparrow (A \uparrow B) \Leftrightarrow \neg(A \uparrow B) \Leftrightarrow (A \wedge B)$；

(4) $(A\uparrow A)\uparrow(B\uparrow B)\Leftrightarrow\neg A\uparrow\neg B\Leftrightarrow\neg(\neg A\wedge\neg B)\Leftrightarrow A\vee B$。

2. “或非”的性质

(1) $A\downarrow B\Leftrightarrow B\downarrow A$；

(2) $A\downarrow A\Leftrightarrow\neg(A\vee A)\Leftrightarrow\neg A$；

(3) $(A\downarrow B)\downarrow(A\downarrow B)\Leftrightarrow\neg(A\downarrow B)\Leftrightarrow(A\vee B)$；

(4) $(A\downarrow A)\downarrow(B\downarrow B)\Leftrightarrow\neg A\downarrow\neg B\Leftrightarrow\neg(\neg A\vee\neg B)\Leftrightarrow A\wedge B$。

3. “异或”的性质

(1) $A\bar{\vee}B\Leftrightarrow B\bar{\vee}A$；

(2) $(A\bar{\vee}B)\bar{\vee}C\Leftrightarrow A\bar{\vee}(B\bar{\vee}C)$；

(3) $A\wedge(B\bar{\vee}C)\Leftrightarrow(A\wedge B)\bar{\vee}(A\wedge C)$；

(4) $A\bar{\vee}B\Leftrightarrow(A\wedge\neg B)\vee(\neg A\wedge B)$；

(5) $A\bar{\vee}B\Leftrightarrow\neg(A\leftrightarrow B)$；

(6) $A\bar{\vee}A\Leftrightarrow 0, 0\bar{\vee}A\Leftrightarrow A, 1\bar{\vee}A\Leftrightarrow\neg A$。

例 2-25 设 A,B,C 为命题公式。证明：如果 $A\bar{\vee}B\Leftrightarrow C$，则 $A\bar{\vee}C\Leftrightarrow B, B\bar{\vee}C\Leftrightarrow A$，且 $A\bar{\vee}B\bar{\vee}C$ 的类型为矛盾式。

证明 如果 $A\bar{\vee}B\Leftrightarrow C$，则

$$A\bar{\vee}C\Leftrightarrow A\bar{\vee}(A\bar{\vee}B)\Leftrightarrow(A\bar{\vee}A)\bar{\vee}B\Leftrightarrow 0\bar{\vee}B\Leftrightarrow B$$

$$B\bar{\vee}C\Leftrightarrow B\bar{\vee}(A\bar{\vee}B)\Leftrightarrow(B\bar{\vee}B)\bar{\vee}A\Leftrightarrow 0\bar{\vee}A\Leftrightarrow A$$

$$A\bar{\vee}B\bar{\vee}C\Leftrightarrow C\bar{\vee}C\Leftrightarrow 0$$

在电子线路设计中，与非、或非、异或和与、或、非都是常用的基本逻辑关系。

2.3.3 联结词完备集

虽然定义了 9 个联结词，但这些联结词在构成命题公式时并不是缺一不可的，有些联结词可以用另外一些联结词表示其逻辑功能。例如，由于 $A\rightarrow B\Leftrightarrow\neg A\vee B$，所以，$\rightarrow$ 可以用 $\neg$ 和 $\vee$ 表示其逻辑功能。那么，在构成命题公式时最少需要几个联结词呢？这最少的联结词是哪几个呢？

定义 2-18 在一个逻辑联结词集合中，如果其中的某些联结词可用联结词集合中的其他联结词定义，则称这些联结词为**冗余联结词**。

例如，在联结词集合$\{\neg,\wedge,\vee\}$中，$\wedge$ 是冗余联结词，因为 $A\wedge B\Leftrightarrow\neg(\neg A\vee\neg B)$，即 $\wedge$ 可以用 $\neg$ 和 $\vee$ 表示其逻辑功能。另外，在此联结词集合中，也可以把 $\vee$ 看成冗余联结词，因为 $A\vee B\Leftrightarrow\neg(\neg A\wedge\neg B)$，即 $\vee$ 可以用 $\neg$ 和 $\wedge$ 表示其逻辑功能。可见，冗余联结词不是绝对的。

定义 2-19 设 S 是一个逻辑联结词集合，如果任何 n 元真值函数都可以用由 S 中的联结词构成的命题公式表示，则称 S 为**联结词功能完备集**。不含冗余联结词的联结词功能完备集称为**联结词极小功能完备集**。

用等价演算法可消去联结词集合中的冗余联结词，从而产生新的联结词功能完备集。

显然，由全部 9 个联结词组成的联结词集合是联结词功能完备集。由定义 2-14～定义 2-17 知，本节新定义的 4 个联结词可以用 2.1.2 节定义的 5 个联结词表示其逻辑功能。所以，$\{\neg, \wedge, \vee, \rightarrow, \leftrightarrow\}$也是联结词功能完备集。

由于 $A \leftrightarrow B \Leftrightarrow (A \rightarrow B) \wedge (B \rightarrow A)$，故$\leftrightarrow$是$\{\neg, \wedge, \vee, \rightarrow, \leftrightarrow\}$的冗余联结词，从而得到新的联结词功能完备集$\{\neg, \wedge, \vee, \rightarrow\}$。

由于 $A \rightarrow B \Leftrightarrow \neg A \vee B$，故$\rightarrow$是$\{\neg, \wedge, \vee, \rightarrow\}$的冗余联结词，从而得到新的联结词功能完备集$\{\neg, \wedge, \vee\}$。

例 2-26 证明下列各联结词集合都是联结词功能完备集：

(1) $\{\neg, \vee\}$。(2) $\{\neg, \wedge\}$。(3) $\{\neg, \rightarrow\}$。(4) $\{\uparrow\}$。(5) $\{\downarrow\}$。

证明 (1)、(2) 由于$\{\neg, \wedge, \vee\}$是联结词功能完备集，而

$$A \wedge B \Leftrightarrow \neg(\neg A \vee \neg B), \quad A \vee B \Leftrightarrow \neg(\neg A \wedge \neg B)$$

所以，$\{\neg, \vee\}$和$\{\neg, \wedge\}$是联结词功能完备集。

(3) 因为$\{\neg, \vee\}$是联结词功能完备集，而

$$A \vee B \Leftrightarrow \neg A \rightarrow B$$

所以，$\{\neg, \rightarrow\}$是联结词功能完备集。

(4) 因为$\{\neg, \vee\}$是联结词功能完备集，而

$$\neg A \Leftrightarrow \neg(A \wedge A) \Leftrightarrow A \uparrow A$$

$$A \vee B \Leftrightarrow \neg(\neg A \wedge \neg B) \Leftrightarrow \neg A \uparrow \neg B \Leftrightarrow (A \uparrow A) \uparrow (B \uparrow B)$$

所以，$\{\uparrow\}$是联结词功能完备集。

第(5)小题留给读者自己证明。

显然，这 5 个联结词功能完备集都是联结词极小功能完备集。

需要指出，不是任意几个联结词都能构成联结词功能完备集。例如，由于不能用联结词集合$\{\wedge, \vee, \rightarrow, \leftrightarrow\}$中的联结词表示$\neg$的逻辑功能，所以，$\{\wedge, \vee, \rightarrow, \leftrightarrow\}$不是联结词功能完备集。

如果仅用联结词极小功能完备集中的联结词，则命题公式很可能既复杂又难于理解。通过前面的介绍可知，$\neg$、$\wedge$、$\vee$这 3 种联结词最重要，$\rightarrow$和$\leftrightarrow$次之。所以，命题公式通常用的联结词功能完备集是$\{\neg, \wedge, \vee, \rightarrow, \leftrightarrow\}$和$\{\neg, \wedge, \vee\}$。

联结词功能完备集$\{\neg, \wedge, \vee\}$表达的命题公式是一种布尔代数，在逻辑电路的设计中有广泛应用，第 6 章有详细介绍。联结词功能完备集$\{\neg, \rightarrow\}$在逻辑推理和程序系统中经常遇到。联结词功能完备集$\{\uparrow\}$和$\{\downarrow\}$在大规模集成电路的设计中有广泛应用。

2.4 范 式

2.2 节介绍的真值表和命题演算都可以用来判断一个命题公式的类型和两个命题公式是否等价。有没有一种规范的判断方法呢？答案是肯定的，这就是本节要介绍的命题公式的规范形式——范式。

2.4.1 析取范式与合取范式

定义 2-20 由有限个命题变元或其否定构成的合取式称为**原子合取式**或**基本积**；由有限个命题变元或其否定构成的析取式称为**原子析取式**或**基本和**。

例如，若 p,q 是两个命题变元，则 $p\wedge q$，$\neg p\wedge q$ 和 $p\wedge\neg p\wedge\neg q$ 都是原子合取式，而 $p\vee q$，$p\vee\neg q$ 和 $\neg p\vee q\vee\neg q$ 都是原子析取式。

需要强调指出，按定义 2-20，$p,q,\neg p,\neg q$，1 和 0 既都是原子合取式，又都是原子析取式。

定理 2-3 一个原子析取式是重言式，当且仅当它同时含有一个命题变元及其否定；一个原子合取式是矛盾式，当且仅当它同时含有一个命题变元及其否定。

证明 该定理两部分的证明方法是一样的，下面只证明定理的第一部分。将该原子析取式记为 A。

① 充分性。如果 A 同时含有一个命题变元及其否定，不妨设这个命题变元是 p，则 A 一定可以表示成如下的形式：

$$A\Leftrightarrow p\vee\neg p\vee B$$

其中，B 也是一个原子析取式。由于

$$A\Leftrightarrow(p\vee\neg p)\vee B\Leftrightarrow 1\vee B\Leftrightarrow 1$$

所以，A 一定是重言式。

② 必要性。用反证法。

如果 A 是重言式，并假设它不同时含有一个命题变元及其否定，那么 A 一定可以表示成如下的形式：

$$p_1\vee p_2\vee\cdots\vee p_i\vee\neg p_{i+1}\vee\cdots\vee\neg p_{k-1}\vee\neg p_k \qquad \text{(a)}$$

其中，所有命题变元都不相同。在式(a)中，当前 i 个命题变元取值 0，后 $k-i$ 个命题变元取值 1 时，则有

$$p_1\vee p_2\vee\cdots\vee p_i\vee\neg p_{i+1}\vee\cdots\vee\neg p_{k-1}\vee\neg p_k\Leftrightarrow 0$$

这表明，A 不是重言式。所以，前面的假设不成立，A 一定同时含有一个命题变元及其否定。

证毕

例如，原子析取式 $\neg p\vee q\vee\neg q$ 是重言式，原子合取式 $p\wedge\neg p\wedge\neg q$ 是矛盾式。

定义 2-21 设 $A_i(i=1,2,\cdots,n,n\geqslant 1)$ 是原子合取式，则称

$$A_1\vee A_2\vee\cdots\vee A_n$$

为**析取范式**。若这个析取范式与命题公式 A 等价，则称它为 A 的析取范式。

例如，$\neg p\vee(p\wedge q)\vee(p\wedge\neg q)$，$(\neg p\wedge q\wedge r)\vee(p\wedge q)\vee r$ 都是析取范式。

定义 2-22 设 $A_i(i=1,2,\cdots,n,n\geqslant 1)$ 是原子析取式，则称

$$A_1\wedge A_2\wedge\cdots\wedge A_n$$

为**合取范式**。若这个合取范式与命题公式 A 等价，则称它为 A 的合取范式。

例如，$p\wedge(p\vee\neg q)\wedge(\neg p\vee q)$，$(p\vee q\vee\neg r)\wedge(p\vee q)\wedge\neg r$ 都是合取范式。

析取范式与合取范式统称为**范式**。

需要强调指出，按定义 2-21 和定义 2-22，0，1，$p,q,p\wedge q\wedge\neg r$ 和 $p\vee\neg q\vee r$ 既都是析取范式，又都是合取范式，希望读者认真想明白。只有懂得这些才算真正理解了范式的概念。

【说明】 (1) 析取范式和合取范式都只含 $\neg$、$\wedge$ 和 $\vee$ 这 3 种联结词，不允许有其他联结词；

(2) 范式中不存在如下形式的公式：$\neg\neg A$，$\neg(A\vee B)$，$\neg(A\wedge B)$。利用双重否定律或德·摩根律可将这 3 个公式化为范式所要求的形式：

$\neg\neg A \Leftrightarrow A$,　$\neg(A \vee B) \Leftrightarrow \neg A \wedge \neg B$,　$\neg(A \wedge B) \Leftrightarrow \neg A \vee \neg B$

有了范式的概念，就可以讨论如何将任一命题公式化为一个析取范式或合取范式。

定理 2-4（范式存在定理） 任一命题公式都存在与其等价的析取范式与合取范式。

证明 ① 利用命题等价式可以消去公式中除 $\neg$，$\wedge$，$\vee$ 以外的其他联结词。例如，$p \leftrightarrow q \Leftrightarrow (p \to q) \wedge (p \to q)$，$p \to q \Leftrightarrow \neg p \vee q$；

② 利用双重否定律消去 $\neg\neg$。例如，$\neg\neg p \Leftrightarrow p$；

③ 利用德·摩根律将 $\neg$ 移至紧靠命题变元之前。例如，$\neg(p \vee q) \Leftrightarrow \neg p \wedge \neg q$，$\neg(p \wedge q) \Leftrightarrow \neg p \vee \neg q$；

④ 利用结合律、分配律等将公式化为析取范式与合取范式。求析取范式利用“$\wedge$”对“$\vee$”的分配律，求合取范式利用“$\vee$”对“$\wedge$”的分配律。

本定理的证明过程实际上就是求范式的具体步骤。

例 2-27 求 $(p \wedge (q \to r)) \to s$ 的合取范式。

解
$$
\begin{aligned}
(p \wedge (q \to r)) \to s &\Leftrightarrow \neg(p \wedge (\neg q \vee r)) \vee s && \text{（蕴涵律）}\\
&\Leftrightarrow (\neg p \vee (q \wedge \neg r)) \vee s && \text{（德·摩根律）}\\
&\Leftrightarrow (\neg p \vee s) \vee (q \wedge \neg r) && \text{（结合律）}\\
&\Leftrightarrow (\neg p \vee s \vee q) \wedge (\neg p \vee s \vee \neg r) && \text{（分配律）}
\end{aligned}
$$

故所求的合取范式为：$(\neg p \vee s \vee q) \wedge (\neg p \vee s \vee \neg r)$。

例 2-28 求 $(p \to q) \wedge (\neg p \to r)$ 的析取范式。

解
$$
\begin{aligned}
(p \to q) \wedge (\neg p \to r) &\Leftrightarrow (\neg p \vee q) \wedge (\neg\neg p \vee r) && \text{（蕴涵律）}\\
&\Leftrightarrow (\neg p \vee q) \wedge (p \vee r) && \text{（双重否定律）}\\
&\Leftrightarrow (\neg p \wedge (p \vee r)) \vee (q \wedge (p \vee r)) && \text{（分配律）}\\
&\Leftrightarrow (\neg p \wedge p) \vee (\neg p \wedge r) \vee (q \wedge p) \vee (q \wedge r) && \text{（分配律）}\\
&\Leftrightarrow 0 \vee (\neg p \wedge r) \vee (q \wedge p) \vee (q \wedge r) && \text{（矛盾律）}\\
&\Leftrightarrow (\neg p \wedge r) \vee (q \wedge p) \vee (q \wedge r) && \text{（同一律）}
\end{aligned}
$$

故所求的析取范式为：$(\neg p \wedge r) \vee (q \wedge p) \vee (q \wedge r)$。

其实，本例第 4 步得到的 $(\neg p \wedge p) \vee (\neg p \wedge r) \vee (q \wedge p) \vee (q \wedge r)$ 已经是析取范式了。这说明一个公式的析取范式并不惟一。同样，一个公式的合取范式也不惟一。

定理 2-5 命题公式 A 是矛盾式当且仅当 A 的析取范式的每一个原子合取式都同时含有一个命题变元及其否定；命题公式 A 是重言式当且仅当 A 的合取范式的每一个原子析取式都同时含有一个命题变元及其否定。

证明 该定理两部分的证明方法是一样的，下面只证明定理的第一部分。设 A 的一个析取范式为 $A_1 \vee A_2 \vee \cdots \vee A_n$。

① 充分性。如果该析取范式的每一个原子合取式 $A_i(i=1,2,\cdots,n)$ 都至少同时含有一个命题变元及其否定。不妨设 A_1 同时含有一个命题变元 p 及其否定 $\neg p$，即

$$A_1 \Leftrightarrow p \wedge \neg p \wedge \cdots$$

由定理 2-3 得 $A_1 \Leftrightarrow 0$。同理，对每一个原子合取式都有 $A_i \Leftrightarrow 0(i=1,2,\cdots,n)$。

所以，$A \Leftrightarrow 0 \vee 0 \vee \cdots \vee 0 \Leftrightarrow 0$。

② 必要性。用反证法。

假设该析取范式至少有一个原子合取式不同时含有一个命题变元及其否定，不妨设它就是 A_1。将 A_1 中的所有命题变元排在靠左边，所有命题变元的否定排在靠右边，即

$$A_1 \Leftrightarrow p_1 \wedge p_2 \wedge \cdots \wedge p_l \wedge \neg p_{l+1} \wedge \neg p_{l+2} \wedge \cdots \wedge \neg p_m \quad \text{(a)}$$

如果命题变元 $p_1, p_2, \cdots, p_l$ 都取 1，命题变元 $p_{l+1}, p_{l+2}, \cdots, p_m$ 都取 0，则由式(a)得 $A_1 \Leftrightarrow 1$。从而

$$A \Leftrightarrow 1 \vee A_2 \vee \cdots \vee A_n \Leftrightarrow 1$$

这与 A 是矛盾式相矛盾。所以，前面的假设不成立。因此，A 的析取范式的每一个原子合取式都至少同时含有一个命题变元及其否定。 证毕

有了定理 2-5 就可以用范式来判别命题公式的类型了。需要指出，不符合定理 2-5 的命题公式就是偶然式。据此，例 2-27 和例 2-28 中的两个命题公式都是偶然式。

例 2-29 用范式判别下列各公式的类型：

(1) $p \vee (q \rightarrow r) \vee \neg (p \vee r)$。

(2) $(\neg (q \rightarrow p) \wedge r) \wedge \neg (q \wedge r)$。

解 (1) $p \vee (q \rightarrow r) \vee \neg (p \vee r)$

$\Leftrightarrow p \vee (\neg q \vee r) \vee \neg (p \vee r)$ （蕴涵律）

$\Leftrightarrow p \vee \neg q \vee r \vee (\neg p \wedge \neg r)$ （结合律、德·摩根律）

$\Leftrightarrow (p \vee \neg q \vee r \vee \neg p) \wedge (p \vee \neg q \vee r \vee \neg r)$ （分配律）

最后得到的合取范式的两个原子析取式都同时含有一个命题变元及其否定，由定理 2-5 知，$p \vee (q \rightarrow r) \vee \neg (p \vee r)$ 为重言式。

(2) $(\neg (q \rightarrow p) \wedge r) \wedge \neg (q \wedge r)$

$\Leftrightarrow (\neg (\neg q \vee p) \wedge r) \wedge (\neg q \vee \neg r)$ （蕴涵律、德·摩根律）

$\Leftrightarrow (q \wedge \neg p \wedge r) \wedge (\neg q \vee \neg r)$ （德·摩根律、结合律）

$\Leftrightarrow (q \wedge \neg p \wedge r \wedge \neg q) \vee (q \wedge \neg p \wedge r \wedge \neg r)$ （分配律）

最后得到的析取范式的两个原子合取式都同时含有一个命题变元及其否定，由定理 2-5 知，$(\neg (q \rightarrow p) \wedge r) \wedge \neg (q \wedge r)$ 为矛盾式。

范式能帮助人们解答一些实际的判断问题。下面是其中一例。

实例 2-2 在某公园，3 名中国游客对一位汉语说得很好的外国游客作出了不同的判断：

甲说："你是英国人，不是德国人。"

乙说："你不是英国人，是德国人。"

丙说："你既不是英国人，也不是法国人。"

这位外国游客听了笑着说，你们当中两人判断正确，一人判断错误。请问这位外国游客究竟是哪国人？

利用范式进行判断的过程如下。

设 p：这位外国游客是英国人，q：这位外国游客是德国人，r：这位外国游客是法国人。则甲判断正确即 $A \Leftrightarrow p \wedge \neg q$ 为真，判断错误即 $A \Leftrightarrow p \wedge \neg q$ 为假；乙判断正确即 $B \Leftrightarrow \neg p \wedge q$ 为真，判断错误即 $B \Leftrightarrow \neg p \wedge q$ 为假；丙判断正确即 $C \Leftrightarrow \neg p \wedge \neg r$ 为真，判断错误即 $C \Leftrightarrow \neg p \wedge \neg r$ 为假。

根据这位外国游客所说，下列命题

$$(A \wedge B \wedge \neg C) \vee (A \wedge \neg B \wedge C) \vee (\neg A \wedge B \wedge C)$$

应该是真命题。由于

$$A \wedge B \wedge \neg C \Leftrightarrow (p \wedge \neg q) \wedge (\neg p \wedge q) \wedge \neg(\neg p \wedge \neg r)$$
$$\Leftrightarrow (p \wedge \neg q \wedge \neg p \wedge q) \wedge (p \vee r) \Leftrightarrow 0$$
$$A \wedge \neg B \wedge C \Leftrightarrow (p \wedge \neg q) \wedge \neg(\neg p \wedge q) \wedge (\neg p \wedge \neg r)$$
$$\Leftrightarrow (p \wedge \neg q) \wedge (\neg p \wedge \neg r) \wedge (p \vee \neg q)$$
$$\Leftrightarrow (p \wedge \neg q \wedge \neg p \wedge \neg r) \wedge (p \vee \neg q) \Leftrightarrow 0$$
$$\neg A \wedge B \wedge C \Leftrightarrow \neg(p \wedge \neg q) \wedge (\neg p \wedge q) \wedge (\neg p \wedge \neg r)$$
$$\Leftrightarrow (\neg p \vee q) \wedge (\neg p \wedge q \wedge \neg p \wedge \neg r)$$
$$\Leftrightarrow (\neg p \vee q) \wedge (\neg p \wedge q \wedge \neg r)$$
$$\Leftrightarrow (\neg p \wedge \neg p \wedge q \wedge \neg r) \vee (q \wedge \neg p \wedge q \wedge \neg r)$$
$$\Leftrightarrow (\neg p \wedge q \wedge \neg r) \vee (\neg p \wedge q \wedge \neg r)$$
$$\Leftrightarrow \neg p \wedge q \wedge \neg r$$

所以

$$(A \wedge B \wedge \neg C) \vee (A \wedge \neg B \wedge C) \vee (\neg A \wedge B \wedge C)$$
$$\Leftrightarrow 0 \vee 0 \vee (\neg p \wedge q \wedge \neg r) \Leftrightarrow \neg p \wedge q \wedge \neg r$$

据此可知,这位外国游客是德国人。

2.4.2 主析取范式与主合取范式

由于一个公式的析取范式和合取范式都不惟一,这使范式的使用受到一定的限制。为了克服这一欠缺,有必要引入命题公式惟一的规范形式——主范式。

定义 2-23 如果在含有 n 个命题变元的原子合取式中,每个命题变元或其否定必定出现且仅出现一次,则称该原子合取式为**小项或布尔合取**。

约定在书写小项时,每个原子合取式中的命题变元及其否定都按字典顺序(或按下标从小到大的顺序)排列。这样做,不仅统一表达,也便于阅读理解,更方便问题的讨论。

例如,两个命题变元 p 和 q 共可构成如下 4 个小项:

$$\neg p \wedge \neg q, \quad \neg p \wedge q, \quad p \wedge \neg q, \quad p \wedge q$$

这 4 个小项的真值表如表 2-14 所示。

表 2-14

p q	$\neg p \wedge \neg q$	$\neg p \wedge q$	$p \wedge \neg q$	$p \wedge q$
0 0	1	0	0	0
0 1	0	1	0	0
1 0	0	0	1	0
1 1	0	0	0	1
m(二进制)	m_{00}	m_{01}	m_{10}	m_{11}
m(十进制)	m_0	m_1	m_2	m_3

推广到一般,n 个命题变元共可构成 2^n 个小项。

利用二进制数表示小项是非常好的方法,具体是:用 m_k 表示小项,其下标 k 是二进制数。当小项中出现第 i 个变元时,二进制下标 k 左起第 i 位为 1;当小项中出现第 i 个变元的否定时,二进制下标 k 左起第 i 位为 0。例如,两个命题变元 p 和 q 构成的小项 $p \wedge q$ 用 m_{11}

表示。

有时也用十进制数表示小项，就是将上述表示小项的 m_k 中的下标 k 改用相应的十进制数。例如，两个命题变元 p 和 q 构成的小项 $p \wedge q$ 可以用 m_3 表示。

3 个命题变元 p,q,r 共可构成 8 个小项。下面是其中的部分小项及其二进制数表示和十进制数表示：

$$m_0 \Leftrightarrow m_{000} \Leftrightarrow \neg p \wedge \neg q \wedge \neg r, \quad m_3 \Leftrightarrow m_{011} \Leftrightarrow \neg p \wedge q \wedge r,$$

$$m_5 \Leftrightarrow m_{101} \Leftrightarrow p \wedge \neg q \wedge r, \quad m_7 \Leftrightarrow m_{111} \Leftrightarrow p \wedge q \wedge r$$

表 2-14 反映了小项的一些性质，这些性质对于 3 个或更多个命题变元构成的小项都是存在的，如定理 2-6 所述。

定理 2-6 小项有如下性质：

(1) 不同小项的真值表不同；

(2) 每个小项仅当其赋值与其二进制编码相同时真值为 1，其余的 2^n-1 种赋值均为 0；

(3) 任意两个不同小项的合取式是矛盾式，即

$$m_i \wedge m_j \Leftrightarrow 0 \quad (i \neq j) \tag{2-1}$$

(4) 全体小项的析取式为重言式，即

$$m_0 \vee m_1 \vee \cdots \vee m_{2^n-1} \Leftrightarrow 1 \tag{2-2}$$

其中 n 是命题变元的个数。

定义 2-24 由若干个不同小项组成的析取范式称为**主析取范式**；若这个主析取范式与命题公式 A 等价，则称它为 A 的主析取范式。

定理 2-7(主析取范式存在惟一定理) 任何非矛盾命题公式 A 都存在惟一与其等价的主析取范式。

证明 先证存在性。

如果命题公式 A 是矛盾式，则它的任何一个析取范式中的每一个原子合取式都是矛盾式，且都至少同时存在一个命题变元及其否定，因而它们都不是小项，且都可根据矛盾律从公式中消去。所以，这样的命题公式不存在与其等价的主析取范式。

由范式存在定理知，任何命题公式 A 都存在与其等价的析取范式，不妨设其中之一为 A'。若命题公式 A 不是矛盾式，则析取范式 A' 的所有原子合取式都不会同时存在任何命题变元及其否定。

若 A' 的所有原子合取式都是小项，则 A' 已经是主析取范式了。若 A' 的某些原子合取式不是小项，不妨设其中之一是 A_1，且 A_1 中不含命题变元 p 及其否定 $\neg p$，则可以用下面的方式补入：

$$A_1 \wedge 1 \Leftrightarrow A_1 \wedge (p \vee \neg p) \Leftrightarrow (A_1 \wedge p) \vee (A_1 \wedge \neg p)$$

继续这个过程，就可以补齐原子合取式 A_1 中所有缺少的命题变元或其否定，从而使之变成小项。

对 A' 中所有不是小项的原子合取式进行同样的处理，就可以使 A' 中所有原子合取式都变成小项，从而得到与公式 A 等价的主析取范式。

再证惟一性(用反证法)。假定命题公式 A 存在与其等价的两个不同的主析取范式 B 和 C。由于 $A \Leftrightarrow B$ 且 $A \Leftrightarrow C$，从而 $B \Leftrightarrow C$。

因为 B 和 C 是与 A 等价的不同的主析取范式，故必有某一小项 m_i 只出现在 B 和 C 其

中之一，不妨设 m_i 只出现在 B 中而不出现在 C 中。于是，i 的二进制为 B 的成真赋值、C 的成假赋值，这与 $B \Leftrightarrow C$ 矛盾。因此，B 和 C 必相同。即命题公式 A 的主析取范式是惟一的。

证毕

如果命题公式 A 是矛盾式，则它不存在由小项的析取表示的主析取范式。为了实际的需要，约定矛盾式 A 的主析取范式为命题常元 0。

有了前面的相关概念为基础，现在可以介绍如何求一个命题公式的主析取范式了。

结合定理 2-7 的证明过程，现将用等价演算法求命题公式的主析取范式的步骤归纳如下：

(1) 将原命题公式化为析取范式；

(2) 除去析取范式中所有永假的析取项；

(3) 将析取式中重复出现的合取项和相同的变元合并；

(4) 按定理 2-7 存在性证明中的方法对合取项补入没有出现的命题变元，再按分配律进行演算；

(5) 将小项按字典顺序(或下标由小到大的顺序)排列。

根据定理 2-6，可得利用真值求命题公式主析取范式的方法，这就是下面的定理 2-8。

定理 2-8 如果命题公式 A 的真值表中有成真赋值，则所有成真赋值对应的小项的析取式就是公式 A 的主析取范式；如果公式 A 的真值表中没有成真赋值，则它的主析取范式是 0。

证明 由前面的约定知，定理的后半部分显然成立，无需证明。下面证明定理的前半部分。

由定理 2-6 知，每个小项当且仅当它的赋值与它的二进制编码相同时真值为 1。设命题公式 A 的真值表中所有成真赋值对应的小项是 $m_{i_1}, m_{i_2}, \cdots, m_{i_k}$，其中 $i_1 < i_2 < \cdots < i_k$，且都是二进制数。令

$$B \Leftrightarrow m_{i_1} \vee m_{i_2} \vee \cdots \vee m_{i_k}$$

若 A 在某一赋值下取值 1，则对应的小项在此赋值下也取值 1，所以这个小项一定在 B 中，从而 B 在此赋值下必定取值 1。

若 A 在某一赋值下取值 0，则 B 中不包括此赋值对应的小项，所以 B 中所有的小项在此赋值下都取值 0，从而 B 在此赋值下必定取值 0。

综上所述，A 和 B 等价。又因为 B 具有主析取范式的形式，所以，根据定理 2-7 知，B 是 A 的主析取范式。

与小项和主析取范式的概念类似，命题公式也有大项和主合取范式的概念及相关定理。而且，求命题公式 A 的主合取范式的方法和求命题公式 A 的主析取范式的方法相似。下面做扼要介绍。

定义 2-25 如果在含有 n 个命题变元的原子析取式中，每个命题变元或其否定必定出现且仅出现一次，则称该原子析取式为**大项或布尔析取**。

例如，两个命题变元 p 和 q 共可构成如下 4 个大项：

$$p \vee q, \quad p \vee \neg q, \quad \neg p \vee q, \quad \neg p \vee \neg q$$

这 4 个大项的真值表如表 2-15 所示。

表 2-15

p　q	$p \vee q$	$p \vee \neg q$	$\neg p \vee q$	$\neg p \vee \neg q$
0　0	0	1	1	1
0　1	1	0	1	1
1　0	1	1	0	1
1　1	1	1	1	0
M(二进制)	M_{00}	M_{01}	M_{10}	M_{11}
M(十进制)	M_0	M_1	M_2	M_3

推广到一般，n 个命题变元共可构成 2^n 个大项。

利用二进制数表示大项的方法为：用 M_k 表示大项，其下标 k 是二进制数。当大项中出现第 i 个变元时，二进制下标 k 左起第 i 位为 0；当大项中出现第 i 个变元的否定时，二进制下标 k 左起第 i 位为 1。例如，两个命题变元 p 和 q 构成的大项 $\neg p \vee q$ 用 M_{10} 表示。

有时也用十进制数表示大项，就是将上述表示大项的 M_k 中的下标 k 改用相应的十进制数。例如，两个命题变元 p 和 q 构成的大项 $\neg p \vee q$ 可以用 M_2 表示。

3 个命题变元 p,q,r 共可构成 8 个大项。下面是其中的部分大项及其二进制数表示和十进制数表示：

$$M_0 \Leftrightarrow M_{000} \Leftrightarrow p \vee q \vee r, \quad M_2 \Leftrightarrow M_{010} \Leftrightarrow p \vee \neg q \vee r,$$

$$M_4 \Leftrightarrow M_{100} \Leftrightarrow \neg p \vee q \vee r, \quad M_7 \Leftrightarrow M_{111} \Leftrightarrow \neg p \vee \neg q \vee \neg r$$

定理 2-9　大项有如下性质：

(1) 不同大项的真值表不同；

(2) 每个大项仅当其赋值与其二进制编码相同时真值为 0，其余的 2^n-1 种赋值均为 1；

(3) 任意两个不同大项的析取式是重言式，即

$$M_i \vee M_j \Leftrightarrow 1 \quad (i \neq j) \tag{2-3}$$

(4) 全体大项的合取式为矛盾式，即

$$M_0 \wedge M_1 \wedge \cdots \wedge M_{2^n-1} \Leftrightarrow 0 \tag{2-4}$$

其中 n 是命题变元的个数。

定义 2-26　由若干个不同大项组成的合取范式称为**主合取范式**；若这个主合取范式与命题公式 A 等价，则称它为 A 的主合取范式。

定理 2-10(主合取范式存在惟一定理)　任何非重言命题公式 A 都存在惟一与其等价的主合取范式。

定理 2-10 的证明留给读者自己完成。

如果命题公式 A 是重言式，则它不存在由大项的合取表示的主合取范式。为了实际的需要，约定重言式 A 的主合取范式为命题常元 1。

用等价演算法求命题公式的主合取范式的步骤如下：

(1) 将原命题公式化为合取范式；

(2) 除去合取范式中所有永真的合取项；

(3) 将合取式中重复出现的析取项和相同的变元合并；

(4) 对析取项补入没有出现的命题变元，再按分配律进行演算；

(5) 将大项按字典顺序(或下标由小到大的顺序)排列。

定理 2-11 如果命题公式 A 的真值表中有成假赋值，则所有成假赋值对应的大项的合取式就是公式 A 的主合取范式；如果公式 A 的真值表中没有成假赋值，则它的主合取范式是 1。

和求命题公式的主析取范式一样，可以通过等价演算和真值表两种方法直接求命题公式的主合取范式。

由前面的介绍知，如果命题公式 A 含有 n 个命题变元，并且公式 A 的真值表有 k 个成真赋值和 2^n-k 个成假赋值，则它的主析取范式中的所有小项与这 k 个成真赋值对应，而它的主合取范式中的所有大项与这 2^n-k 个成假赋值对应。因此，如果已经求得某公式的主析取范式，则可以立即得到该公式的主合取范式。

例如，命题公式 A 含有 3 个命题变元，如果它的主析取范式是 $m_{001} \vee m_{101} \vee m_{110}$（或 $m_1 \vee m_5 \vee m_6$），则它的主合取范式是 $M_{000} \wedge M_{010} \wedge M_{011} \wedge M_{100} \wedge M_{111}$（或 $M_0 \wedge M_2 \wedge M_3 \wedge M_4 \wedge M_7$）。

综上所述，对于命题公式的主范式，重点放在其主析取范式是合理的。

例 2-30 用真值表法求 $p \to q$，$\neg(p \to q)$，$p \leftrightarrow q$，$p \uparrow q$ 的主析取范式。

解 这 4 个公式的真值表如表 2-16 所示。

表 2-16

p q	$p \to q$	$\neg(p \to q)$	$p \leftrightarrow q$	$p \uparrow q$
0 0	1	0	1	1
0 1	1	0	0	1
1 0	0	1	0	1
1 1	1	0	1	0

据此，这 4 个公式的主析取范式分别是

$$p \to q \Leftrightarrow (\neg p \wedge \neg q) \vee (\neg p \wedge q) \vee (p \wedge q)$$

$$\neg(p \to q) \Leftrightarrow (p \wedge \neg q)$$

$$p \leftrightarrow q \Leftrightarrow (\neg p \wedge \neg q) \vee (p \wedge q)$$

$$p \uparrow q \Leftrightarrow (\neg p \wedge \neg q) \vee (\neg p \wedge q) \vee (p \wedge \neg q)$$

如果用小项表示，则有

$$p \to q \Leftrightarrow m_{00} \vee m_{01} \vee m_{11}$$

$$\neg(p \to q) \Leftrightarrow m_{10}$$

$$p \leftrightarrow q \Leftrightarrow m_{00} \vee m_{11}$$

$$p \uparrow q \Leftrightarrow m_{00} \vee m_{01} \vee m_{10}$$

根据表 2-16 可以直接得到这 4 个公式的主合取范式以及用大项表示的方式，留给读者自己完成。

例 2-31 用等价演算法求 $(p \to q) \wedge r$ 的主析取范式。

解 $(p \to q) \wedge \neg r \Leftrightarrow (\neg p \vee q) \wedge r$ （蕴涵律）

$\Leftrightarrow (\neg p \wedge r) \vee (q \wedge r)$ （分配律）

$\Leftrightarrow (\neg p \wedge r \wedge (q \vee \neg q)) \vee ((p \vee \neg p) \wedge q \wedge r)$ （同一律、补入变元）

$\Leftrightarrow ((\neg p \wedge q \wedge r) \vee (\neg p \wedge \neg q \wedge r)) \vee ((p \wedge q \wedge r) \vee (\neg p \wedge q \wedge r))$

（分配律）

$\Leftrightarrow(\neg p \wedge \neg q \wedge r) \vee(\neg p \wedge q \wedge r) \vee(p \wedge q \wedge r)$ （吸收律、交换律）

$\Leftrightarrow m_{001} \vee m_{011} \vee m_{111}$ （用小项表示）

2.4.3 主范式的作用

由于命题公式的主析取范式和主合取范式与该公式的真值表有直接的联系，所以主析取范式和主合取范式的作用与真值表一样，可以用来判断命题公式的类型、判断两个命题是否等价以及求命题公式的成真赋值和成假赋值。下面分别介绍。

1. 判断命题公式的类型

根据定理2-8和定理2-11，可以得到用主范式判断命题公式的类型的定理2-12。

定理2-12 设A是含有n个命题变元的命题公式，则

(1) 命题公式A是重言式当且仅当A的主析取范式含全部2^n个小项或A与1等价；

(2) 命题公式A是矛盾式当且仅当A的主合取范式含全部2^n个大项或A与0等价；

(3) 不符合(1)、(2)的命题公式是偶然式。

例2-32 求下列命题公式的主析取范式，并判别公式的类型：

(1) $((p \vee q) \wedge \neg q) \rightarrow p$。

(2) $\neg(p \rightarrow q) \wedge q \wedge r$。

(3) $(p \rightarrow q) \wedge r$。

解 (1) $((p \vee q) \wedge \neg q) \rightarrow p$

$\Leftrightarrow \neg((p \vee q) \wedge \neg q) \vee p$ （蕴涵律）

$\Leftrightarrow(\neg(p \vee q) \vee q) \vee p$ （分配律）

$\Leftrightarrow((\neg p \wedge \neg q) \vee q) \vee p$ （德·摩根律）

$\Leftrightarrow(\neg p \wedge \neg q) \vee((p \vee \neg p) \wedge q) \vee(p \wedge(q \vee \neg q))$ （同一律）

$\Leftrightarrow(\neg p \wedge \neg q) \vee(p \wedge q) \vee(\neg p \wedge q) \vee(p \wedge q) \vee(p \wedge \neg q)$

（分配律）

$\Leftrightarrow(\neg p \wedge \neg q) \vee(\neg p \wedge q) \vee(p \wedge \neg q) \vee(p \wedge q)$ （吸收律）

$\Leftrightarrow m_{00} \vee m_{01} \vee m_{10} \vee m_{11}$

这表明该公式的主析取范式含所有小项。由定理2-12知，$((p \vee q) \wedge \neg q) \rightarrow p$为重言式。

(2) $\neg(p \rightarrow q) \wedge q \wedge r$

$\Leftrightarrow \neg(\neg p \vee q) \wedge q \wedge r$ （蕴涵律）

$\Leftrightarrow(p \wedge \neg q) \wedge q \wedge r$ （德·摩根律、零律）

$\Leftrightarrow p \wedge \neg q \wedge q \wedge r$ （结合律）

$\Leftrightarrow 0$ （零律，等价置换）

由定理2-12知，$\neg(p \rightarrow q) \wedge q \wedge r$为矛盾式。

(3) 由例2-31的解答知$(p \rightarrow q) \wedge r$的主析取范式为：$m_{001} \vee m_{011} \vee m_{111}$，它并没有包括所有的小项。由定理2-12知，$(p \rightarrow q) \wedge r$是偶然式。

2. 判断两个命题是否等价

由定理2-7和定理2-10知，如果两个命题公式有相同的主析取范式或主合取范式，则这两个公式等价。

例 2-33 用主范式证明下列等价式(即例 2-21)：

(1) $(p\to r)\wedge(q\to r)\Leftrightarrow(p\vee q)\to r$。

(2) $p\to(q\to r)\Leftrightarrow(p\wedge q)\to r$。

证明 (1) 由于

$$\begin{aligned}(p\to r)\wedge(q\to r)&\Leftrightarrow(\neg p\vee r)\wedge(\neg q\vee r)\\&\Leftrightarrow(\neg p\vee(q\wedge\neg q)\vee r)\wedge((p\wedge\neg p)\vee\neg q\vee r)\\&\Leftrightarrow(\neg p\vee q\vee r)\wedge(\neg p\vee\neg q\vee r)\wedge(p\vee\neg q\vee r)\wedge(\neg p\vee\neg q\vee r)\\&\Leftrightarrow(p\vee\neg q\vee r)\wedge(\neg p\vee q\vee r)\wedge(\neg p\vee\neg q\vee r)\\&\Leftrightarrow M_{010}\wedge M_{100}\wedge M_{110}\end{aligned}$$

$$\begin{aligned}(p\vee q)\to r&\Leftrightarrow\neg(p\vee q)\vee r\\&\Leftrightarrow(\neg p\wedge\neg q)\vee r\\&\Leftrightarrow(\neg p\vee r)\wedge(\neg q\vee r)\Leftrightarrow\cdots\\&\Leftrightarrow M_{010}\wedge M_{100}\wedge M_{110}\end{aligned}$$

所以，$(p\to r)\wedge(q\to r)\Leftrightarrow(p\vee q)\to r$ 得证。

(2) 由于

$$\begin{aligned}p\to(q\to r)&\Leftrightarrow p\to(\neg q\vee r)\\&\Leftrightarrow\neg p\vee\neg q\vee r\end{aligned}$$

$$\begin{aligned}(p\wedge q)\to r&\Leftrightarrow\neg(p\wedge q)\vee r\\&\Leftrightarrow\neg p\vee\neg q\vee r\end{aligned}$$

所以，$p\to(q\to r)\Leftrightarrow(p\wedge q)\to r$ 得证。

3. 求命题公式的成真赋值和成假赋值

由于小项与成真赋值对应，大项与成假赋值对应，所以可以根据命题公式的主范式求其成真赋值和成假赋值。

例 2-34 用主范式求命题公式$(p\to q)\wedge(q\to r)$的成真赋值和成假赋值。

解 由于

$$\begin{aligned}(p\to q)\wedge(q\to r)&\Leftrightarrow(\neg p\vee q)\wedge(\neg q\vee r)\\&\Leftrightarrow(\neg p\vee q\vee(r\wedge\neg r))\wedge((p\wedge\neg p)\vee\neg q\vee r)\\&\Leftrightarrow(\neg p\vee q\vee r)\wedge(\neg p\vee q\vee\neg r)\wedge(p\vee\neg q\vee r)\wedge(\neg p\vee\neg q\vee r)\\&\Leftrightarrow(p\vee\neg q\vee r)\wedge(\neg p\vee q\vee r)\wedge(\neg p\vee q\vee\neg r)\wedge(\neg p\vee\neg q\vee r)\\&\Leftrightarrow M_{010}\wedge M_{100}\wedge M_{101}\wedge M_{110}\end{aligned}$$

所以，命题公式$(p\to q)\wedge(q\to r)$的成假赋值是：010，100，101 和 110，而成真赋值是：000，001，011 和 111。

2.4.4 用主范式解答实际问题

实际问题都比较复杂，下面的例题已经尽可能地简化了。即便如此，相关的等价演算也是很麻烦的。因此，有必要介绍基本等价式中分配律的一般形式以及等价演算中的实际处理方法。基本等价式中分配律的一般形式为

$$(p_1\vee q_1)\wedge(p_2\vee q_2)\wedge\cdots\wedge(p_n\vee q_n)$$

$$\Leftrightarrow(p_1\wedge p_2\wedge\cdots\wedge p_{n-1}\wedge p_n)\vee(p_1\wedge p_2\wedge\cdots\wedge p_{n-1}\wedge q_n)\vee\cdots\vee(q_1\wedge q_2\wedge\cdots\wedge q_n)$$

其中，$p_i,q_i(i=1,2,\cdots,n)$泛指命题变元或其否定；$\Leftrightarrow$右边共有 2^n 个原子合取式，并且每个原子合取式中的 n 个命题变元(或其否定)分别取自$\Leftrightarrow$左边 n 个不同的括号。

在运用上述分配律时，如果在一些合取式中同时存在某个命题变元及其否定，则该合取式永假，可以消除。这将大大减少书写内容。例如，

$$\begin{aligned}&(\neg p\vee\neg q)\wedge(p\vee r)\wedge(q\vee\neg r)\\&\quad\Leftrightarrow(\neg p\wedge p\wedge q)\vee(\neg p\wedge p\wedge\neg r)\vee(\neg p\wedge r\wedge q)\vee(\neg p\wedge r\wedge\neg r)\vee\\&\quad\quad(\neg q\wedge p\wedge q)\vee(\neg q\wedge p\wedge\neg r)\vee(\neg q\wedge r\wedge q)\vee(\neg q\wedge r\wedge\neg r)\end{aligned}$$

其中有几个原子合取式永假。实际推导时可以不写出永假的原子合取式，而只写出如下的结果：

$$(\neg p\vee\neg q)\wedge(p\vee r)\wedge(q\vee\neg r)\Leftrightarrow(\neg p\wedge r\wedge q)\vee(p\wedge\neg q\wedge\neg r)$$

例 2-35 甲、乙、丙、丁 4 个人当中有两个人参加了学校的围棋比赛。关于谁参加了比赛，下面的 4 种判断都是正确的：

(1) 甲和乙只有一人参加。

(2) 如果丙参加，丁必参加。

(3) 乙或丁至多有一人参加。

(4) 如果丁不参加，甲也不会参加。

请推断是哪两个人参加了学校的围棋比赛。

分析 首先将有关命题符号化，再根据给出的 4 个判断写出逻辑表达式，并求出其主析取范式，找出符合题意的小项，就知道是谁参加了比赛。

解 设 p：甲参加了比赛，q：乙参加了比赛，r：丙参加了比赛，s：丁参加了比赛。则 4 个判断分别符号化为

(1) 甲和乙只有一人参加：$(\neg p\wedge q)\vee(p\wedge\neg q)$。

(2) 如果丙参加，丁必参加：$r\rightarrow s$。

(3) 乙或丁至多有一人参加：$\neg(q\wedge s)$。

(4) 如果丁不参加，甲也不会参加：$\neg s\rightarrow\neg p$。

综合考虑这 4 个判断，得

$$\begin{aligned}&((\neg p\wedge q)\vee(p\wedge\neg q))\wedge(r\rightarrow s)\wedge\neg(q\wedge s)\wedge(\neg s\rightarrow\neg p)\\&\quad\Leftrightarrow((\neg p\wedge q)\vee(p\wedge\neg q))\wedge(\neg r\vee s)\wedge(\neg q\vee\neg s)\wedge(s\vee\neg p)\\&\quad\Leftrightarrow(\neg p\wedge q\wedge\neg r\wedge\neg s)\vee(p\wedge\neg q\wedge\neg r\wedge s)\vee(p\wedge\neg q\wedge s)\\&\quad\Leftrightarrow(\neg p\wedge q\wedge\neg r\wedge\neg s)\vee(p\wedge\neg q\wedge s)\Leftrightarrow1\end{aligned}$$

按题意，应有两人参加了比赛，故$\neg p\wedge q\wedge\neg r\wedge\neg s$ 必然为 0。所以只有 $p\wedge\neg q\wedge s\Leftrightarrow1$，即应该是甲和丁参加了比赛。

例 2-36 已知一件好事是甲、乙、丙 3 个人中的某一个人做的。询问他们，得到如下回答：甲说不是我做的；乙说不是丙做的；丙说是乙做的。实际情况表明，3 个人中 1 人说了真话，2 人说了假话。试分析到底是谁做了这件好事。

解 设 p：这件好事是甲做的，q：这件好事是乙做的，r：这件好事是丙做的。则 3 个人的说法可以分别表示为

(1) 甲说不是我做的：$A\Leftrightarrow(\neg p\wedge q\wedge\neg r)\vee(\neg p\wedge\neg q\wedge r)$。

(2) 乙说不是丙做的：$B\Leftrightarrow(\neg p\wedge q\wedge\neg r)\vee(p\wedge\neg q\wedge\neg r)$。

(3) 丙说是乙做的：$C\Leftrightarrow\neg p\wedge q\wedge\neg r$。

这样,“1人说真话,2人说假话”的命题 D 可以表示为

$$D \Leftrightarrow (\neg A \wedge \neg B \wedge C) \vee (\neg A \wedge B \wedge \neg C) \vee (A \wedge \neg B \wedge \neg C)$$

为节省篇幅,下面省略大部分演算过程。由于

$$\neg A \wedge \neg B \wedge C \Leftrightarrow 0, \quad A \wedge \neg B \wedge \neg C \Leftrightarrow 0$$

$$\begin{aligned}\neg A \wedge B \wedge \neg C &\Leftrightarrow \neg((\neg p \wedge q \wedge \neg r) \vee (\neg p \wedge \neg q \wedge r)) \wedge \\ &\quad ((\neg p \wedge q \wedge \neg r) \vee (p \wedge \neg q \wedge \neg r)) \wedge \neg(\neg p \wedge q \wedge \neg r) \\ &\Leftrightarrow \cdots \\ &\Leftrightarrow p \wedge \neg q \wedge \neg r\end{aligned}$$

所以,$D \Leftrightarrow p \wedge \neg q \wedge \neg r$。这表明,是甲做了好事。

例 2-37 某班下学期有A,B,C,D,E五门课,每门课程都按大课(1次大课含2节小课)排课。课程A每周3次大课,课程B,C,D,E每周各2次大课。每天教学时段分为4次大课。任一门课程一天只能安排1次大课。每天上课不能少于2次大课,也不多于3次大课。特定要求是

(1) A,B是主干课,不能安排在同一天上;

(2) C是B的实验课,如果有课程B,当天便有课程C;

(3) D,E是同一任课教师,该教师要求这两门不排在同一天。

试给出合理的排课方案。

分析 为了使问题简化,不考虑周一至周五具体如何排课,只考虑每天可以排哪些课。

首先将有关命题符号化,再根据给出的3点要求写出逻辑表达式,并求出其主析取范式。然后再根据“任一门课程一天只能安排1次大课。每天上课不能少于2次大课,也不多于3次大课”的规定,找出符合规定的小项,就得到每天可以排课的方式。然后再根据各门课程的周课时数设计出排课方案。

解 设 A,B,C,D,E 分别表示相应的课程可以排课,则 $\neg A, \neg B, \neg C, \neg D, \neg E$ 分别表示相应的课程不可以排课。则3点要求可以符号化为

(1) A,B是主干课,不能安排在同一天上:$\neg(A \wedge B)$;

(2) C是B的实验课,如果有课程B,当天便有课程C:$(\neg B \rightarrow \neg C) \wedge (B \rightarrow C)$;

(3) D,E是同一任课教师,该教师要求这两门不排在同一天:$\neg(D \wedge E)$。

这样,每天可以排课的逻辑表达式就是:$\neg(A \wedge B) \wedge (\neg B \rightarrow \neg C) \wedge (B \rightarrow C) \wedge \neg(D \wedge E)$。求出其主析取范式:

$$\begin{aligned}&\neg(A \wedge B) \wedge (\neg B \rightarrow \neg C) \wedge (B \rightarrow C) \wedge \neg(D \wedge E) \\ &\quad \Leftrightarrow (\neg A \vee \neg B) \wedge (\neg B \vee C) \wedge (B \vee \neg C) \wedge (\neg D \vee \neg E) \\ &\quad \Leftrightarrow \cdots \\ &\quad \Leftrightarrow (\neg A \wedge \neg B \wedge \neg C \wedge \neg D \wedge \neg E) \vee (\neg A \wedge \neg B \wedge \neg C \wedge \neg D \wedge E) \vee \\ &\qquad (\neg A \wedge \neg B \wedge \neg C \wedge D \wedge \neg E) \vee (\neg A \wedge B \wedge C \wedge \neg D \wedge \neg E) \vee \\ &\qquad (\neg A \wedge B \wedge C \wedge \neg D \wedge E) \vee (\neg A \wedge B \wedge C \wedge D \wedge \neg E) \vee \\ &\qquad (A \wedge \neg B \wedge \neg C \wedge \neg D \wedge \neg E) \vee (A \wedge \neg B \wedge \neg C \wedge \neg D \wedge E) \vee \\ &\qquad (A \wedge \neg B \wedge \neg C \wedge D \wedge \neg E)\end{aligned}$$

其中满足要求的小项有下面5个:

$$\neg A\wedge B\wedge C\wedge\neg D\wedge\neg E,\quad \neg A\wedge B\wedge C\wedge\neg D\wedge E,$$
$$\neg A\wedge B\wedge C\wedge D\wedge\neg E,\quad A\wedge\neg B\wedge\neg C\wedge\neg D\wedge E,$$
$$A\wedge\neg B\wedge\neg C\wedge D\wedge\neg E$$

因此,每天可以排课的方式一共有 5 种:(1)B,C;(2)B,C,E;(3)B,C,D;(4)A,E;(5)A,D。

按上面给出的方式在周一至周五的5天内排课有很多种方案。再考虑各门课程的周课时数要求,可行的方案就要少很多。如果条件允许,还可满足一些其他合理要求。例如,同一门课程尽量安排隔天上课。下面是满足条件的一种排课方案:

星期一　A,E
星期二　B,C
星期三　A,D
星期四　B,C,E
星期五　A,D

显然,例 2-37 是个很简单的实际问题。可是,就这么个简单问题,完全靠手工推导、设计已经是比较复杂了。在任何一所学校,实际的排课问题比例 2-37 都复杂很多,完全靠手工完成几乎是不可能的,至少是不尽如人意的。有了计算机这样有力的工具,只要编写恰当的软件就可以很快完成排课任务,并且可以做到尽可能合理。实际上,已经有许多排课软件了。

2.5 命题逻辑推理

关于逻辑推理,先看一个有趣的故事:阿凡提的肉不见了。

故事的大意是:阿凡提从市场上买回来三斤肉,吩咐太太说:“今晚包饺子,咱们美美地吃一顿。”可是,太太把肉炒了,独自吃个精光。到了晚上,太太给阿凡提端了一碗白面皮,对他说:“当我切好肉时,猫偷偷地把肉全吃掉了!”阿凡提不动声色地把猫放在秤盘上一称,刚好三斤,便问:“太太呀,你瞧!如果这是猫的话,那么肉呢?如果这是肉的话,猫又到哪里去啦?”

这个故事读来令人发笑。这里,阿凡提恰当地运用了逻辑推理。

逻辑的主要功能是从已知得到未知,即从前提得出结论,这个过程需要经过一系列合理的推导,这个一系列合理推导的过程就称为**推理**或**形式证明**。

在任何推理中,如果确认前提是真的,从前提推出结论的过程又遵循逻辑推理规则,则公认此结论是真的,这种推理称为**合法推理**。

在通常的推理中,主要关心其合法性。而在数理逻辑中,主要注重推理规则的正确性,不要求前提和结论一定是真命题。换言之,数理逻辑仅仅关注于推理的有效性,不需关注其合法性。

2.5.1 推理的形式结构

前面几节重点讨论了等价命题。本节将介绍命题逻辑推理,而逻辑推理基本上是依充分条件进行的。因此,需要先介绍一个基本概念——重言蕴涵式。

定义 2-27 设 A,B 是两个命题公式，若条件命题 $A \rightarrow B$ 是重言式，则称 $A \rightarrow B$ 是**重言蕴涵式**，记作 $A \Rightarrow B$。$A \Rightarrow B$ 读作"A 重言蕴涵 B"或"A 蕴涵 B"。

【说明】 (1) "$\Rightarrow$"与"$\rightarrow$"是两个性质不同的符号。"$\rightarrow$"是联结词，$A \rightarrow B$ 是一个公式。"$\Rightarrow$"不是联结词，$A \Rightarrow B$ 表示由条件 A 可以推出结论 B；

(2) "$\Rightarrow$"具有如下性质：

① 自反性：$A \Rightarrow A$；

② 反对称性：若 $A \Rightarrow B$，且 $B \Rightarrow A$，则 $A \Leftrightarrow B$；

③ 传递性：若 $A \Rightarrow B, B \Rightarrow C$，则 $A \Rightarrow C$。

定义 2-27 的实质是：若蕴涵式 $A \rightarrow B$ 是重言式，则由前件 A 推出后件 B 的推理正确，即 A 是 B 的充分条件(B 是 A 的必要条件)。

对比定义 2-27 和定义 2-12 可知，$A \Rightarrow B$ 与 $A \rightarrow B$ 之间的关系和 $A \Leftrightarrow B$ 与 $A \leftrightarrow B$ 之间的关系十分相似：(1)当且仅当 $A \leftrightarrow B$ 为重言式时，$A \Leftrightarrow B$ 成立。当且仅当 $A \rightarrow B$ 为重言式时，$A \Rightarrow B$ 成立；(2)$A \Leftrightarrow B$ 表示公式 A 和公式 B 等价，即 A 和 B 互为充分必要条件。$A \Rightarrow B$ 表示 A 是 B 的充分条件(B 是 A 的必要条件)。

正如等价演算必须以基本等价式为基础一样，命题逻辑推理中需要一些基本的重言蕴涵式。本书给出以下 9 个基本重言蕴涵式。基本重言蕴涵式又称**推理定律**。

(1) $A \Rightarrow A \vee B$ 附加律

(2) $A \wedge B \Rightarrow A$ 化简律

(3) $(A \rightarrow B) \wedge A \Rightarrow B$ 假言推理

(4) $(A \rightarrow B) \wedge \neg B \Rightarrow \neg A$ 拒取式

(5) $(A \vee B) \wedge \neg A \Rightarrow B$ 析取三段论

(6) $(A \rightarrow B) \wedge (B \rightarrow C) \Rightarrow A \rightarrow C$ 假言三段论

(7) $(A \leftrightarrow B) \wedge (B \leftrightarrow C) \Rightarrow A \leftrightarrow C$ 等价三段论

(8) $(A \rightarrow B) \wedge (C \rightarrow D) \wedge (A \vee C) \Rightarrow B \vee D$ 构造性二难

(9) $(A \rightarrow B) \wedge (C \rightarrow D) \wedge (\neg B \vee \neg D) \Rightarrow \neg A \vee \neg C$ 破坏性二难

证明重言蕴涵式有多种方法，将在 2.5.2 节全面介绍，这里仅介绍真值表法。

将重言蕴涵式两边公式的真值表列出，如果左边公式的真值不大于右边公式的真值，这就验证了重言蕴涵式。例如，拒取式 $(A \rightarrow B) \wedge \neg B \Rightarrow \neg A$ 左右两边公式的真值表如表 2-17 所示。比较表 2-17 的第 3、4 两列可知，这个重言蕴涵式得到了验证。

表 2-17

A B	$A \rightarrow B$	$(A \rightarrow B) \wedge \neg B$	$\neg A$
0 0	1	1	1
0 1	1	0	1
1 0	0	0	0
1 1	1	0	0

【说明】 由于基本重言蕴涵式中 A,B,C,D 均表示任意的命题公式，因而每个基本重言蕴涵式都可以对应无数个同类型的重言蕴涵式。例如，在拒取式 $(A \rightarrow B) \wedge \neg B \Rightarrow \neg A$ 中，如果用 p 代替 A、用 q 代替 B 就得重言蕴涵式 $(p \rightarrow q) \wedge \neg q \Rightarrow \neg p$。

有了重言蕴涵式的概念，就可以讨论命题逻辑的推理了。

推理是从前提推出结论的思维过程。**前提**是指在当前情况下已知的若干命题公式，**结论**是从前提出发应用推理规则推出的一个命题公式。一般情况下前提有多个。

一个典型的推理实例是：如果章蕾努力学习，那么她就能考上研究生；章蕾确实在努力学习；所以她一定能考上研究生。按常识，这个推理是正确的。

实际的推理许许多多，可能还比较复杂。那么，如何判断推理过程是否正确？正确的推理过程应该怎样进行？这就是本节要研究的问题。

定义 2-28 若$(A_1 \wedge A_2 \wedge \cdots \wedge A_n) \rightarrow B$为重言式，则称由前提$A_1, A_2, \cdots, A_n$推出结论$B$的推理正确，$B$是$A_1, A_2, \cdots, A_n$的**逻辑结论**或**有效结论**。记作$(A_1 \wedge A_2 \wedge \cdots \wedge A_n) \Rightarrow B$。称$(A_1 \wedge A_2 \wedge \cdots \wedge A_n) \rightarrow B$为由前提$A_1, A_2, \cdots, A_n$推出结论$B$的推理的**形式结构**。

定义 2-28 中的$(A_1 \wedge A_2 \wedge \cdots \wedge A_n) \Rightarrow B$就是重言蕴涵式，是重言蕴涵式更一般的表达方式。

由定义 2-28 可以看出，推理与传统数学中的定理证明不同。在传统数学中，定理的证明实质上是由全是真命题的前提(已知条件)推出也是真命题的结论，目的是证明结论的正确(这样的结论可以称为**合法结论**)。数理逻辑中的推理着重研究的是推理的过程，在过程中使用的推理规则必须是公认的，而作为前提和结论的命题不一定都是真命题。

下面先通过两个例题加深对推理的形式结构的理解。

例 2-38 写出下列各推理的形式结构。

(1) 如果天气炎热，小梅就去游泳；天气真的很热；小梅去游泳了。

(2) 一个医学常识：如果小李体内有炎症，则他血液检验出来的白血球含量将会不正常；检验结果小李的血液中白血球含量正常；因此可以说小李体内没有炎症。

解 (1) 设p：天气炎热，q：小梅去游泳。

前提：$p \rightarrow q, p$

结论：q

推理的形式结构为：$(p \rightarrow q) \wedge p \rightarrow q$。

(2) 设p：小李体内有炎症，q：小李的血液中白血球含量正常。

前提：$p \rightarrow \neg q, q$

结论：$\neg p$

推理的形式结构为：$(p \rightarrow \neg q) \wedge q \rightarrow \neg p$。

2.5.2 推理的证明方法

根据定义 2-28，判断由前提$A_1, A_2, \cdots, A_n$为推出结论B的推理是否正确就是判断蕴涵式$(A_1 \wedge A_2 \wedge \cdots \wedge A_n) \rightarrow B$是否为重言式。对于蕴涵式$(A_1 \wedge A_2 \wedge \cdots \wedge A_n) \rightarrow B$，如果$A_1, A_2, \cdots, A_n$不全为真，则$A_1 \wedge A_2 \wedge \cdots \wedge A_n$一定为假；那么，无论$B$是真是假，$(A_1 \wedge A_2 \wedge \cdots \wedge A_n) \rightarrow B$一定为真。所以，只需证明“当$A_1, A_2, \cdots, A_n$全为真时，$B$一定为真”就证明了“$(A_1 \wedge A_2 \wedge \cdots \wedge A_n) \rightarrow B$为重言式”或“由$A_1, A_2, \cdots, A_n$推出结论$B$的推理正确”。

根据前面介绍过的知识，证明推理过程$(A_1 \wedge A_2 \wedge \cdots \wedge A_n) \Rightarrow B$(即$A \Rightarrow B$)是否正确有以下 4 种方法。

(1) 真值表法。已在 2.5.1 节介绍过。

(2) 等价演算法。即证明 $A \to B \Leftrightarrow 1$。

(3) 主析取范式法。即证明 $A \to B$ 的主析取范式含全部小项。

(4) 分析法。根据原命题与其逆反命题等价，即 $A \to B \Leftrightarrow \neg B \to \neg A$ 这一性质，分析法又分两种：

① 如果在假设前件 A 为真时推出后件 B 也为真，则 $A \Rightarrow B$。

② 如果在假设后件 B 为假时推出前件 A 也为假，则 $A \Rightarrow B$。

例 2-39 用等价演算法证明 $p \wedge (p \to q) \Rightarrow q$。

证明 $(p \wedge (p \to q)) \to q \Leftrightarrow (p \wedge (\neg p \vee q)) \to q$ （蕴涵律）

$\Leftrightarrow ((p \wedge \neg p) \vee (p \wedge q)) \to q$ （分配律）

$\Leftrightarrow (0 \vee (p \wedge q)) \to q$ （矛盾律）

$\Leftrightarrow (p \wedge q) \to q$ （同一律）

$\Leftrightarrow \neg (p \wedge q) \vee q$ （蕴涵律）

$\Leftrightarrow \neg p \vee \neg q \vee q$ （德·摩根律）

$\Leftrightarrow \neg p \vee 1$ （结合律、排中律）

$\Leftrightarrow 1$ （零律）

所以，$p \wedge (p \to q) \Rightarrow q$。

例 2-40 用分析法证明$(p \to q) \wedge \neg q \Rightarrow \neg p$。

证明 方法一。假设$((p \to q) \wedge \neg q) \to \neg p$ 的前件$(p \to q) \wedge \neg q$ 为 1，则 $\neg q$ 与 $p \to q$ 都为 1，因此 q 为 0。由 $p \to q$ 为 1 与 q 为 0 得 p 必为 0，从而后件 $\neg p$ 为 1。所以，$((p \to q) \wedge \neg q) \to \neg p$ 为重言式，即$(p \to q) \wedge \neg q \Rightarrow \neg p$。

方法二。假设后件 $\neg p$ 为 0，则 p 必为 1。

① 若 q 为 0，由于 p 为 1，则 $p \to q$ 必为 0；所以前件 $\neg q \wedge (p \to q)$ 必为 0。

② 若 q 为 1，则 $\neg q$ 为 0；所以前件$(p \to q) \wedge \neg q$ 必为 0。

综合①、②知，无论 q 为何值，前件$(p \to q) \wedge \neg q$ 必为 0。所以，$((p \to q) \wedge \neg q) \to \neg p$ 为重言式，即$(p \to q) \wedge \neg q \Rightarrow \neg p$。

由例 2-40 的解答可以看出，分析法证明推理正确是采用叙述方式，表达不够清晰。

如果推理的前提很少并且命题变元较少，用上述 4 种方法之一证明 $A \Rightarrow B$ 都是合适的；如果推理的前提较多或者命题变元较多，用这 4 种方法就很麻烦了，需要有更好的方法。

证明推理正确的一种行之有效的方法是**构造证明法**，这种方法又称为**演绎证明法**或**形式证明法**。构造证明法又可分为直接证明法和间接证明法，下面分别介绍。

1. 直接证明法

构造证明法中的直接证明法是一个描述推理过程的命题公式序列，其中的每一个公式或者是已知的前提，或者是由某些前提应用推理规则得到的结论（中间结论或推理的结论），序列的最后一个公式就是推理的结论。

直接证明法必须按给定的规则进行，这些规则包括 2.5.1 节介绍的 9 个推理定律和下面的 3 个**推理规则**：

(1) **前提引入规则**（又称 **P 规则**）：在证明的任何步骤上，都可以引入前提。

(2) **结论引入规则**（又称 **T 规则**）：在证明的任何步骤上，已经得到证明的结论都可作为后续证明的前提。

(3) **置换规则**(又称 **E 规则**):在证明的任何步骤上,公式中的任何子公式都可以用与之等价的公式置换。

2.5.1 节介绍的 9 个基本重言蕴涵式都可以在形式证明中直接运用。换句话说,每个基本重言蕴涵式都可以看成一个推理规则。例如,拒取式$(A\rightarrow B)\wedge\neg B\Rightarrow\neg A$可以看成拒取式规则:$A\rightarrow B,\neg B\Rightarrow\neg A$。

例 2-41 构造下列推理的证明。

前提:$\neg(p\wedge\neg q),\neg q\vee r,\neg r$

结论:$\neg p$

证明

(1) $\neg q\vee r$	前提引入
(2) $\neg r$	前提引入
(3) $\neg q$	(1)、(2)析取三段论
(4) $\neg(p\wedge\neg q)$	前提引入
(5) $\neg p\vee q$	置换
(6) $p\rightarrow q$	置换
(7) $\neg p$	(3)、(6)拒取式

例 2-42 构造故事"阿凡提的肉不见了"的证明。

解 设 p:这是猫,q:这是肉,r:肉不见了,s:猫没有了。

前提:$p\rightarrow r,q\rightarrow s,p\vee q,\neg s$

结论:r

证明

(1) $p\rightarrow r,q\rightarrow s,p\vee q$	前提引入
(2) $r\vee s$	构造性二难
(3) $\neg s$	前提引入
(4) r	(2)、(3)析取三段论

2. 间接证明法

间接证明法也是一个描述推理过程的命题公式序列,它与直接证明法的不同之处是:需要将结论的否定或结论的一部分作为前提。

有些推理用间接证明法更为简便。下面的两个定理是间接证明法的理论基础。

定理 2-13 设 $A_1,A_2,\cdots,A_n$ 和 B 都是命题公式,则$(A_1\wedge A_2\wedge\cdots\wedge A_n)\Rightarrow B$的充分必要条件为$A_1\wedge A_2\wedge\cdots\wedge A_n\wedge\neg B\Leftrightarrow 0$。

证明
$$\begin{aligned}\neg(A_1\wedge A_2\wedge\cdots\wedge A_n\wedge\neg B)&\Leftrightarrow\neg((A_1\wedge A_2\wedge\cdots\wedge A_n)\wedge\neg B)\\&\Leftrightarrow\neg(A_1\wedge A_2\wedge\cdots\wedge A_n)\vee B\\&\Leftrightarrow(A_1\wedge A_2\wedge\cdots\wedge A_n)\rightarrow B\end{aligned}$$

再根据定义 2-28,本定理得证。

定理 2-14 设 $A_1,A_2,\cdots,A_n$ 和 A,B 都是命题公式,则$(A_1\wedge A_2\wedge\cdots\wedge A_n)\Rightarrow A\rightarrow B$的充分必要条件为$(A_1\wedge A_2\wedge\cdots\wedge A_n\wedge A)\Rightarrow B$。

证明
$$\begin{aligned}(A_1\wedge A_2\wedge\cdots\wedge A_n)\rightarrow(A\rightarrow B)&\Leftrightarrow\neg(A_1\wedge A_2\wedge\cdots\wedge A_n)\vee(\neg A\vee B)\\&\Leftrightarrow(\neg(A_1\wedge A_2\wedge\cdots\wedge A_n)\vee\neg A)\vee B\end{aligned}$$

$$\Leftrightarrow \neg(A_1 \wedge A_2 \wedge \cdots \wedge A_n \wedge A) \vee B$$
$$\Leftrightarrow (A_1 \wedge A_2 \wedge \cdots \wedge A_n \wedge A) \to B$$

再根据定义 2-28,本定理得证。

根据定理 2-13,可以得间接证明法的第 1 种形式：将推理过程$(A_1 \wedge A_2 \wedge \cdots \wedge A_n) \Rightarrow B$转变为$A_1 \wedge A_2 \wedge \cdots \wedge A_n \wedge \neg B \Leftrightarrow 0$,然后按直接证明法证明$A_1 \wedge A_2 \wedge \cdots \wedge A_n \wedge \neg B \Leftrightarrow 0$。这里$\neg B$称为**附加前提**。这种间接证明法通常称为**反证法**或**归谬法**。

根据定理 2-14,可以得间接证明法的第 2 种形式：将推理过程$(A_1 \wedge A_2 \wedge \cdots \wedge A_n) \Rightarrow A \to B$转变为$(A_1 \wedge A_2 \wedge \cdots \wedge A_n \wedge A) \Rightarrow B$,然后按直接证明法证明$(A_1 \wedge A_2 \wedge \cdots \wedge A_n \wedge A) \Rightarrow B$。这里$A$也称为附加前提。这种间接证明法也可归成第 4 个推理规则：**条件证明引入规则**(又称 **CP 规则**)。

例 2-43 用反证法证明：

前提：$p \to q, \neg(q \vee r)$

结论：$\neg p$

证明 因为

(1) $p \to q$	前提引入
(2) p	附加前提
(3) q	(1)、(2)假言推理
(4) $\neg(q \vee r)$	前提引入
(5) $\neg q \wedge \neg r$	(4) 置换
(6) $\neg q$	(5) 化简
(7) 0	(3)、(6)矛盾律

所以,推理是正确的。

例 2-44 构造下列推理的证明。

前提：$\neg p \vee q, \neg q \vee r, r \to s$

结论：$p \to s$

证明

(1) p	附加前提
(2) $\neg p \vee q$	前提引入
(3) q	(1)、(2)析取三段论
(4) $\neg q \vee r$	前提引入
(5) r	(3)、(4)析取三段论
(6) $r \to s$	前提引入
(7) s	(5)、(6)假言推理

2.5.3 命题逻辑推理的实际应用

形式证明还可以用于实际的推理。例 2-45 是一个典型的例子。

例 2-45 公安人员审理一件盗窃案。已知：

(1) 甲或乙盗窃了计算机。

(2) 若甲盗窃计算机,则作案时间不可能发生在午夜前。

(3) 若乙证词正确，则在午夜时屋里灯光未灭。

(4) 若乙证词不正确，则作案时间发生在午夜前。

(5) 午夜时屋里灯光灭了。

问：谁是盗窃犯？

解 设 p：甲盗窃了计算机，q：乙盗窃了计算机，r：作案时间发生在午夜前，s：乙证词正确，t：午夜时屋里灯光灭了。

前提：$p \vee q, p \rightarrow \neg r, s \rightarrow \neg t, \neg s \rightarrow r, t$

推理过程如下：

(1) t	前提引入
(2) $s \rightarrow \neg t$	前提引入
(3) $\neg s$	(1)、(2)拒取式
(4) $\neg s \rightarrow r$	前提引入
(5) r	(3)、(4)假言推理
(6) $p \rightarrow \neg r$	前提引入
(7) $\neg p$	(5)、(6)拒取式
(8) $p \vee q$	前提引入
(9) q	(7)、(8)析取三段论

这就得出结论：乙是盗窃犯。

2.6 本章小结

本章介绍了命题逻辑的基本知识。重点是熟练掌握命题符号化方法、命题真值表的构造、等价演算、范式的概念。下面是本章知识的要点以及对它们的要求。

- 深刻理解命题、真值、原子命题、复合命题、命题常元、命题变元的概念。
- 准确理解 9 种逻辑联结词的实质，即它们取真、假的条件。会将实际命题符号化。
- 知道逻辑联结词的优先级。理解命题公式和命题公式层次的概念。
- 会构造命题的真值表。懂得重言式、矛盾式、偶然式。会用真值表判断命题公式的类型。
- 掌握等价式的概念，知道等价式的性质，会利用真值表判断两命题公式是否等价。
- 记住基本等价式，知道对偶式的概念。
- 懂得等价演算和等价演算中的置换规则，会用等价演算验证等价式、化简形式较复杂的命题公式和判别命题公式的类型。
- 懂得联结词完备集的概念。
- 理解析取范式、合取范式、主析取范式、主合取范式的概念。会用真值表法和等价演算法求命题公式的主析取范式和主合取范式。懂得主范式的应用。
- 懂得重言蕴涵式的概念。记住 9 个基本重言蕴涵式。
- 懂得推理的形式结构。记住 3 个推理规则和附加前提的方法。
- 会用各种构造证明法证明推理是否正确。会进行合理的推理。

2.7 习　　题

2-1　判断下列句子哪些是命题，哪些不是命题；如果是命题，指出它的真值。

(1) 天上有 3 个月亮。

(2) 台湾是中国的一部分。

(3) 现在几点钟？

(4) 如果不刮风，我们就去打羽毛球。

(5) $2+3=6$。

(6) 2050 年全世界的总人口会超过 100 亿。

(7) 如果乌龟会飞，那么 $1+2=5$。

(8) 穷则思变。

2-2　将下列命题符号化：

(1) 地球上没有生物。

(2) 地球绕着太阳转。

(3) 小王既会游泳又会下棋。

(4) 小王或在游泳或在下棋。

(5) $3+2=6$，当且仅当美国位于亚洲。

(6) 阿兰和阿芳是两姐妹。

(7) 小明贫穷但乐观。

(8) 小红喜欢看书和画画。

(9) 如果天气炎热，小梅就去游泳。

(10) 除非天气炎热，否则小梅不去游泳。

2-3　将下列命题符号化：

(1) 2 既是偶数又是素数。

(2) 虽然天气很冷，但老李一直坚持露天站岗。

(3) 耕者有其田。

(4) 小李是河南人或陕西人。

(5) 章华有使用 C++ 或 Java 的经验。

(6) 一个整数是奇数，当且仅当它不能被 2 整除。

2-4　下列命题中哪个命题与命题 $p \wedge \neg q \leftrightarrow r$ 的含义相同：

(1) $(p \wedge (\neg q)) \leftrightarrow r$。　　(2) $p \wedge ((\neg q) \leftrightarrow r)$。

(3) $p \wedge (\neg (q \leftrightarrow r))$。　　(4) $p \wedge (\neg q \leftrightarrow r)$。

2-5　判断下列字符串哪些是命题公式，哪些不是？

(1) $p \rightarrow q \wedge \neg r$。　　(2) $((p \vee \neg q \vee r) \wedge s$。

(3) $((p \rightarrow q) \wedge \neg r) \vee s$。　　(4) $(\neg pq \vee r) \wedge s$。

2-6　求下列各位串的按位 NOT：

(1) 010 010 110。　　(2) 110 101 011。

2-7　求下列各组的两个位串的按位 AND 和按位 OR：

(1) 00 010 101,10 110 001。　(2) 10 000 110,10 001 100。

2-8　已知 p,q,r,s 为命题变元,下列命题公式各为几层公式：

(1) $((p\rightarrow q)\wedge\neg r)\vee s$。

(2) $(\neg p\vee q\vee r)\wedge s\leftrightarrow(p\vee q\vee r)$。

2-9　构造下列公式的真值表,并指出各公式的类型：

(1) $p\rightarrow p\vee q$。

(2) $(p\vee q)\leftrightarrow(q\rightarrow p)$。

(3) $(p\vee(q\wedge r))\wedge(p\vee r)$。

(4) $(p\rightarrow q)\vee(p\rightarrow r)$。

2-10　用真值表判断下列各小题中的两个命题公式是否等价：

(1) $p\rightarrow q$ 与 $\neg p\rightarrow\neg q$。

(2) $p\rightarrow(q\rightarrow r)$ 与 $(p\wedge q)\rightarrow r$。

2-11　用等价演算证明下列等价式：

(1) $p\Leftrightarrow(p\wedge q)\vee(p\wedge\neg q)$。

(2) $(p\wedge q)\vee\neg p\Leftrightarrow\neg p\vee q$。

(3) $(p\wedge\neg q)\vee(\neg p\wedge q)\Leftrightarrow(p\vee q)\wedge\neg(p\wedge q)$。

(4) $\neg(p\leftrightarrow q)\Leftrightarrow(p\vee q)\wedge\neg(p\wedge q)$。

(5) $p\rightarrow(q\rightarrow p)\Leftrightarrow\neg p\rightarrow(p\rightarrow q)$。

(6) $p\rightarrow(q\vee r)\Leftrightarrow(p\rightarrow q)\vee(p\rightarrow r)$。

(7) $p\rightarrow(q\rightarrow r)\Leftrightarrow q\rightarrow(p\rightarrow r)$。

(8) $((p\rightarrow r)\wedge(q\rightarrow r))\Leftrightarrow(p\vee p)\rightarrow r$。

2-12　用等价演算判别下列各公式的类型：

(1) $(p\rightarrow q)\wedge(\neg p\rightarrow q)$。

(2) $(p\wedge q)\rightarrow(p\vee q)$。

(3) $\neg(p\rightarrow q)\wedge q\wedge r$。

(4) $((p\rightarrow q)\wedge(q\rightarrow r))\rightarrow(p\rightarrow r)$。

2-13　下列各公式哪些是析取范式,哪些是合取范式?

(1) $(p\wedge\neg q)\vee(p\wedge r)$。　(2) $(\neg p\vee q)\wedge(q\vee\neg r)$。

(3) $(\neg p\vee q)\wedge\neg q$。　(4) $p\vee\neg q\vee\neg r$。

(5) $\neg p\wedge q\wedge r$。　(6) $\neg q$。

2-14　下列各公式都由 3 个命题变元 p,q,r 组成,指出哪些是主析取范式,哪些是主合取范式?

(1) $(p\wedge\neg q)\vee(q\wedge r)\vee(p\wedge r)$。　(2) $(\neg p\vee q\vee r)\wedge(p\vee q\vee\neg r)$。

(3) $(p\wedge\neg q\wedge\neg r)\vee(\neg p\wedge q\wedge r)$。(4) $p\vee\neg q$。

(5) $\neg p\wedge q\wedge r$。　(6) 0。

2-15　求下列公式的析取范式和合取范式：

(1) $p\wedge(p\rightarrow q)$。

(2) $(p\rightarrow q)\rightarrow r$。

(3) $(\neg p \wedge q) \to r$。

2-16 用真值表方法求下列公式的主析取范式和主合取范式，并用等价演算方法加以验证。

(1) $q \wedge (p \vee \neg q)$。

(2) $(p \to q) \wedge (p \wedge \neg q)$。

(3) $(p \to (q \wedge r)) \wedge (\neg p \to (\neg q \wedge \neg r))$。

2-17 写出下列推理的形式结构：如果章蕾努力学习，那么她就能考上研究生；章蕾确实在努力学习；所以她一定能考上研究生。

2-18 判断下列推理的正确性：

(1) 张山喜欢羽毛球但不喜欢篮球；所以张山喜欢羽毛球。

(2) 张山喜欢羽毛球或者篮球；张山喜欢篮球；所以张山不喜欢羽毛球。

(3) 张山喜欢羽毛球或者篮球；张山不喜欢篮球；所以张山喜欢羽毛球。

(4) 张山如果喜欢羽毛球，那么他也喜欢篮球；张山确实喜欢羽毛球；所以张山喜欢篮球。

(5) 张山如果喜欢羽毛球，那么他也喜欢篮球；张山确实喜欢篮球；所以张山喜欢羽毛球。

(6) 张山只有喜欢羽毛球才会喜欢篮球；张山确实喜欢篮球；所以张山喜欢羽毛球。

2-19 构造下列推理的证明：

前提：$\neg(p \wedge \neg q)$，$\neg q \vee r$，$\neg r$

结论：$\neg p$

2-20 如果他晚上上班，他白天一定睡觉；如果他白天不上班，他晚上一定上班；现在，他白天没有睡觉；所以他一定白天上班。

判断上面的推理是否正确，并证明你的结论。

第3章　谓词逻辑

本章主要介绍以下内容：

(1) 个体、个体域、谓词、量词、特性谓词、谓词逻辑符号化等概念。

(2) 谓词公式的概念，谓词逻辑的翻译。

(3) 约束变元和自由变元的概念；约束变元的换名规则，自由变元的代替规则。

(4) 谓词公式的解释、谓词公式的分类、谓词逻辑等价式、前束范式。

(5) 谓词逻辑推理的推理定律，量词的消去和引入规则。

(6) 谓词逻辑推理例题和程序正确性证明。

在命题逻辑中，原子命题是命题演算的基本单位，不再对它做进一步分解。因此，用命题逻辑无法研究命题内部结构及命题之间内在的联系，甚至无法证明一些简单而又常见的推理过程的正确性。例如，下面是著名的苏格拉底三段论：

凡是人都是要死的。

苏格拉底是人。

所以苏格拉底是要死的。

根据常识，这个推理是正确的。但是，在命题逻辑中，如果用 p,q,r 分别表示上述 3 个命题，则上述推理应该表示为

$$(p \wedge q) \Rightarrow r$$

然而，$(p \wedge q) \rightarrow r$ 不是重言式。这说明，用命题逻辑不能证明这个推理的正确性。原因是苏格拉底三段论的 3 个命题有内在联系：第 1 个命题和第 2 个命题有共同属性"人"。苏格拉底是人，所以"人"具有的共同属性"死亡"他也应该有，但这在命题逻辑中无法表达出来。可见，命题逻辑不能解决这种有内在联系的逻辑推理。为了反映这种内在联系，就要对原子命题作进一步的分析。这就是本章要介绍的谓词逻辑的有关知识。

3.1　谓词逻辑的基本概念

为了解决涉及命题的内部结构和命题间内在联系的逻辑推理问题，需要对原子命题作进一步的分析，分析出其中的个体、谓词、量词等，研究它们的形式结构和逻辑关系、正确的推理形式和规则。这些就是**谓词逻辑**(又称**一阶逻辑**)的基本内容。

3.1.1　个体和谓词

命题是一个判断，是一个具有真值的陈述句。对于一个陈述句来说，它包含主语和谓语两部分。在谓词逻辑中，为了揭示命题的内部结构以及不同命题的内部结构间的联系，就按照主语和谓语这两部分对命题进行分析，并且把主语称为个体或客体，把谓语称为谓词。

定义 3-1　原子命题所描述的对象称为**个体**，用来描述单个个体的性质或多个个体间

关系的词(或短语)称为**谓词**。

例 3-1 指出下面 4 个原子命题中的个体和谓词:

(1) 阿芳是大学生。

(2) $\sqrt{5}$是整数。

(3) 冰比水的密度小。

(4) 2 整除 6。

解 在上述 4 个命题中,"阿芳"、"$\sqrt{5}$"、"冰"、"水"、"2"、"6"都是个体,而"……是大学生"、"……是整数"、"……比……密度小" 、"……整除……"都是谓词。

【说明】 不要简单地把所有名词都当作个体,只有原子命题描述的对象才是个体。具体到上述 4 个命题,其中的"大学生"、"密度"都不是个体。

表示具体的或特定的个体的词称为**个体常元**或**个体常项**,一般用小写英文字母 $a,b,c,a_i,b_i,\cdots$表示。

表示抽象的或泛指的个体的词称为**个体变元**或**个体变项**,常用小写英文字母 $x,y,z,x_i,y_i,\cdots$表示。

个体变元的取值范围称为**个体域**或**论域**。个体域可以是有限集,也可以是无限集。例如,{萝卜,白菜,黄瓜,西红柿}、{2,3,5,7,11,13}、{鼠标,键盘,CPU}都是有限集,而自然数集合、无理数集合都是无限集。

特别的,宇宙间的所有事物组成的个体域,称为**全总个体域**。

表示具体性质或关系的谓词称为**谓词常元**或**谓词常项**,表示抽象的、泛指的性质或关系的谓词称为**谓词变元**或**谓词变项**。谓词常元和谓词变元都用大写英文字母 $F,G,H,F_i,G_i,\cdots$表示,至于 $F,G,H,F_i,G_i,\cdots$表示的是谓词常元还是谓词变元还要根据上下文来定。

个体常元 a 或个体变元 x 具有性质 F,记作 $F(a)$ 或 $F(x)$。个体常元 a,b 或个体变元 x,y 具有关系 G,记作 $G(a,b)$或 $G(x,y)$。这里,F 和 G 都是谓词变元。如果指定 $F(x)$表示"x 是大学生"、$G(x,y)$表示"x 比 y 的密度小",则 F 和 G 又都成了谓词常元。如果再指定 a 表示"阿芳"、b 表示"冰"、c 表示"水",则 $F(a)$ 表示"阿芳是大学生",$G(b,c)$表示"冰比水的密度小"。

谓词常元和谓词变元统称为**谓词**。由谓词和谓词后面的括号以及括号中的个体变元组成的符号串称为**命题函数**。例如,$F(x)$和 $G(x,y)$都是命题函数。

命题函数是一个从 D^n 到 D 的 n 元函数(函数概念将在 5.6 节介绍)。

含有 $n(n\geqslant 1)$个个体变元的命题函数中的谓词称为 ***n* 元谓词**。$F(x)$中的 F 是**一元谓词**,而 $G(x,y)$中的 G 是**二元谓词**。一元谓词表示一个个体的属性,多元谓词表示多个个体之间的联系。

命题函数不是命题。只有对命题函数中的谓词变元赋予明确含义(改变为谓词常元),同时将其中的个体变元代以具体的个体(指定为个体常元),命题函数才能构成命题。例如,$G(x,y)$不是命题,"$G(x,y)$: x 比 y 的密度小"也不是命题,若取 b: 冰、c: 水,则 $G(b,c)$以及 $G(c,b)$均是命题,且 $G(b,c)$是真命题,$G(c,b)$是假命题。

有时,将不含个体变元的谓词称为 **0 元谓词**。一旦谓词变元明确含义了,0 元谓词即成命题。例如,按上面指定的含义,则 $F(a)$和 $G(b,c)$都是 0 元谓词。

因此,命题逻辑中的部分原子命题可以用 0 元谓词表示,因而可将命题看成谓词的特殊情形。命题逻辑中的联结词在谓词逻辑中都可以使用,命题逻辑中的等价式和推理定律在谓词逻辑中同样成立。

例 3-2 将下列命题用 0 元谓词符号化:

(1) 李正山是大学生。

(2) 2 既是素数又是偶数。

(3) 老李是小李的爸爸。

(4) 如果 $3>5$,则 $2>3$。

解 (1) 令 $F(x)$:x 是大学生,a:李正山。则原命题符号化为

$$F(a)$$

(2) 令 $F(x)$:x 是素数,$G(x)$:x 是偶数,a:2。则原命题符号化为

$$F(a)\wedge G(a)$$

(3) 令 $G(x,y)$:x 是 y 的爸爸,a:老李,b:小李。则原命题符号化为

$$G(a,b)$$

(4) 令 $F(x,y)$:$x>y$,a:3,b:5,c:2。则原命题符号化为

$$F(a,b)\rightarrow F(c,a)$$

从本例可以看出,有了个体和谓词,能够将部分原子命题符号化为谓词逻辑中的命题。但是,还有一些原子命题仅用个体和谓词不能将其符号化,原因是这些命题中含有表示数量的词"所有的"、"有些"。下面就是两个典型的例子:

(1) 所有的人都是要死的。

(2) 有些人感冒了。

为了研究这一类命题,在谓词逻辑中还需要有表示数量的词,这就是 3.1.2 节将要介绍的量词。

3.1.2 量词

用个体常元取代个体变元,使命题函数成为命题的过程称为**代换**,通过代换而得到的命题称为命题函数的**实例代换**。由实例代换得到的命题是个别命题。除代换外,还可以采用量化的办法来确定命题。采用量化确定的命题是一个命题集合。所谓**量化**是指指出个体变元在个体域中的取值方式。

在谓词逻辑中,表示个体变元在个体域中取值方式的词称为**量词**。谓词逻辑中的量词有以下 3 种。

1. 全称量词

如果命题函数的个体变元在个体域中的取值方式是考虑个体域中的所有个体,则这种量化称为**全称量化**。日常语言中的"所有的"、"任意的"、"每一个"等词表示全称量化,用符号"∀"表示。∀ 为**全称量词符**。$\forall x$ 表示个体域中的所有个体。

如果一元谓词 $F(x)$的个体域为 D,则 $\forall xF(x)$的真值如下:

$$\forall xF(x)=\begin{cases}1 & (\text{对所有 } x\in D \text{ 都使 } F(x)\text{为真})\\ 0 & (\text{存在 } x\in D \text{ 使 } F(x)\text{为假})\end{cases}$$

2. 存在量词

如果命题函数的个体变元在个体域中的取值方式是考虑个体域中的部分个体,则这种

量化称为**存在量化**。日常语言中的"存在着"、"有的"、"至少有一个"、"有一些"等词表示存在量化，用符号"$\exists$"表示。$\exists$为**存在量词符**。$\exists x$ 表示个体域中存在某些个体。

如果一元谓词 $F(x)$的个体域为 D，则 $\exists xF(x)$的真值如下：

$$\exists xF(x)=\begin{cases}1 & (\text{存在 } x\in D \text{ 使 } F(x) \text{ 为真})\\ 0 & (\text{对所有 } x\in D \text{ 都使 } F(x) \text{ 为假})\end{cases}$$

3. 惟一存在量词

如果命题函数的个体变元在个体域中的取值方式是考虑个体域中的惟一一个个体，则这种量化称为**惟一存在量化**。日常语言中的"存在着惟一的"、"恰有一个"、"有且仅有一个"等短语表示存在量化，用符号"$\exists\,!$"表示。$\exists\,!$为**惟一存在量词符**。$\exists\,!x$ 表示个体域中存在惟一一个个体。可以说，惟一存在量词是存在量词的特例。

在谓词逻辑中主要用全称量词和存在量词，惟一存在量词只在很少的特殊情况下使用。

本质上说，$\forall$(全称量词)是 $\wedge$(合取)的一种广义形式，$\exists$(存在量词)是 $\vee$(析取)的一种广义形式。

对于多个紧连的全称量词或存在量词可以用简化的形式表示，如 $\forall x\forall y$ 和 $\exists x\exists y$ 可以分别简化为 $\forall x,y$ 和 $\exists x,y$。

有了量词符，就可以将含有量词的那些原子命题符号化为谓词逻辑中的命题。

例 3-3 设个体域为人类，在谓词逻辑中将下列命题符号化：

(1) 所有的人都是要死的。

(2) 有些人感冒了。

(3) 存在惟一一个实数，它的自然对数值等于 2。

解 (1) 设 $F(x)$：x 要死。则该命题可以符号化为

$$\forall xF(x)$$

(2) 设 $G(x)$：x 感冒了。则该命题可以符号化为

$$\exists xG(x)$$

(3) 设 $L(x)$：$\ln x=2$。则该命题可以符号化为

$$\exists\,!xL(x)$$

【说明】 $\forall xF(x)$和 $\exists xF(x)$与 $F(x)$有着本质的区别。$F(x)$是不能确定真值的命题函数，其中的 x 是个体变元；而 $\forall xF(x)$和 $\exists xF(x)$都是可以确定真值的命题，$F(x)$中的 x 受量词 $\forall x$ 或 $\exists x$ 的控制而量化，称为约束变元。约束变元的概念将在 3.3.1 节介绍。

当个体域为有限集时可以消除量词。如果 $D=\{a_1,a_2,\cdots,a_n\}$，由量词的定义知，对于任意的谓词 $F(x)$，都有

$$\forall xF(x)\Leftrightarrow F(a_1)\wedge F(a_2)\wedge\cdots\wedge F(a_n) \tag{3-1}$$

$$\exists xF(x)\Leftrightarrow F(a_1)\vee F(a_2)\vee\cdots\vee F(a_n) \tag{3-2}$$

式(3-1)和式(3-2)通常称为**量词消去规则**。据此，可以在个体域为有限集时将带量词的谓词公式(3.2 节详细介绍)转化成无量词谓词公式。在谓词逻辑的等价式证明中常采用这个规则。

例 3-4 设个体域 $D=\{a,b,c\}$，消去下列各式中的量词：

(1) $\forall x(F(x)\rightarrow G(x))$。

(2) $\exists xF(x)\rightarrow\forall yG(y)$。

(3) $\exists x \forall y G(x,y)$。

解 (1) $\forall x(F(x) \rightarrow G(x)) \Leftrightarrow (F(a) \rightarrow G(a)) \wedge (F(b) \rightarrow G(b)) \wedge (F(c) \rightarrow G(c))$。

(2) $\exists x F(x) \rightarrow \forall y G(y) \Leftrightarrow (F(a) \vee F(b) \vee F(c)) \rightarrow (G(a) \wedge G(b) \wedge G(c))$。

(3) $\exists x \forall y G(x,y) \Leftrightarrow ((G(a,a) \wedge G(a,b) \wedge G(a,c)) \vee (G(b,a) \wedge G(b,b) \wedge G(b,c))$
$\vee (G(c,a) \wedge G(c,b) \wedge G(c,c))$。

3.1.3 特性谓词

命题函数的量化与个体域有关,设定不同的个体域不但影响命题的表达形式,而且影响命题的真值。在没有设定个体域的情况下,都统一指定个体域为全总个体域。如果设定的个体域比个体变元取值范围大,就必须有描述个体变元取值范围的谓词,这种谓词称为**特性谓词**。

如果个体域是全总个体域,则例 3-3 的前两个命题不能符号化为 $\forall x F(x)$ 和 $\exists x G(x)$。因为此时的 $\forall x F(x)$ 表示宇宙间的一切事物都是要死的,而不再仅仅指人了,这与原命题不相符。而 $\exists x G(x)$ 表示宇宙间一切事物中至少有一个感冒了,显然与原命题的意思不一样。

在全总个体域中,例 3-3 的前两个命题的实际含义是:

(1) 对所有的个体而言,如果它是人,则它是要死的。

(2) 在所有的个体中存在着这样的个体,它是人并且感冒了。

于是,在符号化时需要引入一个特性谓词:

$$M(x):x \text{ 是人}$$

因此,在全总个体域中,例 3-3 中的前两个命题分别符号化为

(1) $\forall x(M(x) \rightarrow F(x))$。 (3-3)

(2) $\exists x(M(x) \wedge G(x))$。 (3-4)

式(3-3)和式(3-4)具有普遍意义:*在全称量化中,特性谓词常作为条件命题的前件。在存在量化中,特性谓词常作为合取项之一。*

涉及个体变元取值范围的命题,其否定形式应该是怎样的呢?先看下面的命题:

所有的计算机都染上了病毒。

或许有人认为这个命题的否定形式是

所有的计算机都没有染上病毒。

其实,这是一个误解。实际上,如果至少有一台计算机没有染上病毒,则原来的命题就已经是假命题了。所以原来命题的否定是

至少有一台计算机没有染上病毒。

根据上面的分析可知:$\forall x A(x)$ 的否定形式应该是 $\exists x \neg A(x)$,即

$$\neg \forall x A(x) \Leftrightarrow \exists x \neg A(x) \tag{3-5}$$

经过类似的分析还可以得到

$$\neg \exists x A(x) \Leftrightarrow \forall x \neg A(x) \tag{3-6}$$

式(3-5)和式(3-6)通常称为**量词转换律**。无论 $A(x)$ 的具体形式如何,式(3-5)和式(3-6)永远成立。

例 3-5 消去下列各式中量词前的否定联结词:

(1) $\neg \exists x(F(x) \wedge G(x))$。

(2) $\neg \forall x(F(x)\rightarrow G(x))$。

解 (1) $\neg \exists x(F(x)\wedge G(x))\Leftrightarrow \forall x(\neg(F(x)\wedge G(x)))$。

(2) $\neg \forall x(F(x)\rightarrow G(x))\Leftrightarrow \exists x(\neg(F(x)\rightarrow G(x)))$。

3.1.4 谓词逻辑符号化

显然,在谓词逻辑中将命题符号化比在命题逻辑中将命题符号化困难得多。本节介绍几个仅含一个个体的比较简单的例题以加强对个体域和量词的理解,深入的讨论将在3.2.2节给出。这里强调说明以下3点。

(1) 在不同的个体域中,命题符号化的形式可能不一样,命题的真值也可能会不同;

(2) 如果没有指定个体域,则默认是全总个体域;

(3) 引入特性谓词后,全称量词与存在量词符号化的形式不同,分别以式(3-3)和式(3-4)的形式表示。

例 3-6 在谓词逻辑中将下列命题符号化:

(1) 所有计算机都染上了病毒。

(2) 有的计算机没有染上病毒。

解 个体域为全总个体域。设 $C(x)$: x 是计算机,$V(x)$: x 染上了病毒。则这两个命题分别符号化为

(1) $\forall x(C(x)\rightarrow V(x))$。

(2) $\exists x(C(x)\wedge \neg V(x))$。

例 3-7 在谓词逻辑中将下列命题符号化,并判断是真命题还是假命题。

(1) 所有的有理数都是整数。

(2) 有些有理数是负数。

(3) 并非所有有理数都是正数。

要求:①个体域为有理数集合 **Q**;②个体域为实数集合 **R**;③个体域为全总个体域。

解 设 $F(x)$: x 是整数,$G(x)$: x 是负数,$H(x)$: x 是正数。

① (1)、(2)、(3)均讨论有理数集合 **Q** 中全体元素的性质,因而不用引入特性谓词。这三个命题可以符号化为

(1) $\forall xF(x)$。

(2) $\exists xG(x)$。

(3) $\neg \forall xH(x)$。

② (1)、(2)、(3)均讨论的是实数集合 **R** 的真子集有理数集合 **Q** 中元素的性质,因而需要引入特性谓词 $Q(x)$: x 是有理数。这三个命题可以符号化为

(1) $\forall x(Q(x)\rightarrow F(x))$。

(2) $\exists x(Q(x)\wedge G(x))$。

(3) $\neg \forall x(Q(x)\rightarrow H(x))$。

③与②形式相同。

在3个不同的个体域中,(1)是假命题,(2)、(3)都是真命题。

例 3-8 在谓词逻辑中将下列命题符号化,并判断是真命题还是假命题。

(1) 存在这样的数 x,$x+10=6$。

(2) 存在既是素数又是偶数的自然数。

要求：①个体域为自然数集合 **N**；②个体域为实数集合 **R**。

解 设 $F(x)$：x 满足 $x+10=6$，$E(x)$：x 是偶数，$P(x)$：x 是素数。

① (1)、(2)均不用引入特性谓词。这两个命题可以符号化为

(1) $\exists x F(x)$。

(2) $\exists x(E(x) \wedge P(x))$。

(1)是假命题，(2)是真命题。

② (1)、(2)均引入特性谓词：$N(x)$：x 是自然数。这两个命题可以符号化为

(1) $\exists x(N(x) \wedge F(x))$。

(2) $\exists x(N(x) \wedge (E(x) \wedge P(x)))$。

(1)、(2)都是真命题。

例 3-9 在谓词逻辑中将下列命题符号化：

(1) 小华、玲玲、阿梅都是女孩子。

(2) 小华、玲玲、阿梅 3 个人至少有一个是女孩子。

要求：①不用量词；②个体域为小华、玲玲、阿梅 3 个人组成的集合 D；③个体域为全总个体域。

解 设 $F(x)$：x 是女孩子，a：小华，b：玲玲，c：阿梅。

① 这两个命题符号化为

(1) $F(a) \wedge F(b) \wedge F(c)$。

(2) $F(a) \vee F(b) \vee F(c)$。

② (1)、(2)均讨论集合 D 中全体元素的性质，因而不用引入特性谓词。这两个命题符号化为

(1) $\forall x F(x)$。

(2) $\exists x F(x)$。

③ 还需要引入特性谓词：设 $G(x)$：x 是小华、玲玲、阿梅 3 个人之一。这两个命题符号化为

(1) $\forall x(G(x) \rightarrow F(x))$。

(2) $\exists x(G(x) \wedge F(x))$。

3.2 谓词公式与翻译

3.2.1 谓词公式

有了谓词以后，命题表达范围比以前广泛得多，细致得多。使用谓词不但能表示命题之间表面的关系，而且还能表示命题之间内在和实质的联系。

在命题逻辑中引入了命题公式的概念，它是由命题常元、命题变元、命题联结词和圆括号按照一定的规律所组成的符号串。谓词逻辑是命题逻辑的进一步拓展，在谓词逻辑中，需要引入原子谓词公式和合式谓词公式的概念。

在给出谓词公式定义之前先给出谓词公式中所使用的符号和项的概念。

定义 3-2 谓词逻辑使用的符号表如下：

(1) 个体常元：$a,b,c,\cdots,a_i,b_i,c_i,\cdots\quad(i\geqslant1)$；

(2) 个体变元：$x,y,z,\cdots,x_i,y_i,z_i,\cdots\quad(i\geqslant1)$；

(3) 函数符号：$f,g,h,\cdots,f_i,g_i,h_i,\cdots\quad(i\geqslant1)$；

(4) 谓词符号：$F,G,H,\cdots F_i,G_i,H_i,\cdots\quad(i\geqslant1)$；

(5) 量词符号：$\forall$，$\exists$；

(6) 联结词符：$\neg$，$\wedge$，$\vee$，$\rightarrow$，$\leftrightarrow$；

(7) 括号：(,)；

(8) 逗号：,。

【说明】 函数符号不同于谓词符号。谓词符号运算的结果只能是逻辑值 1 和 0(分别表示真和假)；函数符号运算的结果可能多样(不一定是逻辑值)。例如，令 $F(x)$：x 是偶数，a：8，则 $F(a)=1$(逻辑值)；令 $f(x)$：x 的爸爸，a：小李，则 $f(a)$表示小李的爸爸。函数符号可以按照传统数学中的含义理解。

定义 3-3 **项**的递归定义如下：

(1) 个体常元和个体变元是项；

(2) 若 $f(x_1,x_2,\cdots,x_n)$ 是任意 n 元函数，$t_1,t_2,\cdots,t_n$是项，则 $f(t_1,t_2,\cdots,t_n)$是项；

(3) 只有有限次地使用(1)、(2)生成的符号串才是项。

例如，$a,b,x,y,f(x,y)=x+y,g(x,y)=x\times y,f(a,y)=a-y,f(f(a,b),b)=f(a,b)+b$ 等都是项。

定义 3-4 设 $F(x_1,x_2,\cdots,x_n)$是任意 n 元谓词，$t_1,t_2,\cdots,t_n$ 是项，则称 $F(t_1,t_2,\cdots,t_n)$为**原子谓词公式**，简称**原子公式**。

定义 3-5 **合式谓词公式**的定义如下：

(1) 原子公式是合式谓词公式；

(2) 若 A 是一个合式谓词公式，则$(\neg A)$也是合式谓词公式；

(3) 若 A,B 是合式谓词公式，则$(A\wedge B)$，$(A\vee B)$，$(A\rightarrow B)$，$(A\leftrightarrow B)$也是合式谓词公式；

(4) 若 A,B 是合式谓词公式，则 $\forall xA$、$\exists xA$ 也是合式谓词公式；

(5) 有限次地应用(1)～(4)组成的符号串是合式谓词公式。

合式谓词公式简称为**谓词公式**或**公式**。

由定义 3-5 知，谓词公式是由原子公式、逻辑联结词、量词和圆括号按照一定的规律所组成的符号串。命题逻辑中的命题公式是谓词公式的特例。

【说明】 与命题公式一样，谓词公式最外层及$(\neg A)$的括号可以省略，但量词后应该有的括号不能省略，因为它涉及量词的作用范围。

3.2.2 谓词逻辑的翻译

谓词公式的翻译有两个方面，一是把用自然语言描述的命题用谓词公式表示出来，称为谓词逻辑的**翻译**或**符号化**；二是将符号化的谓词公式翻译成用自然语言描述的命题。为了将比较复杂的命题符号化，有必要把谓词逻辑符号化的步骤集中介绍如下：

(1) 准确理解给定命题，必要时改变命题的叙述方式，使其中的每一个原子命题以及各个原子命题间的联系明确地表达出来；

(2) 把每个原子命题分解成个体、谓词和量词。在全总个体域中讨论时，要给出特性谓词；

(3) 找出恰当量词，并按式(3-1)或式(3-2)确定表达方式；

(4) 用恰当的联结词把给定命题表示出来；

(5) 如果有多个量词同时出现，一般不能改变它们的顺序，否则会改变原命题的含义。

对于第(5)项，下面的例子是很好的说明。

如果令 $H(x,y)$：$x+y=5$，个体域为实数集合 $\mathbf{R}$，则

$$\forall x \exists y H(x,y)$$

的含义是：对任意的 x，都存在着 y，使 $x+y=5$ 成立。这是真命题。而

$$\exists y \forall x H(x,y)$$

的含义是：存在着 y，对任意的 x，都使 $x+y=5$ 成立。这个命题与前一个命题含义不同，且是假命题。

有些命题中，量词的使用是**隐式的**而不是**显式的**。对于这种命题，一定要按本意(正确确定隐式的量词)将其符号化。

例 3-10 在谓词逻辑中将下列命题符号化：

(1) 有理数都是实数。

(2) 等边三角形有 3 个 60°的角，反之亦然。

(3) $\sin^2 x+\cos^2 x=1$。

解 (1) 该命题的含义是：所有的有理数都是实数。设 $Q(x)$：x 是有理数，$R(x)$：x 是实数。则该命题可以符号化为

$$\forall x(Q(x)\rightarrow R(x))$$

(2) 该命题的含义是：一个三角形是等边三角形当且仅当它有 3 个 60°的角。设 $P(x)$：x 是等边三角形，$Q(x)$：x 是有 3 个 60°的角的三角形。则该命题可以符号化为

$$\forall x(P(x)\leftrightarrow Q(x))$$

(3) 该命题的含义是：对于任意的实数 x，都有 $\sin^2 x+\cos^2 x=1$。设 $P(x)$：x 满足 $\sin^2 x+\cos^2 x=1$。则该命题可以符号化为

$$\forall x P(x)$$

一般地说，含有两个个体的命题比仅含一个个体的命题复杂，但也不难将其符号化，关键是要准确理解命题的含义。

例 3-11 在谓词逻辑中将下列命题符号化：

(1) 兔子比乌龟跑得快。

(2) 有些兔子比所有的乌龟跑得快。

(3) 并不是所有兔子都比乌龟跑得快。

解 命题(1)的含义是：每一个兔子都比所有的乌龟跑得快；命题(3)的含义是：并不是所有兔子都比每一个乌龟跑得快。

个体域为全总个体域。设 $R(x)$：x 是兔子，$T(y)$：y 是乌龟，$F(x,y)$：x 比 y 跑得快。则这 3 个命题分别符号化为

(1) $\forall x \forall y(R(x) \wedge T(y)\rightarrow F(x,y))$。

(2) $\exists x(R(x) \wedge \forall y(T(y)\rightarrow F(x,y)))$。

(3) $\neg \forall x \forall y(R(x) \land T(y) \to F(x,y))$。

例 3-12 令 $S(x)$表示"x 是华软软件学院的人"，$P(x,y)$表示"x 给 y 打过电话"。将下列命题符号化：

(1) 华软软件学院的每个人都给本学院的人打过电话。

(2) 华软软件学院有人没有给本学院的人打过电话。

(3) 有一个华软软件学院的人给本学院的所有人打过电话。

(4) 华软软件学院的每个人都给教务处长或学生处长打过电话。

解 在题设条件下，前 3 个命题分别符号化为：

(1) $\forall x(S(x) \to \exists y(S(y) \land P(x,y)))$。

(2) $\exists x(S(x) \land \forall y(S(y) \to \neg P(x,y)))$。

(3) $\exists ! x(S(x) \land \forall y(S(y) \to P(x,y)))$。

(4) 再设 a：教务处长，b：学生处长。则

$$\forall x(S(x) \to (P(x,a) \lor P(x,b)))$$

例 3-13 将命题"并非所有实数都是有理数"符号化。

解 该命题表达的实质含义是："所有实数都是有理数"是不对的。因此，设 $R(x)$（特性谓词）：x 是实数，$Q(x)$：x 是有理数。则该命题可表示为

$$\neg \forall x(R(x) \to Q(x))$$

例 3-14 将命题"尽管有的人聪明，但不是所有的人都聪明"符号化。

解 该命题由两个并列的句子组成，即由两个合取项组成。第一个合取项为"存在聪明的人"，第二个合取项是"不是所有的人都是聪明人"。因此，设 $H(x)$（特性谓词）：x 是人，$C(x)$：x 聪明。则原命题可表示为

$$\exists x(H(x) \land C(x)) \land \neg \forall y(H(y) \to C(y))$$

例 3-15 在谓词逻辑中将下列命题符号化：

(1) 李涛无书不读。

(2) 有人无书不读。

解 (1) 设 $P(x)$：x 是书，$Q(y,x)$：y 读 x，a：李涛。则该命题可表示为

$$\forall x(P(x) \to Q(a,x))$$

(2) 在(1)的基础上再设特性谓词 $H(y)$：y 是人。则该命题可表示为

$$\exists y(H(y) \land \forall x(P(x) \to Q(y,x)))$$

例 3-16 将函数极限的定义$\lim\limits_{x \to a} f(x) = A$（$a$，$A$ 都是实常数）在实数集中符号化。

解 $\lim\limits_{x \to a} f(x) = A$ 的具体含义是：对于任意给定的 $\varepsilon > 0$，存在一个 $\delta > 0$，使得当 $0 < |x-a| < \delta$ 时有 $|f(x)-A| < \varepsilon$。因此，在实数集中，$\lim\limits_{x \to a} f(x) = A$ 可表示为

$$\forall \varepsilon((\varepsilon > 0) \to \exists \delta((\delta > 0) \land \forall x((0 < |x-a| < \delta) \to (|f(x)-A| < \varepsilon))))$$

把符号化的谓词公式翻译成用自然语言描述的命题时，特别要注意语言的表达，尤其是需要选择恰当的词语表达量词和联结词，还要符合日常语言的习惯。如果语言表达得好，则语句通顺，容易理解；如果语言表达得不好，就晦涩难懂。

例 3-17 设 $P(x)$：x 是素数，$E(x)$：x 是偶数，$O(x)$：x 是奇数，$D(x,y)$：x 整除 y。试将下列 3 个谓词公式翻译成用自然语言描述的命题。

(1) $\forall x(E(x)\to\forall y(D(x,y)\to E(y)))$。

(2) $\forall x(P(x)\to\exists y(E(y)\land D(x,y)))$。

(3) $\forall x(O(x)\to\forall y(P(y)\to\neg D(x,y)))$。

解 (1) 能被任意偶数整除的数必定是偶数。

(2) 对于任意一个素数,必定有一些偶数能被它整除。

(3) 任意奇数都不能整除所有的素数。

例 3-18 设 $C(x)$：x 是中国人,$G(x)$：x 是好孩子,$L(x,y)$：x 爱 y,$m(x)$：x 的妈妈,$f(x)$：x 的爸爸。试将下列谓词公式翻译成用自然语言描述的命题。

$$\forall x(C(x)\land L(x,m(x))\land L(x,f(x))\to G(x))$$

解 每个爱自己父母的中国人都是好孩子。

3.3 变元的约束

在谓词公式中通常都含有量词和变元。如何合理地选择个体变元的符号,使谓词公式结构清晰、含义明确、便于理解就是一件很重要的事情。本节将介绍这方面的知识。

3.3.1 约束变元和自由变元

定义 3-6 在一个谓词公式中,形如 $\forall xA(x)$或 $\exists xA(x)$的部分称为该公式的 **x 约束部分**,$A(x)$称为量词 $\forall x$ 或 $\exists x$ 的**辖域**或**作用域**,$\forall x$ 或 $\exists x$ 中的 x 称为**指导变元**或**作用变元**。x 在公式的 x 约束部分的所有出现都称为 x 的**约束出现**,x 称为**约束变元**。$A(x)$中其他变元的出现均称为**自由出现**,并称这些变元为**自由变元**。

在例 3-6～例 3-17 的各个谓词公式中,所有的变元均为约束变元。

要准确理解谓词公式就必须正确判断量词的辖域以及哪些变元是约束变元,哪些变元是自由变元。

量词的辖域用这样的方法判断：如果量词后面跟有括号,则括号内的子公式为其辖域；否则,量词后面紧邻的子公式为其辖域。

判断公式中的变元是约束变元还是自由变元并不困难,但思路一定要清晰。对每一个个体变元都按照从内层到外层的顺序进行考察：

(1) 如果它不受任何一层量词的约束,则它为自由变元；

(2) 如果它仅受一层量词的约束,则它为约束变元；

(3) 如果它受多层量词的约束,则以最内层的约束为准,并且它为约束变元；

(4) 同一个个体变元在整个公式中约束出现和自由出现的次数分别相加,就得到这个个体变元在整个公式中的出现情况。

例 3-19 指出下列各公式中量词的辖域,个体变元中的约束变元和自由变元：

(1) $\forall xP(x)\to Q(x)$。

(2) $\forall x(P(x)\to\exists yQ(x,y))$。

(3) $\exists x(\forall y(P(x,y)\lor Q(y,z))\leftrightarrow\forall xP(x,y))$。

解 (1) $\forall x$ 的辖域是 $P(x)$,$P(x)$中的 x 为约束变元,$Q(x)$中的 x 为自由变元。所以该公式中的 x 约束出现一次,自由出现一次。

(2) 公式中有两个量词。$\exists y$ 的辖域是 $Q(x,y)$，y 为约束变元(其中的 x 受外层量词 $\forall x$ 的约束)；$\forall x$ 的辖域是 $(P(x)\to\exists yQ(x,y))$，x 在辖域中的所有出现均为约束出现，出现两次，y 为约束出现，出现一次。

(3) 公式中有 3 个量词。$\forall x$ 的辖域是 $P(x,y)$，x 为约束变元，y 为自由变元；$\forall y$ 的辖域是 $(P(x,y)\vee Q(y,z))$，y 为约束变元，z 为自由变元(其中的 x 受外层量词 $\exists x$ 的约束)；$\exists x$ 的辖域是 $(\forall y(P(x,y)\vee Q(y,z))\leftrightarrow\forall xP(x,y))$，$x$ 为约束变元，y 既为约束变元又为自由变元，z 为自由变元。x 的第 1 次出现受 $\exists x$ 的约束，x 的第 2 次出现既受外层 $\exists x$ 的约束，又受内层 $\forall x$ 的约束，以内层 $\forall x$ 的约束为准，y 的前两次出现受内层 $\forall y$ 的约束。

在程序设计中也有辖域的概念。例如，C 语言中的全局变量和局部变量的辖域分别是整个程序和某个子程序。

3.3.2 约束变元的换名规则

从 3.3.1 节的讨论可知，同一个公式中的同一个变元既可以是约束变元又可以是自由变元，以及同一个变元受不同量词的约束。这些都容易引起混淆，带来诸多不便。下面是一个典型的例子。

$$\forall y(P(y)\wedge\exists yQ(x,y,z))\to(S(x,y)\vee R(x,y))$$

在上述公式的前件中，y 为约束变元，第 1 次出现的 y 受 $\forall y$ 的约束，第 2 次出现的 y 受 $\forall y$ 和 $\exists y$ 的两重约束，x,z 为自由变元；在公式的后件中，x,y 均为自由变元。该公式中的变元就属于前面所述的情形，这个公式难于理解。

为了使谓词公式结构清晰、含义明确、便于理解，谓词公式中的每一个变元都只能以一种身份出现：或者是约束变元或者是自由变元，并且，如果是约束变元，只能受一个量词的约束。

显然，在仅含一个个体变元的公式中，个体变元与所使用的表示个体变元的符号无关。例如，$\forall xP(x)$ 与 $\forall yP(y)$ 的含义相同，都表示辖域中的所有个体都具有 P 属性。因此，需要时可以更改公式中约束变元的符号，这个过程称为**约束变元的换名**。

定理 3-1(换名规则) 将谓词公式 A 中某量词的指导变元及其辖域中的同名约束变元同时改成该辖域中(最好是整个公式中)未使用过的符号，而 A 中其余部分不变，就得到公式 A'，则 A' 与 A 等价。

由定理 3-1 知，约束变元的换名规则实际上包含以下 3 层意思：

(1) 只能对量词的指导变元及其辖域中的同名约束变元换名；

(2) 若某量词的指导变元及其辖域中的同名约束变元被换名，它们必须保持相同名称，即保证换名的一致性；

(3) 换成的新符号必须是该辖域中(最好是整个公式中)未使用过的符号。

例 3-20 对下列各公式的约束变元进行合理的换名：

(1) $\exists xP(x)\wedge\forall xQ(x,z)$。

(2) $\forall x(P(x)\to\exists xQ(x))$。

(3) $\forall y(P(y)\wedge\exists yQ(x,y,z))\to(S(x,y)\vee R(x,y))$。

(4) $\forall x(P(x)\to Q(x,y))\wedge\exists x\forall y(S(x,y)\vee R(x,y))$。

解 (1) 公式中的变元 x 分别受到 $\exists x$ 和 $\forall x$ 的约束，z 为自由变元。可将受 $\forall x$ 约束的

变元 x 换名为 y，得

$$\exists xP(x)\land\forall yQ(y,z)$$

(2) 公式中 $\forall x$ 的辖域为 $(P(x)\to\exists xQ(x))$，$\exists x$ 的辖域为 $Q(x)$。因此，$P(x)$ 中的 x 受 $\forall x$ 的约束，$Q(x)$ 中的 x 受 $\forall x$ 和 $\exists x$ 的约束，但以受 $\exists x$ 的约束为准。可将受 $\exists x$ 约束的变元 x 换名为 y，得

$$\forall x(P(x)\to\exists yQ(y))$$

(3) 公式前件的变元 y 受到两重约束，$P(y)$ 中的 y 受 $\forall y$ 的约束，$Q(x,y,z)$ 中的 y 受 $\exists y$ 的约束；后件中的变元 x 和 y 都是自由变元。可将受 $\forall y$ 约束的变元 y 换为 u，受 $\exists y$ 约束的变元 y 换为 v，得

$$\forall u(P(u)\land\exists vQ(x,v,z))\to(S(x,y)\lor R(x,y))$$

(4) 公式中 $\forall x$ 的辖域为 $(P(x)\to Q(x,y))$，$\exists x$ 和 $\forall y$ 的辖域都是 $(S(x,y)\lor R(x,y))$。因此，x 受到不同的约束，而 y 既是约束变元又是自由变元。可将受 $\forall x$ 约束的变元 x 换名为 u，受 $\exists x$ 约束的变元 x 换名为 v，受 $\forall y$ 约束的变元 y 换名为 m，得

$$\forall u(P(u)\to Q(u,y))\land\exists v\forall m(S(v,m)\lor R(v,m))$$

3.3.3 自由变元的代替规则

同一个公式中的同一个个体变元既可以是约束变元又可以是自由变元。为了改变这种状况，除了将约束变元换名外，还可以将自由变元用新的符号代替。更改公式中自由变元的符号称为**自由变元的代替**。

定理 3-2(代替规则) 将谓词公式 A 中某个自由变元改成该公式中未使用过的符号，而 A 中其余部分不变，就得到公式 A'，则 A' 与 A 等价。

由定理 3-2 知，自由变元的代替规则实际上包含以下两层意思：

(1) 若某自由变元被代替，则公式中所有的同名自由变元都应被相同的新符号代替，即保证代替的一致性；

(2) 换成的新符号必须是该公式中未使用过的符号。

例 3-21 对下列各公式的自由变元进行合理的代替：

(1) $\exists x((P(y)\to Q(x,y))\land\forall y(S(x,y)\lor R(x,y)))$。

(2) $\exists x(P(y)\to Q(x,y))\land\forall y(S(x,y)\lor R(x,y))$。

解 (1) $\exists x$ 的辖域是 $((P(y)\to Q(x,y))\land\forall y(S(x,y)\lor R(x,y)))$，其中的变元 x 都被约束；$\forall y$ 的辖域是 $(S(x,y)\lor R(x,y))$，其中的变元 y 受 $\forall y$ 的约束，而 x 受到 $\exists x$ 的约束。谓词子公式 $(P(y)\to Q(x,y))$ 中的 y 是自由变元，与 $\forall y$ 的约束变元同名。因此，用 z 代替自由变元 y 可得

$$\exists x((P(z)\to Q(x,z))\land\forall y(S(x,y)\lor R(x,y)))$$

(2) $\exists x$ 的辖域是 $(P(y)\to Q(x,y))$，其中的 x 是约束变元，y 是自由变元；$\forall y$ 的辖域是 $(S(x,y)\lor R(x,y))$，其中的 y 是约束变元，x 是自由变元。因此，用 z 代替自由变元 y，用 t 代替自由变元 x 可得

$$\exists x(P(z)\to Q(x,z))\land\forall y(S(t,y)\lor R(t,y))$$

【说明】 (1) 对公式中的约束变元进行换名可以有多种方式。例如，例 3-20 中的(1)也可以将 $\exists xP(x)\land\forall xQ(x,z)$ 中受 $\exists x$ 约束的变元 x 换名；

(2) 针对具体的公式，经过仔细分析，可以选取较少的变元进行换名或代替。

3.4 谓词公式的解释与分类

3.4.1 谓词公式的解释

一般情况下，谓词公式含有个体常元、个体变元、函数变元和谓词变元。对谓词公式中的所有变元用具体的常元代替，就构成了该谓词公式的一个解释。下面是谓词公式解释的定义。

定义 3-7 谓词公式 A 的一个**解释** I 由以下 4 部分组成：

① 为个体域指定一个非空集合 D；

② 为每个个体常元指定一个特定的个体；

③ 为每个函数变元指定特定的函数；

④ 为每个谓词变元指定一个特定的谓词。

下面讨论这样一个问题：是不是每一个谓词公式在任何解释下都成为命题？

对于谓词公式

$$\forall x F(x, g(x)) \tag{a}$$

在没有给出解释时没有实际意义。如果对公式(a)给出下面的解释：

D：全人类的集合

$g(x)$：x 的爸爸

$F(x,y)$：x 比 y 小

那么公式(a)就是这样一个命题：每一个人都比他爸爸小。这是真命题。如果对公式(a)给出下面的另一个解释：

D：全体实数

$g(x)$：x^2

$F(x,y)$：$x>y$

那么公式(a)就是这样一个命题：任何一个实数都大于它的平方。这是假命题。

例 3-22 已知解释 I 如下：

① 个体域 $D=\{2,3\}$；

② D 中特定元素 a：2；

③ 函数 $f(2)=3, f(3)=2$；

④ 谓词 $P(2)=0, P(3)=1, Q(2,2)=1, Q(2,3)=1, Q(3,2)=1, Q(3,3)=1$。

求 $\forall x(P(f(x)) \vee Q(x, f(a)))$ 的真值。

解 $\forall x(P(f(x)) \vee Q(x, f(a)))$

$\Leftrightarrow (P(f(2)) \vee Q(2, f(2))) \wedge (P(f(3)) \vee Q(3, f(2)))$

$\Leftrightarrow (P(3) \vee Q(2,3)) \wedge (P(2) \vee Q(3,3))$

$\Leftrightarrow (1 \vee 1) \wedge (0 \vee 1)$

$\Leftrightarrow 1 \wedge 1 \Leftrightarrow 1$

例 3-23 给定解释 I 如下：

① 个体域为自然数集 **N**；

② **N** 中特定元素 a：2；

③ **N** 上特定函数 $f(x,y)=x+y, g(x,y)=xy$；

④ **N** 上特定谓词 $F(x,y)$ 为 $x=y$。

在解释 I 下求下列公式的真值。

(1) $\forall x\forall y(F(f(a,x),y)\rightarrow F(f(a,y),x))$。

(2) $\forall x\forall yF(f(g(a,x),y),g(x,y))$。

(3) $\forall x\forall yF(f(x,y),f(y,z))$。

解 (1) $\forall x\forall y(F(f(a,x),y)\rightarrow F(f(a,y),x))$

$$\Leftrightarrow\forall x\forall y(F(2+x,y)\rightarrow F(2+y,x))$$

$$\Leftrightarrow\forall x\forall y((2+x=y)\rightarrow(2+y=x))\Leftrightarrow 1$$

(2) $\forall x\forall yF(f(g(a,x),y),g(x,y))$

$$\Leftrightarrow\forall x\forall yF(f(2x,y),g(x,y))$$

$$\Leftrightarrow\forall x\forall yF(2x+y,xy)$$

$$\Leftrightarrow\forall x\forall y(2x+y=xy)\Leftrightarrow 0$$

(3) $\forall x\forall yF(f(x,y),f(y,z))$

$$\Leftrightarrow\forall x\forall yF(x+y,y+z)$$

$$\Leftrightarrow\forall x\forall y(x+y=y+z)\Leftrightarrow\forall x(x=z)$$

显然，公式(3)的真值不确定，因而，它不是命题。

为什么例题 3-23 的公式(3)在任何解释下都不是命题呢？因为该公式中有自由变元。

如果一个谓词公式中只有约束变元而没有自由变元，则这样的公式称为**封闭的谓词公式**(简称**闭式**)。只有闭式在任何解释下才都成为命题。

3.4.2 谓词公式的分类

同在命题逻辑中一样，在谓词逻辑中，有的公式在任何解释下都真，有的公式在任何解释下都假，有的公式在一些解释下为真，在另一些解释下为假。因此也可以将谓词公式分类。由于谓词公式包含个体变元，将谓词公式分类比将命题公式分类复杂。对谓词公式，只有对个体常元进行代换、对个体变元进行约束才能确定其真值。显然，不能用真值表法来判断谓词公式的类型。

定义 3-8 设 A 是一个谓词公式，

(1) 若 A 在任何解释下都为真，则称 A 为**重言式**或**逻辑有效式**；

(2) 若 A 在任何解释下都为假，则称 A 为**矛盾式**或**永假式**；

(3) 若 A 在它的各种赋值下，既存在成真赋值又存在成假赋值，则称 A 为**偶然式**。

一般情况下，由于谓词公式的复杂性和解释的多样性，到目前为止，还没有一个通用的方法可以用来判断任意一个谓词公式的类型。但对某些特殊的谓词公式还是有办法判断的。如果一个谓词公式是重言式或矛盾式，可以用等价演算或分析法进行证明；如果一个谓词公式是偶然式，则可以通过举例说明，即给出两种解释，一种解释使其为真，另一种解释使其为假。

定义 3-9 设 A_0 是含命题变元 $p_1,p_2,\cdots,p_n$ 的命题公式，$A_1,A_2,\cdots,A_n$ 是 n 个谓词公式，用 $A_i(1\leqslant i\leqslant n)$ 处处代替 A_0 中的 p_i，所得公式 A 称为 A_0 的**代换实例**。

例如，$F(x)\rightarrow G(x)$，$\exists xF(x)\rightarrow\forall yG(y)$ 都是 $p\rightarrow q$ 的代换实例。而 $F(x)\wedge\exists xG(x)$，$\forall xF(x)\wedge\exists yG(y)$ 都是 $p\wedge q$ 的代换实例。

定理 3-3 命题公式中重言式、矛盾式和偶然式的代换实例在谓词公式中仍分别为重言式、矛盾式和偶然式。

证明 下面只证明"命题公式中重言式的代换实例在谓词公式中仍然是重言式"，其余部分留给读者自己完成。

设 B 是命题公式，A 是用谓词公式 $A_1,A_2,\cdots,A_n$ 代换 B 中的命题变元 $p_1,p_2,\cdots,p_n$ 后得到的代换实例。给 A 任意一个解释，则 $A_1,A_2,\cdots,A_n$ 就都有了确定的真值，这相当于给出了 $p_1,p_2,\cdots,p_n$ 的一组赋值。

由于 B 是重言式，即在 $p_1,p_2,\cdots,p_n$ 的这一组赋值下真值为 1。因此，在相应的解释下 A 的真值也是 1。由于前面给出的解释是任意的，所以 A 是重言式。

由定理 3-3 知，代换实例不改变公式的类型，所以代换实例在判断谓词公式类型中有重要作用。

例 3-24 判断下列谓词公式的类型：

(1) $\forall xF(x)\rightarrow\exists yF(y)$。

(2) $\neg(\forall xF(x)\rightarrow\forall y\exists zG(y,z))\wedge\forall y\exists zG(y,z)$。

(3) $\forall x\exists yF(x,y)\rightarrow\exists y\forall xF(x,y)$。

解 (1) 设 I 为任意解释，如果 $\forall xF(x)$ 在 I 下为真，则对于个体域中任意一个个体 a 都有 $F(a)$ 为真，于是 $\exists yF(y)$ 为真。

如果 $\forall xF(x)$ 在 I 下为假，则 $\forall xF(x)\rightarrow\exists yF(y)$ 一定为真。

综上所述，$\forall xF(x)\rightarrow\exists yF(y)$ 为重言式。

(2) 因为 $\neg(p\rightarrow q)\wedge q\Leftrightarrow\neg(\neg p\vee q)\wedge q\Leftrightarrow(p\wedge\neg q)\wedge q\Leftrightarrow 0$，而

$$\neg(\forall xF(x)\rightarrow\forall y\exists zG(y,z))\wedge\forall y\exists zG(y,z)$$

是 $\neg(p\rightarrow q)\wedge q$ 的代换实例，所以

$$\neg(\forall xF(x)\rightarrow\forall y\exists zG(y,z))\wedge\forall y\exists zG(y,z)$$

是矛盾式。

(3) 设解释 I_1 为：个体域为自然数集 $\mathbf{N}$，$F(x,y)$：$x=y$。则

$$\forall x\exists yF(x,y)\rightarrow\exists y\forall xF(x,y)\Leftrightarrow\forall x\exists y(x=y)\rightarrow\exists y\forall x(x=y)\Leftrightarrow 0$$

设解释 I_2 为：个体域为自然数集 $\mathbf{N}$，$F(x,y)$：$x\geqslant y$。则

$$\forall x\exists yF(x,y)\rightarrow\exists y\forall xF(x,y)\Leftrightarrow\forall x\exists y(x\geqslant y)\rightarrow\exists y\forall x(x\geqslant y)\Leftrightarrow 0$$

所以，$\forall x\exists yF(x,y)\rightarrow\exists y\forall xF(x,y)$ 是矛盾式。

3.5 谓词逻辑的等价式和前束范式

3.5.1 谓词逻辑等价式

谓词逻辑等价式与命题逻辑等价式的概念是一致的，即对于两个谓词公式 A 和 B，若 $A\leftrightarrow B$ 是逻辑有效式，则称 A 与 B 是**等价**的，记作 $A\Leftrightarrow B$。

命题公式是谓词公式的特例。可以证明,命题逻辑中的所有等价式的代换实例(一些特殊的谓词公式)均为等价式。换句话说,可以将命题逻辑中的等价式推广到谓词逻辑中来。因此,2.2.3 节介绍的 24 个基本等价式的所有代换实例都是谓词逻辑的基本等价式。

例如,由 $A\rightarrow B\Leftrightarrow\neg A\vee B$ 得到的代换实例

$$P(x)\rightarrow Q(x)\Leftrightarrow\neg P(x)\vee Q(x)$$

和

$$\forall xP(x)\rightarrow\exists xQ(x)\Leftrightarrow\neg\forall xP(x)\vee\exists xQ(x)$$

都是等价式。

还有,由 $\neg(A\wedge B)\Leftrightarrow\neg A\vee\neg B$ 得到的代换实例

$$\neg(P(x)\wedge Q(x))\Leftrightarrow\neg P(x)\vee\neg Q(x)$$

和

$$\neg(\forall xP(x)\wedge\exists xQ(x))\Leftrightarrow\neg\forall xP(x)\vee\neg\exists xQ(x)$$

也都是等价式。

下面再介绍一些谓词逻辑的其他基本等价式。

1. 消去量词等价式

3.1.2 节介绍的量词消去规则是等价式,即定理 3-4。

定理 3-4 设 $F(x)$ 是一个含个体变元 x 的谓词公式,并且个体域为有限集 $D=\{a_1,a_2,\cdots,a_n\}$,则下列等价式成立:

(1) $\forall xF(x)\Leftrightarrow F(a_1)\wedge F(a_2)\wedge\cdots\wedge F(a_n)$。

(2) $\exists xF(x)\Leftrightarrow F(a_1)\vee F(a_2)\vee\cdots\vee F(a_n)$。

2. 量词否定等价式

3.1.3 节介绍的量词转换律是等价式,即定理 3-5。

定理 3-5 设 $A(x)$ 是一个含个体变元 x 的谓词公式,则下列等价式成立:

(3) $\neg\forall xA(x)\Leftrightarrow\exists x\neg A(x)$。

(4) $\neg\exists xA(x)\Leftrightarrow\forall x\neg A(x)$。

下面对定理 3-5 的式(3)进行证明。

任给解释 I(相应的个体域为 D)。

若 $\neg\forall xA(x)$ 在 I 下为真,则 $\forall xA(x)$ 在 I 下为假,因此存在 $a\in D$,使得 $A(a)$ 为假,即 $\neg A(a)$ 为真,从而 $\exists x\neg A(x)$ 为真;

若 $\neg\forall xA(x)$ 在 I 下为假,则 $\forall xA(x)$ 在 I 下为真,因此对任意的 $x\in D$,$A(x)$ 都为真,即对任意的 $x\in D$,$\neg A(x)$ 都为假,从而 $\exists x\neg A(x)$ 为假。

综上所述,$\neg\forall xA(x)\Leftrightarrow\exists x\neg A(x)$ 得证。

式(4)的证明留给读者自己完成。

3. 量词辖域扩张与收缩等价式

量词辖域的扩张和收缩是指不受量词约束的命题函数和命题进入和退出量词的辖域。由于命题公式结构不同,不受约束的命题函数和命题进出量词辖域时应区别对待。

若量词辖域中是合取式或析取式,则不受约束的谓词子公式可以直接进入和退出该辖域。

若量词辖域是蕴涵式的前件,则作为后件的不受约束的谓词子公式进出该辖域时要改变量词的符号,即将原来的 $\forall x$(或 $\exists x$)改为 $\exists x$(或 $\forall x$)。

若量词辖域是蕴涵式的后件,则作为前件不受约束的谓词子公式可以直接进出该辖域,

不必改变量词的符号。

这就是下面的定理 3-6。

定理 3-6 设 $A(x)$是一个含个体变元 x 的谓词公式,B 是一个不含个体变元 x 的谓词公式,则下列等价式成立:

(5) $\forall x(A(x)\land B)\Leftrightarrow\forall xA(x)\land B$。

(6) $\forall x(A(x)\lor B)\Leftrightarrow\forall xA(x)\lor B$。

(7) $\exists x(A(x)\land B)\Leftrightarrow\exists xA(x)\land B$。

(8) $\exists x(A(x)\lor B)\Leftrightarrow\exists xA(x)\lor B$。

(9) $\forall xA(x)\to B\Leftrightarrow\exists x(A(x)\to B)$。

(10) $\exists xA(x)\to B\Leftrightarrow\forall x(A(x)\to B)$。

(11) $B\to\forall xA(x)\Leftrightarrow\forall x(B\to A(x))$。

(12) $B\to\exists xA(x)\Leftrightarrow\exists x(B\to A(x))$。

下面对等价式(9)进行证明。

证明

$$\begin{aligned}\forall xA(x)\to B&\Leftrightarrow\neg\forall xA(x)\lor B\\&\Leftrightarrow\exists x\neg A(x)\lor B\\&\Leftrightarrow\exists x(\neg A(x)\lor B)\\&\Leftrightarrow\exists x(A(x)\to B)\end{aligned}$$

读者可以对其他等价式进行证明。

4. 量词分配等价式

全称量词可以对合取式进行分配,存在量词可以对析取式进行分配,即定理 3-7。

定理 3-7 设 $A(x)$和 $B(x)$都是含个体变元 x 的谓词公式,则下列等价式成立:

(13) $\forall x(A(x)\land B(x))\Leftrightarrow\forall xA(x)\land\forall xB(x)$。

(14) $\exists x(A(x)\lor B(x))\Leftrightarrow\exists xA(x)\lor\exists xB(x)$。

下面对等价式(14)进行证明。(13)的证明留给读者自己完成。

证明 任给解释 I(相应的个体域为 D)。

如果 $\exists x(A(x)\lor B(x))$在 I 下为真,则在个体域 D 中至少存在一个个体 c 使 $A(c)\lor B(c)$为真,即 $A(c)$和 $B(c)$至少有一个为真,从而 $\exists xA(x)$和 $\exists xB(x)$至少有一个为真。所以,$\exists xA(x)\lor\exists xB(x)$为真;

如果 $\exists x(A(x)\lor B(x))$在 I 下为假,则在个体域 D 中至少存在一个个体 c 使 $A(c)\lor B(c)$为假,即 $A(c)$和 $B(c)$同时为假,从而 $\exists xA(x)$和 $\exists xB(x)$同时为假。所以,$\exists xA(x)\lor\exists xB(x)$为假。

综上所述,$\exists x(A(x)\lor B(x))\Leftrightarrow\exists xA(x)\lor\exists xB(x)$得证。

可以针对等价式(13)举个实际的例子。如果设个体域 D 为全班同学,$A(x)$:x 聪明,$B(x)$:x 刻苦。则等价式(13)的左边 $\forall x(A(x)\land B(x))$表示全班所有同学既聪明又刻苦,右边 $\forall xA(x)\land\forall xB(x)$表示全班所有同学都聪明,并且全班所有同学都刻苦。显然,这两个命题的意思完全相同。

例 3-25 证明下列谓词逻辑等价式:

(1) $\exists x(P(x)\to Q(x))\Leftrightarrow\forall xP(x)\to\exists xQ(x)$。

(2) $\forall x \forall y(P(x) \rightarrow Q(y)) \Leftrightarrow \exists x P(x) \rightarrow \forall y Q(y)$。

证明 (1) $\exists x(P(x) \rightarrow Q(x)) \Leftrightarrow \exists x(\neg P(x) \vee Q(x))$

$\Leftrightarrow \exists x \neg P(x) \vee \exists x Q(x)$

$\Leftrightarrow \neg \forall x P(x) \vee \exists x Q(x)$

$\Leftrightarrow \forall x P(x) \rightarrow \exists x Q(x)$

(2) $\forall x \forall y(P(x) \rightarrow Q(y)) \Leftrightarrow \forall x \forall y(\neg P(x) \vee Q(y))$

$\Leftrightarrow \forall x(\neg P(x) \vee \forall y Q(y))$

$\Leftrightarrow \forall x \neg P(x) \vee \forall y Q(y)$

$\Leftrightarrow \neg \exists x P(x) \vee \forall y Q(y)$

$\Leftrightarrow \exists x P(x) \rightarrow \forall y Q(y)$

3.5.2 前束范式

与命题逻辑类似,人们也希望在谓词逻辑中能找到公式的规范形式。实际上,谓词逻辑中公式的规范形式是存在的,这就是前束范式。

定义 3-10 设 A 为谓词公式,如果 A 具有如下形式:

$$Q_1 x_1 Q_2 x_2 \cdots Q_k x_k B$$

则 A 为**前束范式**,其中每个 $Q_i(1 \leqslant i \leqslant k)$ 为 $\forall$ 或 $\exists$,B 为不含量词的谓词公式。

例如,

$$\forall x(P(x) \rightarrow Q(x))$$
$$\exists x(P(x) \wedge Q(x))$$

都是前束范式,而

$$\forall x P(x) \rightarrow Q(x)$$
$$\forall x P(x) \rightarrow \exists x Q(x)$$
$$\forall x(P(x) \rightarrow \exists x Q(x))$$

都不是前束范式。

定理 3-8 任何谓词公式都存在与其等价的前束范式。

在推理过程中,有时需要将公式化成与之等价的前束范式,并且在定理的证明中也用到前束范式。

在谓词逻辑中任何公式的前束范式都是存在的,但形式可能不惟一,这一点与命题逻辑中的主析取(主合取)范式有所不同。

通过等价演算将谓词公式化为前束范式的方法和步骤如下:

(1) 利用等价式把公式化为仅含联结词 $\neg, \wedge, \vee$ 的形式;

(2) 利用量词转换律和德·摩根律,把公式中的否定联结词 $\neg$ 移到量词前面;

(3) 利用约束变元的换名规则和自由变元的代替规则,使所有约束变元和自由变元不同名;

(4) 将所有量词按其出现的先后顺序移到整个公式前面,并将所有量词的辖域扩大至整个公式。

例 3-26 求下列公式的前束范式:

(1) $\forall x P(x) \rightarrow \exists x Q(x)$。

(2) $\exists xP(x) \to \forall xQ(x)$。

(3) $\forall x(P(x) \wedge \forall yQ(x,y,z) \to \exists zR(x,y,z))$。

解 (1) $\forall xP(x) \to \exists xQ(x) \Leftrightarrow \neg \forall xP(x) \vee \exists xQ(x)$

$$\Leftrightarrow \exists x \neg P(x) \vee \exists xQ(x)$$

$$\Leftrightarrow \exists x(\neg P(x) \vee Q(x))$$

$$\Leftrightarrow \exists x(P(x) \to Q(x))$$

(2) $\exists xP(x) \to \forall xQ(x) \Leftrightarrow \neg \exists xP(x) \vee \forall xQ(x)$

$$\Leftrightarrow \forall x \neg P(x) \vee \forall xQ(x)$$

$$\Leftrightarrow \forall x \neg P(x) \vee \forall yQ(y)$$

$$\Leftrightarrow \forall x \forall y(\neg P(x) \vee Q(y))$$

$$\Leftrightarrow \forall x \forall y(P(x) \to Q(y))$$

(3) $\forall x(P(x) \wedge \forall yQ(x,y,z) \to \exists zR(x,y,z))$

$$\Leftrightarrow \forall x(P(x) \wedge \forall uQ(x,u,z) \to \exists vR(x,y,v))$$

$$\Leftrightarrow \forall x(\neg (P(x) \wedge \forall uQ(x,u,z)) \vee \exists vR(x,y,v))$$

$$\Leftrightarrow \forall x(\neg P(x) \vee \neg \forall uQ(x,u,z) \vee \exists vR(x,y,v))$$

$$\Leftrightarrow \forall x(\neg P(x) \vee \exists u \neg Q(x,u,z) \vee \exists vR(x,y,v))$$

$$\Leftrightarrow \forall x \exists u \exists v(\neg P(x) \vee \neg Q(x,u,z) \vee R(x,y,v))$$

$$\Leftrightarrow \forall x \exists u \exists v(\neg (P(x) \wedge Q(x,u,z)) \vee R(x,y,v))$$

$$\Leftrightarrow \forall x \exists u \exists v((P(x) \wedge Q(x,u,z)) \to R(x,y,v))$$

3.6 谓词逻辑推理

谓词逻辑重言蕴涵式与命题逻辑重言蕴涵式的概念是一致的，即对于两个谓词公式 A 和 B，若 $A \to B$ 是重言式，则称 $A \to B$ 是**重言蕴涵式**，记作 $A \Rightarrow B$。

在谓词逻辑中，推理的形式结构仍然为

$$(A_1 \wedge A_2 \wedge \cdots \wedge A_n) \to B \tag{a}$$

若式(a)为永真式，则称**推理正确**，并称 B 是 $A_1, A_2, \cdots, A_n$ 的**逻辑结论**；否则，称**推理不正确**。这里，$A_1, A_2, \cdots, A_n, B$ 均为谓词逻辑中的合式公式。

判断式(a)是否永真式比在命题逻辑中困难得多，需要更多的推理定律和推理规则为依据。由于谓词逻辑是建立在命题逻辑基础上的。因此，命题逻辑中的推理定律和推理规则在谓词逻辑的推理中都适用。下面介绍谓词逻辑的推理定律和推理规则以及以它们为基础的构造证明法。

3.6.1 推理定律

在谓词逻辑中仍称重言蕴涵式为**推理定律**。谓词逻辑中的推理定律可以从以下几方面获得。

1. 命题逻辑中重言蕴涵式的代换实例

与命题逻辑中的等价式可以推广到谓词逻辑中一样，命题逻辑中的重言蕴涵式也可以通过代换实例推广到谓词逻辑中。因此，2.5.1 节介绍的命题逻辑中的 9 个基本重言蕴涵式的所有代换实例都是谓词逻辑中的重言蕴涵式。

例如，由 $A \wedge B \Rightarrow A$ 得到的代换实例

$$\forall x A(x) \wedge \exists y B(y) \Rightarrow \forall x A(x)$$

和

$$\forall x A(x) \wedge \exists y B(y) \Rightarrow \exists y B(y)$$

都是重言蕴涵式。

还有，由 $A \Rightarrow A \vee B$ 得到的代换实例

$$\forall x A(x) \Rightarrow \forall x A(x) \vee \forall y B(y)$$

和

$$\forall x A(x) \Rightarrow \forall x A(x) \vee \exists y B(y)$$

都是重言蕴涵式。

2. 每个基本等价式生成 2 条推理定律

例如，由 $\neg \forall x A(x) \Leftrightarrow \exists x \neg A(x)$ 生成以下 2 条推理定律：

$$\neg \forall x A(x) \Rightarrow \exists x \neg A(x)$$

$$\exists x \neg A(x) \Rightarrow \neg \forall x A(x)$$

3. 涉及量词分配的 6 条推理定律

$$\forall x A(x) \vee \forall x B(x) \Rightarrow \forall x (A(x) \vee B(x))$$

$$\exists x (A(x) \wedge B(x)) \Rightarrow \exists x A(x) \wedge \exists x B(x)$$

$$\forall x (A(x) \rightarrow B(x)) \Rightarrow \forall x A(x) \rightarrow \forall x B(x)$$

$$\forall x (A(x) \rightarrow B(x)) \Rightarrow \exists x A(x) \rightarrow \exists x B(x)$$

$$\exists x A(x) \rightarrow \forall x B(x) \Rightarrow \forall x (A(x) \rightarrow B(x))$$

$$\forall x P(x) \Rightarrow \exists x P(x)$$

下面，选择部分涉及量词分配的推理定律予以证明。

例 3-27 证明下列各推理定律：

(1) $\exists x (A(x) \wedge B(x)) \Rightarrow \exists x A(x) \wedge \exists x B(x)$。

(2) $\forall x A(x) \vee \forall x B(x) \Rightarrow \forall x (A(x) \vee B(x))$。

(3) $\exists x A(x) \rightarrow \forall x B(x) \Rightarrow \forall x (A(x) \rightarrow B(x))$。

证明 (1) 设 $\exists x (A(x) \wedge B(x))$ 为真，则个体域中至少存在一个个体 c，使得 $A(c) \wedge B(c)$ 为真，所以 $A(c)$ 和 $B(c)$ 同时为真，从而 $\exists x A(x)$ 和 $\exists x B(x)$ 同时为真。因此，$\exists x A(x) \wedge \exists x B(x)$ 为真。$\exists x (A(x) \wedge B(x)) \Rightarrow \exists x A(x) \wedge \exists x B(x)$ 得证。

(2) 本小题的证明需要利用(1)。因为

$$\exists x (P(x) \wedge Q(x)) \Rightarrow \exists x P(x) \wedge \exists x Q(x)$$

所以

$$\exists x (P(x) \wedge Q(x)) \rightarrow \exists x P(x) \wedge \exists x Q(x)$$

为真。其逆否命题也为真。即

$$\neg (\exists x P(x) \wedge \exists x Q(x)) \rightarrow \neg \exists x (P(x) \wedge Q(x))$$

为真。因为

$$\begin{aligned}
&\neg (\exists x P(x) \wedge \exists x Q(x)) \rightarrow \neg \exists x (P(x) \wedge Q(x)) \\
&\Leftrightarrow (\neg \exists x P(x) \vee \neg \exists x Q(x)) \rightarrow \neg \exists x (P(x) \wedge Q(x)) \\
&\Leftrightarrow (\forall x \neg P(x) \vee \forall x \neg Q(x)) \rightarrow \forall x \neg (P(x) \wedge Q(x)) \\
&\Leftrightarrow (\forall x \neg P(x) \vee \forall x \neg Q(x)) \rightarrow \forall x (\neg P(x) \vee \neg Q(x))
\end{aligned}$$

分别用 $A(x)$，$B(x)$ 替换上式中的 $\neg P(x)$ 和 $\neg Q(x)$ 得公式

$$(\forall x A(x) \vee \forall x B(x)) \to \forall x(A(x) \vee B(x))$$

此公式为真。所以

$$\forall x A(x) \vee \forall x B(x) \Rightarrow \forall x(A(x) \vee B(x))$$

(3) 本小题的证明需要利用(2)。

$$\begin{aligned}\exists x A(x) \to \forall x B(x) &\Leftrightarrow \neg \exists x A(x) \vee \forall x B(x)\\ &\Leftrightarrow \forall x \neg A(x) \vee \forall x B(x)\\ &\Rightarrow \forall x(\neg A(x) \vee B(x))\\ &\Leftrightarrow \forall x(A(x) \to B(x))\end{aligned}$$

例 3-28 用谓词逻辑等价式和重言蕴涵式证明:

(1) $\forall x(P(x) \to Q(x)) \Rightarrow \forall x P(x) \to \forall x Q(x)$。

(2) $\exists x \neg P(x) \to \forall x Q(x) \Rightarrow \forall x(P(x) \vee Q(x))$。

证明 (1) 要证明 $\forall x(P(x) \to Q(x)) \Rightarrow \forall x P(x) \to \forall x Q(x)$,只需证明 $\forall x(P(x) \to Q(x)) \to (\forall x P(x) \to \forall x Q(x))$为真即可。

$$\begin{aligned}&\forall x(P(x) \to Q(x)) \to (\forall x P(x) \to \forall x Q(x))\\ &\Leftrightarrow \neg \forall x(P(x) \to Q(x)) \vee (\forall x P(x) \to \forall x Q(x))\\ &\Leftrightarrow \exists x \neg (P(x) \to Q(x)) \vee (\forall x P(x) \to \forall x Q(x))\\ &\Leftrightarrow \exists x \neg (\neg P(x) \vee Q(x)) \vee (\neg \forall x P(x) \vee \forall x Q(x))\\ &\Leftrightarrow \exists x(P(x) \wedge \neg Q(x)) \vee (\exists x \neg P(x) \vee \forall x Q(x))\\ &\Leftrightarrow \exists x(P(x) \wedge \neg Q(x)) \vee \exists x \neg P(x) \vee \forall x Q(x)\\ &\Leftrightarrow \exists x((P(x) \wedge \neg Q(x)) \vee \neg P(x)) \vee \forall x Q(x)\\ &\Leftrightarrow \exists x(\neg P(x) \vee \neg Q(x)) \vee \forall x Q(x)\\ &\Leftrightarrow \exists x \neg P(x) \vee \exists x \neg Q(x) \vee \forall x Q(x)\\ &\Leftrightarrow \exists x \neg P(x) \vee \neg \forall x Q(x) \vee \forall x Q(x)\\ &\Leftrightarrow 1\end{aligned}$$

(2)
$$\begin{aligned}\exists x \neg P(x) \to \forall x Q(x) &\Leftrightarrow \neg \exists x \neg P(x) \vee \forall x Q(x)\\ &\Leftrightarrow \forall x P(x) \vee \forall x Q(x)\\ &\Rightarrow \forall x(P(x) \vee Q(x))\end{aligned}$$

3.6.2 推理规则

因为谓词逻辑可以看作命题逻辑的推广,所以命题逻辑中的推理规则,如 P 规则、T 规则、E 规则和 CP 规则在谓词逻辑中仍适用。由于谓词逻辑中存在量词,所以在谓词逻辑中的某些前提和结论可能受到量词的约束。为了使谓词逻辑的推理过程按命题逻辑的推理过程进行,必要时应在谓词逻辑的推理过程中消去或添加量词,这就需要有相应的规则。下面介绍只适用于谓词逻辑推理的 4 条规则。

1. 全称量词消去规则(简称 **US 规则**)

$$\frac{\begin{array}{c}\forall x A(x)\\ c \in D\end{array}}{A(c)} \tag{3-7}$$

该规则中,c 是个体域 D 中的任意一个个体。该推理规则的横线上面是两个前提 $\forall x A(x)$

和 $c\in D$,横线下面是结论 $A(c)$。该规则表明,如果个体域 D 中全部个体都满足 $A(x)$,则对个体域 D 中的某个个体 c,c 满足 $A(x)$。

2. 全称量词引入规则(简称 UG 规则)

$$\frac{A(y)}{\forall x A(x)} \tag{3-8}$$

该规则对量词进行量化。如果能够证明对个体域 D 中的任意一个个体 y,$A(y)$ 都成立,则由该规则可得结论 $\forall x A(x)$ 成立。

3. 存在量词消去规则(简称 ES 规则)

$$\frac{\exists x A(x)}{A(c)} \tag{3-9}$$

该规则中,c 是个体域 D 中使 $A(x)$ 为真的个体,而不是任意取的一个个体。

4. 存在量词引入规则(简称 EG 规则)

$$\frac{A(c)}{\exists x A(x)} \tag{3-10}$$

该规则的前提中的 c 是个体域 D 中使 $A(x)$ 为真的个体。

3.6.3 谓词逻辑推理例题

例 3-29 证明苏格拉底三段论的正确性:

凡是人都是要死的。

苏格拉底是人。

所以苏格拉底是要死的。

证明 首先将命题符号化。设个体域是全总个体域。令 $P(x)$:x 是人,$Q(x)$:x 是要死的,c:苏格拉底。则有

前提:$\forall x(P(x)\rightarrow Q(x))$,$P(c)$

结论:$Q(c)$

以下是证明过程:

(1) $\forall x(P(x)\rightarrow Q(x))$ 前提引入

(2) $P(c)\rightarrow Q(c)$ (1)全称量词消去

(3) $P(c)$ 前提引入

(4) $Q(c)$ (2)、(3)假言推理

苏格拉底三段论的正确性证毕。

例 3-30 证明下列推理的正确性:

所有的有理数都是实数。某些有理数是整数。因此某些实数是整数。

解 首先将命题符号化。设个体域是全体实数。令 $R(x)$:x 是实数,$Q(x)$:x 是有理数,$Z(x)$:x 是整数。则有

前提:$\forall x(Q(x)\rightarrow R(x))$,$\exists x(Q(x)\wedge Z(x))$

结论:$\exists x(R(x)\wedge Z(x))$

证明

(1) $\exists x(Q(x)\wedge Z(x))$ 前提引入

(2) $Q(a)\wedge Z(a)$ (1)存在量词消去

(3) $Q(a)$ (2)化简

(4) $\forall x(Q(x)\to R(x))$ 前提引入

(5) $Q(a)\to R(a)$ (4)全称量词消去

(6) $R(a)$ (3)、(5)假言推理

(7) $Z(a)$ (2)化简

(8) $R(a)\wedge Z(a)$ (6)、(7)合取引入

(9) $\exists x(R(x)\wedge Z(x))$ (8)存在量词引入

例 3-31 证明 $\forall x(C(x)\to W(x)\wedge R(x))\wedge \exists x(C(x)\wedge Q(x))\Rightarrow \exists x(Q(x)\wedge R(x))$。

证明

(1) $\exists x(C(x)\wedge Q(x))$ 前提引入

(2) $C(a)\wedge Q(a)$ (1)存在量词消去

(3) $C(a)$ (2)化简

(4) $\forall x(C(x)\to W(x)\wedge R(x))$ 前提引入

(5) $C(a)\to W(a)\wedge R(a)$ (4)全称量词消去

(6) $W(a)\wedge R(a)$ (3)、(5)假言推理

(7) $R(a)$ (6)化简

(8) $Q(a)$ (2)化简

(9) $Q(a)\wedge R(a)$ (7)、(8)合取引入

(10) $\exists x(Q(x)\wedge R(x))$ (9)存在量词引入

【说明】 使用同一个个体进行全称指定和存在指定时,必须先做存在指定,后做全称指定。因为使存在量词个体域中的谓词公式为真的个体,在全称指定中肯定为真,反之则不然。

上述问题若推理如下:

证明

(1) $\forall x(C(x)\to W(x)\wedge R(x))$ 前提引入

(2) $C(a)\to W(a)\wedge R(a)$ (1)全称量词消去

(3) $\exists x(C(x)\wedge Q(x))$ 前提引入

(4) $C(a)\wedge Q(a)$ (3)存在量词消去

(5) $C(a)$ (4)化简

(6) $W(a)\wedge R(a)$ (2)、(5)假言推理

(7) $R(a)$ (6)化简

(8) $Q(a)$ (4)化简

(9) $Q(a)\wedge R(a)$ (7)、(8)合取引入

(10) $\exists x(Q(x)\wedge R(x))$ (9)存在量词引入

这个推理是错误的。原因是使 $\forall x(C(x)\to W(x)\wedge R(x))$ 为真的个体 a,不一定使 $\exists x(C(x)\wedge Q(x))$ 也为真。

例 3-32 证明 $\forall x(P(x)\vee Q(x))\wedge \forall x\neg P(x)\Rightarrow \exists xQ(x)$。

证明

(1) $\forall x(P(x)\vee Q(x))$ 前提引入

(2) $P(a) \vee Q(a)$ (1)全称量词消去

(3) $\neg P(a) \rightarrow Q(a)$ (2)置换

(4) $\forall x \neg P(x)$ 前提引入

(5) $\neg P(a)$ (4)全称量词消去

(6) $Q(a)$ (3)、(5)假言推理

(7) $\exists x Q(x)$ (6)存在量词引入

例 3-33 计算机学会的所有成员中，若不是硬件专家便是软件专家。所有硬件专家擅长电路设计。擅长电路设计的人一定精通电子学。计算机学会中有人不懂电子学。因此，计算机学会中有软件专家。个体域为计算机学会成员。

解 首先将命题符号化。按题意，个体域 D 为计算机学会全体成员。设 $H(x)$：x 为硬件专家，$S(x)$：x 为软件专家，$C(x)$：x 擅长电路设计，$E(x)$：x 精通电子学。

前提：$\forall x(\neg H(x) \rightarrow S(x))$，$\forall x(H(x) \rightarrow C(x))$，$\forall x(C(x) \rightarrow E(x))$，$\exists x \neg E(x)$

结论：$\exists x S(x)$

证明

(1) $\exists x \neg E(x)$ 前提引入

(2) $\neg E(a)$ (1)存在量词消去

(3) $\forall x(C(x) \rightarrow E(x))$ 前提引入

(4) $C(a) \rightarrow E(a)$ (3)全称量词消去

(5) $\neg C(a)$ (2)、(4)拒取式

(6) $\forall x(H(x) \rightarrow C(x))$ 前提引入

(7) $H(a) \rightarrow C(a)$ (6)全称量词消去

(8) $\neg H(a)$ (5)、(7)拒取式

(9) $\forall x(\neg H(x) \rightarrow S(x))$ 前提引入

(10) $\neg H(a) \rightarrow S(a)$ (9)全称量词消去

(11) $S(a)$ (8)、(10)假言推理

(12) $\exists x S(x)$ (11)全称量词引入

3.7 程序正确性证明

谓词逻辑有多方面的实际应用。以谓词逻辑为理论基础，利用计算机对程序的正确性进行证明就是其中的一个典型例子。

软件出现错误是不可避免的，即使是编程高手编写的软件也不例外。有些软件中的错误造成的损失是无法估量的，譬如军事方面的软件、政府机要部门的软件、财政金融方面的软件等。因此，在软件开发过程中如何检查出软件中的错误，尽量减少软件投入使用后造成的损失就显得尤为重要。

目前采用的主要方法是调试，即用大量的数据来调试程序，尽可能多的发现程序中存在的隐患，并将其消除。但这是极其笨拙的方法，不仅成本高，而且可靠性差，无法将软件中可能存在的错误全都找出来。

程序的错误可分为语法错误和逻辑错误。编译时系统能自动识别语法错误，但逻辑上

的错误系统则无法识别。这正是系统造成危害的根源。因此，人们设想能否用计算机来判断程序是否正确呢？答案是肯定的。经过人们不懈努力，先后提出许多方法，其中最流行的是**归纳断言法**，这种方法是采用谓词逻辑的知识来证明程序的正确性。

现以验证除法程序的正确性为例说明这种方法。

问题可以这样描述：对于任意非负整数 x 和正整数 y，y 除 x 可以惟一表示成

$$x=y\times q+r$$

其中 q 是商，r 是余数，并且 $r<y$。

这个问题的伪代码如下：

```
1.  divide(x, y) {                  // x, y 是预先给定的两个任意正整数
2.        q=0                        // q 开始时赋 0,最后是 x 被 y 除所得的商
3.        r=x                        // r 开始时赋 x,最后是 x 被 y 除所得的余数
4.        while (r≥y) {
5.              r=r-y
6.              q=q+1
7.        }
8.  }
```

图 3-1 是该程序的流程图。

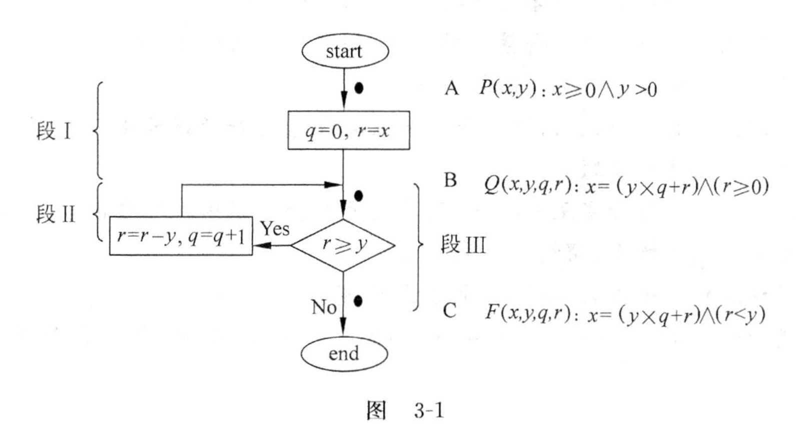

图 3-1

为了证明该程序的正确性，在流程图入口 A 处对输入的初始数据设置一个断言，这是初始时应满足的条件，用谓词表示为

$$P(x,y):x\geqslant 0 \wedge y>0$$

在出口 C 处设置一个断言，该断言表示结束时输入与输出变元应满足的条件，用谓词表示为

$$F(x,y,q,r):x=(y\times q+r) \wedge (r<y)$$

此外，在程序的循环接口 B 处设置一个断言，刻画此点变元之间的关系，用谓词表示为

$$Q(x,y,q,r):x=(y\times q+r) \wedge (r\geqslant 0)$$

假设程序只有三个断言，经过如此刻画后，该程序的正确性便可归纳为下面三个问题：

(1) 由 A 处断言经程序段 Ⅰ 后能否推出 B 点断言；

(2) 由 B 处断言经程序段 Ⅱ 后能否推出 B 点断言；

(3) 由B处断言经程序段Ⅲ后能否推出C点断言。

这三个问题用谓词逻辑公式可以表示为

$$\forall x \forall y(P(x,y) \rightarrow Q(x,y,0,x))$$

$$\forall x \forall y \forall q \forall r(Q(x,y,q,r) \land (r \geqslant y) \rightarrow Q(x,y,q+1,r-y))$$

$$\forall x \forall y \forall q \forall r(Q(x,y,q,r) \land (r < y) \rightarrow F(x,y,q,r))$$

因此,判断程序是否正确转化为上述3个谓词公式是否同时成立。这表明,可以以谓词逻辑为理论基础,利用计算机来判断程序是否正确。

3.8 本章小结

本章介绍了谓词逻辑的基本知识,重点是掌握含有量词的命题的符号化方法、消去量词的方法和量词的否定形式。下面是本章知识的要点以及对它们的要求。

- 掌握个体、谓词、个体域、全总个体域、命题函数的概念。
- 知道命题函数和命题的区别与联系。
- 会用0元谓词或谓词逻辑将有关命题符号化,特别要掌握引入特性谓词后含有量词的命题的符号化方法,即式(3-3)和式(3-4)。
- 会在特定个体域和全总个体域中将有关命题符号化。
- 掌握个体域为有限集时消去量词的方法,即式(3-1)和式(3-2)。
- 掌握量词转换律,即式(3-5)和式(3-6)。
- 理解谓词公式的概念,会用谓词逻辑将比较复杂的命题符号化和将谓词公式翻译成用自然语言描述的命题。
- 知道约束变元和自由变元的概念、约束变元的换名规则以及自由变元的代替规则。
- 懂得谓词公式的解释、谓词公式的分类。
- 掌握谓词逻辑的等价式,知道前束范式的概念。
- 理解谓词逻辑推理的概念,懂得量词的消去、引入规则,会进行简单的谓词逻辑推理。

3.9 习　　题

3-1 用谓词将下列命题符号化:

(1) 李华会说英语和日语。

(2) 3既是奇数又是素数。

3-2 设个体域 $D=\{a,b,c\}$,消去下列各式中的量词:

(1) $\forall x(A(x) \rightarrow B(x))$。

(2) $\exists x A(x) \land \exists y(\neg B(y))$。

(3) $\forall x \neg P(x) \lor \forall x Q(x)$。

3-3 用谓词和量词将下列命题符号化:

(1) 每个素数都是自然数。

(2) 有的自然数是素数。

(3) 并非每个实数都是有理数。

(4) 每个自然数都有比它大的自然数。

(5) 除 2 以外的所有素数都是奇数。

(6) 没有最大的实数。

3-4　用谓词和量词将下列命题符号化：

(1) 每列火车都比某些汽车跑得快。

(2) 有的汽车比所有的火车跑得慢。

3-5　用谓词和量词将下列命题符号化：

(1) 34 等于两个完全平方数之和。

(2) 任何一个正偶数都是两个素数之和。

3-6　令 $P(x,y)$表示"x 认识 y"，个体域为全世界所有人的集合。将下列命题符号化：

(1) 每个人都认识其他人。

(2) 有的人只认识自己。

(3) 所有的人都认识彼得。

(4) 没有不认识其他人的人。

3-7　令 $P(x,y)$表示"x 喜欢 y"，个体域为全总个体域。将下列命题符号化：

(1) 每个人都喜欢某些动物。

(2) 有的人不喜欢任何动物。

(3) 有的人不喜欢爬行动物，但喜欢鱼。

(4) 不是所有的人既喜欢鱼又喜欢鸟。

3-8　指出下列公式的约束变元和自由变元，并说明量词的辖域。

(1) $\forall x(P(x,y)\rightarrow Q(x))$。

(2) $\forall x(P(x)\land R(x))\rightarrow(\forall xP(x)\land Q(x))$。

(3) $\forall x(P(x)\land \exists xQ(x))\lor(\forall xP(x)\rightarrow Q(x))$。

(4) $\forall x(P(x)\land \exists xQ(x,y)\rightarrow \exists yR(x,y))\lor Q(x,y)$。

3-9　对下列谓词公式的约束变元进行合理的换名：

(1) $\forall x\exists y(P(x,z)\rightarrow Q(y))\leftrightarrow S(x,y)$。

(2) $(\forall x(P(x)\rightarrow(R(x)\lor Q(x)))\land \exists xR(x))\rightarrow \exists zS(x,z)$。

3-10　对下列谓词公式中的自由变元进行合理的代替：

(1) $(\exists yA(x,y)\rightarrow \forall xB(x,z))\land \exists x\forall zC(x,y,z)$。

(2) $(\forall yP(x,y)\land \exists zQ(x,z))\lor \forall xR(x,y)$。

3-11　将下列各式化为前束范式

(1) $\forall xP(x)\land \neg \exists xQ(x)$。

(2) $\forall xP(x)\lor \neg \exists xQ(x)$。

(3) $\forall x(F(x,y)\rightarrow \exists yG(y))\rightarrow \forall xH(x,y)$。

3-12　已知解释 I 如下：

① 个体域 $D=\{-2,3,6\}$；

② 谓词 $F(x):x\leqslant 3,G(x):x>5,R(x):x\leqslant 7$。

求在解释 I 下下列公式的真值：

(1) $\forall x(F(x) \vee G(x))$。

(2) $\exists x(F(x) \wedge G(x))$。

(3) $\forall x(R(x) \rightarrow F(x))$。

3-13　已知解释 I 如下：

① $D=\{2,3\}$；

② a：3；

③ 函数 $f(2)=3, f(3)=2$；

④ 谓词 $P(2)=1, P(3)=0, Q(2,2)=1, Q(2,3)=0, Q(3,2)=0, Q(3,3)=1$。

求在解释 I 下下列公式的真值：

(1) $\forall x(P(x) \vee Q(x,a))$。

(2) $\exists x(P(f(x)) \wedge Q(f(x),a))$。

3-14　已知解释 I 如下：

① $D=\{2,-3,5\}$；

② a：2，b：-3；

③ 函数 $f(x,y)=x-y, g(x,y)=x+y$；

④ 谓词 $F(x,y)$：$x<y$。

求在解释 I 下下列公式的真值：

(1) $\exists x F(f(x,a),g(x,b))$。

(2) $\forall x(F(f(x,a),b) \rightarrow F(x,a))$。

3-15　令 $P(x)$：x 是素数，$E(x)$：x 是偶数，$D(x,y)$：x 整除 y。试将下列符号命题翻译成自然语言命题。

(1) $\forall x(D(2,x) \rightarrow E(x))$。

(2) $\exists x(P(x) \wedge E(x))$。

(3) $\forall x(\neg E(x) \rightarrow \neg D(2,x))$。

(4) $\forall x(P(x) \rightarrow \exists y(E(y) \wedge D(x,y)))$。

(5) $\forall x(O(x) \rightarrow \forall y(p(x) \rightarrow \neg D(x,y)))$。

(6) $\forall x(E(x) \rightarrow \forall y(D(x,y) \rightarrow E(y)))$。

3-16　利用谓词逻辑中的等价式证明：

(1) $\exists x(P(x) \rightarrow Q(x)) \Leftrightarrow \forall x P(x) \rightarrow \exists x Q(x)$。

(2) $\exists x \exists y(P(x) \rightarrow Q(y)) \Leftrightarrow \forall x P(x) \rightarrow \exists y Q(y)$。

(3) $\forall x \forall y(P(x) \rightarrow Q(y)) \Leftrightarrow \exists x P(x) \rightarrow \forall y Q(y)$。

(4) $\exists x(A(x) \rightarrow B(x)) \Leftrightarrow \forall x A(x) \rightarrow \exists x B(x)$。

3-17　利用谓词演算中的蕴含式证明下列各式：

(1) $\forall x(P(x) \vee Q(x)), \forall x \neg P(x) \Rightarrow \forall x Q(x)$。

(2) $\neg \forall x(P(x) \vee Q(x)) \Rightarrow \exists x \neg P(x) \wedge \exists x \neg Q(x)$。

(3) $\forall x(P(x) \rightarrow Q(x)), \forall x(R(x) \rightarrow \neg Q(x)) \Rightarrow \forall x(R(x) \rightarrow \neg P(x))$。

3-18　证明下列推理的正确性。

(1) $\forall x(A(x) \vee B(x)) \wedge \forall x(B(x) \rightarrow \neg C(x)) \wedge \forall x C(x) \Rightarrow \forall x A(x)$。

(2) $\forall x(\neg P(x) \rightarrow Q(x)) \land \forall x \neg Q(x) \Rightarrow \exists x P(x)$。

(3) $\forall x(P(x) \lor Q(x)) \land \forall x(Q(x) \rightarrow \neg R(x)) \land \forall x R(x) \Rightarrow \forall x P(x)$。

3-19 证明下列推理的正确性。每个大学生不是文科学生就是理工科学生。有的大学生是优等生。小张不是理工科学生,但他是优等生。因而如果小张是大学生,他就是文科学生。

3-20 证明下列推理的正确性。凡是计算机系的学生都会安装系统软件。阿芳不会安装系统软件。所以阿芳不是计算机系的学生。

3-21 证明下列推理的正确性。如果他是一年级学生,他必须选修高等数学。如果他是二年级学生,他必须选修离散数学。他既不选修高等数学也不选修离散数学。所以他既不是一年级学生,也不是二年级学生。

第4章 集 合

本章主要介绍以下内容：

(1) 集合、子集、集合间的包含与相等、空集、全集、幂集等概念。

(2) 集合的并、交、差、对称差、补等基本运算。

(3) 基本的集合恒等式。

(4) 集合的划分与覆盖。

(5) 容斥原理。

集合论是现代数学的重要基础，用集合论语言可以表达数学的所有分支的理论。对于计算机工作者来说，集合论更是不可缺少的工具，如开关理论、有限状态机、形式语言等领域都卓有成效地应用了集合论。

集合论是一个起步很晚但发展很快的学科，它于19世纪中由德国数学家康托尔(George Cantor)最先提出。在集合论被正式确定属于数学领域后发展非常迅速，并渗透到各个科学领域。1901年，英国哲学家和数学家罗素(Bertrand Russell)在集合论与哲学联系的讨论中发现悖论，即自相矛盾的理论。集合悖论的出现在数学界引起很大的震动，数学史上称为第三次数学危机。

什么是集合悖论呢？这里只举一个简单例子说明。在一个小镇上有一个理发师这么说："我给镇上所有不能给自己理发的人理发"。如果这句话确定一个集合，这个集合的元素就是镇上所有不能给自己理发的人，但问题就出在无法确定理发师本人属不属于这个集合。若他不能给自己理发，他应属于这个集合，他若属于这个集合，他应该给自己理发，这样便产生矛盾。这种自相矛盾的论述称为**悖论**。

也正是悖论的发现，促使了集合论的进一步发展。1904—1908年德国数学家策梅洛(Ernst Zermelo)提出集合论的公理化系统，使其矛盾得到解决。在这个基础上逐步形成公理化集合论和抽象集合论，从而使得集合论成为数学领域中发展最为迅速的分支之一。

集合论的内容相当广泛，本书在第4章和第5章分别介绍集合和关系的基本知识。

4.1 集合的基本概念

4.1.1 集合及其表示方法

1. 集合的概念

正如1.1节所述，把一些确定的、彼此不同的、具有某种共同特性的事物作为一个整体来研究时，这个整体就称为一个**集合**，而组成这个集合的个别事物称为该集合的**元素**。

与几何学中的点、线、面等原始概念一样，集合是一个难以精确定义的原始概念，但需要准确理解。

实例 4-1　一个班级可以看成由该班全体同学组成的集合。

实例 4-2　一个局域网可以看成由 1 台服务器、若干台计算机和若干条网络线组成的集合。

集合通常用大写字母 $A,B,C,\cdots$ 表示，集合中的元素通常用小写字母 $a,b,c,\cdots$ 表示。如果 a 是 A 的元素，记作 $a\in A$，读作"a 属于 A"或"a 在集合 A 中"。如果 a 不是 A 的元素，记作 $a\notin A$，读作"a 不属于 A"或"a 不在集合 A 中"。

例如，如果集合 $A=\{2,4,6\}$，那么 $2\in A,4\in A$，但 $3\notin A$。

集合的元素是个相当广泛的概念，既可以是个别事物，也可以是另外的集合。这种情况在实际问题中常见。为了加深理解，下面再举两个实例。

实例 4-3　乒乓球比赛既有单打，又有双打，还有团体赛。在考虑整个比赛时，每一个参加单打的选手、每一对参加双打的选手(都是两个人的集合)、每一个参加团体赛的队(都是多个人的集合)都是整个乒乓球比赛这个集合的元素。

实例 4-4　如果把计算机的某个文件夹看成一个集合，则组成这个集合的元素可以是一些具体的文件，也可以是一些子文件夹(它们实际上是另一些文件的集合)。

集合有这样 3 个特性：确定性、互异性和无序性。

(1) **确定性**：任意一个元素或属于该集合或不属于该集合，二者必居其一；

(2) **互异性**：一个集合中的任意两个元素都是不相同的；

(3) **无序性**：一个集合中的所有元素间没有顺序关系。例如，$\{1,2,3\}$ 和 $\{2,1,3\}$ 表示同一个集合。

例 4-1　下列各个事物哪些是集合？哪些不是？并说明原因。

A：某操作系统的全部指令。

B：大于 0 的所有实数。

C：一副扑克牌中的所有不同数字。

D：一个班级所有学生的英语考试成绩。

E：家中比较好的书。

解　A,B,C 是集合，它们都符合集合的 3 个特性。

D 一般情况下不是集合，因为不同的学生很有可能成绩相同。如果所有学生的成绩都不相同，则 D 是集合。

E 不是集合，因为它包含的元素不明确。

集合有下面几个重要概念：

集合 A 中所包含的元素的个数称为集合 A 的**基数**，记作 $|A|$。当 $|A|$ 是有限数时，集合 A 称作**有限集合**；否则称作**无限集合**。例 4-1 中的 A 和 C 都是有限集合，而 B 是无限集合。

数集是关于数的集合。除了 1.1 节介绍的 4 个数集外，这里再介绍几个数集和其他常用集合。

E：全体偶数组成的集合；

P：全体素数组成的集合；

Q：全体有理数组成的集合；

C：全体复数组成的集合；

$\mathbf{Q}^+$：全体正有理数组成的集合；

$\mathbf{R}^+$：全体正实数组成的集合；

$\mathbf{N}_m(m\in\mathbf{N})$：介于 0 和 $m-1$ 之间的 m 个整数的集合。例如，$\mathbf{N}_5=\{0,1,2,3,4\}$；

$\boldsymbol{M}_n(\mathbf{R})$：实数域上的所有 n 阶矩阵组成的集合。

为了方便表达，本书还用到其他一些记号：$\mathbf{Z}^*=\mathbf{Z}-\{0\}$、$\mathbf{Q}^*=\mathbf{Q}-\{0\}$、$\mathbf{R}^*=\mathbf{R}-\{0\}$。

另外，用 $\hat{\boldsymbol{M}}_n(\mathbf{R})$ 表示实数域上所有 n 阶可逆矩阵组成的集合。

2. 集合的表示

表示集合的主要方法是列举法和描述法。

列举法(又称**枚举法**)：把集合中的所有元素一一列举出来并写在一对花括号{ }内，元素与元素之间用逗号隔开。例如，$C=\{1,2,3,4,5,6,7,8,9,10\}$或$C=\{1,2,3,\cdots,10\}$。

描述法(又称**谓词表示法**)：把集合中所有元素的共同属性写在一对花括号{ }内，即用$\{x\mid p(x)\}$的形式表示，其中 $p(x)$表示 x 具有性质 p。例如，$A=\{x\mid x>0\land x\in\mathbf{R}\}$(为了简洁，以后都把 $x\in\mathbf{R}$ 省略)，$B=\{x\mid p(x)$：x 是某操作系统的任意一个操作指令$\}$。

另外，集合也可以用文氏图表示。19 世纪英国数学家维恩(John Venn)首先创造了一种用图表示集合的方法，通常称为**文氏图**。在文氏图中，用圆(或任何其他封闭曲线围成的图形)表示集合，圆中的点表示集合的元素。集合 A 可以用图 4-1 表示。

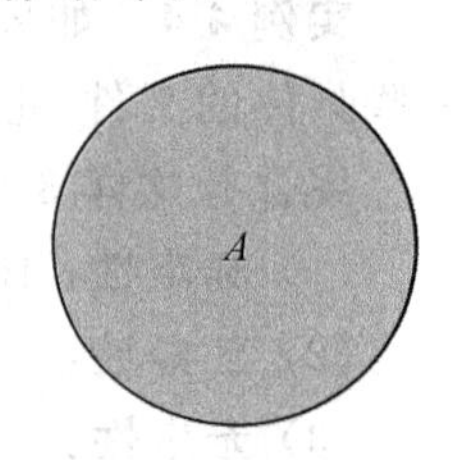

图 4-1

列举法可以用来表示比较简单的有限集合和有规律的无限集合，有一定的局限性，但很明了。

描述法和文氏图法既能表示有限集合，也能表示无限集合。

描述法能严格地描述集合中元素的组成。集合的许多定理证明需要用描述法。

文氏图法表示多个集合间的关系(4.2 节介绍)，不但直观，而且能帮助理解，甚至可以依据文氏图直接解题。

4.1.2 集合间的关系

定义 4-1 设有两个集合 A 和 B，如果集合 A 的每个元素都是集合 B 的元素，则称 A 是 B 的**子集**，记作 $A\subseteq B$ 或 $B\supseteq A$，读作"A 含于 B"或"B 包含 A"。即

$$A\subseteq B\Leftrightarrow\forall x(x\in A\to x\in B)$$

一个集合 B 与它的子集 A 间的关系可以用图 4-2 表示。

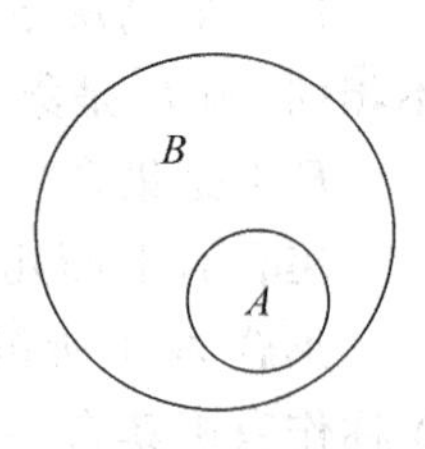

图 4-2

定义 4-2 如果 $A\subseteq B$，且 B 中至少有一个元素不在集合 A 内，则称 A 是 B 的**真子集**，记作 $A\subset B$ 或 $B\supset A$。即

$$A\subset B\Leftrightarrow\forall x(x\in A\to x\in B)\land\exists x(x\in B\land x\notin A)$$

实例 4-5 在数集中，$\mathbf{Z}\subset\mathbf{Q}$，$\mathbf{Q}\subset\mathbf{R}$。

实例 4-6 若 $A=\{a,b,c,d\}$，$C=\{b,d\}$，则 $C\subseteq A$，且 $C\subset A$。

实例 4-7 若 $A=\{0,1\}$，$B=\{x\mid x^2-x=0\}$，则 $A\subseteq B$，且 $B\subseteq A$。

定义 4-3 两个集合 A 和 B，若 $A\subseteq B$ 且 $B\subseteq A$，则称这两个集合**相等**，记作 $A=B$。即

$$A=B\Leftrightarrow\forall x(x\in A\leftrightarrow x\in B)$$

显然，集合 A 和 B 相等是指集合 A 的元素和集合 B 的元素完全相同。

实例 4-7 中，$A=B$。

【说明】 元素与集合的从属关系和集合与集合间的包含关系是两个完全不同的概念，前者用符号“$\in$”表示，后者用符号“$\subseteq$”表示。但是，由于一个集合可以是另一个集合的元素，因此情况就比较复杂了。下面的例 4-2 是一个典型的例题。

例 4-2 若 $A=\{1,2,\{1\},\{3\}\}$，判断下列各个表示方法哪些正确？哪些错误？并说明理由。

(1) $1\in A$。 (2) $\{1\}\subseteq A$。 (3) $\{1\}\in A$。 (4) $2\subseteq A$。

(5) $\{1,2\}\in A$。 (6) $\{1,2\}\subseteq A$。 (7) $\{3\}\in A$。 (8) $\{3\}\subseteq A$。

解 (1) 正确。这里，1 是 A 的第 1 个元素。

(2) 正确。这里，$\{1\}$是 A 的第 1 个元素组成的子集。

(3) 正确。这里，$\{1\}$是 A 的第 3 个元素。

(4) 错误。这里，2 是 A 的第 2 个元素，不是集合。

(5) 错误。这里，$\{1,2\}$是 A 的子集，不是 A 的元素。

(6) 正确。这里，$\{1,2\}$是 A 的子集。

(7) 正确。这里，$\{3\}$是 A 的第 4 个元素。

(8) 错误。这里，$\{3\}$是 A 的第 4 个元素，不是 A 的子集。

根据定义 4-1，很容易得到定理 4-1。

定理 4-1 集合间的包含关系具有如下性质：

(1) 自反性：对任一集合 A，有 $A\subseteq A$；

(2) 反对称性：对两个集合 A,B，若 $A\subseteq B$ 且 $B\subseteq A$，则 $A=B$；

(3) 传递性：对 3 个集合 A,B 和 C，若 $A\subseteq B,B\subseteq C$，则 $A\subseteq C$。

根据定义 4-3，有如下定理 4-2。

定理 4-2 集合间的相等关系具有如下性质：

(1) 自反性：对任一集合 A，有 $A=A$；

(2) 对称性：对两个集合 A,B，若 $A=B$，则 $B=A$；

(3) 传递性：对 3 个集合 A,B 和 C，若 $A=B,B=C$，则 $A=C$。

4.1.3 特殊集合

定义 4-4 不含任何元素的集合称为**空集**，记作$\varnothing$。

例如，刚刚新建的文件夹就是一个空集。

$\{x\mid x^2+x+1=0\wedge x\in\mathbf{R}\}$也是一个空集。因为一元二次方程 $x^2+x+1=0$ 在实数集 $\mathbf{R}$ 中无解，所以$\{x\mid x^2+x+1=0\wedge x\in\mathbf{R}\}=\varnothing$。

空集具有定理 4-3 及其推论给出的两个性质：

定理 4-3 空集是任意集合 A 的子集，即对于任意集合 A，都有$\varnothing\subseteq A$。

证明 用反证法。假设空集$\varnothing$不是集合 A 的子集，则至少存在一个元素 a，$a\notin A$ 但 $a\in\varnothing$。这与空集的定义相矛盾，这说明前面的假设是错误的。所以必有$\varnothing\subseteq A$。

推论 空集是惟一的。

证明 若有两个空集$\varnothing_1$ 和$\varnothing_2$，则根据定理 4-3 有$\varnothing_1\subseteq\varnothing_2$，且$\varnothing_2\subseteq\varnothing_1$。由定义 4-3 有$\varnothing_1=\varnothing_2$。所以，空集是惟一的。

【说明】 $\{\varnothing\}$和$\varnothing$不同。$\varnothing$是不含元素的空集，$|\varnothing|=0$；而$\{\varnothing\}$是含有一个元素的集

合，$|\{\varnothing\}|=1$。

定义 4-5 在一定范围内，如果所有集合均为某一集合的子集，则称该集合为**全集**，记作 E。

【说明】 全集是个相对概念。全集的范围取决于所讨论的具体问题。可以这样说：凡是包括所讨论范围的集合都可以作为全集。因而，全集不是惟一的。例如，如果讨论的范围是一个班级的学生，则全集可以是该班级的全体学生或该校的全体学生；如果讨论的范围是一个学校的学生，则全集可以是该校的全体学生或全国的学生，但不能是某个班级的全体学生。

针对具体问题，恰当地将全集取得小一些，问题的描述和处理会简单些。

定义 4-6 设 A 是任意集合，A 的全部子集组成的集合称为 A 的**幂集**，记作 $P(A)$。

例 4-3 设 $A=\{1,2,3\}$，求 $P(A)$ 和 $|P(A)|$。

解 集合 A 的全部子集是：

(1) 不含任何元素的子集只有 1 个，即空集：$\varnothing$；

(2) 含有 1 个元素的子集有 3 个：$\{1\},\{2\},\{3\}$；

(3) 含有 2 个元素的子集有 3 个：$\{1,2\},\{1,3\},\{2,3\}$；

(4) 含有 3 个元素的子集就是集合 A 本身，只有 1 个：$\{1,2,3\}$。

因此，

$$P(A)=\{\varnothing,\{1\},\{2\},\{3\},\{1,2\},\{1,3\},\{2,3\},\{1,2,3\}\}$$

$P(A)$ 共有 8 个元素，所以，$|P(A)|=8$。

定理 4-4 设 A 为一有限集合，若 $|A|=n$，则 $|P(A)|=2^n$。

证明 由于 $|A|=n$，因此，A 的子集是不含元素的空集和含有不超过 n 个不同元素的集合。从 n 个不同元素中选取 $i(0\leqslant i\leqslant n)$ 个不同元素有 C_n^i 种取法，所以集合 A 的子集总数为

$$C_n^0+C_n^1+C_n^2+\cdots+C_n^n=(1+1)^n=2^n$$

又由于 $P(A)$ 中的元素恰是 A 的全部子集，所以 $|P(A)|=2^n$。

例 4-3 再次说明，尽管集合与元素是两个不同的概念，但一个集合可以是另一个集合的元素。

4.1.4 有限幂集元素的编码表示

本节介绍在计算机中表示有限集的方法。先对集合中的元素规定一种次序，然后在集合与二进制数之间建立对应关系，这样就可以在计算机中表示有限集了。下面举一个实际例子。

实例 4-8 对于集合 $A=\{a,b,c,d\}$，不妨认为 A 中元素的次序是 a,b,c,d，即 a,b,c,d 分别是第 1 个元素、第 2 个元素、第 3 个元素和第 4 个元素。对于 A 的任何一个子集 S，a，b，c，d 这 4 个元素或者属于 S，或者不属于 S。用大写字母带 4 位二进制数组成的下标表示 A 的任何一个子集，如果第 i 个元素属于该子集，则对应的第 i 位二进制数为 1；如果第 i 个元素不属于该子集，则对应的第 i 位二进制数为 0。例如，用 S_{0000} 表示子集 $\varnothing$、S_{0100} 表示子集 $\{b\}$、S_{1011} 表示子集 $\{a,c,d\}$、S_{1111} 表示子集 $\{a,b,c,d\}$。

这样，集合 $A=\{a,b,c,d\}$ 的幂集可以这样表示：$P(A)=\{S_i\mid i\in J\}(J=\{0000,0001,$

…,1111})。为了简便书写,可以用十进制数代替二进制数,即 $P(A)=\{S_i \mid i\in J\}$($J=\{0,1,\cdots,15\}$)。

4.2 集合的基本运算

在命题逻辑中,一个或多个命题可以通过逻辑运算产生新的命题。在集合中同样可以通过运算从一个或多个集合产生新的集合。集合运算与命题演算非常相似,原因是集合运算与命题演算都是布尔代数(将在第 6 章介绍)的特定情况。

定义 4-7 设有两个集合 A 和 B,由 A 和 B 的所有元素构成的集合称为集合 A 与 B 的**并集**,记作 $A\cup B$,读作"A 并 B"。即

$$A\cup B=\{x \mid x\in A\vee x\in B\}$$

定义 4-8 设有两个集合 A 和 B,由既属于 A 又属于 B 的所有元素构成的集合称为集合 A 与 B 的**交集**,记作 $A\cap B$,读作"A 交 B"。即

$$A\cap B=\{x \mid x\in A\wedge x\in B\}$$

如果集合 A 和 B 没有公共元素,即 $A\cap B=\varnothing$,则称集合 A 与集合 B 不交。

$A\cup B$ 和 $A\cap B$ 的文氏图分别如图 4-3 和图 4-4 所示。

图 4-3

由定义 4-7 和定义 4-8 可得

$$A\subseteq A\cup B,\quad B\subseteq A\cup B,$$
$$A\cap B\subseteq A,\quad A\cap B\subseteq B,$$
$$A\cup E=E,\quad A\cap E=A,$$
$$A\cup\varnothing=A,\quad A\cap\varnothing=\varnothing$$

以上各式很容易由相应文氏图表明。

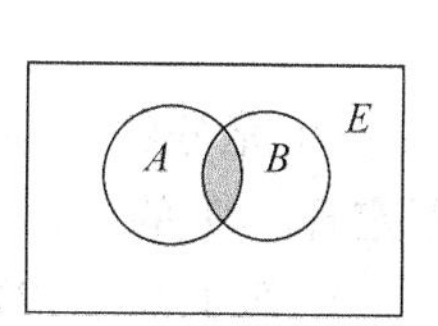

图 4-4

例 4-4 设 A 和 B 是任意两个集合,试证明:$A\subseteq B$ 的充分必要条件是 $P(A)\subseteq P(B)$。

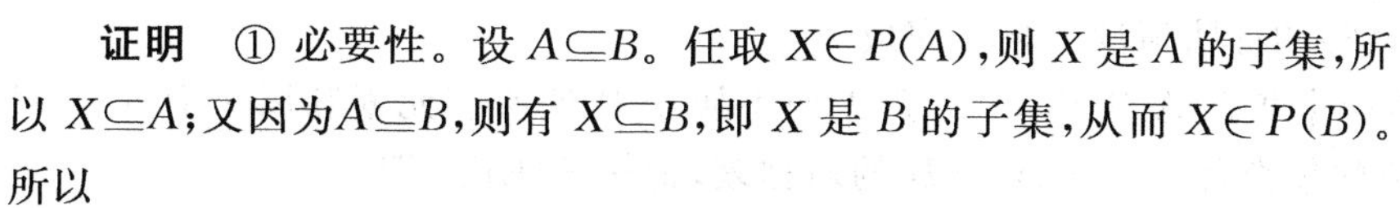

证明 ① 必要性。设 $A\subseteq B$。任取 $X\in P(A)$,则 X 是 A 的子集,所以 $X\subseteq A$;又因为$A\subseteq B$,则有 $X\subseteq B$,即 X 是 B 的子集,从而 $X\in P(B)$。所以

$$P(A)\subseteq P(B)$$

② 充分性。设 $P(A)\subseteq P(B)$。任取 $x\in A$,则$\{x\}\in P(A)$;又因为 $P(A)\subseteq P(B)$,可得$\{x\}\in P(B)$,从而 $x\in B$。所以

$$A\subseteq B$$

证毕

例 4-5 设 $A\subseteq B$,试证明:对于任意集合 C,都有 $A\cap C\subseteq B\cap C$。

证明 任取 $x\in A\cap C$,则 $x\in A$ 且 $x\in C$;又因为 $A\subseteq B$,故 $x\in B$,从而有 $x\in B$ 且 $x\in C$,即 $x\in B\cap C$。所以

$$A\cap C\subseteq B\cap C$$

定义 4-9 设有两个集合 A 和 B,由属于 A 而不属于 B 的所有元素构成的集合称为 ***A* 和 *B* 的差集**,又称为 ***B* 关于 *A* 的相对补集**,记作 $A-B$。即

$$A-B=\{x \mid x\in A\wedge x\notin B\}$$

$A-B$ 的文氏图如图 4-5 所示。

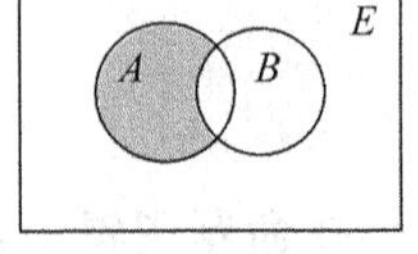

图 4-5

定义 4-10 设 A 是全集 E 的子集，由全集 E 中所有不属于 A 的元素构成的集合称为 **A 的补集**，记作 $\sim A$。即

$$\sim A=\{x \mid x\in E \wedge x\notin A\}$$

$\sim A$ 的文氏图如图 4-6 所示。

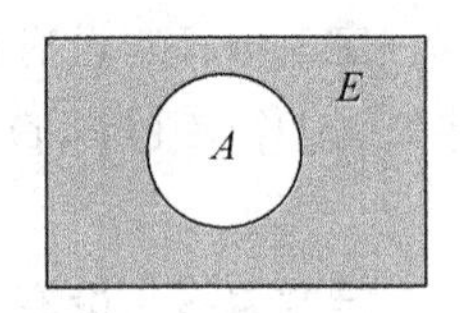

图 4-6

由定义 4-9 和定义 4-10 可以得到这样一个重要的集合恒等式：$A-B=A\cap\sim B$。下面予以证明。

证明 $\forall x\in(A-B)$，可得

$$x\in(A-B)\Leftrightarrow x\in A\wedge x\notin B\Leftrightarrow x\in A\wedge x\in\sim B\Leftrightarrow x\in(A\cap\sim B)$$

这就证明了 $A-B=A\cap\sim B$。

定理 4-5 对任意两个集合 A 和 B，有

(1) $A\subseteq B$ iff $A\cup B=B$；

(2) $A\cup B=B$ iff $A\cap B=A$；

(3) $A\cap B=A$ iff $A-B=\varnothing$。

下面对定理 4-5 的(1)进行证明。

证明 ① 必要性。如果 $A\subseteq B$，则对于任意的 $x\in A$，必定 $x\in B$；若 $x\in A\cup B$，则 $x\in A$ 或 $x\in B$。综上所述，必定 $x\in B$，因此

$$A\cup B\subseteq B \tag{a}$$

又由定义 4-7 知

$$B\subseteq A\cup B \tag{b}$$

根据定理 4-1 的(2)，由式(a)和式(b)得

$$A\cup B=B$$

② 充分性。如果 $A\cup B=B$，则有 $A\cup B\subseteq B$。另一方面，由定义 4-7 知 $A\subseteq A\cup B$。根据定理 4-1 的(3)，可知 $A\subseteq B$。

定理 4-5 中(2)、(3)的证明请读者自己完成。

定义 4-11 设有两个集合 A 和 B，由属于 A 而不属于 B 的所有元素和属于 B 而不属于 A 的所有元素构成的集合称为集合 A 与 B 的**对称差**，记作 $A\oplus B$。即

$$A\oplus B=(A-B)\cup(B-A)$$

$A\oplus B$ 的文氏图如图 4-7 所示。

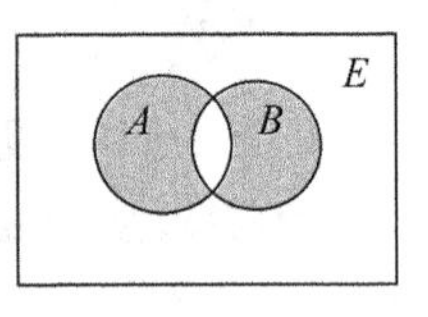

图 4-7

两个集合的对称差有下面的重要性质。

定理 4-6 对任意两个集合 A 和 B，其对称差 $A\oplus B$ 满足：

(1) 交换律：$A\oplus B=B\oplus A$；

(2) 结合律：$(A\oplus B)\oplus C=A\oplus(B\oplus C)$；

(3) 交对对称差的分配律：$A\cap(B\oplus C)=(A\cap B)\oplus(A\cap C)$；

(4) $A\oplus\varnothing=A$，$A\oplus E=\sim A$，$A\oplus A=\varnothing$，$A\oplus\sim A=E$。

定理 4-6 的(3)的证明见例 4-13。其余的留给读者自己完成。

集合的各种运算的优先级次序为：补($\sim$)、交($\cap$)、并($\cup$)、差($-$)和对称差($\oplus$)。"$\sim$"的优先级最高，$-$和$\oplus$同级，并且它们的优先级最低。如果在同一括号层并列两个以

上相同的运算，则按从左到右的顺序运算。

规定了集合运算的优先级就可以在书写集合表达式时省略一些括号，使集合表达式更清晰。例如，$(\sim A)\cap B$ 可写成 $\sim A\cap B$。但在交($\cap$)与并($\cup$)连用的场合适当保留一些括号为宜。例如，$A\cap B\cup C$ 还是写成 $(A\cap B)\cup C$ 为好。

例 4-6 设 $E=\{0,1,2,\cdots,8\}$，$A=\{1,2,3,4,5\}$，$B=\{2,4,6,8\}$，$C=\{0,6,8\}$，求 $A\cup B$、$A\cap B$、$A\cap C$、$B-A$、$B\oplus C$ 和 $\sim C$。

解 $A\cup B=\{1,2,3,4,5,6,8\}$

$A\cap B=\{2,4\}$

$A\cap C=\varnothing$

$B-A=\{6,8\}$

$B\oplus C=\{0,2,4\}$

$\sim C=\{1,2,3,4,5,7\}$

例 4-7 设 $A=\{x\mid 1<x\leqslant 8\}$，$B=\{x\mid 3\leqslant x\leqslant 10\}$，求 $A\cup B$，$A\cap B$，$B-A$ 和 $A\oplus B$。

解 $A\cup B=\{x\mid 1<x\leqslant 10\}$

$A\cap B=\{x\mid 3\leqslant x\leqslant 8\}$

$B-A=\{x\mid 8<x\leqslant 10\}$

$A\oplus B=\{x\mid 1<x<3$ 或 $8<x\leqslant 10\}$

4.3 集合恒等式

代数运算的加法和乘法满足某些运算律：加法满足交换律和结合律，乘法对加法满足分配律。

集合的运算也满足一些运算律(亦称集合恒等式)，这就是下面的定理 4-7。

定理 4-7 设 A,B,C 为任意集合，则有下列各基本恒等式：

(1) 双重否定律：$\sim(\sim A)=A$；

(2) 幂等律：$A\cup A=A$，$A\cap A=A$；

(3) 交换律：$A\cup B=B\cup A$，$A\cap B=B\cap A$；

(4) 结合律：$(A\cup B)\cup C=A\cup(B\cup C)$，$(A\cap B)\cap C=A\cap(B\cap C)$；

(5) 分配律：$A\cup(B\cap C)=(A\cup B)\cap(A\cup C)$，$A\cap(B\cup C)=(A\cap B)\cup(A\cap C)$；

(6) 德·摩根律：$\sim(A\cup B)=\sim A\cap\sim B$，$\sim(A\cap B)=\sim A\cup\sim B$；

(7) 吸收律：$A\cup(A\cap B)=A$，$A\cap(A\cup B)=A$；

(8) 零律：$A\cup E=E$，$A\cap\varnothing=\varnothing$；

(9) 同一律：$A\cup\varnothing=A$，$A\cap E=A$；

(10) 排中律：$A\cup\sim A=E$；

(11) 矛盾律：$A\cap\sim A=\varnothing$；

(12) 补交转换律：$A-B=A\cap\sim B$。

定理 4-7 介绍的集合恒等式中，不难发现绝大部分是成对出现的。例如，$A\cup B=B\cup A$ 和 $A\cap B=B\cap A$，$A\cup(A\cap B)=A$ 和 $A\cap(A\cup B)=A$ 等。这些成对出现的集合恒等式有如下特点：在仅含~、$\cup$ 和 $\cap$ 的那些集合恒等式中，只要将一个集合恒等式中的运算符 $\cup$ 换成$\cap$，同时将运算符$\cap$换成$\cup$，并且将可能有的$\varnothing$换成E、将E换成$\varnothing$，就得到另一个集合恒等式。这样成对出现的集合恒等式互称为**对偶式**。例如，$A\cup(B\cap C)=(A\cup B)\cap(A\cup C)$和$A\cap(B\cup C)=(A\cap B)\cup(A\cap C)$是对偶式，$A\cup\sim A=E$和$A\cap\sim A=\varnothing$也是对偶式。有了对偶式的概念，上述等式几乎可以只记一半。

根据集合并、交运算的结合律，我们常将3个集合的并运算和交运算的括号省略，记作$A\cup B\cup C$和$A\cap B\cap C$。

由归纳法可证：对任意n个集合$A_1,A_2,\cdots,A_n$，其并和交运算也满足结合律，因此也可以省略括号。这时$A_1\cup A_2\cup\cdots\cup A_n$简记作$\bigcup\limits_{i=1}^{n}A_i$，$A_1\cap A_2\cap\cdots\cap A_n$简记作$\bigcap\limits_{i=1}^{n}A_i$。

这些基本的集合恒等式都可以根据有关的定义进行证明，也可以利用其他的基本恒等式进行证明。下面举3个例子。

例 4-8 证明分配律之一：$A\cap(B\cup C)=(A\cap B)\cup(A\cap C)$。

证明 $\forall x\in A\cap(B\cup C)$，可得

$$\begin{aligned}x\in A\cap(B\cup C)&\Leftrightarrow x\in A\wedge x\in(B\cup C)\\&\Leftrightarrow x\in A\wedge(x\in B\vee x\in C)\\&\Leftrightarrow(x\in A\wedge x\in B)\vee(x\in A\wedge x\in C)\\&\Leftrightarrow(x\in A\cap B)\vee(x\in A\cap C)\\&\Leftrightarrow x\in(A\cap B)\cup(A\cap C)\end{aligned}$$

所以，$A\cap(B\cup C)=(A\cap B)\cup(A\cap C)$。

例 4-9 证明德·摩根律之一：$\sim(A\cup B)=\sim A\cap\sim B$。

证明 $\forall x\in(\sim(A\cup B))$，可得

$$\begin{aligned}x\in(\sim(A\cup B))&\Leftrightarrow x\notin(A\cup B)\\&\Leftrightarrow x\notin A\wedge x\notin B\\&\Leftrightarrow x\in\sim A\wedge x\in\sim B\\&\Leftrightarrow x\in(\sim A\cap\sim B)\end{aligned}$$

所以，$\sim(A\cup B)=\sim A\cap\sim B$。

例 4-10 证明吸收律之一：$A\cap(A\cup B)=A$。

证明 根据同一律、分配律和零律，有

$$\begin{aligned}A\cap(A\cup B)&=(A\cup\varnothing)\cap(A\cup B)=A\cup(\varnothing\cap B)\\&=A\cup\varnothing=A\end{aligned}$$

利用定理4-7中的12个基本的集合恒等式，可以证明其他的集合恒等式或者将复杂的集合表达式化简。

例 4-11 对任意两个集合A和B，证明：

(1) $A\cup B=B\cup(A-B)$。

(2) $B\cap(A-B)=\varnothing$。

证明 下面对(1)进行证明，(2)的证明留给读者自己完成。

根据德·摩根律、分配律和排中律，有

$$\begin{aligned}B\cup(A-B)&=B\cup(A\cap\sim B)=(B\cup A)\cap(B\cup\sim B)\\&=(A\cup B)\cap E=A\cup B\end{aligned}$$

例 4-12 证明：$(A\cup B)-(A\cap B)=(B-A)\cup(A-B)$。

证明 根据德·摩根律、分配律和矛盾律，有

$$\begin{aligned}
\text{左边} &= (A\cup B)\cap\sim(A\cap B)\\
&= (A\cup B)\cap(\sim A\cup\sim B)\\
&= ((A\cup B)\cap\sim A)\cup((A\cup B)\cap\sim B)\\
&= ((A\cap\sim A)\cup(B\cap\sim A))\cup((A\cap\sim B)\cup(B\cap\sim B))\\
&= (\varnothing\cup(B\cap\sim A))\cup((A\cap\sim B)\cup\varnothing)\\
&= (B\cap\sim A)\cup(A\cap\sim B)\\
\text{右边} &= (B\cap\sim A)\cup(A\cap\sim B)\\
\text{左边} &= \text{右边}
\end{aligned}$$

证毕

例 4-13 证明定理 4-6 的(3)：$A\cap(B\oplus C)=(A\cap B)\oplus(A\cap C)$。

证明 根据定义 4-11、德·摩根律、同一律、零律和分配律，有

$$\begin{aligned}
\text{左边} &= A\cap((B-C)\cup(C-B))\\
&= A\cap((B\cap\sim C)\cup(C\cap\sim B))\\
&= (A\cap B\cap\sim C)\cup(A\cap C\cap\sim B)\\
\text{右边} &= ((A\cap B)-(A\cap C))\cup((A\cap C)-(A\cap B))\\
&= ((A\cap B)\cap\sim(A\cap C))\cup((A\cap C)\cap\sim(A\cap B))\\
&= ((A\cap B)\cap(\sim A\cup\sim C))\cup((A\cap C)\cap(\sim A\cup\sim B))\\
&= ((A\cap B\cap\sim A)\cup(A\cap B\cap\sim C))\\
&\quad \cup((A\cap C\cap\sim A)\cup(A\cap C\cap\sim B))\\
&= (A\cap B\cap\sim C)\cup(A\cap C\cap\sim B)\\
\text{左边} &= \text{右边}
\end{aligned}$$

证毕

例 4-14 化简 $((A\cap(B-C))\cup A)\cup(B-(B-A))$。

解

$$\begin{aligned}
&((A\cap(B-C))\cup A)\cup(B-(B-A))\\
&= A\cup(B\cap\sim(B\cap\sim A))\\
&= A\cup(B\cap(\sim B\cup\sim(\sim A)))\\
&= A\cup(B\cap\sim B)\cup(B\cap A)\\
&= A\cup\varnothing\cup(B\cap A)\\
&= A\cup(B\cap A)=A
\end{aligned}$$

4.4 集合的划分与覆盖

研究集合，除了不同集合间的比较外，还有对集合元素进行分类。先看两个实例。

实例 4-9 对某班全体学生按年龄分类。凡同一年出生的学生划归一类，则该班的每个学生必属于而且只属于某一类。如果将该班全体学生组成的集合用 A 表示，则按年龄所分的不同类(假设有 n 个)分别用集合 $A_1,A_2,\cdots,A_n$ 表示。

实例 4-10 设有整数集 $\mathbf{Z}$，$\mathrm{res}_5(x)$表示整数 x 被 5 除所得的余数。令 A_i 为

$$A_i=\{x\mid x\in\mathbf{Z}\wedge \mathrm{res}_5(x)=i\}\quad(i\in\mathbf{N}_5)$$

则 A_i 是 $\mathbf{Z}$ 中被 5 除所得余数同为 $i(i\in\mathbf{N}_5)$的所有整数的集合。

这就是将 $\mathbf{Z}$ 中所有整数按照被 5 除所得余数的不同进行分类。因为余数只有 0,1,2,3,4 这 5 个数,所以 $\mathbf{Z}$ 被分为 5 个集合 A_0,A_1,A_2,A_3,A_4,其中

$$A_0=\{\cdots,-10,-5,0,5,10,\cdots\}$$
$$A_1=\{\cdots,-9,-4,1,6,11,\cdots\}$$
$$A_2=\{\cdots,-8,-3,2,7,12,\cdots\}$$
$$A_3=\{\cdots,-7,-2,3,8,13,\cdots\}$$
$$A_4=\{\cdots,-6,-1,4,9,14,\cdots\}$$

从集合的观点看,上述两个实例有这样 3 个共同特点:(1)都是把一个集合分成若干个非空子集;(2)所有这些子集的并就是原集合;(3)任意两个子集都没有公共元素。实际上,这就是下面定义的集合的划分。

定义 4-12 设 $\pi=\{A_1,A_2,\cdots,A_n\}(n\geqslant 1)$是集合 A 中的某些非空子集的集合,并且满足

(1) 完整性:$\bigcup_{i=1}^{n}A_i=A$;

(2) 不交性:$A_i\cap A_j=\varnothing(i,j\in\{1,2,\cdots,n\}\wedge i\neq j)$。

则称集合 π 是集合 A 的一个**划分**,称 π 中的元素 $A_i(i=1,2,\cdots,n)$为这个划分的**划分块**。

定义 4-12 表明,划分就是把集合 A 分成若干个非空子集 $A_1,A_2,\cdots,A_n$,使得 A 中的每个元素在且仅在其中一个 A_i 中。

例 4-15 设 $B_i=\{x\mid x\in\mathbf{Z}\wedge \mathrm{res}_3(x)=i\}(i\in\mathbf{N}_3)$,证明 B_i 是 $\mathbf{Z}$ 的一个划分。

证明 由于

$$B_0=\{\cdots,-6,-3,0,3,6,\cdots\}$$
$$B_1=\{\cdots,-5,-2,1,4,7,\cdots\}$$
$$B_2=\{\cdots,-4,-1,2,5,8,\cdots\}$$

$B_0\cup B_1\cup B_2=\mathbf{Z}$,且 $B_i\cap B_j=\varnothing(i,j\in\{1,2,3\}\wedge i\neq j)$。

所以,$\{B_0,B_1,B_2\}$是 $\mathbf{Z}$ 的一个划分。

实例 4-10 和例 4-15 表明,同一个集合一般有不同的划分。

例 4-16 求集合 $A=\{a,b,c\}$的所有不同的划分。

解 集合 $A=\{a,b,c\}$不同的划分有以下 5 个:

$$\pi_1=\{\{a\},\{b\},\{c\}\},\quad \pi_2=\{\{a\},\{b,c\}\},$$
$$\pi_3=\{\{b\},\{a,c\}\},\quad \pi_4=\{\{c\},\{a,b\}\},$$
$$\pi_5=\{\{a,b,c\}\}$$

与集合的划分相近的另一个概念是下面定义的集合的覆盖。

定义 4-13 设 $S=\{A_1,A_2,\cdots,A_n\}$是集合 A 中的某些非空子集的集合,且 $\bigcup_{i=1}^{n}A_i=A$,则称集合 S 是集合 A 的一个**覆盖**。

由定义 4-12 和定义 4-13 知,划分一定是覆盖,而覆盖不一定是划分。

对于集合 $A=\{a,b,c\}$而言,例 4-16 的解答中的 5 个划分都是它的覆盖。此外,$A=\{a,b,c\}$还有很多覆盖,下面是其中的 3 个:

$$S_1=\{\{a\},\{b,c\},\{c\}\},\quad S_2=\{\{a\},\{b,c\},\{a,b,c\}\},$$
$$S_3=\{\{a,b\},\{a,c\},\{b,c\}\}$$
但 S_1,S_2 和 S_3 都不是 A 的划分。

4.5 有穷集合的计数

实例 4-11 某班级在一次考试中,有 15 人英语得 90 分以上,有 18 人计算机数学得 90 分以上。那么,这个班级有多少人在这两门课程中至少有一门得 90 分以上呢?

这个问题并没有确定的答案。因为,有部分人这两门课程都得 90 分以上,而这部分人的人数并不知道。

如果用集合的概念,实例 4-11 可以这样描述:设该班英语得 90 分以上的学生为集合 A,计算机数学得 90 分以上的学生为集合 B,并且 $|A|=15$,$|B|=18$,求 $|A\cup B|$。显然,不能简单地说 $|A\cup B|=|A|+|B|$,因为这两门课程都得 90 分以上的人(也可能没有)在集合 A 和集合 B 中重复计数。

实际上,如果集合 A 和集合 B 含有相同元素,那么 $A\cap B$ 中的元素既属于 A 也属于 B,在 $|A|+|B|$ 中这部分元素进行了两次计数(参看图 4-3)。为了修正这种重复计数,在计算 $|A\cup B|$ 时,应该在 $|A|+|B|$ 的基础上减去 $|A\cap B|$。这就是下面的定理 4-8。

定理 4-8 对任意两个有限集合 A 和 B,有

$$|A\cup B|=|A|+|B|-|A\cap B| \tag{4-1}$$

特别地,当 A 和 B 不交,即 $A\cap B=\varnothing$ 时,有

$$|A\cup B|=|A|+|B| \tag{4-2}$$

定理 4-8 通常称为**容斥原理**或**加法原理**。

容斥原理可以推广到多个有限集合的情况。对于 3 个集合有下面的定理 4-9。

定理 4-9 对任意 3 个有限集合 A,B 和 C,有

$$\begin{aligned}|A\cup B\cup C|=&|A|+|B|+|C|-|A\cap B|\\&-|A\cap C|-|B\cap C|+|A\cap B\cap C|\end{aligned} \tag{4-3}$$

证明 根据定理 4-8 有

$$\begin{aligned}|A\cup B\cup C|&=|(A\cup B)\cup C|=|A\cup B|+|C|-|(A\cup B)\cap C|\\&=|A|+|B|-|A\cap B|+|C|-|(A\cap C)\cup(B\cap C)|\\&=|A|+|B|-|A\cap B|+|C|-|A\cap C|-|B\cap C|+|A\cap C\cap B\cap C|\\&=|A|+|B|+|C|-|A\cap B|-|A\cap C|-|B\cap C|+|A\cap B\cap C|\end{aligned}$$

证毕

例 4-17 一个班级共有 50 名学生。在一次考试中,有 15 人英语得 90 分以上,有 18 人计算机数学得 90 分以上,有 22 人这两门课程均没有得 90 分以上。问有多少人这两门课程均得 90 分以上?

解 设全班学生为全集 E,英语得 90 分以上的学生为集合 A,计算机数学得 90 分以上的学生为集合 B。所求的是 $|A\cap B|$。按题给条件有

$$|E|=50,\quad |A|=15,\quad |B|=18,\quad |\sim(A\cup B)|=22$$

再根据式(4-1)得

$$
\begin{aligned}
|A\cap B| &= |A|+|B|-|A\cup B| \\
&= |A|+|B|-(|E|-|\sim(A\cup B)|) \\
&= 15+18-(50-22)=5
\end{aligned}
$$

所以,有 5 个人这两门课程均得 90 分以上。

例 4-18 一个班级共有 52 名学生。其中有 24 人喜欢打篮球,有 15 人喜欢下棋,有 20 人喜欢游泳,有 6 人既喜欢打篮球又喜欢下棋,有 7 人既喜欢打篮球又喜欢游泳,有 2 人这 3 项活动都喜欢,有 9 人这 3 项活动都不喜欢。问有多少人既喜欢下棋又喜欢游泳?

解 设全班学生为全集 E,喜欢打篮球的学生为集合 A,喜欢下棋的学生为集合 B,喜欢游泳的学生为集合 C。所求的是 $|B\cap C|$。按题给条件有

$$
|E|=52,\quad |A|=24,\quad |B|=15,\quad |C|=20,
$$
$$
|A\cap B|=6,\quad |C\cap A|=7,\quad |A\cap B\cap C|=2,\quad |\sim(A\cup B\cup C)|=9
$$

再根据式(4-3)得

$$
\begin{aligned}
|B\cap C| &= |A|+|B|+|C|-|A\cap B|-|C\cap A|+|A\cap B\cap C|-|A\cup B\cup C| \\
&= |A|+|B|+|C|-|A\cap B|-|C\cap A| \\
&\quad +|A\cap B\cap C|-(|E|-|\sim(A\cup B\cup C)|) \\
&= 24+15+20-6-7+2-(52-9)=5
\end{aligned}
$$

因此,有 5 人既喜欢下棋又喜欢游泳。

例 4-19 借助文氏图重解例 4-18。

解 设既喜欢下棋又喜欢游泳但不喜欢打篮球的有 x 人。则本例的文氏图见图 4-8。根据图 4-8 得

$$
13+(9-x)+(13-x)+5+2+4+x+9=52
$$

解得 $x=3$。加上这 3 项活动都喜欢的 2 人,最后的结果是:有 5 人既喜欢下棋又喜欢游泳。

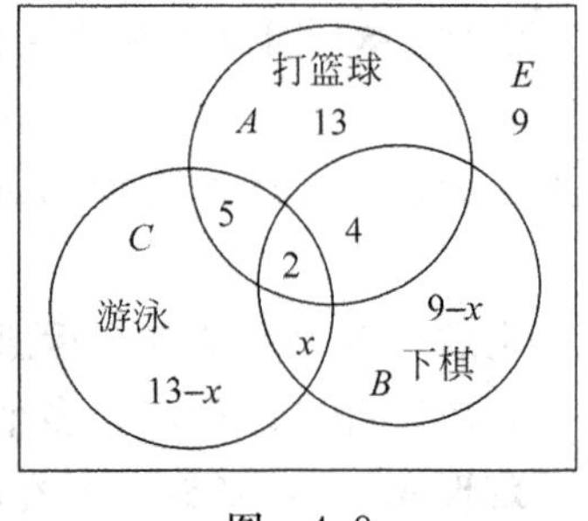

图 4-8

不超过实数 x 的最大整数通常用符号 $\lfloor x\rfloor$ 表示,如 $\lfloor 3.5\rfloor=3$, $\lfloor 5\rfloor=5$, $\lfloor -1.3\rfloor=-2$。下面的例题用这个符号显得很简洁。

例 4-20 求从 1 到 200 的整数中,能被 3 或 5 除尽的数的个数。

解 令 A 为从 1 到 200 的整数中能被 3 除尽的数的集合,B 为从 1 到 200 的整数中能被 5 除尽的数的集合,则

$$
|A|=\left\lfloor\frac{200}{3}\right\rfloor=66,\quad |B|=\left\lfloor\frac{200}{5}\right\rfloor=40,\quad |A\cap B|=\left\lfloor\frac{200}{3\times 5}\right\rfloor=13
$$

由容斥原理,得

$$
|A\cup B|=|A|+|B|-|A\cap B|=66+40-13=93
$$

即从 1 到 200 的整数中,能被 3 或 5 除尽的数有 93 个。

4.6 本章小结

本章介绍了集合的基础知识,重点是掌握集合、子集、幂集等概念和集合的基本运算、基本的集合恒等式、容斥原理等知识。下面是本章知识的要点以及对它们的要求。

- 懂得集合、子集、集合间的包含与相等、空集、全集、幂集等概念。
- 深刻理解元素与集合的从属关系和集合与集合间的包含关系。
- 熟练掌握集合的并、交、差、对称差、补等基本运算和相应的文氏图。
- 掌握基本的集合恒等式，会证明简单的集合恒等式和化简集合表达式。
- 了解集合的划分与覆盖。
- 熟练掌握容斥原理，会用它解答有限集合的元素计数问题。

4.7 习 题

4-1 用列举法表示下列集合：

(1) 大于 10 小于 30 的合数的集合。

(2) 使一元二次方程 $ax^2+4x+1=0$ 有实数解的正整数 a 的集合。

(3) $\{(x,y)\mid x\in\mathbf{N}\wedge y\in\mathbf{N}\wedge x+y=10\}$。

4-2 用描述法表示下列集合：

(1) $\{2,4,6,8,\cdots\}$。

(2) {能被 5 整除的整数}。

(3) $\{a_1,a_2,a_3,\cdots,a_{100}\}$。

4-3 若 $A=\{\varnothing,1,2,\{1,3\}\}$，判断下列各个表示方法哪些正确？哪些错误？并说明理由。

(1) $\varnothing\in A$。 (2) $\varnothing\subseteq A$。 (3) $1\in A$。 (4) $3\in A$。

(5) $\{1,2\}\in A$。 (6) $\{1,2\}\subseteq A$。 (7) $\{1,3\}\subseteq A$。 (8) $\{1,3\}\in A$。

4-4 判断下列各个表示法哪些正确？哪些错误？

(1) $\{a\}\in\{\{a\}\}$。 (2) $\{a\}\in\{\{a\},a\}$。 (3) $\{a\}\subseteq\{\{a\}\}$。 (4) $\{a\}\subseteq\{\{a\},a\}$。

(5) $\varnothing\in\{\varnothing\}$。 (6) $\varnothing\subseteq\{\varnothing\}$。

4-5 设 $A=\{a,b\}$，求 $P(A)$。

4-6 求下列各集合的幂集：

(1) $A=\{\varnothing\}$。 (2) $B=\{\{a\},\{\varnothing\}\}$。(3) $C=\{\{a,b\},\{a,c\}\}$。

4-7 设 $E=\{0,1,2,3,\cdots,10\}$，$A=\{1,2,3,7,8\}$，$B=\{0,2,4,6,8\}$，求 $A\cap B$，$B-A$，$A-B$，$A\oplus B$ 和 $\sim B$。

4-8 已知 4 个集合如下：$A=\{2,4,6,8\}$，$B=\{x\mid x^2\leqslant 60\wedge x\geqslant -3\}$，$C=\{x\mid x$ 整除 $30\wedge x$ 整除 $12\}$，$D=\{x\mid x=2^y\wedge x\leqslant 20\wedge y\in\{0,1,2,3,4\}\}$。用列举法写出下列集合：

(1) $A\cup(B\cup(C\cup D))$。

(2) $A\cap(B\cap(C\cap D))$。

(3) $(A-B)\cup(C-D)$。

(4) $(A\oplus B)\cap(C\oplus D)$。

4-9 设 $A\subseteq B$，$C\subseteq D$，证明 $A\cup C\subseteq B\cup D$。

4-10 对任意集合 A,B，证明 $P(A)\cup P(B)\subseteq P(A\cup B)$。

4-11 证明下列各式：

(1) $(A-B)\cup(A\cap B)=A$。

(2) $(A-B)\cap(A\cap B)=\varnothing$。

(3) $(A\cup B)-C=(A-C)\cup(B-C)$。

(4) $A-(B\cup C)=(A-B)\cap(A-C)$。

(5) $A-(B\cap C)=(A-B)\cup(A-C)$。

(6) $A-(B-C)=(A-B)\cup(A\cap C)$。

(7) $(A-B)-C=(A-C)-(B-C)$。

(8) $(A-B)\cap(C-D)=(A\cap C)-(B\cup D)$。

4-12　化简$((A\cup B\cup C)\cap(A\cap B))-((A\cup(B-C))\cap A)$。

4-13　利用集合的运算定律证明下列各命题：

(1) $A\cap B=A-B$　iff　$A=\varnothing$。

(2) $A\cup B=A-B$　iff　$B=\varnothing$。

(3) $A\cap B=A\cup B$　iff　$A=B$。

(4) $A-B=B-A$　iff　$A=B$。

(5) $A\oplus B=\varnothing$　iff　$A=B$。

(6) $A\oplus B=A\oplus C$　iff　$B=C$。

4-14　设$\{A_1,A_2,\cdots,A_n\}$是集合 A 的一个划分，证明：$A_1\cap B,A_2\cap B,\cdots,A_n\cap B$ 中所有非空集合构成$A\cap B$ 的一个划分。

4-15　幼儿园某大班有 15 人学钢琴，12 人学围棋，有 5 人兼学钢琴和围棋，有 6 人既没有学钢琴也没有学围棋。问该班有多少人？

4-16　某学校对 60 名学生的读报情况进行调查，结果有 25 人阅读“武汉晚报”，26 人阅读“中国青年报”，26 人阅读“长江日报”，9 人既阅读“武汉晚报”也阅读“长江日报”，11 人既阅读“武汉晚报”也阅读“中国青年报”，8 人既阅读“中国青年报”也阅读“长江日报”，而有 8 人什么报也不读。

(1) 求阅读全部三种报纸的人数。

(2) 求只阅读“长江日报”的人数。

4-17　求从 1 到 500 的整数中，能被 3,5,7 中任意一个数整除的整数个数。

第5章 关　　系

本章主要介绍以下内容：

(1) 集合的笛卡儿积的概念。

(2) 二元关系和几个特殊关系的概念。

(3) 关系矩阵和关系图。

(4) 复合关系与逆关系。

(5) 关系的自反性、反自反性、对称性、反对称性、传递性等性质。

(6) 关系的闭包。

(7) 等价关系和等价类。

(8) 偏序关系、偏序集、哈斯图、最小元、最大元、下界、上界、字典排序和拓扑排序等知识。

(9) 函数、映射、满射、单射、双射、复合函数、逆函数等概念，几个重要的函数。

(10) 二元关系的实际应用。

(11) 多元关系及其应用。

关系是数学中最重要的概念之一。人与人之间有夫妻、父子、师生等关系；两个数之间有等于、大于、小于、小于等于等关系；两直线有平行或垂直关系；计算机程序间有调用关系。在科学技术中，关系有着广泛的应用。例如，计算机科学中的开关理论、数据结构、算法分析、形式语言、程序设计等都使用了关系的概念，并且以关系为基础建立了数据库管理中应用极为广泛的关系数据库。

本章将介绍二元关系的基本知识、二元关系的应用和多元关系及其应用。

5.1 关系的概念与表示

5.1.1 笛卡儿积

实例 5-1 某校实行学生自主选课制。表 5-1 是部分学生某学期的选课情况，它反映了学生姓名和课程名称间的一种关系。

表 5-1 学生选课情况

姓　名	课程名称	姓　名	课程名称
冯东梅	大学英语 1	章蕾	离散数学
冯东梅	离散数学	章蕾	应用文写作
冯东梅	高等数学 3	马桂花	大学英语 1
冯东梅	法律基础	马桂花	离散数学
章蕾	大学英语 1	马桂花	法律基础

定义 5-1 由两个元素 x 和 y(允许 x 与 y 相同)按一定次序排列成的序列,称为**有序对**或**序偶**,记作 $\langle x,y\rangle$。其中,x 是它的**第一元素**,y 是它的**第二元素**。

例如,平面直角坐标系中任意一点的坐标 (x,y) 就是一个有序对。

两个有序对 $\langle a,b\rangle$ 和 $\langle c,d\rangle$ 相等,即 $\langle a,b\rangle=\langle c,d\rangle$ 的充分必要条件是 $a=c$ 且 $b=d$。当 $x\neq y$ 时,$\langle x,y\rangle\neq\langle y,x\rangle$。

有序对与集合的区别有以下两点:

(1) 有序对中的元素是有序的,集合中的元素是无序的。例如,$\langle 1,2\rangle\neq\langle 2,1\rangle$,而 $\{1,2\}=\{2,1\}$;

(2) 有序对中的元素可以相同,集合中的元素不允许相同。

定义 5-2 设 A,B 是两个集合,若有序对中的第一元素取自集合 A,第二元素取自集合 B,则所有这样的有序对组成的集合称为集合 A 和 B 的**笛卡儿积**,记作 $A\times B$,即

$$A\times B=\{\langle x,y\rangle \mid x\in A\wedge y\in B\}$$

通常把 $A\times A$ 记作 A^2。

定理 5-1 若 A,B 是有限集合,则有

$$|A\times B|=|A|\cdot|B| \tag{5-1}$$

换句话说,若 A 有 m 个元素,B 有 n 个元素,则笛卡儿积 $A\times B$ 有 mn 个元素。

证明 由于 A 中的 m 个元素不相同,B 中的 n 个元素也不相同,根据排列组合的乘法原理,集合 A 和 B 的笛卡儿积中的第一元素和第二元素共有 mn 个不同组合,所以笛卡儿积 $A\times B$ 有 mn 个元素。

为了满足笛卡儿积的各种运算,规定

$$A\times\varnothing=\varnothing$$
$$\varnothing\times A=\varnothing$$

例 5-1 设 $A=\{a,b\}$,$B=\{1,2,3\}$,求 $A\times B$,$B\times A$,A^2 和 B^2。

解 $A\times B=\{\langle a,1\rangle,\langle a,2\rangle,\langle a,3\rangle,\langle b,1\rangle,\langle b,2\rangle,\langle b,3\rangle\}$

$B\times A=\{\langle 1,a\rangle,\langle 1,b\rangle,\langle 2,a\rangle,\langle 2,b\rangle,\langle 3,a\rangle,\langle 3,b\rangle\}$

$A^2=\{\langle a,a\rangle,\langle a,b\rangle,\langle b,a\rangle,\langle b,b\rangle\}$

$B^2=\{\langle 1,1\rangle,\langle 1,2\rangle,\langle 1,3\rangle,\langle 2,1\rangle,\langle 2,2\rangle,\langle 2,3\rangle,\langle 3,1\rangle,\langle 3,2\rangle,\langle 3,3\rangle\}$

例 5-2 设 $A=\{1,2\}$,求 $P(A)\times A$。

解 由于 $P(A)=\{\varnothing,\{1\},\{2\},\{1,2\}\}$,因而

$$\begin{aligned}P(A)\times A&=\{\varnothing,\{1\},\{2\},\{1,2\}\}\times\{1,2\}\\&=\{\langle\varnothing,1\rangle,\langle\varnothing,2\rangle,\langle\{1\},1\rangle,\langle\{1\},2\rangle,\langle\{2\},1\rangle,\langle\{2\},2\rangle,\\&\quad\langle\{1,2\},1\rangle,\langle\{1,2\},2\rangle\}\end{aligned}$$

根据定义 5-2,$(A\times B)\times C$ 和 $A\times(B\times C)$ 表示不同的笛卡儿积,$(A\times B)\times C$ 中第一元素取自集合 $A\times B$,第二元素取自集合 C;而 $A\times(B\times C)$ 中第一元素取自集合 A,第二元素取自集合 $B\times C$。读者可以通过例 5-3 了解它们之间的区别。

例 5-3 设 $A=\{1,2\}$,$B=\{2,3\}$,$C=\{1,4\}$,求 (1)$(A\times B)\times C$。(2)$A\times(B\times C)$。

解
$$\begin{aligned}(A\times B)\times C&=(\{1,2\}\times\{2,3\})\times\{1,4\}\\&=\{\langle 1,2\rangle,\langle 1,3\rangle,\langle 2,2\rangle,\langle 2,3\rangle\}\times\{1,4\}\\&=\{\langle\langle 1,2\rangle,1\rangle,\langle\langle 1,2\rangle,4\rangle,\langle\langle 1,3\rangle,1\rangle,\langle\langle 1,3\rangle,4\rangle,\end{aligned}$$

$\langle\langle 2,2\rangle,1\rangle,\langle\langle 2,2\rangle,4\rangle,\langle\langle 2,3\rangle,1\rangle,\langle\langle 2,3\rangle,4\rangle\}$

$$\begin{aligned}A\times(B\times C)&=\{1,2\}\times(\{2,3\}\times\{1,4\})\\&=\{1,2\}\times\{\langle 2,1\rangle,\langle 2,4\rangle,\langle 3,1\rangle,\langle 3,4\rangle\}\\&=\{\langle 1,\langle 2,1\rangle\rangle,\langle 1,\langle 2,4\rangle\rangle,\langle 1,\langle 3,1\rangle\rangle,\langle 1,\langle 3,4\rangle\rangle,\\&\quad\langle 2,\langle 2,1\rangle\rangle,\langle 2,\langle 2,4\rangle\rangle,\langle 2,\langle 3,1\rangle\rangle,\langle 2,\langle 3,4\rangle\rangle\}\end{aligned}$$

根据前面的介绍可知，笛卡儿积运算具有以下性质：

(1) 当 $A\neq B$ 且 A,B 都不是空集时，笛卡儿积不满足交换律，即

$$B\times A\neq A\times B$$

(2) 当 A,B,C 都不是空集时，笛卡儿积不满足结合律，即

$$(A\times B)\times C\neq A\times(B\times C)$$

(3) 一般情况下，笛卡儿积也不满足消去律，即由 $A\times B=A\times C$ 不能得到 $B=C$。

笛卡儿积的并和交运算满足定理 5-2 所述的分配律。

定理 5-2 若 A,B,C 是任意 3 个集合，则有

(1) $A\times(B\cup C)=(A\times B)\cup(A\times C)$； (5-2)

(2) $(B\cup C)\times A=(B\times A)\cup(C\times A)$； (5-3)

(3) $A\times(B\cap C)=(A\times B)\cap(A\times C)$； (5-4)

(4) $(B\cap C)\times A=(B\times A)\cap(C\times A)$。 (5-5)

证明 下面对(1)进行证明，其他留给读者自己完成。

对任意 $\langle a,b\rangle\in A\times(B\cup C)$，则有 $a\in A$，且 $b\in B\cup C$；

由 $b\in B\cup C$ 知，$b\in B$ 或 $b\in C$；

因而有 $a\in A$，且 $b\in B$，或者 $a\in A$，且 $b\in C$；

于是得 $\langle a,b\rangle\in A\times B$，或者 $\langle a,b\rangle\in A\times C$；这就得到

$$A\times(B\cup C)\subseteq(A\times B)\cup(A\times C)$$

同理可证

$$(A\times B)\cup(A\times C)\subseteq A\times(B\cup C)$$

因此，

$$A\times(B\cup C)=(A\times B)\cup(A\times C)$$

5.1.2 二元关系的概念

定义 5-3 设 A,B 是两个集合，则 $A\times B$ 的任何子集 R 称为**从 A 到 B 的二元关系**，简称**关系**，即

$$R\subseteq A\times B$$

当 $B=A$ 时，称 R 为 **A 上的二元关系**。

对于二元关系，若 $\langle a,b\rangle\in R$，可记作 aRb；若 $\langle a,b\rangle\notin R$，可记作 $a\bar{R}b$。

例如，实数间的大于关系 $=\{\langle x,y\rangle\mid x>y\}$，人之间的父子关系 $=\{\langle x,y\rangle\mid x,y$ 是人，并且 x 是 y 的父亲$\}$。

为了加深对关系的理解，这里再举两个实例。

实例 5-2 关系数据库中就是利用关系的概念建立基础数据表的。例如，学校的计算机管理系统中把开设的所有课程编号，在课程代号和课程名称之间建立了一一对应的关

系，即

$$R=\{\langle \text{A0101},\text{大学英语 1}\rangle,\langle \text{A0102},\text{大学英语 2}\rangle,\langle \text{B0101},\text{计算机数学}\rangle,\cdots\}$$

实例 5-3 设 A 是计算机专业 03 级某班学生的学号(从 0301001 到 0301055)构成的集合，B 是该校开设的课程代号(A0101，A0102，B0101，C0103 等)构成的集合，那么可以用关系

$$R=\{\langle x,y\rangle \mid x\in A \wedge y\in B\}$$

完整地记录该班学生选课的情况。

由于关系是集合(以序偶为元素)，因此，关系可以用集合的方法表示，并且所有关于集合的运算及其性质在关系中都适用。

如果 A,B 是有限集合，则笛卡儿积 $A\times B$ 的子集的个数恰好是幂集 $P(A\times B)$ 的元素的个数。若 A,B 分别含有 m 个和 n 个元素，则从 A 到 B 共有 2^{mn} 个不同的二元关系。若 A 含有 m 个元素，则 A 上共有 2^{m^2} 个不同的二元关系。

在例 5-1 中，A,B 分别含有 2 个和 3 个元素，所以 $A\times B$ 共有 $2\times 3=6$ 个元素，则从 A 到 B 共有 $2^{2\times 3}=2^6=64$ 个不同的二元关系。下面是其中的 3 个关系：

$$R_1=\{\langle b,2\rangle\},\quad R_2=\{\langle a,1\rangle,\langle b,1\rangle,\langle b,2\rangle\},$$

$$R_3=\{\langle a,1\rangle,\langle a,2\rangle,\langle a,3\rangle,\langle b,1\rangle\}$$

对于任何集合 A，都有 3 个特殊的二元关系：空关系、全域关系、恒等关系，下面分别介绍。

由于空集 $\varnothing$ 是任何集合的子集，当然也是 $A\times A$ 的子集，所以 $\varnothing$ 是 A 上的一个二元关系，这个关系 $\varnothing$ 称为 A 上的**空关系**。另外两个关系定义如下。

定义 5-4 设 A 是任意集合，则称 A 上的二元关系

$$E_A=\{\langle x,y\rangle \mid x\in A \wedge y\in A\}$$

为 A 上的**全域关系**。

定义 5-5 设 A 是任意集合，则称 A 上的二元关系

$$I_A=\{\langle x,x\rangle \mid x\in A\}$$

为 A 上的**恒等关系**。

例 5-4 设 $A=\{a,b,c\}$，求 E_A 和 I_A。

解 $E_A=\{\langle a,a\rangle,\langle a,b\rangle,\langle a,c\rangle,\langle b,a\rangle,\langle b,b\rangle,\langle b,c\rangle,\langle c,a\rangle,\langle c,b\rangle,\langle c,c\rangle\}$

$I_A=\{\langle a,a\rangle,\langle b,b\rangle,\langle c,c\rangle\}$

在大量的关系中，有几个关系十分重要，下面予以介绍。

定义 5-6 设 A 为实数集 $\mathbf{R}$ 的任意非空子集，则称 A 上的二元关系

$$L_A=\{\langle x,y\rangle \mid x,y\in A \wedge x\leqslant y\}$$

为 A 上的**小于等于关系**。

实例 5-4 若 $A=\{1,2,3\}$，则 A 上的小于等于关系是

$$L_A=\{\langle 1,1\rangle,\langle 1,2\rangle,\langle 1,3\rangle,\langle 2,2\rangle,\langle 2,3\rangle,\langle 3,3\rangle\}$$

定义 5-7 设 A 为正整数集 $\mathbf{Z}^+$ 的任意非空子集，则称 A 上的二元关系

$$D_A=\{\langle x,y\rangle \mid x,y\in A \wedge x\mid y\}$$

为 A 上的**整除关系**。

实例 5-5 若 $A=\{1,2,3\}$，则 A 上的整除关系是

$$D_A=\{\langle 1,1\rangle,\langle 1,2\rangle,\langle 1,3\rangle,\langle 2,2\rangle,\langle 3,3\rangle\}$$

例 5-5 设 $A=\{2,3,5\}$，$B=\{3,4,5,6,10\}$，定义由 A 到 B 的二元关系 R：$\langle a,b\rangle\in R$，当且仅当 a 整除 b。求 R。

解 $R=\{\langle 2,4\rangle,\langle 2,6\rangle,\langle 2,10\rangle,\langle 3,3\rangle,\langle 3,6\rangle,\langle 5,5\rangle,\langle 5,10\rangle\}$

定义 5-8 设 A 为整数集 $\mathbf{Z}$ 的任意非空子集，n 为任意正整数，则称 A 上的二元关系

$$R=\{\langle x,y\rangle \mid x,y\in A\wedge x\equiv y\ (\bmod n)\}$$

为 A 上的**模 n 同余关系**。

例 5-6 设 $A=\{1,2,3,4,5\}$，求 A 上模 3 同余关系 R。

解 根据定义 5-8 得

$$R=\{\langle 1,1\rangle,\langle 1,4\rangle,\langle 2,2\rangle,\langle 2,5\rangle,\langle 3,3\rangle,\langle 4,1\rangle,\langle 4,4\rangle,\langle 5,2\rangle,\langle 5,5\rangle\}$$

定义 5-9 设 Ω 是由一些集合构成的集合族，则称 Ω 上的二元关系

$$R_{\subseteq}=\{\langle A,B\rangle \mid A,B\in\Omega\wedge A\subseteq B\}$$

为 Ω 上的**包含关系**。

例 5-7 设 $A=\{a,b\}$，求 $P(A)$ 上的包含关系 $R_{\subseteq}$。

解 由于 $P(A)=\{\varnothing,\{a\},\{b\},\{a,b\}\}$，所以

$$R_{\subseteq}=\{\langle\varnothing,\varnothing\rangle,\langle\varnothing,\{a\}\rangle,\langle\varnothing,\{b\}\rangle,\langle\varnothing,\{a,b\}\rangle,\langle\{a\},\{a\}\rangle,\langle\{a\},\{a,b\}\rangle,$$
$$\langle\{b\},\{b\}\rangle,\langle\{b\},\{a,b\}\rangle,\langle\{a,b\},\{a,b\}\rangle\}$$

参照定义 5-6 和定义 5-9，还可以定义**大于等于关系**、**小于关系**、**大于关系**和**真包含关系**。

5.1.3 关系矩阵和关系图

关系是一种特殊的集合，当然可以用集合表达式表示。此外，关系还可以用本节将要介绍的关系矩阵和关系图两种方法表示。

定义 5-10 设两个有限集合 $A=\{a_1,a_2,\cdots,a_m\}$，$B=\{b_1,b_2,\cdots,b_n\}$，R 是从 A 到 B 的二元关系，则称矩阵 $\boldsymbol{M}_R=(r_{ij})_{m\times n}$ 为 R 的**关系矩阵**，其中

$$r_{ij}=\begin{cases}1 & (\text{当 } a_iRb_j)\\ 0 & (\text{当 } a_i\bar{R}b_j)\end{cases}$$

式中，$i=1,2,\cdots,m$，$j=1,2,\cdots,n$。

当 $B=A$ 时，A 上的二元关系 R 的关系矩阵 $\boldsymbol{M}_R$ 为方阵。

实例 5-6 从 $A=\{1,2,3\}$ 到 $B=\{a,b,c,d\}$ 的关系

$$R=\{\langle 1,a\rangle,\langle 1,c\rangle,\langle 2,b\rangle,\langle 3,b\rangle,\langle 3,d\rangle\}$$

则对应于顺序 1,2,3 和 a,b,c,d 的关系矩阵是

$$\boldsymbol{M}_R=\begin{array}{c} \\ 1\\ 2\\ 3\end{array}\!\!\begin{array}{c}\begin{matrix} a & b & c & d\end{matrix}\\ \begin{pmatrix}1 & 0 & 1 & 0\\ 0 & 1 & 0 & 0\\ 0 & 1 & 0 & 1\end{pmatrix}\end{array}\qquad\text{(a)}$$

而对应于顺序 2,3,1 和 a,c,b,d 的关系矩阵是

$$M_R = \begin{array}{c} \\ 2 \\ 3 \\ 1 \end{array} \begin{array}{c} \begin{array}{cccc} a & b & c & d \end{array} \\ \begin{pmatrix} 0 & 0 & 1 & 0 \\ 0 & 0 & 1 & 1 \\ 1 & 0 & 0 & 1 \end{pmatrix} \end{array} \tag{b}$$

显然，从 A 到 B 的二元关系 R 的关系矩阵依赖于集合 A 和 B 中的元素如何排序。通常将集合 A 和 B 中的元素设定为按升序排序（即上面的式(a)），并且在写关系矩阵时不必将 A 和 B 中的元素写出，即写成下面的式(c)。

$$M_R = \begin{pmatrix} 1 & 0 & 1 & 0 \\ 0 & 1 & 0 & 0 \\ 0 & 1 & 0 & 1 \end{pmatrix} \tag{c}$$

定义 5-11 设两个有限集合 $A=\{a_1,a_2,\cdots,a_m\}$，$B=\{b_1,b_2,\cdots,b_n\}$，R 是从 A 到 B 的二元关系。用 m 个空心点表示元素 $a_1,a_2,\cdots,a_m$，用 n 个空心点表示元素 $b_1,b_2,\cdots,b_n$。如果集合 B 与集合 A 中有相同元素，则相同元素用同一个空心点表示。如果 a_iRb_j，那么由点 a_i 到点 b_j 画一条有向边，箭头指向 b_j；如果 $a_i\bar{R}b_j$，那么由点 a_i 到点 b_j 就不画有向边。这样的图称为 R 的**关系图**。

例 5-8 设集合 $A=\{2,4,6\}$，$B=\{1,3,5,7\}$，$R=\{\langle x,y\rangle \mid x\in A \land y\in B \land x<y\}$。

(1)用列举法写出关系 R。(2)求关系矩阵 M_R。(3)画出 R 的关系图。

解 (1) $R=\{\langle 2,3\rangle,\langle 2,5\rangle,\langle 2,7\rangle,\langle 4,5\rangle,\langle 4,7\rangle,\langle 6,7\rangle\}$。

(2) $M_R = \begin{pmatrix} 0 & 1 & 1 & 1 \\ 0 & 0 & 1 & 1 \\ 0 & 0 & 0 & 1 \end{pmatrix}$。

(3) 关系图如图 5-1 所示。

例 5-9 (1)写出例 5-5 中关系 R 的关系矩阵 M_R。(2)画出例 5-5 中关系 R 的关系图。

解 (1)

$$M_R = \begin{pmatrix} 0 & 1 & 0 & 1 & 1 \\ 1 & 0 & 0 & 1 & 0 \\ 0 & 0 & 1 & 0 & 1 \end{pmatrix}$$

(2) 关系图如图 5-2 所示。

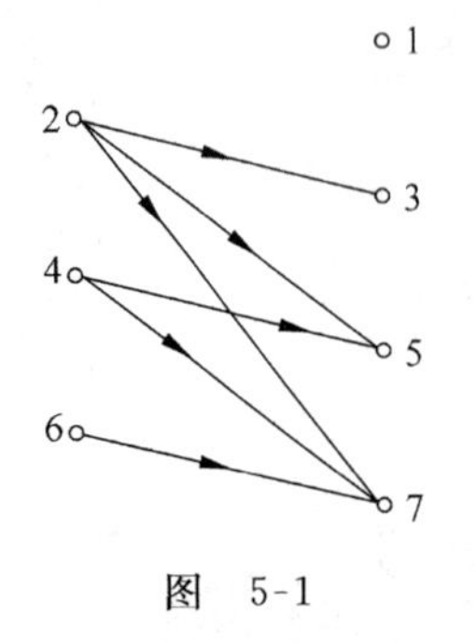

图 5-1

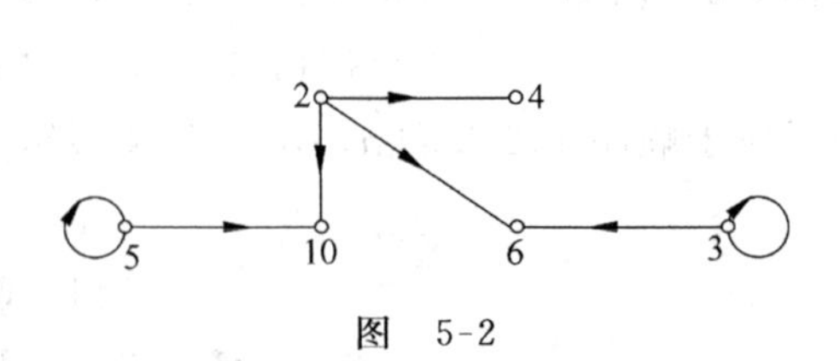

图 5-2

关系 R 的集合表达式、关系矩阵 M_R 和关系图之间都可以相互惟一确定，但它们各有特点。有了关系矩阵就可以将关系的信息用一种更一般的方式存储在计算机中，以便进行各种运算。用关系图表达关系直观形象。

5.2　复合关系和逆关系

对于关系,除了可以进行集合的各种运算外,还有自身具有的特殊运算。本节介绍关系的复合运算和逆运算。

5.2.1　复合关系

定义 5-12　关系 R 中所有有序对的第一元素的集合称为关系 R 的**定义域**,记作 $\mathrm{dom}\,R$;第二元素的集合称为关系 R 的**值域**,记作 $\mathrm{ran}\,R$。

对于从 A 到 B 的二元关系 R,有 $\mathrm{dom}\,R\subseteq A$, $\mathrm{ran}\,R\subseteq B$。

定义 5-13　设 A,B,C 为 3 个集合,R 是从 A 到 B 的二元关系,S 是从 B 到 C 的二元关系,则称 A,C 上的如下二元关系

$$\{\langle a,c\rangle \mid \exists b(aRb \wedge bSc)\}$$

为 R 和 S 的**复合关系**,记作 $R\cdot S$。

$R\cdot S$ 更严格的称谓是 S **右复合** R。

实例 5-7　在人际关系中,R 为兄妹关系,S 为母子关系,则 $R\cdot S$ 为舅甥关系。又如,R 为父子关系,则 $R\cdot R$ 为祖孙关系。

例 5-10　设 $A=\{1,2,3,4\}$,$B=\{2,4\}$,$C=\{1,2,3\}$,A 到 B 的二元关系 $R=\{\langle x,y\rangle \mid x\in A\wedge y\in B\wedge x+y=5\}$,$B$ 到 C 的二元关系 $S=\{\langle y,z\rangle \mid y\in B\wedge z\in C\wedge y-z=1\}$,求 $R\cdot S$。

解　用列举法表示关系 R 和 S 分别是:$R=\{\langle 1,4\rangle,\langle 3,2\rangle\}$,$S=\{\langle 2,1\rangle,\langle 4,3\rangle\}$,所以

$$R\cdot S=\{\langle 1,3\rangle,\langle 3,1\rangle\}$$

对于本题,可能有人用以下方法解答:由 $x+y=5$ 和 $y-z=1$ 推得 $(x+y)-(y-z)=x+z=4$,从而有

$$R\cdot S=\{\langle x,z\rangle \mid x+z=4\}=\{\langle 1,3\rangle,\langle 2,2\rangle,\langle 3,1\rangle\}$$

这个解题思路是错误的,其原因是忽略了复合关系定义中对 y 的限定。读者弄懂了这一点才能真正理解复合关系。

图 5-3 是本题 $R\cdot S$ 的关系图的两种表示法。

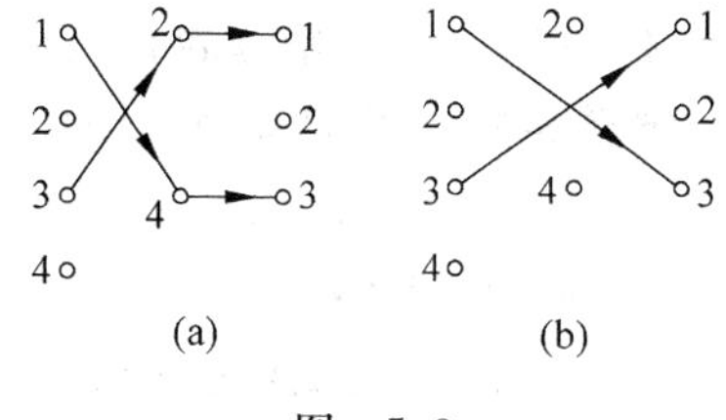

图　5-3

例 5-11　设 $A=\{a,b,c,d\}$,A 上的关系 $R=\{\langle a,a\rangle,\langle a,c\rangle,\langle b,d\rangle\}$,$S=\{\langle a,d\rangle,\langle c,b\rangle,\langle d,c\rangle\}$,求 $R\cdot S$,$S\cdot R$,$R\cdot R$,$S\cdot S$。

解　$R\cdot S=\{\langle a,d\rangle,\langle a,b\rangle,\langle b,c\rangle\}$

$S\cdot R=\{\langle c,d\rangle\}$

$R\cdot R=\{\langle a,a\rangle,\langle a,c\rangle\}$

$S\cdot S=\{\langle a,c\rangle,\langle d,b\rangle\}$

对于例 5-10,$R\cdot S$ 存在,$S\cdot R$ 不存在。对于例 5-11,$R\cdot S$ 和 $S\cdot R$ 都存在,但 $S\cdot R$ 与 $R\cdot S$ 不相同。因此,一般情况下 $S\cdot R\neq R\cdot S$,即复合关系不满足交换律。

定理 5-3　设 R_1 是集合 A,B 上的二元关系,R_2 是集合 B,C 上的二元关系,R_3 是集合 C,D 上的二元关系,则有

$$(R_1 \cdot R_2) \cdot R_3 = R_1 \cdot (R_2 \cdot R_3) \tag{5-6}$$

即复合关系满足结合律。

证明 对任意$\langle a,d\rangle \in (R_1 \cdot R_2) \cdot R_3$,则存在元素$c \in C$,使$\langle a,c\rangle \in R_1 \cdot R_2$,且$\langle c,d\rangle \in R_3$;

由于$\langle a,c\rangle \in R_1 \cdot R_2$,则存在元素$b \in B$,使$\langle a,b\rangle \in R_1$,且$\langle b,c\rangle \in R_2$;

由$\langle b,c\rangle \in R_2$和$\langle c,d\rangle \in R_3$可得$\langle b,d\rangle \in R_2 \cdot R_3$;

由$\langle a,b\rangle \in R_1$和$\langle b,d\rangle \in R_2 \cdot R_3$可得$\langle a,d\rangle \in R_1 \cdot (R_2 \cdot R_3)$;这就得到

$$(R_1 \cdot R_2) \cdot R_3 \subseteq R_1 \cdot (R_2 \cdot R_3)$$

同理可证

$$R_1 \cdot (R_2 \cdot R_3) \subseteq (R_1 \cdot R_2) \cdot R_3$$

因此,

$$(R_1 \cdot R_2) \cdot R_3 = R_1 \cdot (R_2 \cdot R_3)$$

定理 5-4 设有集合A,B,C,D,R_1是A,B上的二元关系,R_2,R_3是B,C上的二元关系,R_4是C,D上的二元关系,则有

(1) $R_1 \cdot (R_2 \cap R_3) = (R_1 \cdot R_2) \cap (R_1 \cdot R_3)$; (5-7)

(2) $R_1 \cdot (R_2 \cup R_3) = (R_1 \cdot R_2) \cup (R_1 \cdot R_3)$; (5-8)

(3) $(R_2 \cap R_3) \cdot R_4 = (R_2 \cdot R_4) \cap (R_3 \cdot R_4)$; (5-9)

(4) $(R_2 \cup R_3) \cdot R_4 = (R_2 \cdot R_4) \cup (R_3 \cdot R_4)$。 (5-10)

证明 下面对(1)进行证明。

对任意$\langle a,c\rangle \in R_1 \cdot (R_2 \cap R_3)$,则存在元素$b \in B$,使$\langle a,b\rangle \in R_1$,且$\langle b,c\rangle \in R_2 \cap R_3$,因而有$\langle b,c\rangle \in R_2$,且$\langle b,c\rangle \in R_3$;

由$\langle a,b\rangle \in R_1$和$\langle b,c\rangle \in R_2$可得$\langle a,c\rangle \in R_1 \cdot R_2$;

由$\langle a,b\rangle \in R_1$和$\langle b,c\rangle \in R_3$可得$\langle a,c\rangle \in R_1 \cdot R_3$;

由$\langle a,c\rangle \in R_1 \cdot R_2$和$\langle a,c\rangle \in R_1 \cdot R_3$可得$\langle a,c\rangle \in (R_1 \cdot R_2) \cap (R_1 \cdot R_3)$;这就得到

$$R_1 \cdot (R_2 \cap R_3) \subseteq (R_1 \cdot R_2) \cap (R_1 \cdot R_3) \tag{a}$$

同理可证

$$(R_1 \cdot R_2) \cap (R_1 \cdot R_3) \subseteq R_1 \cdot (R_2 \cap R_3) \tag{b}$$

由式(a)和式(b)得

$$R_1 \cdot (R_2 \cap R_3) = (R_1 \cdot R_2) \cap (R_1 \cdot R_3)$$

(2)、(3)、(4)留给读者自己证明。

定义 5-14 设R是A上的二元关系,n为自然数,则R的 ***n* 次幂**是

(1) $R^0 = \{\langle x,x\rangle \mid x \in R\} = I_A$;

(2) $R^{n+1} = R^n \cdot R$。

由定义 5-14 知,A上任何关系的 0 次幂都相等,且等于A上的恒等关系I_A。并且,对于A上任何关系R,都有$R^1 = R$。

由于复合关系也是关系,所以也可以用关系矩阵来表示,并且复合关系的关系矩阵可以由构成该复合关系的两个关系的关系矩阵的乘积求得。

为此,这里先介绍布尔运算,再用布尔运算定义两个关系矩阵的乘积。布尔运算只涉及数 0 和 1,这两个数间的加法和乘法的运算规则如下:

$$0+0=0,\quad 0+1=1+0=1+1=1,$$
$$1\times1=1,\quad 1\times0=0\times1=0\times0=0$$

布尔运算是有实际意义的。在逻辑电路中，如果分别用 0 和 1 表示电路的断开和导通，则并联开关可以用布尔运算的加法来表示，串联开关可以用布尔运算的乘法来表示。

对于集合 $A=\{a_1,a_2,\cdots,a_m\}$，$B=\{b_1,b_2,\cdots,b_n\}$，$C=\{c_1,c_2,\cdots,c_r\}$，若 A，B 上的二元关系 R_1 的关系矩阵为 $\boldsymbol{M}_{R_1}=(x_{ij})_{m\times n}$，$B$，$C$ 上的二元关系 R_2 的关系矩阵为 $\boldsymbol{M}_{R_2}=(y_{jk})_{n\times r}$，复合关系 $R_1\cdot R_2$ 的关系矩阵为 $\boldsymbol{M}_{R_1\cdot R_2}=(z_{ik})_{m\times r}$，则有 $\boldsymbol{M}_{R_1\cdot R_2}=\boldsymbol{M}_{R_1}\times\boldsymbol{M}_{R_2}$，其中×是按上述布尔运算做出的矩阵乘法。

集合 A 上的二元关系 R 的 n 次幂的关系矩阵可以用这样的方法简记：$\boldsymbol{M}_{R^2}=\boldsymbol{M}^2,\cdots,\boldsymbol{M}_{R^n}=\boldsymbol{M}^n$。

例 5-12 求例 5-10 的复合关系 $R\cdot S$ 的关系矩阵 $\boldsymbol{M}_{R\cdot S}$。

解 因为

$$\boldsymbol{M}_R=\begin{bmatrix}0&1\\0&0\\1&0\\0&0\end{bmatrix},\quad \boldsymbol{M}_S=\begin{bmatrix}1&0&0\\0&0&1\end{bmatrix}$$

所以

$$\boldsymbol{M}_{R\cdot S}=\boldsymbol{M}_R\cdot\boldsymbol{M}_S=\begin{bmatrix}0&1\\0&0\\1&0\\0&0\end{bmatrix}\begin{bmatrix}1&0&0\\0&0&1\end{bmatrix}=\begin{bmatrix}0&0&1\\0&0&0\\1&0&0\\0&0&0\end{bmatrix}$$

读者可用例 5-10 的结果进行验证。

例 5-13 设 $A=\{a,b,c,d\}$，$R=\{\langle a,b\rangle,\langle b,a\rangle,\langle b,c\rangle,\langle c,d\rangle\}$，求 R 的各次幂。

解 本题利用关系矩阵解答将很清晰。R 的关系矩阵为

$$\boldsymbol{M}=\begin{bmatrix}0&1&0&0\\1&0&1&0\\0&0&0&1\\0&0&0&0\end{bmatrix}$$

由此可求得 R^2，R^3，R^4，R^5 的关系矩阵分别是

$$\boldsymbol{M}^2=\begin{bmatrix}0&1&0&0\\1&0&1&0\\0&0&0&1\\0&0&0&0\end{bmatrix}\begin{bmatrix}0&1&0&0\\1&0&1&0\\0&0&0&1\\0&0&0&0\end{bmatrix}=\begin{bmatrix}1&0&1&0\\0&1&0&1\\0&0&0&0\\0&0&0&0\end{bmatrix}$$

$$\boldsymbol{M}^3=\boldsymbol{M}^2\cdot\boldsymbol{M}=\begin{bmatrix}1&0&1&0\\0&1&0&1\\0&0&0&0\\0&0&0&0\end{bmatrix}\begin{bmatrix}0&1&0&0\\1&0&1&0\\0&0&0&1\\0&0&0&0\end{bmatrix}=\begin{bmatrix}0&1&0&1\\1&0&1&0\\0&0&0&0\\0&0&0&0\end{bmatrix}$$

$$\boldsymbol{M}^4=\boldsymbol{M}^3\cdot\boldsymbol{M}=\begin{bmatrix}0&1&0&1\\1&0&1&0\\0&0&0&0\\0&0&0&0\end{bmatrix}\begin{bmatrix}0&1&0&0\\1&0&1&0\\0&0&0&1\\0&0&0&0\end{bmatrix}=\begin{bmatrix}1&0&1&0\\0&1&0&1\\0&0&0&0\\0&0&0&0\end{bmatrix}$$

$$\boldsymbol{M}^5=\boldsymbol{M}^4\cdot\boldsymbol{M}=\begin{bmatrix}1&0&1&0\\0&1&0&1\\0&0&0&0\\0&0&0&0\end{bmatrix}\begin{bmatrix}0&1&0&0\\1&0&1&0\\0&0&0&1\\0&0&0&0\end{bmatrix}=\begin{bmatrix}0&1&0&1\\1&0&1&0\\0&0&0&0\\0&0&0&0\end{bmatrix}$$

由上述计算过程可以看出，本题有这样的特殊之处：$\boldsymbol{M}^4=\boldsymbol{M}^2,\boldsymbol{M}^5=\boldsymbol{M}^3$。由此就很容易地得到

$$R^2=R^4=R^6=\cdots=\{\langle a,a\rangle,\langle a,c\rangle,\langle b,b\rangle,\langle b,d\rangle\}$$

$$R^3=R^5=R^7=\cdots=\{\langle a,b\rangle,\langle a,d\rangle,\langle b,a\rangle,\langle b,c\rangle\}$$

因 $R^0=I_A=\{\langle a,a\rangle,\langle b,b\rangle,\langle c,c\rangle,\langle d,d\rangle\}$，这就得到了 R 的各次幂。有兴趣的读者可以画出 R 的各次幂的关系图。

5.2.2 逆关系

定义 5-15 设 A,B 是两个集合，若 R 是从 A 到 B 的二元关系，则从 B 到 A 的二元关系

$$\{\langle b,a\rangle\mid\langle a,b\rangle\in R\}$$

称为 R 的**逆关系**，记作 R^{-1}。

例如，若 $A=\{1,2,3\}$，A 上的关系 $R=\{\langle 1,1\rangle,\langle 1,3\rangle,\langle 2,1\rangle,\langle 2,3\rangle,\langle 3,3\rangle\}$ 的逆关系是

$$R^{-1}=\{\langle 1,1\rangle,\langle 1,2\rangle,\langle 3,1\rangle,\langle 3,2\rangle,\langle 3,3\rangle\}$$

例 5-14 设 P 是所有人的集合，且

$$R=\{\langle x,y\rangle\mid x,y\in P\wedge x\text{ 是 }y\text{ 的父亲}\}$$

$$S=\{\langle x,y\rangle\mid x,y\in P\wedge x\text{ 是 }y\text{ 的母亲}\}$$

(1) 说明 $R\cdot R,R^{-1}\cdot S^{-1},R^{-1}\cdot S$ 各关系的含义。

(2) 用 R,S 及其逆关系和复合运算表示以下关系：

$$\{\langle x,y\rangle\mid x,y\in P\wedge y\text{ 是 }x\text{ 的外祖母}\}$$

$$\{\langle x,y\rangle\mid x,y\in P\wedge x\text{ 是 }y\text{ 的祖母}\}$$

解 (1) $R\cdot R$ 表示关系 $\{\langle x,y\rangle\mid x,y\in P\wedge x$ 是 y 的祖父$\}$；

$R^{-1}\cdot S^{-1}$ 表示关系 $\{\langle x,y\rangle\mid x,y\in P\wedge y$ 是 x 的祖母$\}$；

$R^{-1}\cdot S$ 表示空关系 $\varnothing$。

(2) $\{\langle x,y\rangle\mid x,y\in P\wedge y$ 是 x 的外祖母$\}$ 的表达式是 $S^{-1}\cdot S^{-1}$；

$\{\langle x,y\rangle\mid x,y\in P\wedge x$ 是 y 的祖母$\}$ 的表达式是 $S\cdot R$。

定理 5-5 设 R_1,R_2,R_3 是从 A 到 B 的二元关系，则有

(1) $(R^{-1})^{-1}=R$； (5-11)

(2) $(R_1\cap R_2)^{-1}=R_1^{-1}\cap R_2^{-1}$； (5-12)

(3) $(R_1\cup R_2)^{-1}=R_1^{-1}\cup R_2^{-1}$； (5-13)

(4) $(A\times B)^{-1}=B^{-1}\times A^{-1}$。 (5-14)

证明 下面对(3)进行证明。

对任意$\langle a,b\rangle\in(R_1\cup R_2)^{-1}$，必定有$\langle b,a\rangle\in R_1\cup R_2$，则$\langle b,a\rangle\in R_1$或$\langle b,a\rangle\in R_2$；

由$\langle b,a\rangle\in R_1$或$\langle b,a\rangle\in R_2$可得$\langle a,b\rangle\in R_1^{-1}$或$\langle a,b\rangle\in R_2^{-1}$，从而有$\langle a,b\rangle\in R_1^{-1}\cup R_2^{-1}$；这就得到

$$(R_1\cup R_2)^{-1}\subseteq R_1^{-1}\cup R_2^{-1}$$

同理可证

$$R_1^{-1}\cup R_2^{-1}\subseteq(R_1\cup R_2)^{-1}$$

因此，

$$(R_1\cup R_2)^{-1}=R_1^{-1}\cup R_2^{-1}$$

定理 5-6 设R_1是集合A,B上的二元关系，R_2是集合B,C上的二元关系，则有

$$(R_1\cdot R_2)^{-1}=R_2^{-1}\cdot R_1^{-1} \tag{5-15}$$

证明 对任意$\langle c,a\rangle\in(R_1\cdot R_2)^{-1}$，必定有$\langle a,c\rangle\in R_1\cdot R_2$；

由于$\langle a,c\rangle\in R_1\cdot R_2$，则存在$b\in B$，使$\langle a,b\rangle\in R_1$，且$\langle b,c\rangle\in R_2$；

从而有$\langle b,a\rangle\in R_1^{-1}$，且$\langle c,b\rangle\in R_2^{-1}$；

由此可得$\langle c,a\rangle\in R_2^{-1}\cdot R_1^{-1}$；这就得到

$$(R_1\cdot R_2)^{-1}\subseteq R_2^{-1}\cdot R_1^{-1} \tag{a}$$

同理可证

$$R_2^{-1}\cdot R_1^{-1}\subseteq(R_1\cdot R_2)^{-1} \tag{b}$$

由式(a)和式(b)得

$$(R_1\cdot R_2)^{-1}=R_2^{-1}\cdot R_1^{-1}$$

例 5-15 设$A=\{a,b,c,d\}$，A上的关系$R=\{\langle a,a\rangle,\langle a,c\rangle,\langle b,d\rangle\}$，$S=\{\langle a,d\rangle,\langle c,b\rangle,\langle d,c\rangle\}$，分别求$(R\cdot S)^{-1}$和$S^{-1}\cdot R^{-1}$。

解 $(R\cdot S)^{-1}=\{\langle a,d\rangle,\langle a,b\rangle,\langle b,c\rangle\}^{-1}$

$=\{\langle d,a\rangle,\langle b,a\rangle,\langle c,b\rangle\}$

$S^{-1}\cdot R^{-1}=\{\langle d,a\rangle,\langle b,c\rangle,\langle c,d\rangle\}\cdot\{\langle a,a\rangle,\langle c,a\rangle,\langle d,b\rangle\}$

$=\{\langle d,a\rangle,\langle b,a\rangle,\langle c,b\rangle\}$

例 5-15 的答案也验证了定理 5-6。

5.3 关系的性质

集合上的关系有许多有用的性质。本节介绍集合上二元关系的自反性、反自反性、对称性、反对称性和传递性这 5 个重要性质。

定义 5-16 R在A上是**自反的**，当且仅当$\forall x(x\in A\rightarrow xRx)$。

实例 5-8 若集合$A=\{a,b,c,d\}$，$R=\{\langle a,a\rangle,\langle b,b\rangle,\langle b,d\rangle,\langle c,b\rangle,\langle c,c\rangle,\langle d,c\rangle,\langle d,d\rangle\}$是$A$上的一个关系。由定义 5-16 知，$R$是自反的。其关系图如图 5-4 所示，而关系矩阵$\boldsymbol{M}_R$如下：

$$\boldsymbol{M}_R=\begin{pmatrix}1&0&0&0\\0&1&0&1\\0&1&1&0\\0&0&1&1\end{pmatrix}$$

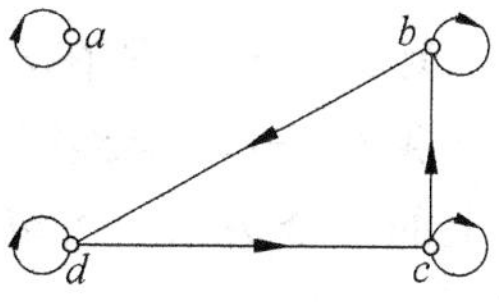

图 5-4

自反关系的关系图中每一个结点都有环；

自反关系的关系矩阵 $\boldsymbol{M}_R$ 的主对角线上的元素都是 1。

可以证明，R 是 A 上的自反关系用集合表示的充要条件是：$I_A \subseteq R$。

定义 5-17 R 在 A 上是**反自反的**，当且仅当 $\forall x(x \in A \rightarrow x\bar{R}x)$。

实例 5-9 若集合 $A=\{a,b,c,d\}$，$R=\{\langle a,b\rangle,\langle a,c\rangle,\langle b,a\rangle,\langle b,c\rangle,\langle c,d\rangle,\langle d,b\rangle\}$是 A 上的一个关系。由定义 5-17 知，R 是反自反的。其关系图如图 5-5 所示，而关系矩阵 $\boldsymbol{M}_R$ 如下：

$$\boldsymbol{M}_R=\begin{pmatrix}0&1&1&0\\1&0&1&0\\0&0&0&1\\0&1&0&0\end{pmatrix}$$

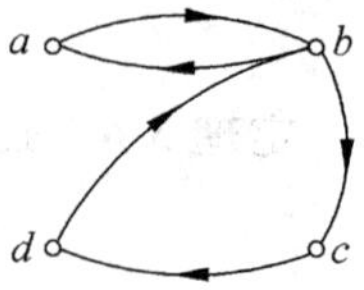

图 5-5

反自反关系的关系图中每一个结点都没有环；

反自反关系的关系矩阵 $\boldsymbol{M}_R$ 的主对角线上的元素都是 0。

可以证明，R 是 A 上的反自反关系用集合表示的充要条件是：$R \cap I_A=\varnothing$。

【说明】 (1) 一个关系可以既不是自反的，也不是反自反的。例如，集合 $A=\{1,2,3\}$ 上的关系 $R=\{\langle 1,1\rangle,\langle 2,1\rangle,\langle 2,3\rangle\}$既不是自反的，也不是反自反的；

(2) 一个关系不可能既是自反的，又是反自反的。

定义 5-18 R 在 A 上是**对称的**，当且仅当 $\forall x \forall y(x,y \in A \wedge xRy \rightarrow yRx)$。

实例 5-10 若集合 $A=\{a,b,c,d\}$，$R=\{\langle a,a\rangle,\langle a,b\rangle,\langle b,a\rangle,\langle b,d\rangle,\langle c,c\rangle,\langle c,d\rangle,\langle d,b\rangle,\langle d,c\rangle\}$是 A 上的一个关系。可以判断，R 是对称的。其关系图如图 5-6 所示，而关系矩阵 $\boldsymbol{M}_R$ 如下：

$$\boldsymbol{M}_R=\begin{pmatrix}1&1&0&0\\1&0&0&1\\0&0&1&1\\0&1&1&0\end{pmatrix}$$

对称关系的关系图中，如果两个结点间有有向边，则必成对出现；

对称关系的关系矩阵 $\boldsymbol{M}_R$ 必是对称矩阵。

可以证明，R 是 A 上的对称关系用集合表示的充要条件是：$R^{-1}=R$。

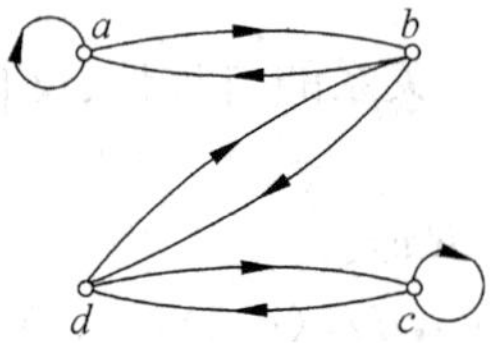

图 5-6 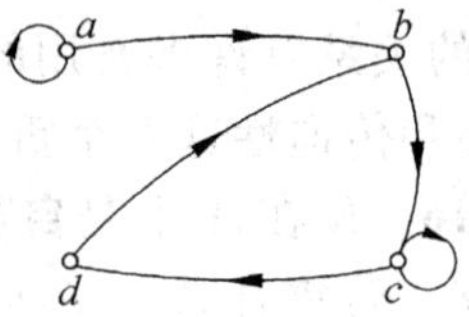　　　　图 5-7

定义 5-19 R 在 A 上是**反对称的**，当且仅当 $\forall x \forall y(x,y \in A \wedge xRy \wedge yRx \rightarrow x=y)$。

实例 5-11 若集合 $A=\{a,b,c,d\}$，$R=\{\langle a,a\rangle,\langle a,b\rangle,\langle b,c\rangle,\langle c,c\rangle,\langle c,d\rangle,\langle d,b\rangle\}$是 A 上的一个关系。可以判断，R 是反对称的。其关系图如图 5-7 所示，而关系矩阵 $\boldsymbol{M}_R$ 如下：

$$M_R=\begin{pmatrix}1&1&0&0\\0&0&1&0\\0&0&1&1\\0&1&0&0\end{pmatrix}$$

反对称关系的关系图中，如果两个结点间有有向边，则必不是成对出现的；

反对称关系的关系矩阵 M_R 中，如果非对角线上有某元素是1，则其对称位置上的元素一定是0。

可以证明，R 是 A 上的反对称关系用集合表示的充要条件是：$R\cap R^{-1}\subseteq I_A$。

【说明】 (1) 一个关系可以既不是对称的，也不是反对称的。例如，集合 $A=\{1,2,3\}$ 上的关系 $R=\{\langle 1,2\rangle,\langle 2,1\rangle,\langle 2,3\rangle\}$ 既不是对称的，也不是反对称的；

(2) 一个关系可以既是对称的，也是反对称的。例如，集合 $A=\{1,2,3\}$ 上的关系 $R=\{\langle 1,1\rangle,\langle 2,2\rangle,\langle 3,3\rangle\}$ 既是对称的，也是反对称的。

定义 5-20 R 在 A 上是**传递的**，当且仅当 $\forall x\forall y\forall z(x,y,z\in A\wedge xRy\wedge yRz\rightarrow xRz)$。

实例 5-12 若集合 $A=\{a,b,c,d\}$，$R=\{\langle a,b\rangle,\langle a,c\rangle,\langle a,d\rangle,\langle c,c\rangle,\langle c,d\rangle,\langle d,d\rangle\}$ 是 A 上的一个关系。可以判断，R 是传递的。其关系图如图 5-8 所示，而关系矩阵 M_R 如下：

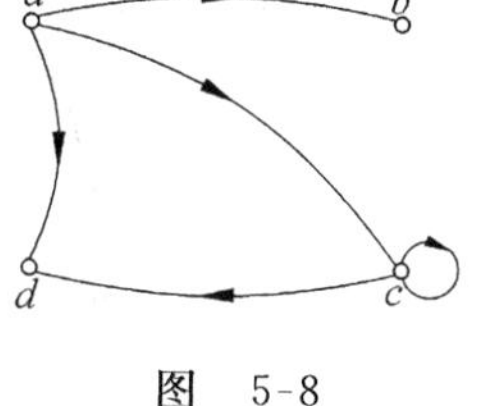

图 5-8

$$M_R=\begin{pmatrix}0&1&1&1\\0&0&0&0\\0&0&1&1\\0&0&0&1\end{pmatrix}$$

传递关系的关系图中，如果有从结点 a 到结点 b 的有向边，同时又有从结点 b 到结点 c 的有向边，则必定有从结点 a 到结点 c 的有向边。

传递关系的关系矩阵 M_R 没有明显的特征。

可以证明，R 是 A 上的传递关系用集合表示的充要条件是：$R\cdot R\subseteq R$。

根据定义 5-16～定义 5-20，集合 A 上的 3 个特殊关系的性质如下：

(1) 空关系是反自反的、对称的、反对称的和传递的；

(2) 全域关系是自反的、对称的和传递的；

(3) 恒等关系是自反的、对称的、反对称的和传递的。

同样根据有关定义，前面介绍过的一些重要关系的性质如下：

实数集 **R** 中的小于等于关系($\leqslant$)和大于等于关系($\geqslant$)是自反的、反对称的和传递的；

实数集 **R** 中的小于关系($<$)和大于关系($>$)是反自反的、反对称的和传递的；

实数集 **R** 中的等于关系($=$)是自反的、对称的和传递的，而不等于关系($\neq$)是反自反的、对称的；

整数集 **Z** 中的同余关系是自反的、对称的和传递的；

正整数集 $\mathbf{Z}^+$ 中的整除关系是自反的、反对称的和传递的；

集合族中的包含关系是自反的、反对称的和传递的。

对于稍复杂的关系，直接根据定义判断关系的性质比较困难，通过关系图和关系矩阵判断比较方便。

例 5-16 设 $R_i(i=1,2,\cdots,9)$是集合 $A=\{1,2,3\}$上的 9 个二元关系(如图 5-9 所示),判断它们各具有什么性质。

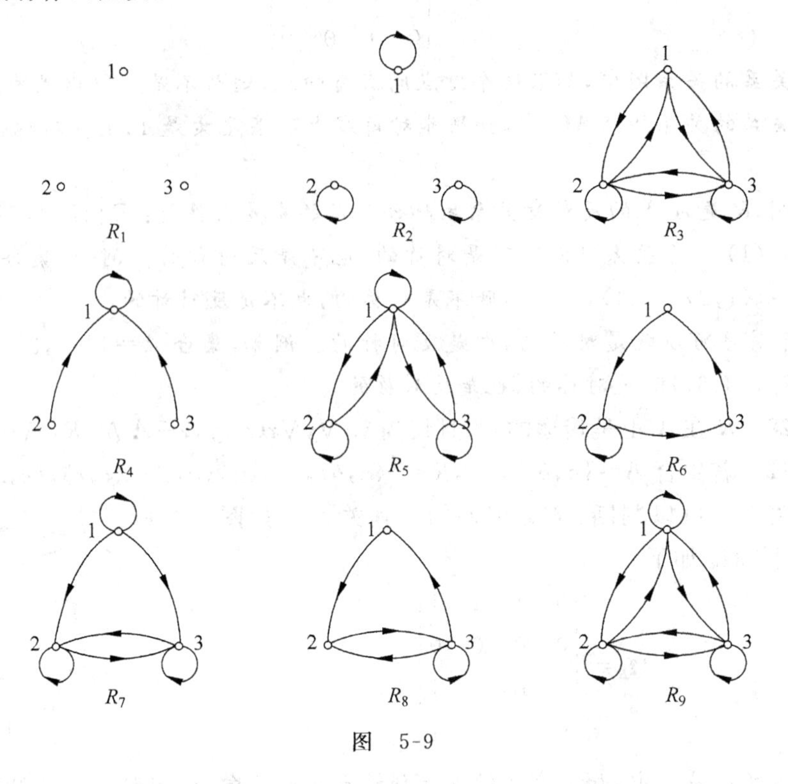

图 5-9

解 根据关系图的特征,可以判断各个关系分别具有下列性质。

R_1 具有反自反性、对称性、反对称性和传递性。

R_2 具有自反性、对称性、反对称性和传递性。

R_3 仅具有对称性。

R_4 具有反对称性和传递性。

R_5 具有自反性和对称性。

R_6 仅具有反对称性。

R_7 具有自反性和传递性。

R_8 不具有任何特性。

R_9 具有自反性、对称性和传递性。

例 5-17 设 R_1 和 R_2 都是集合 A 上的自反关系,试证明 R_1^{-1},$R_1\cap R_2$ 和 $R_1\cup R_2$ 也都是集合 A 上的自反关系。

证明 由于 R_1 是集合 A 上的自反关系,所以对于集合 A 中的任意元素 a,都有$\langle a,a\rangle\in R_1$,从而有$\langle a,a\rangle\in R_1^{-1}$。所以,$R_1^{-1}$ 是集合 A 上的自反关系。

由于 R_1 和 R_2 都是集合 A 上的自反关系,所以对于集合 A 中的任意元素 a,有$\langle a,a\rangle\in R_1$,并且有$\langle a,a\rangle\in R_2$,从而有$\langle a,a\rangle\in R_1\cap R_2$。所以,$R_1\cap R_2$ 是集合 A 上的自反关系。

同理可证,$R_1\cup R_2$ 是集合 A 上的自反关系。

5.4 关系的闭包

根据前面介绍的多个例题可知，许多关系并不具有自反性(或对称性或传递性)。实际上，在任何不具有自反性(或对称性或传递性)的关系 R 中适当添加一部分有序对(并且使添加的有序对尽可能少)得到的新关系 R' 一定具有自反性(或对称性或传递性)。这就是下面给出的闭包的概念。

定义 5-21 设 R 是非空集合 A 上的关系，R 的**自反**(或**对称**或**传递**)**闭包**是 A 上的关系 R'，且 R' 满足以下条件：

(1) R' 是自反(或对称或传递)的；

(2) $R \subseteq R'$；

(3) 对 A 上任何包含 R 的自反(或对称或传递)关系 R''，有 $R' \subseteq R''$。

通常将 R 的自反闭包记作 $r(R)$，对称闭包记作 $s(R)$，传递闭包记作 $t(R)$。

由定义 5-21 知，求关系的闭包实际上是关系的一种运算。求已知关系 R 的闭包有以下两种方法：(1)比较简单的问题可直接求解；(2)比较复杂的问题可根据下面的定理 5-7 求解。

定理 5-7 设 R 是集合 A 上的一个关系，则有

(1) $r(R)=R \cup R^0=R \cup I_A$；

(2) $s(R)=R \cup R^{-1}$；

(3) $t(R)=R \cup R^2 \cup R^3 \cup \cdots$。

证明 (1)、(2)的证明很简单，留给读者自己完成。下面只证明(3)。

① 先证 $t(R) \subseteq R \cup R^2 \cup R^3 \cup \cdots$，即只需证明 $R \cup R^2 \cup R^3 \cup \cdots$ 具有传递性。

任取 $\langle a,b\rangle \in R \cup R^2 \cup R^3 \cup \cdots$ 和 $\langle b,c\rangle \in R \cup R^2 \cup R^3 \cup \cdots$，则

$$
\begin{aligned}
&(\langle a,b\rangle \in R \cup R^2 \cup R^3 \cup \cdots) \wedge (\langle b,c\rangle \in R \cup R^2 \cup R^3 \cup \cdots)\\
&\Rightarrow \exists k(\langle a,b\rangle \in R^k) \wedge \exists l(\langle b,c\rangle \in R^l)\\
&\Rightarrow \exists k \exists l(\langle a,b\rangle \in R^k \wedge \langle b,c\rangle \in R^l)\\
&\Rightarrow \exists k \exists l(\langle a,c\rangle \in R^k \cdot R^l) \Rightarrow \exists k \exists l(\langle a,c\rangle \in R^{k+l})\\
&\Rightarrow \langle a,c\rangle \in R \cup R^2 \cup R^3 \cup \cdots
\end{aligned}
$$

这就证明了 $R \cup R^2 \cup R^3 \cup \cdots$ 具有传递性。

② 再证 $R \cup R^2 \cup R^3 \cup \cdots \subseteq t(R)$，实际上只需证明对于任意的正整数 n，都有 $R^n \subseteq t(R)$。用数学归纳法证。

当 $n=1$ 时有 $R^1=R \subseteq t(R)$。

假设当 $n=k$ 时 $R^k \subseteq t(R)$ 成立，则对于任意的 $\langle a,b\rangle$，有

$$
\begin{aligned}
\langle a,b\rangle \in R^{k+1} &\Leftrightarrow \exists c(\langle a,c\rangle \in R^k \wedge \langle c,b\rangle \in R)\\
&\Rightarrow \exists c(\langle a,c\rangle \in t(R) \wedge \langle c,b\rangle \in t(R))\\
&\Rightarrow \langle a,b\rangle \in t(R)
\end{aligned}
$$

这就证明了 $R^{k+1} \subseteq t(R)$，即当 $n=k+1$ 时 $R^n \subseteq t(R)$ 也成立。所以对于任意的正整数 n，都有 $R^n \subseteq t(R)$，即 $R \cup R^2 \cup R^3 \cup \cdots \subseteq t(R)$。

根据①和②，原命题得证。

推论 设 R 是有限集合 A 上的一个关系，若 $|A|=n$，则

$$t(R)=R\cup R^2\cup R^3\cup\cdots\cup R^n$$

该推论的证明留给读者自己完成。

例 5-18 若集合 $A=\{a,b,c\}$，$R=\{\langle a,a\rangle,\langle a,b\rangle,\langle b,c\rangle\}$，求 R 的自反闭包 $r(R)$、对称闭包 $s(R)$ 和传递闭包 $t(R)$。

解 本题比较简单，可以直接写出答案。下面用定理 5-7 及其推论解答是为了让读者加深对它们的理解。

$$\begin{aligned}r(R)&=R\cup I_A=\{\langle a,a\rangle,\langle a,b\rangle,\langle b,c\rangle\}\cup\{\langle a,a\rangle,\langle b,b\rangle,\langle c,c\rangle\}\\&=\{\langle a,a\rangle,\langle a,b\rangle,\langle b,b\rangle,\langle b,c\rangle,\langle c,c\rangle\}\\s(R)&=R\cup R^{-1}=\{\langle a,a\rangle,\langle a,b\rangle,\langle b,c\rangle\}\cup\{\langle a,a\rangle,\langle b,a\rangle,\langle c,b\rangle\}\\&=\{\langle a,a\rangle,\langle a,b\rangle,\langle b,a\rangle,\langle b,c\rangle,\langle c,b\rangle\}\end{aligned}$$

由于 $R^2=\{\langle a,a\rangle,\langle a,b\rangle,\langle b,c\rangle\}\cdot\{\langle a,a\rangle,\langle a,b\rangle,\langle b,c\rangle\}=\{\langle a,a\rangle,\langle a,b\rangle,\langle a,c\rangle\}$，且当 $n\geqslant 2$ 时，总有 $R^n=\{\langle a,a\rangle,\langle a,b\rangle,\langle a,c\rangle\}$，因而

$$\begin{aligned}t(R)&=R\cup R^2=\{\langle a,a\rangle,\langle a,b\rangle,\langle b,c\rangle\}\cup\{\langle a,a\rangle,\langle a,b\rangle,\langle a,c\rangle\}\\&=\{\langle a,a\rangle,\langle a,b\rangle,\langle a,c\rangle,\langle b,c\rangle\}\end{aligned}$$

根据定理 5-7，可以通过 R 的关系矩阵 $\boldsymbol{M}$ 求 $r(R)$，$s(R)$ 和 $t(R)$ 的关系矩阵 $\boldsymbol{M}_r$，$\boldsymbol{M}_s$ 和 $\boldsymbol{M}_t$。即

$$\boldsymbol{M}_r=\boldsymbol{M}+\boldsymbol{E} \tag{5-16}$$

$$\boldsymbol{M}_s=\boldsymbol{M}+\boldsymbol{M}^{\mathrm{T}} \tag{5-17}$$

$$\boldsymbol{M}_t=\boldsymbol{M}+\boldsymbol{M}^2+\boldsymbol{M}^3+\cdots \tag{5-18}$$

其中，$\boldsymbol{E}$ 是和 $\boldsymbol{M}$ 同阶的单位矩阵，$\boldsymbol{M}^{\mathrm{T}}$ 是 $\boldsymbol{M}$ 的转置矩阵。这里，在进行矩阵加法运算时使用逻辑加。

同样，可以通过 R 的关系图 G 得到 $r(R)$，$s(R)$ 和 $t(R)$ 的关系图 G_r，G_s 和 G_t。方法如下：

在 G 中所有没有环的结点都加上环就得到 G_r。

在 G 中所有只有单向有向弧的两个结点间都加上反方向的有向弧就得到 G_s。

对 G 中每一个结点，如结点 a_i，看它与所有其他结点的关系。如果有一串首尾相接的有向弧从 a_i 连到 a_j，但没有从 a_i 到 a_j 的有向弧，就添加这样的有向弧。按这样的方法考察 G 中的所有结点并添加必要的有向弧就得到 G_t。

读者可以用这里介绍的方法求例 5-18 中 $r(R)$，$s(R)$ 和 $t(R)$ 的关系矩阵 $\boldsymbol{M}_r$，$\boldsymbol{M}_s$ 和 $\boldsymbol{M}_t$，并画出 $r(R)$，$s(R)$ 和 $t(R)$ 的关系图 G_r，G_s 和 G_t。

5.5 等价关系和偏序关系

等价关系与偏序关系是两类最重要的二元关系。研究等价关系的目的是将集合中的元素按一定的要求进行分类，研究偏序关系的目的是将集合中的元素在一定的条件下进行排序。

5.5.1 等价关系

定义 5-22 设 R 是非空集合 A 上的关系，如果关系 R 同时具有自反性、对称性和传递

性，则称 R 是 A 上的**等价关系**。若 $\langle a,b\rangle\in R$，称 ***a* 等价于 *b***，记作 $a\sim b$。

现实世界中的等价关系很多，下面是几个实例。

实例 5-13 三角形的全等关系和相似关系。

实例 5-14 人类中的同龄关系。

实例 5-15 集合 A 上的恒等关系 I_A 和全域关系 E_A。

例 5-19 设集合 $A=\{0,1,2,3,4,5,6\}$，R 为集合 A 上的模 3 同余关系，即 $R=\{\langle x,y\rangle \mid x,y\in A\wedge x\equiv y\ (\mathrm{mod}\ 3)\}$，试通过关系图来验证 R 为等价关系。

解 按题意，

$$R=\{\langle 0,0\rangle,\langle 0,3\rangle,\langle 0,6\rangle,\langle 1,1\rangle,\langle 1,4\rangle,\langle 2,2\rangle,\langle 2,5\rangle,\langle 3,0\rangle,\langle 3,3\rangle,\langle 3,6\rangle,\langle 4,1\rangle,\langle 4,4\rangle,\langle 5,2\rangle,\langle 5,5\rangle,\langle 6,0\rangle,\langle 6,3\rangle,\langle 6,6\rangle\}$$

R 的关系图如图 5-10 所示。从关系图可以看出：

(1) 每个结点都有环，所以 R 具有自反性；

(2) 两个结点间如果有有向边，都是成对出现的，所以 R 具有对称性；

(3) 如果有从结点 a 到结点 b 的有向边，同时又有从结点 b 到结点 c 的有向边，则有从结点 a 到结点 c 的有向边，所以 R 具有传递性。

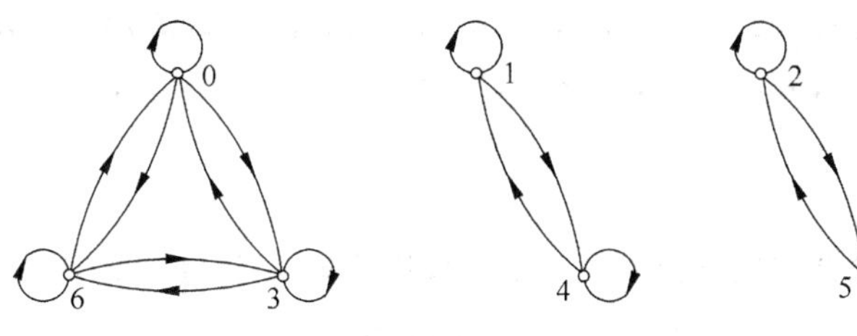

图 5-10

综合上面 3 点知，R 是等价关系。

例 5-20 根据定义 5-22 证明例 5-19。

证明 ① 因为 $\forall a\in A$，都有 aRa，所以 R 是自反的；

② 因为 $\forall a,b\in A$，如果 aRb，则必然 bRa，所以 R 是对称的；

③ 因为 $\forall a,b,c\in A$，如果 aRb 并且 bRc，则必然 aRc，所以 R 是传递的。

根据①、②、③，R 确是等价关系。

定义 5-23 设 A 是非空集合，R 是 A 上的等价关系，$\forall x\in A$，令

$$[x]_R=\{y\mid y\in A\wedge xRy\}$$

称 $[x]_R$ 为 ***x* 关于 *R* 的等价类**，简称为 ***x* 的等价类**，简记作 $[x]$。

由定义 5-23 知，$[x]_R$ 中的任意两个元素都等价，$[x]_R$ 中的任意元素与 $[x]_R$ 外的任意元素都不等价。

例 5-19 中 0,3,6 构成一个等价类，1 与 4，2 与 5 也分别构成一个等价类。这就是说，例 5-19 可以划分成这样 3 个等价类：

$$[0]=[3]=[6]=\{0,3,6\}$$

$$[1]=[4]=\{1,4\}$$

$$[2]=[5]=\{2,5\}$$

定理 5-8 设 R 是非空集合 A 上的等价关系，则有

(1) $\forall x \in A$，$[x]$是 A 的非空子集；

(2) $\forall x,y \in A$，如果 xRy，则$[x]$与$[y]$相等；

(3) $\forall x,y \in A$，如果 $x\bar{R}y$，则$[x]$与$[y]$不相交；

(4) 所有等价类的并集就是 A。

由定理 4-12 知，若 R 是集合 A 上的等价关系，则关系 R 的全部等价类构成集合 A 的一个划分。并且，同一个集合在不同的关系下有不同的划分。

例 5-19 中，$R=\{\langle x,y\rangle \mid x,y \in A \wedge x \equiv y \pmod 3\}$是集合 $A=\{0,1,2,3,4,5,6\}$上的等价关系。在这个关系下，A 有 3 个等价类：$\{0,3,6\}$，$\{1,4\}$和$\{2,5\}$。而对另一个关系 $R_1=\{\langle x,y\rangle \mid x,y \in A \wedge x \equiv y \pmod 2\}$，$A$ 有 2 个等价类：$\{0,2,4,6\}$和$\{1,3,5\}$。

根据定义 5-23，可以通俗地说，等价关系在其每一个由等价类构成的子集中是全域关系。图 5-10 是一个很好的例子。

综上所述，如果给定集合的一个划分，就可以得到与这个划分对应的等价关系。

例 5-21 设集合 $A=\{a,b,c,d\}$，针对以下两个不同的划分求对应的等价关系 R_1 和 R_2。

(1) $P_1=\{\{a,b\},\{c,d\}\}$。 (2) $P_2=\{\{a,b,c\},\{d\}\}$

解 (1) $R_1=\{\langle a,a\rangle,\langle a,b\rangle,\langle b,a\rangle,\langle b,b\rangle,\langle c,c\rangle,\langle c,d\rangle,\langle d,c\rangle,\langle d,d\rangle\}$。

(2) $R_2=\{\langle a,a\rangle,\langle a,b\rangle,\langle a,c\rangle,\langle b,a\rangle,\langle b,b\rangle,\langle b,c\rangle,\langle c,a\rangle,\langle c,b\rangle,\langle c,c\rangle,\langle d,d\rangle\}$。

5.5.2 偏序关系

关系可以用来对集合中的元素排序。例如，整数集 **Z** 上的关系 R，

$$R=\{\langle x,y\rangle \mid x,y \in \mathbf{Z} \wedge x \leqslant y\}$$

将所有整数排序。显然，这里的关系 R 具有自反性、反对称性和传递性。这一类关系就是下面定义的偏序关系。

定义 5-24 设 R 是非空集合 A 上的关系，如果关系 R 同时具有自反性、反对称性和传递性，则称 R 是 A 上的**偏序关系**，记作$\leqslant$。若$\langle x,y\rangle \in \leqslant$，则记作 $x \leqslant y$，读作"x 先于 y"。

【说明】 定义 5-24 中的"先于"不是指数的大小，而是指偏序关系中的顺序性。"x 先于 y"的实际含义是，x 在偏序关系中的顺序上排在 y 的前面或者 x 就是 y。

在表示偏序关系时，适当的场合需要用下面两个符号。

(1) $\geqslant$。$\geqslant$与$\leqslant$的含义相反，即 $x \geqslant y$ 与 $y \leqslant x$ 的含义相同。$x \geqslant y$ 读作"x 后于 y"。

(2) $<$。$x<y$ 的含义是 $x \leqslant y$，但 $x \neq y$。

现实世界中的偏序关系很多，下面是几个实例。

实例 5-16 正整数集 $\mathbf{Z}^+$ 上的整除关系。在这个关系中，$3 \leqslant 6$ 的实际含义是：在整除关系中 3 在顺序上排在 6 的前面。

实例 5-17 实数集 **R** 上的小于等于关系$\leqslant$。在这个关系中，$3.5 \leqslant 5$ 的实际含义是：在小于等于关系中 3.5 在顺序上排在 5 的前面。

实例 5-18 实数集 **R** 上的大于等于关系$\geqslant$。在这个关系中，$8 \leqslant 5$ 的实际含义是：在大于等于关系中 8 在顺序上排在 5 的前面。

实例 5-19 集合族上的包含关系 $R_{\subseteq}$。在这个关系中，$A \leqslant B$ 的实际含义是：在集合族上的包含关系中 A 在顺序上排在 B 的前面。

可以证明(本书从略),任何一个偏序关系的逆关系也都是一个偏序关系。因此,表示偏序关系的符号$\leqslant$的具体含义由具体问题决定。

例 5-22 试证明实数集 $\mathbf{R}$ 上的大于等于关系$\geqslant$是偏序关系。

证明 ① 对于任意 $a\in\mathbf{R}$,$a\geqslant a$ 总是成立,因此$\geqslant$是自反的;

② 对于任意 $a,b\in\mathbf{R}$,如果 $a\geqslant b$,并且 $b\geqslant a$,必有 $a=b$,因此$\geqslant$是反对称的;

③ 对于任意 $a,b,c\in\mathbf{R}$,如果 $a\geqslant b$,并且 $b\geqslant c$,必有 $a\geqslant c$,因此$\geqslant$是传递的。

根据①、②、③,$\geqslant$确是偏序关系。

定义 5-25 集合 A 和 A 上的偏序关系$\leqslant$称为**偏序集**,记作$\langle A,\leqslant\rangle$。

例如,实数集 $\mathbf{R}$ 和实数集 $\mathbf{R}$ 上的小于等于关系$\leqslant$一起构成偏序集$\langle\mathbf{R},\leqslant\rangle$,集合 A 的幂集 $P(A)$和包含关系 $R_{\subseteq}$一起构成偏序集$\langle P(A),R_{\subseteq}\rangle$。

在偏序集$\langle A,\leqslant\rangle$中,对 A 中的元素 a 和 b,如果 $a\leqslant b$ 或 $b\leqslant a$,则称 a 和 b 是**可比的**;否则称 a 和 b 是**不可比的**。

在偏序关系中,并不是任意两个元素都是可比的,两个元素是否可比要根据具体关系的定义。读者可以通过下面的实例 5-20 加深对两个元素是否可比的理解。

实例 5-20 设偏序关系$\leqslant$为集合 $A=\{1,2,3,4,5,6\}$上的整除关系。由于 $2|6$,所以 2 和 6 是可比的,并且 $2\leqslant 6$;又由于 $3|6$,所以 3 和 6 是可比的,并且 $3\leqslant 6$。由于 $2\nmid 3$ 并且$3\nmid 2$,所以 2 和 3 是不可比的。称谓“偏序集”中的“偏”字体现的就是偏序集中可能存在某些元素,它们之间不可比这一特征。

如果偏序集 A 中任意两个元素都是可比的,则称 A 是一个**全序集**或一个**链**。这样的偏序称为**全序**。

例如,实例 5-16 所举的正整数集 $\mathbf{Z}^+$ 上的整除关系不是全序关系,而实例 5-17 所举的实数集 $\mathbf{R}$ 上的小于等于关系$\leqslant$是全序关系。

利用偏序关系的性质可以用简化了的关系图形象地表示一个偏序集,这种图称为**哈斯图**。哈斯图可以从一般的关系图按以下的要求简化得到:

(1) 由于偏序关系$\leqslant$是自反的,哈斯图中省略每个结点上表示自反性的环;

(2) 由于偏序关系$\leqslant$是反对称的,那么关系图中如果两个不同结点 a 与 b 间有有向弧,则一定是单向的。如果 $a\leqslant b$,就把 b 安排在 a 的上方,这样一来,所有的箭头都向上。因此,可省略每条有向弧上的箭头;

(3) 由于偏序关系$\leqslant$是传递的,若 $a\leqslant b$,$b\leqslant c$,则 $a\leqslant c$。在哈斯图中省略从结点 a 到结点 c 的有向弧。因此从整体上讲,若任意两个不同结点间有一连串首尾相接的有向弧连接,则在哈斯图中省略直接连接这两个结点的有向弧。

例 5-23 设集合 A 上的整除关系为 D_A,试对(1)$A=\{1,2,3,4,5,6\}$;(2)$A=\{2,3,6,9,12\}$分别画出偏序集$\langle A,D_A\rangle$的哈斯图。

解 用列举法写出(1)、(2)的 D_A:

(1) $D_A=\{\langle 1,2\rangle,\langle 1,3\rangle,\langle 1,4\rangle,\langle 1,5\rangle,\langle 1,6\rangle,\langle 2,4\rangle,\langle 2,6\rangle,\langle 3,6\rangle\}\cup I_A$。

(2) $D_A=\{\langle 2,6\rangle,\langle 2,12\rangle,\langle 3,6\rangle,\langle 3,9\rangle,\langle 3,12\rangle,\langle 6,12\rangle\}\cup I_A$。

这两个关系的哈斯图分别如图 5-11 中的(a)、(b)所示。

例 5-24 一个偏序集$\langle A,\leqslant\rangle$的哈斯图如图 5-12 所示,写出集合 A 和偏序关系$\leqslant$。

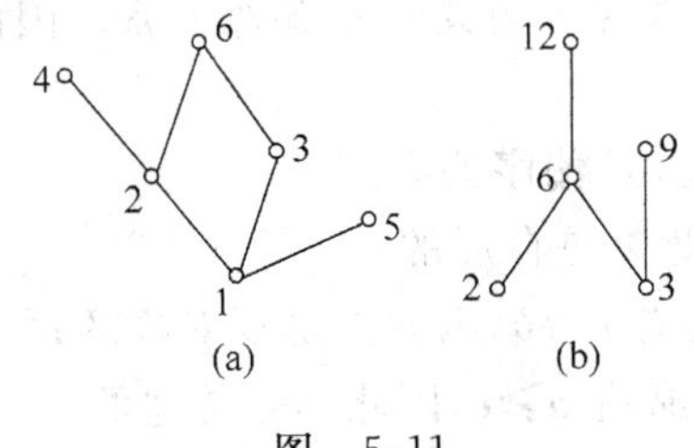

图 5-11

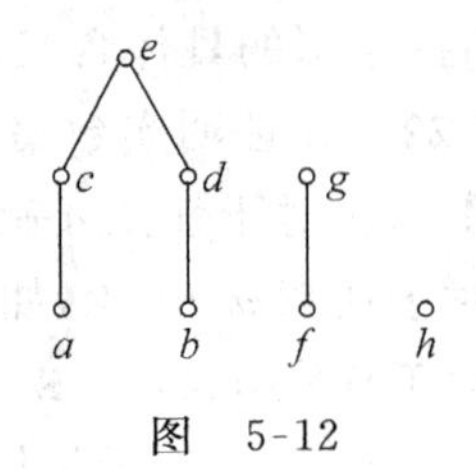

图 5-12

解 $A=\{a,b,c,d,e,f,g,h\}$

$\leqslant=\{\langle a,c\rangle,\langle a,e\rangle,\langle b,d\rangle,\langle b,e\rangle,\langle c,e\rangle,\langle d,e\rangle,\langle f,g\rangle\}\cup I_A$

例 5-25 画出偏序集$\langle P(\{a,b,c\}),R_{\subseteq}\rangle$的哈斯图。

解 由于 $P(A)=\{\varnothing,\{a\},\{b\},\{c\},\{a,b\},\{a,c\},\{b,c\},\{a,b,c\}\}$，所以

$R_{\subseteq}=\{\langle\varnothing,\{a\}\rangle,\langle\varnothing,\{b\}\rangle,\langle\varnothing,\{c\}\rangle,\langle\varnothing,\{a,b\}\rangle,\langle\varnothing,\{a,c\}\rangle,\langle\varnothing,\{b,c\}\rangle,$
$\langle\varnothing,\{a,b,c\}\rangle,\langle\{a\},\{a,b\}\rangle,\langle\{a\},\{a,c\}\rangle,\langle\{a\},\{a,b,c\}\rangle,\langle\{b\},\{a,b\}\rangle,$
$\langle\{b\},\{b,c\}\rangle,\langle\{b\},\{a,b,c\}\rangle,\langle\{c\},\{a,c\}\rangle,\langle\{c\},\{b,c\}\rangle,\langle\{c\},\{a,b,c\}\rangle,$
$\langle\{a,b\},\{a,b,c\}\rangle,\langle\{a,c\},\{a,b,c\}\rangle,\langle\{b,c\},\{a,b,c\}\rangle\}\cup I_{P(A)}$

偏序集$\langle P(\{a,b,c\}),R_{\subseteq}\rangle$的哈斯图如图 5-13 所示。

显然，有限全序集的哈斯图是“链”状的。

下面介绍偏序集中的一些特殊元素。

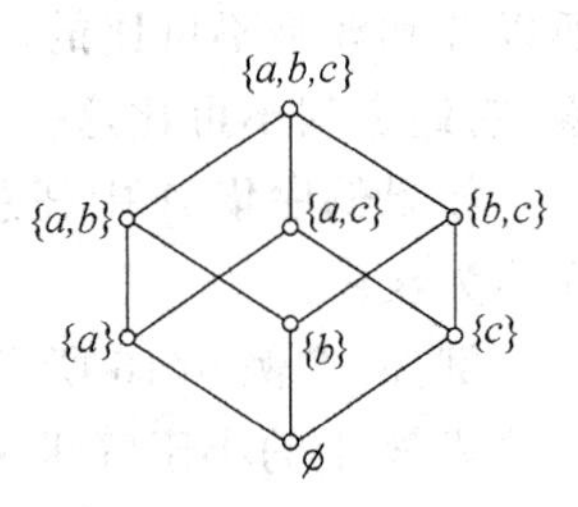

图 5-13

定义 5-26 设$\langle A,\leqslant\rangle$为偏序集，$B\subseteq A$，$b\in B$，

(1) 若 $\forall x(x\in B\rightarrow b\leqslant x)$成立，则称 b 是 B 的**最小元**；

(2) 若 $\forall x(x\in B\rightarrow x\leqslant b)$成立，则称 b 是 B 的**最大元**；

(3) 若 $\forall x(x\in B\wedge x\leqslant b\rightarrow x=b)$成立，则称 b 是 B 的**极小元**；

(4) 若 $\forall x(x\in B\wedge b\leqslant x\rightarrow x=b)$成立，则称 b 是 B 的**极大元**。

由定义 5-26 知，最小元与极小元是两个不同的概念，它们的区别如下：

(1) 最小元是 B 中最小的元素，它与 B 中其他元素都可比；而极小元不一定与 B 中其他元素都可比，只要没有比它小的元素，它就是极小元；

(2) 对于有穷集合 B，一定存在极小元，但不一定存在最小元；

(3) 对于有穷集合 B，如果存在最小元，它一定是惟一的，而极小元可以有多个；

(4) 对于有穷集合 B，如果只有一个极小元，则它一定是 B 的最小元。

最大元与极大元也有同样的区别。

例 5-26 设偏序集为$\langle\{1,2,3,4,5,6\},D_A\rangle$，求$\{1,2,3,4,5,6\}$的极小元、最小元、极大元和最大元。

解 参考例 5-23(1)的哈斯图(图 5-11(a))知，极小元是 1，最小元也是 1，极大元是 4,5,6，没有最大元。

例 5-27 求例 5-24 中 A 的极小元、最小元、极大元和最大元。

解 由图 5-12 知，极小元是 a,b,f,h，极大元是 e,g,h，没有最小元和最大元。

定义 5-27 设$\langle A,\leqslant\rangle$为偏序集，$B\subseteq A$，$a\in A$，

(1) 若 $\forall x(x\in B\rightarrow x\leqslant a)$成立，则称 a 是 B 的**上界**；

(2) 若 $\forall x(x \in B \rightarrow a \leqslant x)$ 成立,则称 a 是 B 的**下界**;

(3) 令 $C=\{y|y$ 为 B 的上界$\}$,则称 C 的最小元为 B 的**最小上界**或**上确界**;

(4) 令 $D=\{y|y$ 为 B 的下界$\}$,则称 D 的最大元为 B 的**最大下界**或**下确界**。

由定义 5-27 知,B 的最小元一定是 B 的下界,同时也是 B 的最大下界。同样地,B 的最大元一定是 B 的上界,同时也是 B 的最小上界。但是,B 的下界和上界都可能不是 B 中的元素。

B 的上界、下界、最小上界和最大下界都可能不存在;如果存在,最小上界和最大下界都是惟一的。

结合图 5-11(a)考察例 5-23(1)的集合 A,则有如下结论:1 是 A 的下界,同时也是 A 的最大下界;但 A 没有上界,更没有最小上界。

还是例 5-23(1),现在考虑集合 $B=\{1,2,3\}$,则知:1 是 B 的下界,同时也是 B 的最大下界;6 是 B 的上界,同时也是 B 的最小上界,但 $6 \notin B$。

结合图 5-11(b)考察例 5-23(2)的集合 A,则有如下结论:A 没有下界,也没有上界。

还是例 5-23(2),现在考虑集合 $B=\{2,3,6\}$,则知:6,12 是 B 的上界,其中 6 是 B 的最小上界;B 没有下界。

例 5-28 求例 5-25 中 $B=\{\{a\},\{a,b\},\{a,c\}\}$ 的上界、下界、最小上界和最大下界。

解 参考图 5-13 知,

$\{a,b,c\}$ 是 B 的上界,同时也是 B 的最小上界。

$\varnothing$ 和 $\{a\}$ 是 B 的下界,其中 $\{a\}$ 是 B 的最大下界。

5.5.3 字典排序和拓扑排序

偏序关系的一个重要实际应用是排序。以字符串为元素的集合的排序和包含多个任务的工程的排序是两大类应用广泛的排序问题。前者需要用字典排序,后者需要用拓扑排序,下面分别介绍。

1. 字典排序

所谓**字典排序**就是对以字符串为元素的集合 A 构造一个全序,使集合 A 中的所有元素都合理地包括在这个全序中。

英文的字典排序是以英文字母(不分大小写)$a,b,c,\cdots,z$ 的顺序为基础的。

下面以英文单词为例说明字典排序的方法和步骤。

(1) 对于两个英文单词,首先比较它们的第 1 个字母;如果它们的第 1 个字母不同,则按第 1 个字母的顺序决定它们的先后次序;如果它们的第 1 个字母相同,则到第 2 步;

(2) 比较它们的第 2 个字母。如果它们的第 2 个字母不同,则按第 2 个字母的顺序决定它们的先后次序;如果它们的第 2 个字母也相同,则继续比较它们的第 3 个字母。……如此继续下去,直到出现两个字母不同为止,并依这两个字母决定两个英文单词的先后次序。

由于两个单词所含的字符个数是有限的,所以上述比较会有最终结果。只有以下一个特殊情况用上面的方法时需要修正:其中一个单词恰是另一个单词的起始部分。对于这种情况,约定字符少的单词排在另一个单词的前面。

例 5-29 求下列句子中所有不同单词的字典排序:

I am a teacher, I am teching discrete mathematics now.

解 按前面介绍的步骤，可得到该句子中所有不同单词的字典排序为

$$a \prec am \prec discrete \prec I \prec mathematics \prec now \prec teacher \prec teching$$

实际上，各种字符串都可以排序，只不过需要先规定不同的单个字符间的顺序。例如，汉字可以用拼音加部首（或笔画）的方法规定单字间的顺序，在此基础上就可以构造不同单词或短语的字典排序。

实际问题需要对包含汉字、英文字母、符号的字符串进行排序，通常是符号在英文字母前面，英文字母在汉字前面。

2. 拓扑排序

实例 5-21 一项工程往往包含多个任务，其中有些任务间有先后次序要求，即某项任务必须在其他一些任务完成后才能进行。可以就这个问题建立任务集合上的偏序关系。图 5-14 是这类问题的一个典型的例子。该图表明，任务 a 必须在任务 b 和任务 c 完成后才能进行，任务 b 必须在任务 d 和任务 e 完成后才能进行，任务 c 必须在任务 e 完成后才能进行，等等。

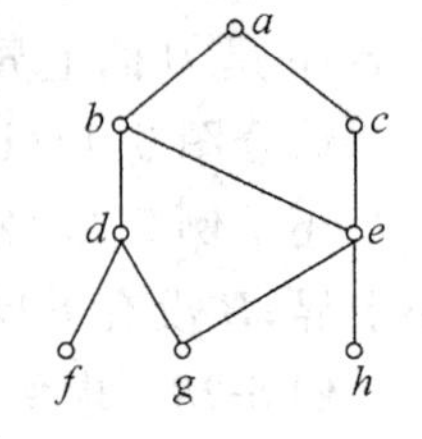

图 5-14

对类似实例 5-21 这样的问题进行排序就不能用字典排序，需要用拓扑排序。

所谓**拓扑排序**就是针对已知的偏序 R 构造一个**相容的**全序，在这个全序中，只要 aRb，就有 $a \leqslant b$。

可以证明，任意一个有穷非空集合都有极小元。据此，可以得到下面求有穷非空集合 A 的拓扑排序的一种算法。

(1) 首先在集合 A 中找出一个极小元，为叙述方便这里将它记为 a_1；

(2) 如果 $A-\{a_1\}$ 还是非空集合，再在 $A-\{a_1\}$ 中找出一个极小元，并将它记为 a_2；

(3) 如果 $A-\{a_1,a_2\}$ 还是非空集合，再按步骤(2)找出一个极小元。

由于 A 是有穷非空集合，所以经过有限次寻找，必然找到了 A 中的全部元素。这就得到了集合 A 的一个拓扑排序：$a_1 \leqslant a_2 \leqslant \cdots \leqslant a_n$。

这个算法的伪代码见第 8 章。

例 5-30 图 5-14 是一项工程的任务集合 A 上的偏序关系，构造它的一个拓扑排序。

解 首先在集合 A 中找出一个极小元 f，再在 $A-\{f\}$ 中找出它的一个极小元 g；

为了节省篇幅，后面的文字过程从略。图 5-15 是构造过程的部分图示。最后得到的一个拓扑排序是：$f \leqslant g \leqslant h \leqslant d \leqslant e \leqslant b \leqslant c \leqslant a$。

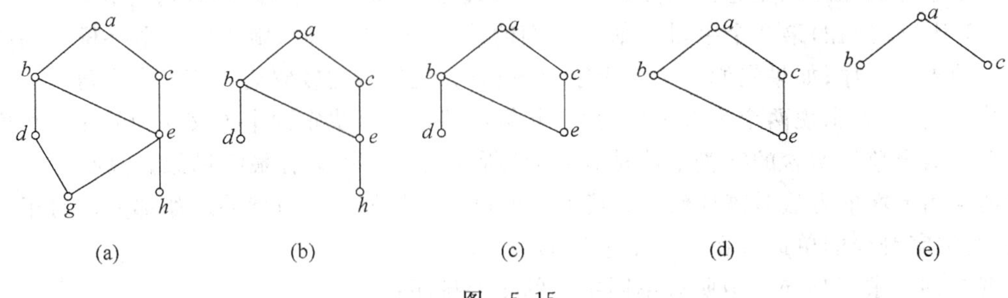

图 5-15

一般情况下，有穷非空集合 A 的拓扑排序有多种。

5.6 函　　数

函数是数学中的重要概念之一。初等数学已经介绍了函数的最简单的情形。本节将从本质上介绍函数的概念、它的基本性质和几类特殊的函数。

5.6.1 函数的基本概念

函数是又一类特殊的二元关系，计算机科学通过研究函数的性质获取描述对象的技能。

定义 5-28 设 A，B 是两个非空集合，f 为这样一个从 A 到 B 的二元关系：若对 A 的每一个元素，规定了 B 的惟一一个元素与之对应，则称 f 为从 A 到 B 的一个**函数**，记作 f：$A \to B$。对于函数 f，如果有 xfy，则记作 $y=f(x)$，并称 x 为函数 f 的**自变量**，y 为函数 f 在 x 点的**值**。函数也称为**映射**或**变换**。

由定义 5-28 知，对于函数 f，$\langle x,y\rangle \in f$ 与 $y=f(x)$ 的意义完全相同，以后在不同的场合将选用其中一种方法表示。

函数通常用 f，g 等字母表示。对任意 $a\in A$，$f(a)$表示 B 中与 a 对应的元素，称为 a 在 f 下的**映像**，a 称为 $f(a)$的一个**原像**。$f(A)$表示 A 中所有元素从 A 到 B 的映射的集合。

定义 5-28 所定义的函数，与传统数学中函数的概念是一致的，但更本质，应用更广泛。函数的自变量和函数值可以是任何集合中的元素，不仅是数。下面的一个实例很好地说明了这一点。

实例 5-22 若离散数学成绩采用 5 级记分制：优、良、中、及格、不及格，并且冯东梅、章蕾、马桂花、李良臣、胡菊源 5 人的离散数学成绩分别为良、优、良、中、及格。若令 g 为给上述 5 人离散数学课程打分的函数，则有 g(冯东梅)=良，g(章蕾)=优，……。该函数的定义域 dom g={冯东梅，章蕾，马桂花，李良臣，胡菊源}，值域 ran g={优，良，中，及格}。

函数有如下特点：

(1) 函数的定义域 dom $f=A$，即 A 中的每一个元素 a 都要在 f 中作为第一元素出现；

(2) A 中的每一个元素 a 在 f 中作为第一元素仅出现一次，即 A 中每一个元素 a 的映像 $f(a)$在 B 中是惟一的；

(3) 函数的值域 ran $f\subseteq B$，即 B 中的某些元素可能不是 A 中元素的映像。

例 5-31 设集合 $A=\{1,2,3,4,5\}$，$B=\{a,b,c,d,e\}$，试判断下列二元关系中哪些构成函数？哪些不是？构成函数的要指出定义域和值域，不构成函数的要说明原因。

(1) $R_1=\{\langle 1,a\rangle,\langle 2,b\rangle,\langle 3,c\rangle,\langle 5,d\rangle\}$。

(2) $R_2=\{\langle 1,a\rangle,\langle 2,c\rangle,\langle 3,c\rangle,\langle 3,d\rangle,\langle 4,b\rangle,\langle 5,b\rangle\}$。

(3) $R_3=\{\langle 1,a\rangle,\langle 2,c\rangle,\langle 3,d\rangle,\langle 4,e\rangle,\langle 5,b\rangle\}$。

(4) $R_4=\{\langle 1,a\rangle,\langle 2,c\rangle,\langle 3,c\rangle,\langle 4,d\rangle,\langle 5,b\rangle\}$。

解 (1) R_1 不是函数，因为集合 A 中的元素 4 没有作为第一元素出现在 R_1 中。

(2) R_2 不是函数，因为集合 A 中的元素 3 作为第一元素在 R_2 中出现了两次，即它的映像在 B 中不惟一。

(3) R_3 是函数，它的定义域和值域分别为 dom $f=A$ 和 ran $f=B$。

(4) R_4 是函数,它的定义域和值域分别为 dom $f=A$ 和 ran $f=\{a,b,c,d\}\subseteq B$。

定义 5-29 设 f 和 g 都是从 A 到 B 的函数,若对所有的 $a\in A$,都有 $f(a)=g(a)$,则称 f 和 g **两个函数相等**,记作 $f=g$。

从定义 5-29 知,函数相等的概念和关系相等的概念是一致的。

实例 5-23 函数 $f(x)=\dfrac{x^2+x-2}{x-1}$ 和 $g(x)=x+2$ 是不相等的,因为 dom $f=\{x\in\mathbf{R}\wedge x\neq 1\}$,而 dom $g=\mathbf{R}$。

第 2 章介绍的真值函数实际上就是以一个命题变元或 n 个命题变元构成的有序 n 元组(见定义 5-37)为自变量的函数。下面的实例 5-24 是一个具体的说明。

实例 5-24 表 5-2 是双条件命题的真值表。它就是从集合 $A=\{\langle 0,0\rangle,\langle 0,1\rangle,\langle 1,0\rangle,\langle 1,1\rangle\}$到集合 $B=\{0,1\}$的一个函数:

$$f(\langle 0,0\rangle)=1,\quad f(\langle 0,1\rangle)=0,$$
$$f(\langle 1,0\rangle)=0,\quad f(\langle 1,1\rangle)=1$$

表 5-2

p	q	$p\leftrightarrow q$
0	0	1
0	1	0
1	0	0
1	1	1

定义 5-30 若 A 和 B 都是非空有限集,则所有从 A 到 B 的函数的集合记作 B^A(可读作"B 上 A")。即

$$B^A=\{f\mid f:A\to B\}$$

例 5-32 设集合 $A=\{1,2,3\}$,$B=\{a,b\}$,求 B^A。

解 $B^A=\{f_0,f_1,\cdots,f_7\}$,其中

$$f_0=\{\langle 1,a\rangle,\langle 2,a\rangle,\langle 3,a\rangle\}$$
$$f_1=\{\langle 1,a\rangle,\langle 2,a\rangle,\langle 3,b\rangle\}$$
$$f_2=\{\langle 1,a\rangle,\langle 2,b\rangle,\langle 3,a\rangle\}$$
$$f_3=\{\langle 1,a\rangle,\langle 2,b\rangle,\langle 3,b\rangle\}$$
$$f_4=\{\langle 1,b\rangle,\langle 2,a\rangle,\langle 3,a\rangle\}$$
$$f_5=\{\langle 1,b\rangle,\langle 2,a\rangle,\langle 3,b\rangle\}$$
$$f_6=\{\langle 1,b\rangle,\langle 2,b\rangle,\langle 3,a\rangle\}$$
$$f_7=\{\langle 1,b\rangle,\langle 2,b\rangle,\langle 3,b\rangle\}$$

由排列组合的知识不难证明:若$|A|=m>0$,$|B|=n>0$,则有$|B^A|=n^m$。对于例 5-32,由于$|A|=3$,$|B|=2$,所以有$|B^A|=2^3=8$。

下面介绍 3 种特殊的函数。

定义 5-31 设 f 是从 A 到 B 的函数,

(1) 如果 B 中的每一个元素都是 A 中某元素的映像,则称 f 为**满射**;

(2) 如果对任意的 $a_1,a_2\in A$,且 $a_1\neq a_2$,都有 $f(a_1)\neq f(a_2)$,则称 f 为**单射**;

(3) 如果 f 既是满射又是单射,则称 f 为**双射**。

既然函数是一类特殊的二元关系,所以可以用关系图表示函数。图 5-16 所示的关系图直观地表示了几种特殊函数。

存在这样的函数:既不是满射,也不是单射,更不是双射,图 5-16 中的(d)和下面例 5-33 中的(3)就是这种函数的典型代表。

若集合 A,B 都是有限集合,不妨记$|A|=m$,$|B|=n$,则从定义 5-31 可以得到如下

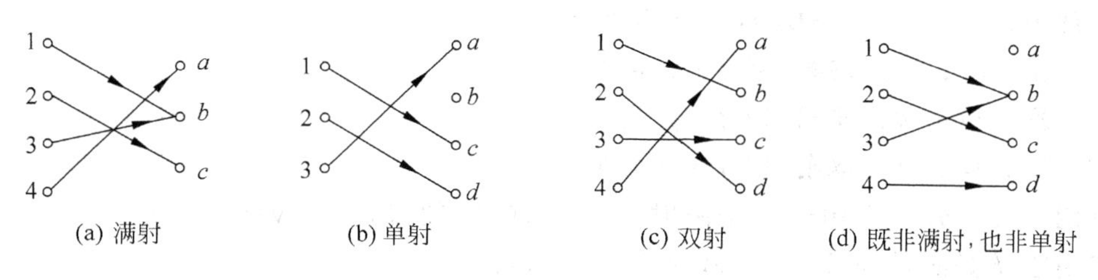

(a) 满射　(b) 单射　(c) 双射　(d) 既非满射，也非单射

图 5-16

性质：

(1) 若 f 为满射，则必然 $m \geqslant n$；

(2) 若 f 为单射，则必然 $m \leqslant n$；

(3) 若 f 为双射，则必然 $m=n$。

例 5-33 试判断下列函数中哪些是满射？哪些是单射？哪些是双射？

(1) $\mathbf{Z}^+ \rightarrow \mathbf{N}, f(n)=$ 小于 n 的完全平方数的个数。

(2) $\mathbf{R} \rightarrow \mathbf{R}, g(x)=3x+5$。

(3) $\mathbf{Z}^+ \rightarrow \mathbf{R}, h(n)=\lg n$。

解 (1) 因为 $f=\{\langle 1,0\rangle,\langle 2,1\rangle,\langle 3,1\rangle,\langle 4,1\rangle,\langle 5,2\rangle,\langle 6,2\rangle,\cdots\}$，所以 f 是满射，但不是单射，故也不是双射。

(2) g 既是满射，也是单射，故也是双射。

(3) 因为 $\forall n_1, n_2 \in \mathbf{Z}^+ \wedge n_1 \neq n_2$，都有 $\lg n_1 \neq \lg n_2$，所以 h 为单射；又因为 $n \in \mathbf{Z}^+$，$\mathbf{Z}^+$ 是 $\mathbf{R}$ 上的离散点，$\lg n$ 不可能取遍 $\mathbf{R}$，所以 h 不是满射，故也不是双射。

5.6.2 复合函数和逆函数

函数是一类特殊的二元关系，将 5.2 节介绍的关系的右复合运用到函数中就可以得到复合函数的概念。

定理 5-9 设 $f: A \rightarrow B, g: B \rightarrow C$，则 f 与 g 的复合关系 $f \cdot g$ 是从 A 到 C 的一个函数；并且 $\forall x \in A$，都有 $f \cdot g(x)=g(f(x))$。

证明 由复合关系的定义 5-13 知，$f \cdot g \subseteq A \times C$。由于 f 是函数，所以 $\forall x \in A$，存在惟一的 $y \in B$，使得 $\langle x, y\rangle \in f$。

同样，由于 g 是函数，所以存在惟一的 $z \in C$，使得 $\langle y, z\rangle \in g$。

因此，$\forall x \in A$，存在惟一的 $z \in C$，使得 $\langle x, z\rangle \in f \cdot g$。所以，$f \cdot g$ 是从 A 到 C 的一个函数。

又因为 $y=f(x), z=g(y)$，所以

$$f \cdot g(x)=z=g(y)=g(f(x))$$

定义 5-32 设 $f: A \rightarrow B, g: B \rightarrow C$，称 f 与 g 的复合关系 $f \cdot g$ 为 f 与 g 的**复合函数**。

由于关系的复合满足结合律，因此，函数作为一种特殊的关系，其复合也满足结合律。这就是下面的定理 5-10，其证明留给读者自己完成。

定理 5-10 设 $f: A \rightarrow B, g: B \rightarrow C, h: C \rightarrow D$，则有

$$(f \cdot g) \cdot h=f \cdot(g \cdot h) \tag{5-19}$$

即复合函数满足结合律。

定理 5-11 设 $f: A \to B, g: B \to C$，则有

(1) 若 f 和 g 都是满射，则 $f \cdot g$ 是满射；

(2) 若 f 和 g 都是单射，则 $f \cdot g$ 是单射；

(3) 若 f 和 g 都是双射，则 $f \cdot g$ 是双射。

证明 (1) $\forall z \in C$，由于 g 是满射，所以 $\exists y \in B$，使得 $z = g(y)$；

又由于 f 是满射，所以 $\exists x \in A$，使得 $y = f(x)$；

因此，$\forall z \in C, \exists x \in A$，使得 $z = g(y) = g(f(x)) = f \cdot g(x)$，所以 $f \cdot g$ 是满射。

(2) $\forall x_1, x_2 \in A$，若 $f \cdot g(x_1) = f \cdot g(x_2)$，则 $g(f(x_1)) = g(f(x_2))$；由于 g 是单射，因而 $f(x_1) = f(x_2)$；又由于 f 是单射，所以 $x_1 = x_2$，故 $f \cdot g$ 是单射。

(3) 由(1)和(2)直接推得。 证毕

定理 5-11 的逆定理不成立，但有下面的定理 5-12。

定理 5-12 设 $f: A \to B, g: B \to C$，则有

(1) 若 $f \cdot g$ 是满射，则 g 是满射；

(2) 若 $f \cdot g$ 是单射，则 f 是单射；

(3) 若 $f \cdot g$ 是双射，则 f 是单射且 g 是满射。

证明 (1) $\forall z \in C$，由于 $f \cdot g$ 是满射，所以 $\exists x \in A$，使得 $z = f \cdot g(x)$，即 $z = f \cdot g(x) = g(y)$，这里 $y = f(x) \in B$，所以 g 是满射。

(2) $\forall x_1, x_2 \in A$，由于 g 是函数，所以若 $f(x_1) = f(x_2)$，$g(f(x_1)) = g(f(x_2))$，即 $f \cdot g(x_1) = f \cdot g(x_2)$；又由于 $f \cdot g$ 是单射，因而 $x_1 = x_2$，所以 f 是单射。

(3) 由(1)和(2)直接推得。 证毕

【说明】 若 $f \cdot g$ 是满射，f 不一定是满射；若 $f \cdot g$ 是单射，g 不一定是单射；若 $f \cdot g$ 是双射，f 和 g 都不一定是双射。

实例 5-25 (1) 设 $A = \{x_1, x_2, x_3\}, B = \{y_1, y_2, y_3\}, C = \{z_1, z_2\}, f(x_1) = f(x_3) = y_1, f(x_2) = y_2, g(y_1) = g(y_3) = z_1, g(y_2) = z_2$。显然，$f \cdot g$ 是满射，但 f 不是满射。

(2) 设 $A = \{x_1, x_2\}, B = \{y_1, y_2, y_3\}, C = \{z_1, z_2\}, f(x_1) = y_1, f(x_2) = y_2, g(y_1) = g(y_3) = z_1, g(y_2) = z_2$。显然，$f \cdot g$ 是单射，但 g 不是单射。

由定义 5-15 知，任何关系都存在逆关系。但是，并不是任何函数都存在逆函数的。哪些函数存在逆函数由下面的定理 5-13 确定。

定理 5-13 若函数 $f: A \to B$ 是双射，则 f 的逆关系 f^{-1} 是一个从 B 到 A 的函数，并且也是双射。

证明 根据逆关系的定义有 $f^{-1} = \{\langle y, x \rangle \mid \langle x, y \rangle \in f\}$；

$\forall y \in B$，由于 f 是满射，所以 $\exists x \in A$，使得 $\langle x, y \rangle \in f$，从而 $\langle y, x \rangle \in f^{-1}$。这表明 $\mathrm{dom}(f^{-1}) = B, \mathrm{ran}(f^{-1}) \subseteq A$；

$\forall y \in B$，若 $\exists x_1, x_2 \in A$，使得 $\langle y, x_1 \rangle \in f^{-1}, \langle y, x_2 \rangle \in f^{-1}$，则 $\langle x_1, y \rangle \in f, \langle x_2, y \rangle \in f$。由于 f 是单射，所以 $x_1 = x_2$，即逆关系 f^{-1} 满足单值性要求；

综上所述，$\forall y \in B, \exists! x \in A$，使得 $\langle y, x \rangle \in f^{-1}$，因此 f^{-1} 是一个从 B 到 A 的函数。

证毕

用类似上面的方法，还可以证明 f^{-1} 是双射，留给读者自己完成。

定义 5-33 设 $f: A \to B$ 是双射函数，则称 f 的逆关系 f^{-1} 为 f 的**逆函数**或**反函数**。

双射函数是密码学中的重要工具之一，因为它能同时完成加密和解密两个任务。很多密文就是利用下面介绍的**代换编码**实现的。

设 $A=\{a,b,c,\cdots,z\}$ 是英文字母表，$f: A\to A$ 是通信各方事先约定的一个双射函数。任何一条信息都可以通过该双射函数将每一个字母用其 f 下的像代换进行加密后再发送出去，接受方利用逆函数 f^{-1} 将接收到的信息中的每一个字母用其原像代换进行解密就能得到明文。

实例 5-26 如果英文字母表的一个双射函数 f 由表 5-3 确定。则信息

the train arrived on schedule

经表 5-3 转换成(忽略其中的空格)

weswxfkofxxkjsabozqeadls

表 5-3

x	a	b	c	d	e	f	g	h	i	j	k	l	m
$f(x)$	f	r	q	a	s	m	c	e	k	y	i	l	p
x	n	o	p	q	r	s	t	u	v	w	x	y	z
$f(x)$	o	b	n	t	x	z	w	d	j	u	v	h	g

实例 5-26 表明，利用英文字母表的一个双射函数可以对信息进行加密。知道该双射函数者有办法读懂该信息，不知道该双射函数者不能识别该信息。

5.6.3 几个重要的函数

1. 常值函数

定义 5-34 对于函数 $f: A\to B$，如果 $\exists y\in B$，$\forall x\in A$ 都有 $f(x)=y$，即 $f(A)=\{y\}$，则称 f 为**常值函数**。

2. 恒等函数

定义 5-35 对于函数 $f: A\to A$，如果 $\forall x\in A$ 都有 $f(x)=x$，则称 f 为 A 上的**恒等函数**。

由于集合 A 上的恒等关系 I_A 就是集合 A 上的恒等函数，所以集合 A 上的恒等函数通常用 $I_A(x)$ 表示，即 $I_A(x)=x$。

定理 5-14 设 $f: A\to B$ 是双射函数，g 是从 B 到 A 的函数，则 $f^{-1}=g$ 的充要条件是：$f\cdot g=I_A$ 且 $g\cdot f=I_B$。

证明 ① 必要性。若 $f^{-1}=g$，则 $\forall x\in A$，由 $\langle x,f(x)\rangle\in f$ 可得

$$\langle f(x),x\rangle\in f^{-1}$$

即

$$\langle f(x),x\rangle\in g$$

所以

$$g(f(x))=x$$

即

$$f\cdot g(x)=I_A(x)$$

因此，$f\cdot g=I_A$。

同理可证 $g\cdot f=I_B$。

② 充分性。$\forall\langle y,x\rangle\in f^{-1}$，有 $\langle x,y\rangle\in f$，即 $y=f(x)$。

又因为 $f \cdot g = I_A$，所以有

$$g(y)=g(f(x))=f \cdot g(x)=I_A(x)=x$$

因此，$\langle y,x\rangle \in g$，从而 $f^{-1} \subseteq g$。

$\forall \langle y,x\rangle \in g$，得 $x=g(y)$。因为 $g \cdot f = I_B$，所以有

$$f(x)=f(g(y))=g \cdot f(y)=I_B(y)=y$$

因此，$\langle x,y\rangle \in f$，即 $\langle y,x\rangle \in f^{-1}$，从而 $g \subseteq f^{-1}$。

综合上面两部分得 $f^{-1}=g$。 证毕

3. 特征函数

定义 5-36 设 E 为全集，对 E 的任何子集 A，定义

$$\varphi_A=\begin{cases}1 & (x\in A)\\ 0 & (x\notin A)\end{cases}$$

则 φ_A 是从全集 E 到集合 $\{0,1\}$ 的函数，称为 A 的**特征函数**。

在给定全集 E 的前提下，一个集合 A 对应惟一的特征函数 φ_A；反之，给定一个集合 A 的特征函数 φ_A，就可以确定它所描述的集合 A，即 $A=\{x \mid \varphi_A(x)=1\}$。因此，集合与它的特征函数之间存在一一对应关系。所以，完全可以用特征函数来描述集合。

实例 5-27 (1) 设 $E=\mathbf{Z}^+$，若给定集合 A 的特征函数为

$$\varphi_A: \mathbf{Z}^+ \to \{0,1\}, \quad \varphi_A(x)=\begin{cases}1 & (\text{若 } x \text{ 是质数})\\ 0 & (\text{若 } x \text{ 不是质数})\end{cases}$$

则 $A=\{2,3,5,7,11,\cdots\}$。

(2) 设 $E=\{a,b,c,d\}$，若给定集合 B 的特征函数为

$$\varphi_B: \{a,b,c,d\} \to \{0,1\}, \quad \varphi_B(x)=\begin{cases}1 & (x=a \vee x=d)\\ 0 & (x=b \vee x=c)\end{cases}$$

则 $B=\{a,d\}$。

特征函数的一个重要功能是在计算机中表示集合。

为了在计算机中表示一个集合，则集合中的元素必须以序列的形式排列。实际上，该序列可以是集合中元素的自然顺序排列。

设全集 E 是有限集：$E=\{a_1,a_2,\cdots,a_n\}$，A 是 E 的子集，并且当 $a\in A$ 时，特征函数 $\varphi_A=1$；当 $a\notin A$ 时，特征函数 $\varphi_A=0$。因此，可以用长度为 n 的一个由 0 和 1 组成的字符串来表示集合 A。这种由 0 和 1 组成的字符串在计算机科学中称为**位串**。

例 5-34 设全集 $E=\{a,b,c,d,e,f,g\}$，$A=\{a,c,e,g\}$，$B=\{a,b,c,f\}$，$C=\{b,c,f,g\}$。试分别用一个由 0 和 1 组成的位串来表示集合 A，B 和 C。

解 如果用位串 1 111 111 表示全集 E，则应该用位串 1 010 101 表示集合 A，用位串 1 110 010 表示集合 B，用位串 0 110 011 表示集合 C。

用位串表示集合，就可以很容易地在计算机上进行集合的并、交、差、补等运算。

5.7 二元关系的应用

关系的概念在计算机科学中有着广泛的应用。例如，关系数据库中的数据就是以关系为基础建立起来的。

5.7.1 等价关系的应用

在信息检索系统中，就是利用等价关系查询所需要的文献资料。例如，人们利用 SQL 语句“`select 书名,作者 from 图书资料 where 出版社='高等教育出版社'`”查找高等教育出版社出版的书籍，就是将系统中所有的书籍按“出版社”分成若干等价类，从中查找符合条件的书籍；人们利用 SQL 语句“`select 书名,作者 from 图书资料 where 图书类别='计算机'`”查找计算机类的书籍，就是将系统中所有的书籍按“图书类别”分成若干等价类，从中查找符合条件的书籍。

5.7.2 函数的应用

定义 5-31 中的 3 种特殊函数在实际问题中很有用。例如，在各个管理信息系统中，对所有基本数据进行的编码都是双射。表 5-4～表 5-6 分别是某高校管理系统中在校学生、教师和开设课程的编码。为了节省篇幅，3 个表中都只列出了很少一部分数据。这里，集合“学号”与集合“学生姓名”间的关系是双射；集合“编号”与集合“教师姓名”间的关系是双射；集合“课程号”与集合“课程名称”间的关系也是双射。

表 5-4 学生学号

学号	学生姓名
0301001	冯东梅
0301002	章蕾
0301007	马桂花
0301008	李良臣
0301009	胡菊源
0301117	朱仪

表 5-5 教师编号

编号	教师姓名
10013	罗开才
10015	成克强
10021	闻维祥
10022	黎念真
10036	林均效
10038	江介敏

表 5-6 课程编码

课程号	课程名称
A0101	大学英语 1
A0102	大学英语 2
B0101	离散数学
C0103	高等数学 3
D0001	应用文写作
D0102	法律基础

采用集合的列举法，关系“学生学号”表示为：

$R=\{\langle 0301001,\text{冯东梅}\rangle,\langle 0301002,\text{章蕾}\rangle,\cdots,\langle 0301117,\text{朱仪}\rangle\}$

5.8 多元关系及其应用

和二元关系一样，现实世界普遍存在着两个以上集合的元素之间的关系。例如，学生的学号、姓名、所学专业之间的关系，一个航班的航班号、出发地、到达地、机票价格之间的关系。这就是本节要介绍的多元关系。

计算机科学中的许多领域都需要多元关系。以多元关系为基础建立的关系数据库在现实世界的应用越来越广泛。在查询数据库中的数据时多元关系起着决定性的作用。例如，可以在航班管理系统中查询有哪些航班在 15:00～16:00 之间到达广州白云机场，可以在学籍管理系统中查询软件工程系 06 级有哪些学生各门功课的成绩都大于等于 80 分。

5.8.1 多元关系

有序对的概念可以推广到由更多元素组成的有序 n 元组。

定义 5-37 由 $n(n\geqslant 2)$个元素 $a_1,a_2,\cdots,a_n$ 按一定次序排列成的序列，称为**有序 n 元**

组,简称 **n 元组**,记作$\langle a_1,a_2,\cdots,a_n\rangle$,其中 a_i 是它的**第 i 元素**($i=1,2,\cdots,n$)。

例如,$\langle a,b,c\rangle$就是一个有序 3 元组。

两个 n 元组$\langle a_1,a_2,\cdots,a_n\rangle$和$\langle b_1,b_2,\cdots,b_n\rangle$**相等**,当且仅当 $a_i=b_i(i=1,2,\cdots,n)$,记作$\langle a_1,a_2,\cdots,a_n\rangle=\langle b_1,b_2,\cdots,b_n\rangle$。

两个集合的笛卡儿积的概念可以推广到更多个集合所有有序元组组成的笛卡儿积。

定义 5-38 设有 $n\ (n\geqslant 2)$个集合 $A_1,A_2,\cdots,A_n$,若 n 元组$\langle a_1,a_2,\cdots,a_n\rangle$中第一元素取自集合 A_1,第二元素取自集合 A_2,……,第 n 元素取自集合 A_n,则所有这样的 n 元组组成的集合称为集合 $A_1,A_2,\cdots,A_n$ 的**笛卡儿积**,记作 $A_1\times A_2\times\cdots\times A_n$,即

$$A_1\times A_2\times\cdots\times A_n=\{\langle a_1,a_2,\cdots,a_n\rangle\mid a_i\in A_i(i=1,2,\cdots,n)\}$$

当 $A_1=A_2=\cdots=A_n=A$ 时,将 $A_1\times A_2\times\cdots\times A_n$ 简记为 A^n。

例 5-35 设 $A=\{1,2\},B=\{2,3\},C=\{1,4\}$,求(1)$A\times B\times C$。(2)$C\times A\times B$。

解

$$\begin{aligned}A\times B\times C&=\{1,2\}\times\{2,3\}\times\{1,4\}\\&=\{\langle 1,2,1\rangle,\langle 1,2,4\rangle,\langle 1,3,1\rangle,\langle 1,3,4\rangle,\\&\quad\ \langle 2,2,1\rangle,\langle 2,2,4\rangle,\langle 2,3,1\rangle,\langle 2,3,4\rangle\}\\C\times A\times B&=\{1,4\}\times\{1,2\}\times\{2,3\}\\&=\{\langle 1,1,2\rangle,\langle 1,1,3\rangle,\langle 1,2,2\rangle,\langle 1,2,3\rangle,\\&\quad\ \langle 4,1,2\rangle,\langle 4,1,3\rangle,\langle 4,2,2\rangle,\langle 4,2,3\rangle\}\end{aligned}$$

希望读者仔细比较例 5-3 和例 5-35,弄懂$(A\times B)\times C$,$A\times(B\times C)$和 $A\times B\times C$ 之间的区别。

【说明】 一些书籍既说$(A\times B)\times C$ 和 $A\times B\times C$ 不同,又列出诸如$\langle\langle 1,2\rangle,4\rangle=\langle 1,2,4\rangle$的等式,这就将二元关系和多元关系混淆了。尽管在实际问题中出现更多的是多元关系,但必须在实质上懂得二元关系和多元关系是两个不同的概念。

定义 5-39 设 $A_1,A_2,\cdots,A_n$ 是 $n(n\geqslant 2)$个集合,则 $A_1\times A_2\times\cdots\times A_n$ 的任何子集 R 称为 $A_1,A_2,\cdots,A_n$ 的 **n 元关系**,即

$$R\subseteq A_1\times A_2\times\cdots\times A_n$$

当 $A_1=A_2=\cdots=A_n=A$ 时,称 R 为 **A 上的 n 元关系**。

实例 5-28 表 5-7 所示的学生情况实际上就是建立在学号、姓名、性别、出生年月日、家庭所在地、家庭人均月收入这 6 个集合上的一个 6 元关系。

表 5-7 学生情况

学　　号	姓　名	性别	出生年月日	家庭所在地	家庭人均月收入
0301001	冯东梅	女	1980-12-26	北京	1100
0301002	章蕾	女	1979-02-18	上海	350
0301007	马桂花	女	1979-02-24	天津	450
0301008	李良臣	男	1979-08-19	重庆	500
0301009	胡菊源	男	1978-08-08	广东	800
0301117	朱仪	女	1978-06-08	湖北	600

如果用有序 n 元组表示这个关系,则有

$R=\{\langle$0301001,冯东梅,女,1980-12-26,北京,1100$\rangle$,
$\langle$0301002,章蕾,女,1979-02-18,上海,350$\rangle,\cdots,$
$\langle$0301117,朱仪,女,1978-06-08,湖北,600$\rangle\}$

显然,用表格法表示多元关系最为简洁明了。所以,在关系数据库中都用表格法表示多元关系,并且将用表格法表示的关系称为**数据表**或**表**。

5.8.2 关系数据库

人类社会发展到今天,依赖计算机的数据库管理信息系统越来越普遍、越来越庞大,人们随时随地地进行各种数据操作。例如,到网上查信息、到银行或柜员机上取款、乘公共汽车刷卡、……。本节先简要介绍关系数据库的主要知识点,以便于介绍关系数据库所特有的关系操作。

关系数据库中最基本的数据是以关系为基础建立起来的表。表的结构是预先定义好了的若干**字段**,表的内容是有具体内容的若干行。例如,表 5-7 所示的学生情况表包括学号、姓名、性别、出生年月日、家庭所在地、家庭人均月收入这 6 个字段(实际上是 6 个集合)。该表的内容就是若干行所记载的学生的情况,每一行是一个学生的情况。

在关系数据库中,表的每一行称为一个**记录**。因此,可以说表由若干记录组成。每一个记录都是由 n 个字段构成的 n 元组。这些字段是 n 元组的**数据项**。例如,表 5-7 所示的学生情况表的第 1 行记载了冯东梅的情况,其中的"0301001","冯东梅","女","1980-12-26","北京","1100"是数据项。

关系就是集合,关系的元组是集合的元素。因此,关系代数运算包括 3 个集合运算:交、并、差。另外,还有 5 个专门的关系运算:乘、除、选择、投影和连接。

集合运算已在前面介绍过,不再赘述。下面介绍选择、投影和连接这 3 个专门的关系运算。

1. 选择

定义 5-40 **选择**就是从指定的关系 R 中选择满足指定条件的那些元组构成一个新的关系。

从表 5-7 中选择性别为"女"的那些记录,其 SQL 语言表达式是

```
Select * from 学生情况 where 性别='女'
```

其中,"*"表示选择全部字段,where 后面的"性别='女'"就是选择需要满足的条件。执行这条语句的结果就得到仅包含 4 位女学生的新关系。

从表 5-7 中选择性别为"女",并且家庭人均月收入≥600 的那些记录,其 SQL 语言表达式则是

```
Select * from 学生情况 where 性别='女'.and.家庭人均月收入≥600
```

其中,".and."是 SQL 语言中表示"并且"的逻辑运算符(相当于命题逻辑中的逻辑运算符 $\wedge$)。执行这条语句的结果就得到仅包含姓名为"冯东梅"和"朱仪"这两条记录的新关系。

从表 5-7 中选择性别为"女",或者家庭人均月收入≥600 的那些记录,其 SQL 语言表达式则是

```
Select * from 学生情况 where 性别='女'.or.家庭人均月收入≥600
```

其中,".or."是 SQL 语言中表示"或者"的逻辑运算符(相当于命题逻辑中的逻辑运算符 $\vee$)。执行这条语句的结果就得到仅包含姓名为"冯东梅"、"胡菊源"和"朱仪"这 3 条记录的新关系。

2. 投影

定义 5-41 投影 $P_{i_1,i_2,\cdots,i_m}$ 是将 n 元组 $(a_1,a_2,\cdots,a_n)$ 映射到 m 元组 $(a_{i_1},a_{i_2},\cdots,a_{i_m})$，其中 $m\leqslant n$。

换句话说，投影 $P_{i_1,i_2,\cdots,i_m}$ 保留了 n 元组 $(a_1,a_2,\cdots,a_n)$ 中的第 $i_1,i_2,\cdots,i_m$ 共 m 个字段，删除了其他 $n-m$ 个字段。

从表 5-7 中选择全部记录的学号、姓名、性别、家庭所在地这 4 个字段构成一个新的关系，其 SQL 语言表达式是

```
Select 学号,姓名,性别,家庭所在地 from 学生情况
```

执行这条语句的结果就得到仅含学号、姓名、性别、家庭所在地这 4 个字段的全部记录。

3. 连接

定义 5-42 设 R 为 m 元关系、S 为 n 元关系，**连接** $J_p(P,S)$ 是这样的 $m+n-p$ 元关系，其中，$p\leqslant\min(m,n)$：它包含了所有 $m+n-p$ 元组 $(a_1,a_2,\cdots,a_{m-p},c_1,c_2,\cdots,c_p,b_1,b_2,\cdots,b_{n-p})$，其中 m 元组 $(a_1,a_2,\cdots,a_{m-p},c_1,c_2,\cdots,c_p)$ 属于 R 且 n 元组 $(c_1,c_2,\cdots,c_p,b_1,b_2,\cdots,b_{n-p})$ 属于 S。

换句话说，连接运算从两个关系产生一个新的关系，它把第一个关系的所有 m 元组和第 2 个关系的所有 n 元组组合起来，其中 m 元组的后 p 个字段和 n 元组的前 p 个字段相同。

表 5-8 是一个班级学生选课及成绩情况(仅含一小部分学生的数据)。表 5-7 和表 5-8 有相同字段——学号，该字段将这两个表中学号取相等值的记录连接在一起，从而得到含有学号、姓名、课程号、考试成绩这 4 个字段的信息。其 SQL 语言表达式是

```
Select 学生情况.学号,姓名,课程号,考试成绩 from 学生情况 Inner join 选课及成绩 On 选课及成绩.学号=学生情况.学号
```

其中，“Inner join”是 SQL 语言中连接两个表的短语，“On...”是该连接的条件。执行这条语句的结果就得到仅含学号、姓名、课程号、考试成绩这 4 个字段的全部记录，如表 5-9 所示。

如果需要，可以建立多个表间的连接。例如，在表 5-4、表 5-6 和表 5-8 间建立适当的连接，就能得到含有学号、姓名、课程号、课程名称、考试成绩这 5 个字段的信息。

上面所举的几个例子很好地说明了关系在关系数据库中起着非常重要的作用。

表 5-8 选课及成绩

学号	课程号	考试成绩
0301001	A0101	85
0301001	B0101	92
0301001	B022	78
0301001	C032	85
0301002	A0101	78
0301002	B0101	90
0301002	D0001	80
0301007	A0101	98
0301007	B0101	92
0301007	D0102	89

表 5-9 选课及成绩 2

学号	姓名	课程号	考试成绩
301001	冯东梅	A0101	85
301001	冯东梅	B0101	92
301001	冯东梅	B022	78
301001	冯东梅	C032	85
301002	章蕾	A0101	78
301002	章蕾	B0101	90
301002	章蕾	D0001	80
301007	马桂花	A0101	98
301007	马桂花	B0101	92
301007	马桂花	D0102	89

5.9 本章小结

本章介绍了关系的基本知识，重点是掌握关系，关系矩阵，关系图，关系的性质，关系的自反性、反自反性、对称性、反对称性、传递性，等价关系，等价类，偏序关系等内容。下面是本章知识的要点以及对它们的要求。

- 掌握集合的笛卡儿积的概念，知道集合的笛卡儿积的运算性质。
- 掌握二元关系和空关系、全域关系、恒等关系、小于等于关系、整除关系、模 n 同余关系等概念。
- 掌握关系矩阵和关系图的概念，会用关系矩阵和关系图表示关系。
- 掌握复合关系与逆关系的概念以及复合关系所具有的运算性质，知道布尔运算，会求复合关系的关系矩阵。
- 掌握关系的自反性、反自反性、对称性、反对称性、传递性这 5 个性质，知道各种特殊关系和重要关系所具有的性质，会判断各种关系的性质。
- 知道关系的闭包的有关知识。
- 掌握等价关系和等价类的概念，会判断等价关系，会划分等价类。
- 了解偏序关系、偏序集、哈斯图、最小元、上界等概念，知道字典排序、拓扑排序的方法和步骤。
- 知道函数、满射、单射、双射等概念。
- 知道二元关系在计算机科学中的实际应用。
- 掌握多元关系的概念，知道多元关系在计算机科学中的实际应用。

5.10 习 题

5-1 设集合 $A=\{a,b,c\}$，$B=\{\{1,2\},3\}$，求 $A\times B$，$B\times A$ 和 B^2。

5-2 设 $A=\{a,b\}$，$B=\{2,3\}$，$C=\{1,2\}$，求(1) $(A\times C)\times B$。(2) $C\times(B\times A)$。

5-3 设 $A=\{a,b\}$，$B=\{1,2,3\}$，$C=\{3,4\}$，求 $A\times(B\cap C)$ 和 $(A\times B)\cap(A\times C)$，并验证 $A\times(B\cap C)=(A\times B)\cap(A\times C)$。

5-4 设 A,B 是任意两个集合，试证明：若 $A^2=B^2$，则 $A=B$。

5-5 设 A,B,C 是任意 3 个集合，试证明定理 5-2 中的(2)、(3)、(4)。

5-6 设 A,B,C,D 是任意 4 个集合，试证明 $(A\cap B)\times(C\cap D)=(A\times C)\cap(B\times D)$。

5-7 设集合 $A=\{1,2\}$，求 E_A 和 I_A。

5-8 若集合 $A=\{1,2,3,4,5,6\}$，求

(1) A 上的关系 $R=\{\langle x,y\rangle \mid x,y\in A\wedge |x-y|=3\}$。

(2) A 上的关系 $S=\left\{\langle x,y\rangle \mid x,y\in A\wedge \dfrac{x}{y}\in A\right\}$。

(3) A 上的大于等于关系 G_A。

(4) A 上的整除关系 D_A。

5-9　设集合 $A=\{1,2,3,4\}$，A 上的二元关系 $R=\{\langle x,y\rangle \mid x,y\in A\wedge x\geqslant y\}$。(1)用列举法表示 R。(2)写出 R 的关系矩阵 $\boldsymbol{M}_R$。(3)画出 R 的关系图。

5-10　若集合 $A=\{2,3,4,5,7\}$，$B=\{3,4,5\}$，$R=\{\langle x,y\rangle \mid x\in A\wedge y\in B\wedge x\equiv y \pmod 3\}$。(1)用列举法表示 R。(2)写出 R 的关系矩阵 $\boldsymbol{M}_R$。(3)画出 R 的关系图。

5-11　已知集合 $A=\{1,2,3,4,5\}$ 上的二元关系 $R=\{\langle 1,2\rangle,\langle 2,2\rangle,\langle 3,4\rangle\}$，$S=\{\langle 1,3\rangle,\langle 2,5\rangle,\langle 3,1\rangle,\langle 4,2\rangle\}$，求 $R\cdot S$，$S\cdot R$，$R\cdot R$，$S\cdot S$。

5-12　求习题 5-11 的复合关系 $R\cdot S$ 和 $S\cdot R$ 的关系矩阵 $\boldsymbol{M}_{R\cdot S}$ 和 $\boldsymbol{M}_{S\cdot R}$。

5-13　已知条件和习题 5-11 相同，分别求 $(R\cdot S)^{-1}$ 和 $S^{-1}\cdot R^{-1}$。

5-14　设 R_1，R_2 和 R_3 是集合上的二元关系，并且 $R_1\subseteq R_2$，试证明：

(1) $R_1\cdot R_3\subseteq R_2\cdot R_3$。　　(2) $R_3\cdot R_1\subseteq R_3\cdot R_2$。

5-15　设 R_1 和 R_2 都是集合 A 上的对称关系，试证明 R_1^{-1}，$R_1\cap R_2$ 和 $R_1\cup R_2$ 也都是集合 A 上的对称关系。

5-16　试证明定理 5-4 中的(2)、(3)。

5-17　设 $A=\{a,b,c,d\}$，$R=\{\langle a,c\rangle,\langle b,a\rangle,\langle c,b\rangle,\langle d,c\rangle\}$，求 R^2 和 R^3。

5-18　若集合 $A=\{a,b,c,d\}$，$R=\{\langle a,b\rangle,\langle b,a\rangle,\langle b,c\rangle,\langle c,d\rangle\}$，求 R 的自反闭包 $r(R)$、对称闭包 $s(R)$ 和传递闭包 $t(R)$，并分别画出它们的关系图。

5-19　设集合 $A=\{1,2,3,4,5\}$，R 为集合 A 上的模 2 同余关系，即 $R=\{\langle x,y\rangle \mid x,y\in A\wedge x\equiv y \pmod 2\}$，试通过关系图来验证 R 为等价关系，并划分出等价类。

5-20　设集合 $A=\{1,2,3\}$，针对划分 $P=\{\{1\},\{2,3\}\}$ 求对应的等价关系 R。

5-21　设集合 $A=\{a,b,c\}$，R 是 A 上的这样一个二元关系：$R=\{\langle a,a\rangle,\langle a,b\rangle,\langle a,c\rangle,\langle b,b\rangle,\langle b,c\rangle,\langle c,c\rangle\}$，

(1)试写出 R 的关系矩阵 $\boldsymbol{M}_R$。(2)画出 R 的关系图。(3)通过分析关系图来验证 R 是偏序关系。(4)画出 R 的哈斯图。

5-22　设集合 $A=\{2,3,6,12,24,36\}$ 上的整除关系为 D_A，(1)用列举法表示 D_A。(2)画出 D_A 的哈斯图。

5-23　求集合 $A=\{2,3,6,12,24,36\}$ 中 $B=\{2,6,12,24,36\}$ 的下界和上界。

5-24　求例 5-25 中 $B=\{\{a\},\{c\},\{a,c\}\}$ 的上界、下界、最小上界和最大下界。

5-25　对例 5-30 构造一个不同于书中解答的拓扑排序。

5-26　试判断下列映射中哪些是满射？哪些是单射？哪些是双射？

(1) $\mathbf{Z}^*\rightarrow\mathbf{Z}^+$，$F(x)=|x|$。

(2) $\mathbf{R}\rightarrow\mathbf{R}$，$G(x)=2x-3$。

(3) $\mathbf{Z}^+\rightarrow\mathbf{R}$，$H(n)=\sqrt{n}$。

5-27　设 $A=\{a,b\}$，$B=\{2,3\}$，$C=\{1,2\}$，求(1) $A\times C\times B$。(2) $C\times B\times A$。

第6章　代数系统

本章主要介绍以下内容：

(1) 二元运算、一元运算、代数系统、半群、独异点、群、阿贝尔群、幂、元素的周期、子群、循环群、生成元、置换群、陪集、正规子群、群的同态与同构、环、域、格、分配格、有界格、有补格和布尔代数等概念。

(2) 二元运算的性质与特殊元素。

(3) 半群、独异点、群、阿贝尔群、子群、循环群的性质，子群的判定定理，拉格朗日定理及其推论。

(4) 格、布尔代数的性质，布尔函数与布尔表达式。

(5) 应用实例。

为了分析和解决计算机科学中编码理论、形式语言、数据结构中出现的某些问题，需要新的数学知识——代数系统。

所谓**代数系统**就是由给定的集合和该集合上定义的若干运算所组成的系统，又叫做**代数结构**或**抽象代数**。代数系统有很多种类，本章主要介绍半群、群、格和布尔代数。

群是最重要、最常见的代数系统，它是一类特殊的半群，也是研究许多其他代数系统的基础。

半群、独异点和群(包括阿贝尔群、循环群、置换群)在计算机科学的编码理论、形式语言、自动机理论、时序线路等领域以及计算机网络纠错码的纠错能力判断等方面有广泛的应用。

格的概念在有限自动机的研究方面有重要作用，布尔代数可直接用于开关理论、逻辑设计、密码学和计算机理论等方面。

6.1　二元运算及其性质

数学中有许多运算，加、减、乘、除是最常见的运算。此外，本书第1章和第4章分别介绍了模运算、矩阵运算和集合运算。

本章将要介绍的运算的对象是集合中的元素，它既可以是普通的数，也可以是字母、字符串等。因此，定义在集合上的运算既广泛又抽象。

各种运算既有各自的特点，又有许多共性。本章将从本质上对各种运算进行介绍，揭示其中最重要的性质。

6.1.1　二元运算与一元运算

为了从本质上对各种运算进行研究，有必要对运算进行严格的定义。

定义 6-1 设 S 是一个非空集合，函数 $f: S^n \to S$ 称为 S 上的一个 **n 元代数运算**，简称 **n 元运算**。其中，正整数 n 称为该运算的**元数或阶**。

当 $n=1$ 时，函数 $f: S \to S$ 称为 S 上的一个**一元代数运算**，简称**一元运算**。当 $n=2$ 时，函数 $f: S \times S \to S$ 称为 S 上的一个**二元代数运算**，简称**二元运算**。

本书将重点讨论二元运算，有时也涉及一元运算。

显然，代数运算是一种特殊的函数。根据定义 6-1，一个运算，当且仅当满足以下两个条件时它才是集合 S 上的二元运算：

(1) S 上的任意两个元素都可以进行这种运算，并且运算的结果是惟一的；

(2) S 上的任意两个元素进行这种运算的结果都属于 S，即 S 对这种运算是**封闭的**。

实例 6-1 (1) 普通加法是自然数集 **N** 上的二元运算，因为它满足上述两个条件；普通减法不是自然数集 **N** 上的二元运算，因为它只满足上述第 1 个条件而不满足第 2 个条件。

(2) 设 $A=\{x \mid x=2^n, n \in \mathbf{Z}^+\}$，则普通乘法运算 $\times$ 在 A 上是封闭的。因为 $\forall s, r \in \mathbf{Z}^+$，都有 $2^s \times 2^r = 2^{s+r} \in A$。而普通加法运算 $+$ 在 A 上不封闭。例如，$2^2+2^3=12 \notin A$。

由定义 6-1 知，对于代数运算，只要明确的运算结果，并不一定要写出运算表达式。实际上，有些运算无法写出其表达式，但可以把运算结果列出来，通常用称为**运算表**的方式列出。为了加深对运算的理解，下面举几个实例，并介绍它们的运算表。

实例 6-2 普通加法和普通乘法都是自然数集 **N**、整数集 **Z**、有理数集 **Q** 和实数集 **R** 上的二元运算。表 6-1 和表 6-2 分别是自然数集 **N** 上的普通加法和普通乘法的运算表。

表 6-1

+	0	1	2	…
0	0	1	2	…
1	1	2	3	…
2	2	3	4	…
⋮	⋮	⋮	⋮	

表 6-2

×	0	1	2	…
0	0	0	0	…
1	0	1	2	…
2	0	2	4	…
⋮	⋮	⋮	⋮	

实例 6-3 求一个数的相反数是 **Z**,**Q** 和 **R** 上的一元运算，但不是 **N** 上的一元运算。

实例 6-4 普通减法是整数集 **Z** 上的二元运算。表 6-3 是 **Z** 上普通减法的运算表。

表 6-3

−	…	−1	0	1	2	…
⋮		⋮	⋮	⋮	⋮	
−1	…	0	−1	−2	−3	…
0	…	1	0	−1	−2	…
1	…	2	1	0	−1	…
2	…	3	2	1	0	…
⋮		⋮	⋮	⋮	⋮	

实例 6-5 幂集 $P(A)$ 上的并运算 $\cup$ 和交运算 $\cap$ 都是二元运算。如果 $A=\{a,b\}$，表 6-4 和表 6-5 分别是它们的运算表。

表 6-4

∪	∅	$\{a\}$	$\{b\}$	$\{a,b\}$
∅	∅	$\{a\}$	$\{b\}$	$\{a,b\}$
$\{a\}$	$\{a\}$	$\{a\}$	$\{a,b\}$	$\{a,b\}$
$\{b\}$	$\{b\}$	$\{a,b\}$	$\{b\}$	$\{a,b\}$
$\{a,b\}$	$\{a,b\}$	$\{a,b\}$	$\{a,b\}$	$\{a,b\}$

表 6-5

∩	∅	$\{a\}$	$\{b\}$	$\{a,b\}$
∅	∅	∅	∅	∅
$\{a\}$	∅	$\{a\}$	∅	$\{a\}$
$\{b\}$	∅	∅	$\{b\}$	$\{b\}$
$\{a,b\}$	∅	$\{a\}$	$\{b\}$	$\{a,b\}$

通常用 $*$，$\circ$，△，□，☆，⊕，⊙，◎，⊗，＋，－，×，÷ 等符号表示代数运算，并称为**运算符**。每一个运算符都必须通过运算表说明其实际含义。当＋，－，×，÷表示一般的四则运算时可以不作说明。

实例 6-6 表 6-6 和表 6-7 分别是泛指的一元运算和二元运算的运算表，而表 6-8 和表 6-9 分别是某个具体的一元运算和二元运算的运算表，其中表 6-8 表达的运算就是在整数集 **Z** 中求相反数。

表 6-6

a_i	$^*(a_i)$
a_1	$^*(a_1)$
a_2	$^*(a_2)$
⋮	⋮
a_n	$^*(a_n)$

表 6-7

$*$	a_1	a_2	…	a_n
a_1	$a_1 * a_1$	$a_1 * a_2$	…	$a_1 * a_n$
a_2	$a_2 * a_1$	$a_2 * a_2$	…	$a_2 * a_n$
⋮	⋮	⋮		⋮
a_n	$a_n * a_1$	$a_n * a_2$	…	$a_n * a_n$

表 6-8

n	$^*(n)$
0	0
1	-1
2	-2
3	-3

表 6-9

$*$	a	b	c	d
a	a	b	c	d
b	b	c	d	a
c	c	d	a	b
d	d	a	b	c

从表 6-8 知：

$$^*(0)=0,\quad ^*(1)=-1,$$
$$^*(2)=-2,\quad ^*(3)=-3$$

从表 6-9 知：

$$a * a=a,\quad a * b=b,$$
$$b * a=b,\quad b * c=d$$

6.1.2 二元运算的性质与特殊元素

正如 6.1.1 节介绍的，在给定的非空集合上可以定义许多代数运算。但是，只有具有某些特定性质的运算才有实际的价值。下面介绍一些二元运算的运算性质和特殊元素。

1. 交换律

定义 6-2 设 $*$ 是 S 上的二元运算，如果 $\forall x,y\in S$ 都有

$$x * y=y * x$$

则称运算 $*$ 在 S 上是**可交换的**，或者说运算 $*$ 在 S 上满足**交换律**。

根据定义 6-2 可知，若二元运算满足交换律，则其运算表关于主对角线对称。

实例 6-7 实数集 $\mathbf{R}$ 上的普通加法满足交换律，而实数集 $\mathbf{R}$ 上的普通减法不满足交换律。

例 6-1 设 $\mathbf{Q}$ 是有理数集，$*$ 是 $\mathbf{Q}$ 上这样一个二元运算：$\forall a,b\in\mathbf{Q}, a*b=a+b-a\times b$，其中 $+,-,\times$ 为通常的算术四则运算。试证明运算 $*$ 在 $\mathbf{Q}$ 上是可交换的。

证明 由于

$$a*b=a+b-a\times b=b+a-b\times a=b*a$$

所以运算 $*$ 在 $\mathbf{Q}$ 上是可交换的。

2. 结合律

定义 6-3 设 $*$ 是 S 上的二元运算，如果 $\forall x,y,z\in S$ 都有

$$(x*y)*z=x*(y*z)$$

则称运算 $*$ 在 S 上是**可结合的**，或者说运算 $*$ 在 S 上满足**结合律**。

实例 6-8 实数集 $\mathbf{R}$ 上的普通乘法满足结合律，而实数集 $\mathbf{R}$ 上的普通除法不满足结合律。

例 6-2 设 A 是一个非空集合，$\circ$ 是定义在 A 上的二元运算，$\forall a,b\in A, a\circ b=b$。试证明二元运算 $\circ$ 在 A 上是可结合的。

证明 按题意，$\forall a,b,c\in A$ 都有

$$(a\circ b)\circ c=b\circ c=c$$

$$a\circ(b\circ c)=a\circ c=c$$

所以运算 $\circ$ 在 A 上是可结合的。

3. 幂等律

定义 6-4 设 $*$ 是 S 上的二元运算，如果 $\forall x\in S$ 都有

$$x*x=x$$

则称运算 $*$ 在 S 上满足**幂等律**。

如果 S 上的某些元素 x 满足 $x*x=x$，则称 x 为运算 $*$ 的**幂等元**。显然，如果 S 上的运算 $*$ 满足幂等律，则 S 上的所有元素都是运算 $*$ 的幂等元。

根据定义 6-4 可知，若二元运算满足幂等律，则其运算表中主对角线上的每一个元素都与它所在的行(列)的表头元素相同。

实例 6-9 (1) 集合 A 的幂集 $P(A)$ 上的并运算 $\cup$ 和交运算 $\cap$ 都满足幂等律，$P(A)$ 的所有元素都是幂等元。

(2) 实数集 $\mathbf{R}$ 上普通乘法有两个幂等元：1 和 0。实数集 $\mathbf{R}$ 上普通除法只有一个幂等元：1。实数集 $\mathbf{R}$ 上普通加法和普通减法也都只有一个幂等元，就是 0。

4. 分配律

定义 6-5 设 $*$ 和 $\circ$ 是 S 上的两个二元运算，如果 $\forall x,y,z\in S$ 都有

$$x*(y\circ z)=(x*y)\circ(x*z)$$

$$(y\circ z)*x=(y*x)\circ(z*x)$$

则称运算 $*$ 对 $\circ$ 是**可分配的**，或者说 $*$ 对 $\circ$ 满足**分配律**。

实例 6-10 集合上的并运算 $\cup$ 对交运算 $\cap$ 是可分配的，并且交运算 $\cap$ 对并运算 $\cup$ 也是

可分配的。实数集 **R** 上的普通乘法对普通加法是可分配的，而普通加法对普通乘法是不可分配的。

5. 吸收律

定义 6-6 设 $*$ 和 $\circ$ 是 S 上的两个二元运算，如果 $\forall x, y \in S$ 都有

$$x*(x\circ y)=x,\quad x\circ(x*y)=x$$

则称运算 $*$ 和 $\circ$ 满足**吸收律**。

实例 6-11 对于集合上的并运算 $\cup$ 和交运算 $\cap$，由于

$$A\cup(A\cap B)=A,\quad A\cap(A\cup B)=A$$

成立，因而两个运算 $\cup$ 和 $\cap$ 满足吸收律。

代数系统中有一些特殊元素，下面分别介绍。

6. 幺元

定义 6-7 设 $*$ 是 A 上的二元运算，如果存在元素 $e_l \in A$，对于任意元素 $x \in A$ 都有 $e_l * x = x$，则称 e_l 为 A 中关于运算 $*$ 的一个**左单位元**；如果存在元素 $e_r \in A$，对于任意元素 $x \in A$ 都有 $x * e_r = x$，则称 e_r 为 A 中关于运算 $*$ 的一个**右单位元**；如果存在一个元素 $e \in A$，它关于运算 $*$ 既是左单位元又是右单位元，则称 e 为 A 中关于运算 $*$ 的一个**单位元**。单位元又称为**幺元**。

根据定义 6-7 可知，如果某个元素是关于运算的左幺元，则运算表中该元素所在的行与运算表的行表头相同；如果某个元素是关于运算的右幺元，则运算表中该元素所在的列与运算表的列表头相同。

实例 6-12 (1) 在整数集 **Z** 中，1 是关于乘法运算的左幺元和右幺元，所以 1 是整数集 **Z** 中关于乘法运算的幺元。0 是关于加法运算的左幺元和右幺元，所以 0 是整数集 **Z** 中关于加法运算的幺元。

(2) 有理数集 **Q** 中存在着关于除法运算的右幺元 1，因为 $\forall x \in \mathbf{Q}$，都有 $x \div 1 = x$。但有理数集 **Q** 中不存在关于除法运算的左幺元。

(3) 在 $P(S)$ 中，$\varnothing$ 是关于并运算 $\cup$ 的幺元，S 是关于交运算 $\cap$ 的幺元。

例 6-3 设集合 $S=\{a,b,c,d\}$，定义在 S 上的两个运算 $*$ 和 $\circ$，其运算表分别如表 6-10 和表 6-11 所示，试指出其左幺元、右幺元和幺元。

表 6-10

$*$	a	b	c	d
a	a	b	c	d
b	b	c	d	d
c	c	d	a	d
d	d	a	b	d

表 6-11

$\circ$	a	b	c	d
a	d	a	b	a
b	a	b	c	b
c	c	c	c	c
d	c	d	b	d

解 对于表 6-10 所示的运算，a 既是关于运算 $*$ 的左幺元，又是关于运算 $*$ 的右幺元，因而是关于运算 $*$ 的幺元。

对于表 6-11 所示的运算，b 和 d 都是关于运算 $\circ$ 的右幺元，但没有关于运算 $\circ$ 的左幺元。

定理 6-1 设 $*$ 是定义在集合 A 上的二元运算，且在 A 中有关于运算 $*$ 的左幺元 e_l 和右幺元 e_r，则 $e_l = e_r = e$，且 e 是集合 A 上关于运算 $*$ 的惟一幺元。

证明 ① 先证明幺元存在。设 e_l 和 e_r 是集合 A 中关于运算 $*$ 的左幺元和右幺元，根据定义 6-7，有

$$e_l * e_r = e_r$$

$$e_l * e_r = e_l$$

因而得 $e_l = e_r = e$，即 A 中存在幺元 e。

② 再证明幺元惟一。假设 A 中存在关于运算 $*$ 的另一幺元 e'，则

$$e' = e * e' = e$$

所以 e 是集合 A 上关于运算 $*$ 的惟一幺元。

例如，表 6-10 所示的运算，a 是关于运算 $*$ 的惟一幺元。

7. 零元

定义 6-8 设 $*$ 是 A 上的二元运算，如果存在元素 $\theta_l \in A$，对于任意元素 $x \in A$ 都有 $\theta_l * x = \theta_l$，则称 θ_l 为 A 中关于运算 $*$ 的一个**左零元**；如果存在元素 $\theta_r \in A$，对于任意元素 $x \in A$ 都有 $x * \theta_r = \theta_r$，则称 θ_r 为 A 中关于运算 $*$ 的一个**右零元**；如果存在一个元素 $\theta \in A$，它关于运算 $*$ 既是左零元又是右零元，则称 θ 为 A 中关于运算 $*$ 的一个**零元**。

实例 6-13 (1) 在实数集 **R** 中，0 是关于乘法运算的左零元和右零元，所以 0 是实数集 **R** 中关于乘法运算的零元。实数集 **R** 中不存在关于加法运算的零元。

(2) 在二元运算 $\langle P(S), \cap \rangle$ 中，$\forall A \in P(S)$ 都有 $\varnothing \cap A = A \cap \varnothing = \varnothing$，所以 $\varnothing$ 是 $\langle P(S), \cap \rangle$ 中关于交运算 $\cap$ 的零元。在二元运算 $\langle P(S), \cup \rangle$ 中，$\forall A \in P(S)$ 都有 $S \cup A = A \cup S = S$，所以 S 是 $\langle P(S), \cup \rangle$ 中关于并运算 $\cup$ 的零元。

根据定义 6-8 可知，在运算表中，若某个元素是关于该运算的零元，则该元素所在的行和列的所有元素与该元素相同。

例 6-4 设集合 $S = \{a, b, c, d\}$，定义在 S 上的两个运算 $*$ 和 $\circ$，其运算表分别如表 6-10 和表 6-11 所示，试指出其左零元、右零元和零元。

解 对于表 6-10 所示的运算，d 是关于运算 $*$ 的右零元，没有关于运算 $*$ 的左零元。

对于表 6-11 所示的运算，c 是关于运算 $\circ$ 的左零元，没有关于运算 $\circ$ 的右零元。

定理 6-2 设 $*$ 是定义在集合 A 上的二元运算，且在 A 中有关于运算 $*$ 的左零元 θ_l 和右零元 θ_r，则 $\theta_l = \theta_r = \theta$，且 θ 是集合 A 上关于运算 $*$ 的惟一零元。

该定理的证明与定理 6-1 的证明类似，留给读者自己完成。

定理 6-3 设 $\langle A, * \rangle$ 是一个二元运算，且集合 A 的元素个数大于 1，若该代数系统存在着零元 θ 和幺元 e，则 $\theta \neq e$。

证明 用反证法。假设 $\theta = e$，则 $\forall x \in A$ 都有

$$x = x * e = x * \theta = \theta = e$$

这表明，A 中所有元素都相同，即 A 中只有一个元素。这与 A 中元素个数大于 1 的条件相矛盾。原命题得证。

8. 逆元

定义 6-9 设 $*$ 是 A 上的二元运算，对于 $x \in A$，如果存在元素 $y_l \in A$，使得 $y_l * x = e$，则称 y_l 为 x 关于运算 $*$ 的一个**左逆元**；对于 $x \in A$，如果存在元素 $y_r \in A$，使得 $x * y_r = e$，则称 y_r 为 x 关于运算 $*$ 的一个**右逆元**；如果存在元素 $y \in A$，它既是 x 关于运算 $*$ 的左逆元，又是 x 关于运算 $*$ 的右逆元，则称 y 为 x 关于运算 $*$ 的一个**逆元**。如果 x 的逆元存在，则称 x 是**可逆的**，通常将 x 的逆元记为 x^{-1}。

实例 6-14 （1）实数集 **R** 中的加法运算，每一个元素都有逆元，并且对于 $\forall a\in \mathbf{R}$，它的逆元是 $-a$。实数集 **R** 中的乘法运算，0 不存在逆元，其他元素都有逆元，并且对于 $\forall a\in \mathbf{R}\wedge a\neq 0$，它的逆元是 $\frac{1}{a}$。

（2）对于二元运算 $\langle \mathbf{Z},-\rangle$（其中"$-$"为四则运算的减法），则该二元运算有右幺元 0，没有左幺元，所以该二元运算没有幺元，因而也就没有逆元。

（3）定义在幂集 $P(S)$ 上的对称差运算 $\oplus$ 中，每一个元素都有逆元，并且对于 $\forall A\in P(S)$，它的逆元都是 A 自身。

关于逆元，需要说明以下几点：

（1）一个元素的左逆元和右逆元不一定同时存在；

（2）一个元素的左逆元和右逆元不一定相同；

（3）一个元素的左逆元（或右逆元）可以有多个；

（4）若 a 是 b 的逆元，且 b 也是 a 的逆元，则 a,b 互为逆元。

实例 6-15 设集合 $S=\{a,b,c,d,e\}$，定义在 S 上的二元运算 $*$，其运算表如表 6-12 所示。从表 6-12 可知，a 为运算 $*$ 的幺元。由此可知，若两个元素的运算结果为幺元 a，则左边元素是右边元素的左逆元；同时，右边元素是左边元素的右逆元。所以，根据表 6-12 所示的运算表知：

表 6-12

$*$	a	b	c	d	e
a	a	b	c	d	e
b	b	d	a	c	d
c	c	a	b	a	b
d	d	a	c	d	c
e	e	d	a	c	e

（1）a 的左逆元和右逆元都是它自身；

（2）b 有两个左逆元 c,d 和一个右逆元 c；

（3）c 有两个左逆元 b,e 和两个右逆元 b,d；

（4）d 有左逆元 c 和右逆元 b，两者不相同；

（5）e 没有左逆元，但有右逆元 c；

（6）b 和 c 互为逆元。

定理 6-4 *设 $*$ 是定义在集合 A 上可结合的二元运算，并且有幺元 e，若元素 $x\in A$ 的左逆元 y_l 和右逆元 y_r 存在，则 $y_l=y_r=x^{-1}$，且 x^{-1} 是元素 x 的惟一逆元。*

证明 ① 先证明 $y_l=y_r$。根据幺元和左、右逆元的定义有

$$y_l=y_l*e=y_l*(x*y_r)=(y_l*x)*y_r=y_r$$

记 $y_l=y_r=x^{-1}$。

② 再用反证法证明元素 x 的逆元是惟一的。假设元素 x 存在另一个逆元 x'，则

$$x'=x'*e=x'*(x*x^{-1})=(x'*x)*x^{-1}=x^{-1}$$

所以元素 x 的逆元是惟一的。

9. 消去律

定义 6-10 设 $*$ 是 S 上的二元运算，如果对任意的 $x,y,z\in S$ 满足：

(1) 若 $x*y=x*z$ 且 $x\neq\theta$，则 $y=z$；

(2) 若 $y*x=z*x$ 且 $x\neq\theta$，则 $y=z$。

则称运算 $*$ 满足**消去律**。如果只满足(1)，则称运算 $*$ 满足**左消去律**；如果只满足(2)，则称运算 $*$ 满足**右消去律**。

实例 6-16 (1) 实数集 $\mathbf{R}$ 中的加法、减法、乘法运算都满足消去律。

(2) 定义在 $\mathbf{N}_m$ 上的模加法 $\oplus_m$ 和模乘法 $\otimes_m$ 两种运算都满足消去律。

(3) 二元运算 $\langle P(S),\cap\rangle$ 和 $\langle P(S),\cup\rangle$ 都满足消去律。

6.1.3 代数系统简介

定义 6-11 一个非空集合 S 和定义在 S 上的 k 个运算 $f_1,f_2,\cdots,f_k$ 组成的结构称为一个**代数系统**，简称**代数**，记作 $\langle S,f_1,f_2,\cdots,f_k\rangle$。代数系统又称为**代数结构**或**抽象代数**。

前面的许多实例中介绍的二元运算都是含有一个运算的代数系统，而 $\langle \mathbf{Z},+,\times\rangle$、$\langle P(S),\cup,\cap\rangle$ 都是含有两个运算的代数系统。

某些代数系统中存在着一些特定的元素，这些特定的元素对该系统的二元或一元运算有重要作用，如二元运算的幺元和零元等。本书将这些特定的元素称为**代数常数**。有时为了强调这些代数常数的存在，就把它们列到有关的代数系统的表达式中。例如，$\langle \mathbf{Z},+\rangle$ 可记为 $\langle \mathbf{Z},+,0\rangle$，$\langle \mathbf{Z},\times\rangle$ 可记为 $\langle \mathbf{Z},\times,0,1\rangle$。

定义 6-12 设 $V=\langle S,f_1,f_2,\cdots,f_k\rangle$ 是一个代数系统，$B\subseteq S$，如果 B 对 $f_1,f_2,\cdots,f_k$ 都是封闭的，且 B 和 S 含有相同的代数常数，则称 $\langle B,f_1,f_2,\cdots,f_k\rangle$ 是 V 的一个**子代数系统**，简称**子代数**。

由定义 6-12 可知，子代数和原代数不仅具有相同的组成成分，且对应的运算具有相同的运算性质。

对于任何代数系统 $V=\langle S,f_1,f_2,\cdots,f_k\rangle$，其子代数是一定存在的。最大的子代数就是 V 自身，而最小的子代数是 $\langle A,f_1,f_2,\cdots,f_k\rangle$，其中 A 是由 S 中的所有代数常数构成的集合。这种最大和最小的子代数称为 V 的**平凡子代数**。如果 V 的子代数 $V'=\langle B,f_1,f_2,\cdots,f_k\rangle$ 满足 $B\subset S$，则称 V' 是 V 的**真子代数**。

实例 6-17 $\langle \mathbf{Z},+,\times\rangle$ 是 $\langle \mathbf{Q},+,\times\rangle$ 的真子代数，而 $\langle \mathbf{Q},+,\times\rangle$ 又是 $\langle \mathbf{R},+,\times\rangle$ 的真子代数。

前面陆续介绍了一些典型的二元运算，它们的性质很重要。现在将这些运算所具有的性质集中列在表 6-13 中，希望读者在准确理解的基础上记牢，以帮助后续内容的学习。

表 6-13 常见的代数系统

集合	二元运算	幺元	零元	哪些元素有逆元	结合律	交换律	分配律	构成的代数系统
自然数集 $\mathbf{N}$	$+$	0	无	仅 0 有	满足	满足	$\times$ 对 $+$ 满足	$\langle \mathbf{N},+\rangle$ $\langle \mathbf{N},\times\rangle$ $\langle \mathbf{N},+,\times\rangle$
	$\times$	1	0	仅 1 有	满足	满足		

续表

集合	二元运算	幺元	零元	哪些元素有逆元	结合律	交换律	分配律	构成的代数系统
整数集 $\mathbf{Z}$	$+$	0	无	都有	满足	满足	$\times$对$+$满足	$\langle \mathbf{Z},+\rangle$ $\langle \mathbf{Z},\times\rangle$ $\langle \mathbf{Z},+,\times\rangle$
	$\times$	1	0	仅 0,1,-1 有	满足	满足		
实数集 $\mathbf{R}$	$+$	0	无	都有	满足	满足	$\times$对$+$满足	$\langle \mathbf{R},+\rangle$ $\langle \mathbf{R},\times\rangle$, $\langle \mathbf{R},+,\times\rangle$
	$\times$	1	0	仅 0 没有	满足	满足		
数集 $\mathbf{N}_m$ $(0\sim m-1)$	$\oplus_m$	0	无	都有	满足	满足	$\otimes_m$ 对 $\oplus_m$ 满足	$\langle \mathbf{N}_m,\oplus_m\rangle$ $\langle \mathbf{N}_m,\otimes_m\rangle$ $\langle \mathbf{N}_m,\oplus_m,\otimes_m\rangle$
	$\otimes_m$	1	0	仅 0 没有	满足	满足		
实数方阵集 $\boldsymbol{M}_n(\mathbf{R})$	$+$	n 阶零阵	无	都有	满足	满足	$\times$对$+$满足	$\langle \boldsymbol{M}_n(\mathbf{R}),+\rangle$ $\langle \boldsymbol{M}_n(\mathbf{R}),\times\rangle$ $\langle \boldsymbol{M}_n(\mathbf{R}),+,\times\rangle$
	$\times$	单位阵 $\boldsymbol{I}_n$	n 阶零阵	可逆阵都有	满足	不满足		
幂集 $P(S)$	$\cup$	$\varnothing$	S	仅$\varnothing$有	满足	满足	$\cup$ 对 $\cap$ 满足,$\cap$ 对 $\cup$ 满足	$\langle P(S),\cup\rangle$ $\langle P(S),\cap\rangle$ $\langle P(S),\cup,\cap\rangle$
	$\cap$	S	$\varnothing$	仅 S 有	满足	满足		

6.1.4 典型例题分析

例 6-5 在实数集 $\mathbf{R}$ 上分别定义 4 种二元运算如下：

(1) $a*b=\min(a,b)$。　　(2) $a*b=a+b-a\times b$。

(3) $a*b=|a+b|$。　　(4) $a*b=a$。

并且各个定义中的+、-、×都是通常的代数运算。说明它们哪些满足交换律？哪些满足结合律？

分析与提示　本题需要懂得运算的交换律和结合律，并用定义进行验证。

解　先考虑交换律。

(1)、(2)、(3)满足交换律，因为根据(1)、(2)、(3)定义的运算分别有

$$b*a=\min(b,a)=\min(a,b)=a*b$$

$$b*a=b+a-b\times a=a+b-a\times b=a*b$$

$$b*a=|b+a|=|a+b|=a*b$$

(4)不满足交换律，因为

$$b*a=b\neq a=a*b$$

再考虑结合律。

(1)、(2)、(4)满足结合律。下面对(2)定义的运算进行证明，其他的留给读者自己完成。由于

$$
\begin{aligned}
(a*b)*c &= (a+b-a\times b)*c \\
&= (a+b-a\times b)+c-(a+b-a\times b)\times c \\
&= a+b+c-a\times b-a\times c-b\times c+a\times b\times c \\
a*(b*c) &= a*(b+c-b\times c) \\
&= a+(b+c-b\times c)-a\times(b+c-b\times c) \\
&= a+b+c-a\times b-a\times c-b\times c+a\times b\times c
\end{aligned}
$$

从而，$(a*b)*c=a*(b*c)$。所以，(2)定义的运算满足结合律。

(3)不满足结合律，因为

$$(a*b)*c=||a+b|+c|$$

$$a*(b*c)=|a+|b+c||$$

上两式并不恒等。例如，当 $a=3,b=-2$ 和 $c=1$ 时，$(a*b)*c=||3+(-2)|+1|=2$，而 $a*(b*c)=|3+|-2+1||=4$。

例 6-6 证明对称差运算$\oplus$在幂集 $P(A)$上满足消去律，即$\forall X,Y,Z\in P(A)$，

(1) 若 $X\oplus Y=X\oplus Z$，则 $Y=Z$。

(2) 若 $Y\oplus X=Z\oplus X$，则 $Y=Z$。

分析与提示 本题需要懂得运算的消去律和集合的对称差运算以及元素与集合的从属关系。设法证明 Y 和 Z 含有相同元素。

证明 (1)和(2)的证明方法相同，下面只证明(1)。由于 $X\oplus Y=X\oplus Z$，所以

$$a\in(X\oplus Y)\Leftrightarrow a\in(X\oplus Z)$$

即

$$(a\in X\wedge a\notin Y)\vee(a\notin X\wedge a\in Y)\Leftrightarrow(a\in X\wedge a\notin Z)\vee(a\notin X\wedge a\in Z)$$

由上式知，若 $a\in X$，必定 $a\notin Y$ 且 $a\notin Z$；若 $a\notin X$，必定 $a\in Y$ 且 $a\in Z$。这表明，Y 和 Z 含有相同元素。所以，$Y=Z$。

例 6-7 指出下列各个代数系统的代数常数。

(1) $\langle\mathbf{Z},\times\rangle$。 (2) $\langle\mathbf{N}_m,\oplus_m\rangle$。 (3) $\langle\boldsymbol{M}_n(\mathbf{R}),\times\rangle$。 (4) $\langle P(S),\cap\rangle$。

分析与提示 本题需要懂得各个代数系统的幺元和零元的概念。

解 (1) $\langle\mathbf{Z},\times\rangle$有幺元 1 和零元 0。

(2) $\langle\mathbf{N}_m,\oplus_m\rangle$有幺元 0，没有零元。

(3) $\langle\boldsymbol{M}_n(\mathbf{R}),\times\rangle$有幺元 n 阶单位阵 $\boldsymbol{I}_n$ 和零元 n 阶零矩阵。

(4) $\langle P(S),\cap\rangle$有幺元 S 和零元$\varnothing$。

6.2 半群与群

本节介绍几个重要的代数系统：半群、独异点和群。

6.2.1 半群、独异点与群

定义 6-13 设$\langle S,*\rangle$是一个代数系统，$*$ 为二元运算。如果 $*$ 满足结合律，则称$\langle S,*\rangle$为**半群**。

定义 6-14 含有幺元的半群$\langle S,*\rangle$称为**独异点**或**含幺半群**。为了强调幺元 e 的存在，

有时也将独异点记作$\langle S, *, e\rangle$，其中 e 为 $*$ 运算的幺元。

定义 6-15 设$\langle G, *\rangle$是含幺半群，且 $\forall x\in G$，都存在 $x^{-1}\in G$，则称$\langle G, *\rangle$为群。在不至于混淆的情况下，群$\langle G, *\rangle$简称为群 G。

实例 6-18 对于集合 $A=\{a,b,c\}$，表 6-14～表 6-17 定义了 4 种不同的二元运算 $*$。这 4 种不同的二元运算代表了 4 种不同的情形。

表 6-14

$*$	a	b	c
a	a	b	c
b	b	c	a
c	c	a	b

表 6-15

$*$	a	b	c
a	a	b	c
b	b	b	c
c	c	c	c

表 6-16

$*$	a	b	c
a	a	b	c
b	a	b	c
c	a	b	c

表 6-17

$*$	a	b	c
a	a	c	b
b	c	a	b
c	b	c	a

表 6-14 定义的二元运算 $*$，

(1) 满足结合律(为节省篇幅，仅列出一对，其他的由读者验证)：

$$a*(b*c)=a*a=a,\quad (a*b)*c=b*c=a$$

(2) 有幺元 a；

(3) 每个元素都有一个逆元：

$$a*a=a,\quad b*c=c*b=a$$

所以，表 6-14 定义的二元运算 $*$ 既是半群，又是独异点，还是群。

表 6-15 定义的二元运算 $*$ 满足结合律(读者自己验证)，有幺元 a，但 b 和 c 没有逆元。所以，表 6-15 定义的二元运算 $*$ 既是半群，又是独异点，但不是群。

表 6-16 定义的二元运算 $*$ 仅满足结合律(读者自己验证)，没有幺元。所以，表 6-16 定义的二元运算 $*$ 仅是半群。

表 6-17 定义的二元运算 $*$ 不满足结合律。例如，

$$a*(b*c)=a*b=c,\quad (a*b)*c=c*c=a$$

所以，表 6-17 定义的二元运算 $*$ 不是半群。

下面对表 6-13 中的各种运算是否是半群、独异点和群进行说明。

$\langle \mathbf{Z},+\rangle$，$\langle \mathbf{R},+\rangle$，$\langle \mathbf{N}_m,\oplus_m\rangle$都是群。

$\langle \mathbf{N},+\rangle$，$\langle \mathbf{N},\times\rangle$，$\langle \mathbf{Z},\times\rangle$，$\langle \mathbf{R},\times\rangle$，$\langle \mathbf{N}_m,\otimes_m\rangle$，$\langle \boldsymbol{M}_n(\mathbf{R}),\times\rangle$，$\langle P(S),\cup\rangle$和$\langle P(S),\cap\rangle$既是半群，又是独异点，但不是群。因为这些集合关于各运算不是每一个元素都有逆元。

另外，$\langle \mathbf{Z}^*,\times\rangle$、$\langle \mathbf{R}^*,\times\rangle$都是群。

代数系统$\langle \mathbf{R}^*,\div\rangle$和$\langle \mathbf{Z},-\rangle$不是半群，因为这两个运算在集合上封闭但不可结合。

例 6-8 表 6-18 是代数系统$\langle \mathbf{N}_6,\oplus_6\rangle$的运算表，证明$\langle \mathbf{N}_6,\oplus_6\rangle$是群。

表 6-18

$\oplus_6$	0	1	2	3	4	5
0	0	1	2	3	4	5
1	1	2	3	4	5	0
2	2	3	4	5	0	1
3	3	4	5	0	1	2
4	4	5	0	1	2	3
5	5	0	1	2	3	4

证明 ① $\forall x,y,z\in \mathbf{N}_6$,都有

$$x\oplus_6(y\oplus_6 z)=(x\oplus_6 y)\oplus_6 z$$

即$\langle \mathbf{N}_6,\oplus_6\rangle$满足结合律。

② $\forall x\in \mathbf{N}_6$,都有

$$x\oplus_6 0=0\oplus_6 x=x$$

即$\langle \mathbf{N}_6,\oplus_6\rangle$有幺元 0。

③ $\forall x\in \mathbf{N}_6 \wedge x\neq 0$,都有 $x^{-1}=6-x\in \mathbf{N}_6(x\oplus_6(6-x)=0)$,即 $\mathbf{N}_6$ 中的每一个元素关于运算$\oplus_6$ 都有逆元。

综上所述,$\langle \mathbf{N}_6,\oplus_6\rangle$是群。

例 6-9 证明$\langle P(S),\oplus\rangle$是群。其中,$P(S)$是集合 S 的幂集,$\oplus$是集合的对称差运算。

证明 ① 由对称差运算的定义知,$\oplus$在 $P(S)$上是封闭的、可结合的。

② $\forall A\in P(S)$,都有 $A\oplus\varnothing=\varnothing\oplus A=A$。所以,$\langle P(S),\oplus\rangle$有幺元$\varnothing$。

③ $\forall A\in P(S)$,都有 $A\oplus A=\varnothing$。这表明,$P(S)$中的每一个元素都有逆元,并且逆元就是该元素本身,即 $A^{-1}=A$。

综上所述,$\langle P(S),\oplus\rangle$是群。

定义 6-16 如果半群$\langle S,*\rangle$中的二元运算 $*$ 是可交换的,则称$\langle S,*\rangle$为**可交换半群**。

定义 6-17 如果独异点$\langle S,*\rangle$中的二元运算 $*$ 是可交换的,则称$\langle S,*\rangle$为**可交换独异点**。

定义 6-18 如果群$\langle G,*\rangle$中的二元运算 $*$ 是可交换的,则称$\langle G,*\rangle$为**阿贝尔群(Abel 群)**或**交换群**。

表 6-14 定义的二元运算 $*$ 是可交换的,所以是阿贝尔群。

表 6-15 定义的二元运算 $*$ 是可交换的,所以是可交换独异点。

表 6-16 定义的二元运算 $*$ 不是可交换的,所以不是可交换半群。

表 6-13 中的$\langle \mathbf{Z},+\rangle$,$\langle \mathbf{R},+\rangle$,$\langle \mathbf{N}_m,\oplus_m\rangle$都是阿贝尔群。

定理 6-5 群$\langle G,*\rangle$是阿贝尔群的充分必要条件是:对于$\forall a,b\in G$,都有

$$(a*b)*(a*b)=(a*a)*(b*b)$$

证明 ① 充分性。

若$\forall a,b\in G$,$(a*b)*(a*b)=(a*a)*(b*b)$都成立,则

$$a*(a*b)*b=(a*a)*(b*b)=(a*b)*(a*b)=a*(b*a)*b$$

即

$$a*(a*b)*b=a*(b*a)*b$$

对上式两边同时左乘 a^{-1} 和右乘 b^{-1}，得

$$a^{-1} * a * (a * b) * b * b^{-1} = a^{-1} * a * (b * a) * b * b^{-1}$$

$$e * (a * b) * e = e * (b * a) * e$$

$$a * b = b * a$$

这就证明了 $\langle G, * \rangle$ 是阿贝尔群。

② 必要性。

若 $\langle G, * \rangle$ 是阿贝尔群，则 $\forall a, b \in G$ 都有 $a * b = b * a$，因而

$$(a * b) * (a * b) = a * (b * a) * b = a * (a * b) * b = (a * a) * (b * b)$$

由①、②两步知，原命题成立。 证毕

以上介绍的各种代数系统之间的关系可以用下面的图 6-1 表示。

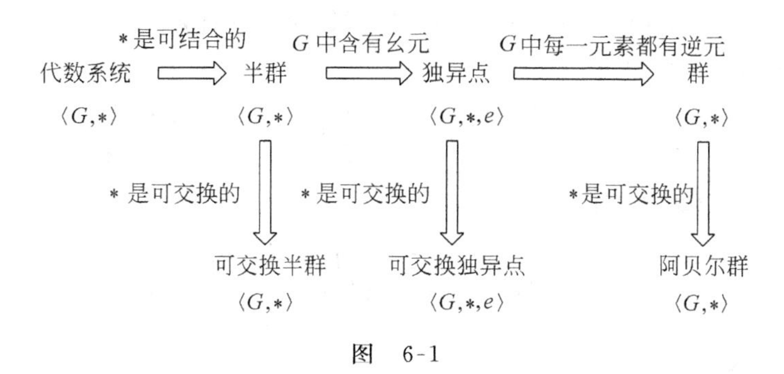

图 6-1

下面介绍关于群的几个重要概念。

定义 6-19 设 $\langle G, * \rangle$ 是群，若 G 为有穷集，则称 $\langle G, * \rangle$ 为**有限群**，有限群 G 中元素的个数称为 $\langle G, * \rangle$ 的**阶**(或**基数**)，记作 $|G|$。若 G 为无穷集，则称 $\langle G, * \rangle$ 为**无限群**。

$\langle \mathbf{Z}, + \rangle$，$\langle \mathbf{R}, + \rangle$，$\langle \mathbf{Z}^*, \times \rangle$，$\langle \mathbf{R}^*, \times \rangle$ 都是无限群。

$\langle \mathbf{N}_m, \oplus_m \rangle$ 是有限群。表 6-14 定义的群 $\langle \{a, b, c\}, * \rangle$ 是有限群。

阶为 1 的群称为**平凡群**。平凡群只含一个元素：幺元。

6.2.2 幂

由于半群、独异点和群中的运算 $*$ 满足结合律，所以可以定义该运算的 n 次幂。

定义 6-20 设 $\langle S, * \rangle$ 是半群，$\forall x \in S$，运算 $*$ 的 ***n* 次幂**定义如下：

$$x^1 = x$$

$$x^{n+1} = x^n * x (n \in \mathbf{Z}^+)$$

定义 6-21 设 $\langle S, *, e \rangle$ 是独异点，e 是幺元，$\forall x \in S$，运算 $*$ 的 n 次幂定义如下：

$$x^0 = e$$

$$x^n = x^{n-1} * x (n \in \mathbf{Z}^+)$$

定义 6-22 设 $\langle G, * \rangle$ 是群，$\forall x \in G$，运算 $*$ 的 n 次幂定义如下：

$$x^0 = e$$

$$x^n = x^{n-1} * x (n \in \mathbf{Z}^+),$$

$$x^{-n} = (x^{-1})^n (n \in \mathbf{Z}^+)$$

幂运算具有以下两个性质：

$$x^m * x^n = x^{m+n} \tag{6-1}$$

$$(x^m)^n = x^{mn} \tag{6-2}$$

这两个性质可以用数学归纳法予以证明。需要说明的是，针对半群、独异点或群的具体情况，分别有 $m,n\in\mathbf{Z}^+$，$m,n\in\mathbf{N}$ 和 $m,n\in\mathbf{Z}$。

对于可交换半群、可交换独异点和阿贝尔群而言，它们的幂运算还具有如下性质：

$$(x * y)^m = x^m * y^m \tag{6-3}$$

普通乘法的幂、矩阵乘法的幂和关系运算的幂都是群的幂的特例。

群（以及半群、独异点）的 n 次幂具有一般性，在不同的群中有不同的含义，希望读者通过以后的实例和例题加深对幂的准确理解。

实例 6-19 (1) 在群 $\langle\mathbf{R},+\rangle$ 中，$1^3=3(=1+1+1)$，$3^4=12(=3+3+3+3)$。

(2) 在群 $\langle\mathbf{N}_5,\oplus_5\rangle$ 中，$3^2=1(=3\oplus_5 3)$，$4^3=2(=4\oplus_5 4\oplus_5 4)$。

(3) 在群 $\langle\boldsymbol{M}_2(\mathbf{R}),+\rangle$ 中，

$$\begin{pmatrix}2&0\\0&3\end{pmatrix}^3=\begin{pmatrix}2&0\\0&3\end{pmatrix}+\begin{pmatrix}2&0\\0&3\end{pmatrix}+\begin{pmatrix}2&0\\0&3\end{pmatrix}=\begin{pmatrix}6&0\\0&9\end{pmatrix}$$

(4) 在半群 $\langle\boldsymbol{M}_2(\mathbf{R}),\times\rangle$ 中，

$$\begin{pmatrix}2&0\\0&3\end{pmatrix}^3=\begin{pmatrix}2&0\\0&3\end{pmatrix}\begin{pmatrix}2&0\\0&3\end{pmatrix}\begin{pmatrix}2&0\\0&3\end{pmatrix}=\begin{pmatrix}8&0\\0&27\end{pmatrix}$$

6.2.3 群的性质

本节以定理的形式介绍群的一些主要性质。

定理 6-6 若 $\langle G,*\rangle$ 是群，且 $|G|>1$，则 $\langle G,*\rangle$ 中没有零元。

证明 设 e 为群 $\langle G,*\rangle$ 的幺元。假设 $\langle G,*\rangle$ 中存在零元，不妨记为 θ，由定理 6-3 知，$\theta\neq e$。根据零元的定义，$\forall x\in G$，有

$$x*\theta=\theta*x=\theta\neq e$$

即 G 中任意元素与 θ 运算的结果都不可能等于幺元 e，这表明 θ 没有逆元，这与 $\langle G,*\rangle$ 是群矛盾。所以 $\langle G,*\rangle$ 中没有零元。

定理 6-7 群 $\langle G,*\rangle$ 中，除幺元外不存在其他幂等元。

证明 设 e 是群 $\langle G,*\rangle$ 的幺元，则 $e*e=e$，所以幺元 e 是幂等元。

假设 G 中存在另一个幂等元 a，即 $a*a=a$ 且 $a\neq e$，则有

$$a=e*a=(a^{-1}*a)*a=a^{-1}*(a*a)=a^{-1}*a=e$$

这与 $a\neq e$ 矛盾。

所以，群 $\langle G,*\rangle$ 中，除幺元外不存在其他幂等元。

定理 6-8（方程的惟一可解性） 若 $\langle G,*\rangle$ 是半群，则 $\langle G,*\rangle$ 是群的充分必要条件是：$\forall a,b\in G$，方程 $a*x=b$ 和方程 $y*a=b$ 在 G 中都有惟一解。

证明 ① 必要性。设 $\langle G,*\rangle$ 为群，e 为其幺元。因为 $a\in G$，所以存在逆元 $a^{-1}\in G$。令 $c=a^{-1}*b$，则

$$a*c=a*(a^{-1}*b)=(a*a^{-1})*b=b$$

所以 $c=a^{-1}*b$ 是 $a*x=b$ 的解。

若存在另一元素 d 也是 $a*x=b$ 的解，则

$$d=e*d=(a^{-1}*a)*d=a^{-1}*(a*d)=a^{-1}*b=c$$

这证明了方程 $a*x=b$ 在 G 中有惟一解 $a^{-1}*b$。

用同样的方法可以证明，方程 $y*a=b$ 在 G 中有惟一解 $b*a^{-1}$。

② 充分性。对某个 $c\in G$，根据条件，方程 $y*c=c$ 有解，设其解为 e。又因为 $\forall a\in G$，根据条件，方程 $c*x=a$ 有解。所以

$$e*a=e*(c*x)=(e*c)*x=c*x=a$$

这就证明了 $\langle G,*\rangle$ 存在左单位元。

用同样的方法可以证明 $\langle G,*\rangle$ 存在右单位元。因而 $\langle G,*\rangle$ 存在单位元。

设 $\langle G,*\rangle$ 的单位元为 e，$\forall a\in G$，由方程 $x*a=e$ 有解知，a 存在左逆元。用同样的方法可以证明 a 存在右逆元。所以，a 存在逆元。

因为 $\langle G,*\rangle$ 是半群，现在已经证明 $\langle G,*\rangle$ 存在单位元，并且每个元素都有逆元。所以，$\langle G,*\rangle$ 是群。

证毕

定理 6-9（消去律） *若 $\langle G,*\rangle$ 是群，则运算 $*$ 在 G 中满足消去律。即 $\forall a,b,c\in G$，有*

(1) 若 $a*b=a*c$，则有 $b=c$；

(2) 若 $b*a=c*a$，则有 $b=c$。

证明 (1) 因为 $\langle G,*\rangle$ 是群，所以有幺元 e，并且 $\forall a\in G$ 都存在逆元 $a^{-1}\in G$。因此有

$$b=e*b=(a^{-1}*a)*b=a^{-1}*(a*b)$$
$$=a^{-1}*(a*c)=(a^{-1}*a)*c=c$$

(2) 证明同(1)。

证毕

定理 6-10 *若 $\langle G,*\rangle$ 是群，$\forall a,b\in G$，有*

(1) $(a^{-1})^{-1}=a$；

(2) $(a*b)^{-1}=b^{-1}*a^{-1}$。

证明 (1) 因为 $\langle G,*\rangle$ 是群，所以有幺元 e，并且 $\forall a\in G$ 都存在逆元 $a^{-1}\in G$。对于 a^{-1}，存在逆元 $(a^{-1})^{-1}\in G$。因此有

$$(a^{-1})^{-1}=(a^{-1})^{-1}*e=(a^{-1})^{-1}*(a^{-1}*a)$$
$$=[(a^{-1})^{-1}*a^{-1}]*a=e*a=a$$

(2) 因为 $\langle G,*\rangle$ 是群，所以有幺元 e，并且 $\forall a,b\in G$ 都有 $a*b\in G$，且 $a,b,a*b$ 分别有逆元 $a^{-1},b^{-1},(a*b)^{-1}$。因此有

$$(a*b)*(a*b)^{-1}=e$$

上式两边同时左乘 $b^{-1}*a^{-1}$，得

$$(b^{-1}*a^{-1})*[(a*b)*(a*b)^{-1}]=(b^{-1}*a^{-1})*e$$

即

$$b^{-1}*(a^{-1}*a)*b*(a*b)^{-1}=b^{-1}*a^{-1}$$
$$b^{-1}*e*b*(a*b)^{-1}=b^{-1}*a^{-1}$$
$$(b^{-1}*b)*(a*b)^{-1}=b^{-1}*a^{-1}$$
$$e*(a*b)^{-1}=b^{-1}*a^{-1}$$

最后得

$$(a*b)^{-1}=b^{-1}*a^{-1}$$

证毕

6.2.4 典型例题分析

例 6-10 说明下列集合 G 及其集合上的运算 $*$ 是否构成半群、独异点、群；如果是独异点或群，指出其幺元。

(1) $G=\mathbf{R}, a*b=(a+b)^2$，$*$ 为普通乘法。

(2) $G=\{3a \mid a\in\mathbf{N}\}$，$*$ 为普通乘法。

(3) $G=\{3a \mid a\in\mathbf{N}\}$，$*$ 为普通加法。

(4) $G=\left\{\begin{pmatrix}a & 0\\ 0 & b\end{pmatrix}\middle| a,b\in\mathbf{N}\right\}$，$*$ 为矩阵乘法。

(5) $G=\left\{\begin{pmatrix}1 & a\\ 0 & 1\end{pmatrix}\middle| a\in\mathbf{Z}\right\}$，$*$ 为矩阵乘法。

分析与提示 本题需要懂得运算的结合律以及半群、独异点、群和幺元、逆元的概念。

解 (1) 因为不满足结合律，所以不是半群。

(2) 满足结合律，但不存在幺元，所以是半群。

(3) 满足结合律，且存在幺元 0，但除 0 外的其他元素没有逆元，所以是独异点。

(4) 满足结合律，有幺元$\begin{pmatrix}1 & 0\\ 0 & 1\end{pmatrix}$，但除$\begin{pmatrix}1 & 0\\ 0 & 1\end{pmatrix}$外的其他元素没有逆元，所以是独异点。

(5) 满足结合律，有幺元$\begin{pmatrix}1 & 0\\ 0 & 1\end{pmatrix}$，且对于任意一个$\begin{pmatrix}1 & a\\ 0 & 1\end{pmatrix}\in G$，有

$$\begin{pmatrix}1 & a\\ 0 & 1\end{pmatrix}\begin{pmatrix}1 & -a\\ 0 & 1\end{pmatrix}=\begin{pmatrix}1 & 0\\ 0 & 1\end{pmatrix}$$

即对每个$\begin{pmatrix}1 & a\\ 0 & 1\end{pmatrix}\in G$ 都存在逆元$\begin{pmatrix}1 & -a\\ 0 & 1\end{pmatrix}$，所以是群。

例 6-11 设$\langle G,*\rangle$是群，若 $\forall x\in G$ 都有 $x^2=e$，证明$\langle G,*\rangle$是阿贝尔群。

证明 由于$\langle G,*\rangle$是群，所以，$\forall x,y\in G$ 有 $x*y\in G$。按题意有

$$(x*y)^2=(x*y)*(x*y)=e$$

从而得

$$x*(x*y)*(x*y)*y=x*e*y$$

即

$$x^2*(y*x)*y^2=x*y$$

再按题意有

$$y*x=x*y$$

这就证明了$\langle G,*\rangle$是阿贝尔群。

6.3 子群、循环群与置换群

本节重点介绍元素的周期、子群、循环群与置换群等概念及其判定定理和性质。

6.3.1 元素的周期

定义 6-23 设$\langle G,*\rangle$是群，e 为其幺元，对于 $a\in G$，使得 $a^n=e$ 成立的最小正整数 n 称

为元素 a 的**周期(或阶)**,记作$|a|=n$,这时也称 a 为 **n 次元**。如果不存在这样的正整数 n,则称 a 为**无限次元**。

任何群的幺元的周期都是 1。例如,群$\langle \mathbf{Z},+\rangle$中,幺元 0 的周期是 1,其余元素的周期都是无限的。

表 6-14 定义的群$\langle\{a,b,c\},*\rangle$中,$a$ 是幺元,其周期是 1;b 与 c 互逆,周期相同,都是 3。

例 6-12 试分析有限群$\langle \mathbf{N}_6,\oplus_6\rangle$的阶和各元素的周期。

解 由于 $\mathbf{N}_6=\{0,1,2,3,4,5\}$,含 6 个元素,所以有限群$\langle \mathbf{N}_6,\oplus_6\rangle$的阶是 6。

由表 6-18 知,有限群$\langle \mathbf{N}_6,\oplus_6\rangle$的幺元是 0。所以,0 的周期为 1。因

$$2^3=(2\oplus_6 2)\oplus_6 2=4\oplus_6 2=0$$

并且

$$2^6=2^3\oplus_6 2^3=0\oplus_6 0=0,\quad 2^9=2^6\oplus_6 2^3=0\oplus_6 0=0,\quad \cdots$$

即元素 2 在正整数 $k=3,6,9,\cdots$时,使 $2^k=0$,且 3 为最小正整数,所以 2 的周期为 3。

同理可得,在群$\langle \mathbf{N}_6,\oplus_6\rangle$中,元素 1 和 5 的周期都为 6,3 的周期为 2,4 的周期为 3。

定理 6-11 *设$\langle G,*\rangle$是有限群,$|G|=n$,则 G 中任一元素的周期 k 都小于等于 n。*

证明 对于$\forall a\in G$,必定 $a^2\in G,a^3\in G,\cdots,a^n\in G,a^{n+1}\in G$。又因为$|G|=n$,从而在 $n+1$ 个元素 $a,a^2,a^3,\cdots,a^n,a^{n+1}$中至少有两个元素相同。不妨设元素 $a^i=a^j$,其中 $1\leqslant i<j\leqslant n+1$,则有

$$a^{j-i}=a^j*a^{-i}=a^j*(a^i)^{-1}=a^j*(a^j)^{-1}=e$$

由 $1\leqslant i<j\leqslant n+1$ 得,$1\leqslant j-i\leqslant n$。令 $k=j-i$,则 $1\leqslant k\leqslant n$。

综上所述,对于$\forall a\in G$,都存在一个正整数 $k(1\leqslant k\leqslant n)$,使得 $a^k=e$。 证毕

定理 6-12 *群中任一元素与它的逆元有相同的周期。*

证明 ① 如果群中元素 a 有有限周期 k,则 $a^k=e$。因为

$$(a^{-1})^k=(a^k)^{-1}=e^{-1}=e$$

所以,a^{-1}必有有限周期。设 a^{-1}的周期为 l,并且

$$l\leqslant k \tag{a}$$

又因为

$$a^l=((a^{-1})^{-1})^l=(a^{-1})^{-l}=((a^{-1})^l)^{-1}=e^{-1}=e$$

这表明,a 的周期 k 满足

$$k\leqslant l \tag{b}$$

由式(a)和式(b)得 $l=k$,即 a 与 a^{-1}有相同周期。

② 如果群中元素 a 的周期无限,用反证法证明 a^{-1}的周期也无限。

假设 a^{-1}有有限周期,则由①得,a 也有有限周期。这与前提相矛盾。所以,a^{-1}的周期也无限。

综合①、②,定理得证。

6.3.2 子群

子群是群论中的重要概念,通过子群可以揭示群的内部结构。

定义 6-24 设$\langle G,*\rangle$是群,H 是 G 的非空子集,如果$\langle H,*\rangle$构成群,则称$\langle H,*\rangle$是

$\langle G,*\rangle$的**子群**，记作 $H\leqslant G$。如果 H 是 G 的**真子集**，则称$\langle H,*\rangle$是$\langle G,*\rangle$的**真子群**，记作 $H<G$。

显然，$\langle\{e\},*\rangle$和$\langle G,*\rangle$都是$\langle G,*\rangle$的子群，其中，e 是$\langle G,*\rangle$的幺元。这两个子群称为$\langle G,*\rangle$的**平凡子群**。如果$\langle G,*\rangle$还有其他子群，则称它们为$\langle G,*\rangle$的**非平凡子群**。

相应地有**子半群**(**子独异点**)、**真子半群**(**真子独异点**)、**平凡子半群**(**平凡子独异点**)和**非平凡子半群**(**非平凡子独异点**)的概念。

实例 6-20 群$\langle \mathbf{Z}_6,\oplus_6\rangle$的两个平凡子群是$\langle \mathbf{Z}_6,\oplus_6\rangle$和$\langle\{0\},\oplus_6\rangle$。另外，$\langle \mathbf{Z}_6,\oplus_6\rangle$还有两个非平凡子群$\langle\{0,2,4\},\oplus_6\rangle$和$\langle\{0,3\},\oplus_6\rangle$。

根据定义 6-24，判定$\langle H,*\rangle$是群$\langle G,*\rangle$的子群需要证明它具有封闭性、满足结合律、有幺元和每一个元素都有逆元。实际上，还有更简便的判定方法，下面分别介绍。

定理 6-13(**子群判定定理一**) 设$\langle G,*\rangle$是群，H 是 G 的非空子集，则$\langle H,*\rangle$是$\langle G,*\rangle$的子群的充分必要条件是

(1) $\forall a,b\in H\Rightarrow a*b\in H$；

(2) $\forall a\in H\Rightarrow a^{-1}\in H$。

证明 必要性是显然的，只要证明充分性。

条件(1)直接表明$\langle H,*\rangle$具有封闭性。

条件(2)直接表明$\langle H,*\rangle$中每一个元素都有逆元。

由于$\langle G,*\rangle$满足结合律，且 $H\subseteq G$，因而$\langle H,*\rangle$也满足结合律。

$\forall a\in H$，由条件(2)知，必然 $a^{-1}\in H$；再由条件(1)得 $e=a*a^{-1}\in H$，并且有 $e*a=a$ 和 $a*e=a$。所以，$\langle H,*\rangle$有幺元。

综上所述，定理 6-13 得证。

定理 6-14(**子群判定定理二**) 设$\langle G,*\rangle$是群，H 是 G 的非空子集，则$\langle H,*\rangle$是$\langle G,*\rangle$的子群的充分必要条件是 $\forall a,b\in H\Rightarrow a*b^{-1}\in H$。

证明 必要性是显然的，这里证明充分性。下面证明，当这个条件满足时，必然满足定理 6-13 的两个条件。

由于 H 非空，$\exists a\in H$。由本定理的条件得 $a*a^{-1}\in H$，因而 $e=a*a^{-1}\in H$。

$\forall a\in H$，再根据本定理的条件得 $a^{-1}=e*a^{-1}\in H$，即满足定理 6-13 的条件(2)。

$\forall b\in H\Rightarrow b^{-1}\in H$，再根据本定理的条件得 $a*b=a*(b^{-1})^{-1}\in H$，即满足定理 6-13 的条件(1)。

综上所述，若定理 6-14 的条件成立，可证得定理 6-13 的两个条件也成立。这样，定理 6-14 的充分性得到了证明。

定理 6-15(**子群判定定理三**) 设$\langle G,*\rangle$是群，H 是 G 的有限非空子集，则$\langle H,*\rangle$是$\langle G,*\rangle$的子群的充分必要条件是 $\forall a,b\in H,a*b\in H$。

证明 必要性是显然的，下面证明充分性。根据子群判定定理一，只需要证明 $\forall a\in H\Rightarrow a^{-1}\in H$。

$\forall a\in H$，由于幺元 e 肯定存在逆元(就是它自身)。下面的证明不妨设 $a\neq e$。由本定理的条件知 $a,a^2,a^3,\cdots$都属于 H。

由于 H 是有限集合，因此一定存在正整数 i,j $(i<j)$，使得 $a^j=a^i$，从而有 $a^{j-i}=e$。这就证明了$\langle H,*\rangle$含有幺元。

再由 $a^{j-i}=e$ 得 $a^{j-i-1}*a=e$。由所设 $a\neq e$ 知，a^{j-i-1} 就是 a 的逆元 a^{-1}。　证毕

定理 6-16　*一个群的幺元必定是其任何子群的幺元。*

证明　设 $\langle H,*\rangle$ 是 $\langle G,*\rangle$ 的子群，H 和 G 的幺元分别是 e_1 和 e。则对于任意 $x\in H$ 都有

$$e_1 * x = x \tag{a}$$

又由于 $x\in G$，因而

$$e * x = x \tag{b}$$

由式(a)、(b)得

$$e_1 * x = e * x \tag{c}$$

由式(c)根据消去律得：$e_1=e$。　证毕

定理 6-17　*设 $\langle G,*\rangle$ 是群，对于 $\forall a\in G$，则 $H=\{a^k \mid k\in \mathbf{Z}\}$ 是 G 的子群。*

证明　对于 $\forall a^m, a^n\in H$，有

$$a^m * a^n = a^{m+n}\in H$$

即运算 $*$ 在 H 上是封闭的，所以 $\langle H,*\rangle$ 是一个代数系统。又因为

(1) H 是 G 的子集，运算 $*$ 在 H 上满足结合律；

(2) $\langle H,*\rangle$ 中的幺元 $e=a^0$ 恰是 $\langle G,*\rangle$ 中的幺元；

(3) 对于 $\forall a^m\in H$，必有逆元 $a^{-m}\in H$。

综上所述，$\langle H,*\rangle$ 是 $\langle G,*\rangle$ 的一个子群。

通常将由定理 6-17 得到的子群称为**由 a 生成的子群**。

例 6-13　设 $Z_2=\{x \mid x=2n \wedge n\in \mathbf{Z}\}$，证明 $\langle Z_2,+\rangle$ 是 $\langle \mathbf{Z},+\rangle$ 的一个子群，其中 $+$ 是普通加法。

证明　根据定义 6-24、定理 6-13～定理 6-15，本题有多种证明方法，这里介绍两种，其他方法留给读者自己完成。

方法一。按定义 6-24 进行证明。

对于 $\forall x,y\in Z_2$，不妨设 $x=2m, y=2n, m,n\in \mathbf{Z}$，则 $x+y=2m+2n=2(m+n)$。因 $m+n\in \mathbf{Z}$，所以 $x+y\in Z_2$，即 $+$ 在 Z_2 上封闭。又因为

(1) 运算 $+$ 在 Z_2 上满足结合律；

(2) $\langle \mathbf{Z},+\rangle$ 中的幺元恰是 $\langle Z_2,+\rangle$ 中的幺元；

(3) 对于 $\forall x\in Z_2$，必有 $m\in \mathbf{Z}$，使 $x=2m$。而 $-x=-2m=2(-m)$，且 $-m\in \mathbf{Z}$，所以 $-x\in Z_2$。由于 $x+(-x)=0$，所以 x 存在逆元 $-x$。

综上所述，$\langle Z_2,+\rangle$ 是 $\langle \mathbf{Z},+\rangle$ 的一个子群。

方法二。按定理 6-13 进行证明。

① 对于 $\forall x,y\in Z_2$，不妨设 $x=2m, y=2n, m,n\in \mathbf{Z}$，则 $x+y=2m+2n=2(m+n)$。因 $m+n\in \mathbf{Z}$，所以 $x+y\in Z_2$。

② 由于 $-x=-2m=2(-m)$，$-m\in \mathbf{Z}$，且 $x+(-x)=0$，所以 $-x\in Z_2$。　证毕

6.3.3　循环群

循环群是一类最简单、最基本的群，也是研究得比较透彻的一类群。本节将介绍元素的阶、循环群的概念、循环群的性质和循环子群的知识。

定义 6-25 在群$\langle G, * \rangle$中，如果$\exists g \in G$，对$\forall a \in A$均能写成$a=g^i (i \in \mathbf{Z})$，则称$\langle G, * \rangle$为**循环群**，元素g为循环群$\langle G, * \rangle$的**生成元**，并称群$\langle G, * \rangle$由g生成，记为$G=\langle g \rangle$。

循环群可以分为两类：如果循环群$\langle G, * \rangle$中G是有限集，称其为**有限循环群**；否则称其为**无限循环群**。

若g是n次元，则$G=\langle g \rangle$是n阶循环群，此时

$$G=\langle g \rangle=\{g^0=e, g^1, g^2, \cdots, g^{n-1}\}$$

若g是无限次元，则$G=\langle g \rangle$是无限循环群，此时

$$G=\langle g \rangle=\{g^0=e, g^{\pm 1}, g^{\pm 2}, \cdots\}$$

例 6-14 证明整数加群$\langle \mathbf{Z}, + \rangle$是无限循环群。

证明 群$\langle \mathbf{Z}, + \rangle$的单位元为 0，并且$\forall a \in \mathbf{Z}$，都有逆元$a^{-1}=-a$。下面先证明 1 是该群的生成元。

由群的幂的定义知

$$0=1^0$$

对于任意正整数k，有

$$k=1+1+\cdots+1=1^k$$

对于任意负整数$-k$，有

$$-k=(-1)+(-1)+\cdots+(-1)=1^{-1}+1^{-1}+\cdots+1^{-1}=(1^{-1})^k=1^{-k}$$

综上所述，1 是群$\langle \mathbf{Z}, + \rangle$的生成元。另一方面，$\langle \mathbf{Z}, + \rangle$是无限群。所以，$\langle \mathbf{Z}, + \rangle$是无限循环群。

顺便指出，-1是群$\langle \mathbf{Z}, + \rangle$的另一个生成元。

例 6-15 试证明模 12 加群$\langle \mathbf{N}_{12}, \oplus_{12} \rangle$是有限循环群。

解 $\mathbf{N}_{12}=\{0,1,2,\cdots,11\}$，含 12 个元素，其幺元为 0。下面证明 1 是该群的生成元。

由群的幂的定义知

$$0=1^0$$

对于$\mathbf{N}_{12}$中的其他元素$m(1 \leqslant m \leqslant 11)$，有

$$m=1 \oplus 1 \oplus \cdots \oplus 1=1^m$$

所以，模 12 加群$\langle \mathbf{N}_{12}, \oplus_{12} \rangle$是有限循环群。

可以验证，5，7，11 也是模 12 加群$\langle \mathbf{N}_{12}, \oplus_{12} \rangle$的生成元。

例 6-16 设$G=\{a,b,c,d\}$，G上的二元运算$*$由表 6-19 定义。验证$\langle G, * \rangle$是循环群。

表 6-19

*	*a*	*b*	*c*	*d*
a	*a*	*b*	*c*	*d*
b	*b*	*c*	*d*	*a*
c	*c*	*d*	*a*	*b*
d	*d*	*a*	*b*	*c*

解 参照实例 6-18 不难验证$\langle G, * \rangle$是群，其幺元为a。由于

$$b^0=a, \quad b^1=b,$$

$$b^2=b*b=c, \quad b^3=b^2*b=c*b=d$$

所以，b 是该群的一个生成元。

综上所述，$\langle G, *\rangle$ 是循环群。

可以验证，d 也是例 6-16 中群 $\langle G, *\rangle$ 的一个生成元。

例 6-14～例 6-16 的解答说明，循环群的生成元可能有多个。

定理 6-18 任何循环群必定是阿贝尔群。

证明 设 $\langle G, *\rangle$ 是循环群，且 g 是它的一个生成元，则 $\forall a,b\in G$，一定存在整数 $r,s\in \mathbf{Z}$，使得 $a=g^r$，$b=g^s$。由于

$$a * b=g^r * g^s=g^{r+s}=g^{s+r}=g^s * g^r=b * a$$

所以，$\langle G, *\rangle$ 是阿贝尔群。

定理 6-19 设 $\langle G, *\rangle$ 是一个由元素 $g\in G$ 生成的有限循环群，$|G|=n$，则 $g^n=e$，且 $G=\{g,g^2,g^3,\cdots,g^n\}$，其中 e 为幺元，n 是使 $g^n=e$ 的最小正整数。

证明 ① 证明不存在一个小于 n 的正整数 m，使得 $g^m=e$。用反证法。

假设存在一个正整数 $m(0<m<n)$，使得 $g^m=e$。

由于 $\langle G, *\rangle$ 是一个循环群，所以 G 中的任意元素都可写成 g^k。若令 $k=mq+r$，其中 $q\in \mathbf{Z}^+$，且 $0\leqslant r<m$，则有

$$g^k=g^{mq+r}=(g^m)^q * g^r=e^q * g^r=g^r$$

上式表明，G 中的每个元素都可以写成 g^r，且 $0\leqslant r<m$。这意味着 G 中最多只有 m 个不同元素，且 $m<n$。这与 G 的阶是 n 相矛盾。所以假设不成立。

② 证明 $g,g^2,g^3,\cdots,g^n$ 都不相同。用反证法。

不失一般性，假定 $g^i=g^j$，其中 $1\leqslant i<j\leqslant n$，则有

$$g^i=g^j=g^i * g^{j-i}$$

由消去律得 $g^{j-i}=e$，且 $1\leqslant j-i<n$。根据①的结论，这是不可能的。

所以，$g,g^2,g^3,\cdots,g^n$ 都不相同。 证毕

定理 6-20 设 $\langle H, *\rangle$ 是循环群 $\langle G, *\rangle(G=\langle a\rangle)$ 的子群，则有

(1) $\langle H, *\rangle$ 仍是循环群；

(2) 若 $H\neq\{e\}$，则 $H=\langle a^m\rangle$，其中，m 是 H 中 a 的最小正幂指数，a^m 是最小正幂；

(3) 当 $\langle G, *\rangle$ 是无限群时，若 $H\neq\{e\}$，则 $\langle H, *\rangle$ 也是无限群；

(4) 当 $\langle G, *\rangle$ 是有限群时，$\langle H, *\rangle$ 也是有限群。若 $|G|=n$，则(2)中的 m 是 n 的约数，并且 $|H|=q=\dfrac{n}{m}$，H 是 G 中惟一的 q 阶子群。

定理 6-20 的证明从略。下面通过一个实例加深对定理 6-20 的理解。

实例 6-21 (1) 设 $Z_2=\{x\mid x=2n\wedge n\in \mathbf{Z}\}$，则 $\langle Z_2,+\rangle$ 是无限循环群 $\langle \mathbf{Z},+\rangle$ 的一个无限循环子群(相应于定理 6-20 中的 $m=2$)，而 $\langle\{0\},+\rangle$ 是 $\langle \mathbf{Z},+\rangle$ 的一个有限循环子群(相应于定理 6-20 中的 $H=\{e\}$)，它的阶为 1。

(2) 循环群 $\langle \mathbf{N}_6,\oplus_6\rangle$ 总共有 4 个循环子群：

① $\langle\{0\},\oplus_6\rangle$(相应于定理 6-20 中的 $H=\{e\}$)，它的阶为 1。

② $\langle\{0,3\},\oplus_6\rangle$(相应于定理 6-20 中的 $m=3$)，它的阶为 2，3 是它的生成元。

③ $\langle\{0,2,4\},\oplus_6\rangle$(相应于定理 6-20 中的 $m=2$)，它的阶为 3，2 和 4 都是它的生成元。

④ $\langle \mathbf{N}_6,\oplus_6\rangle$，它的阶为 6(相应于定理 6-20 中的 $m=6$)，1 和 5 都是它的生成元。

6.3.4 置换群

在介绍置换的概念前先看一个实际例子。

实例 6-22 图 6-2(a)表示一张方桌，4 个角有固定编号(分别用①、②、③、④表示)。开始时有 4 个人(用 1,2,3,4 表示)分别站在 4 个角的位置。然后，每个人按逆时针方向走到另一个角，如图 6-2(b)所示。如果只是原来站在①、③两个角的人互换位置，而原来站在②、④两个角的人不动，这样的变动可以用图 6-3 表示。

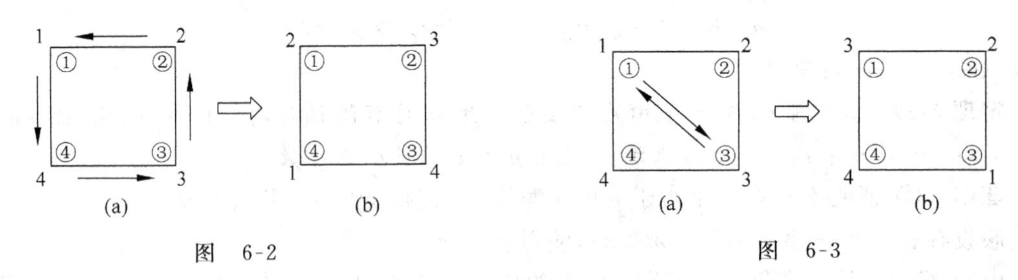

图 6-2　　　图 6-3

图 6-2 和图 6-3 实际上就是两个不同的置换。这两个置换可以分别用下面的两个矩阵表示：

$$\begin{matrix} ① & ② & ③ & ④ \\ \end{matrix} \qquad \begin{matrix} ① & ② & ③ & ④ \\ \end{matrix}$$

$$\begin{pmatrix} 1 & 2 & 3 & 4 \\ 2 & 3 & 4 & 1 \end{pmatrix}, \qquad \begin{pmatrix} 1 & 2 & 3 & 4 \\ 3 & 2 & 1 & 4 \end{pmatrix}$$

两个矩阵的第 1 行表示原来 4 个人的位置，第 2 行表示变换位置后 4 个人的位置。矩阵上面的数字序号表示方桌 4 个角的固定编号，写出来是表明各人的位置，实际上可以不写。

定义 6-26 有限非空集合 $S=\{a_1,a_2,\cdots,a_n\}$ 到自身的一个双射函数称为 S 的一个 ***n* 元置换**。

一个 n 元置换 $\sigma:S\to S$ 通常用两行矩阵的形式表示：

$$\sigma=\begin{pmatrix} a_1 & a_2 & \cdots & a_n \\ \sigma(a_1) & \sigma(a_2) & \cdots & \sigma(a_n) \end{pmatrix}$$

通常将集合 S 的所有置换构成的集合记为 S_n。根据 5.6.1 节介绍的双射的概念，如果 $|S|=n$，则 S 上共有 $n!$ 个双射函数。所以 $|S_n|=n!$。

既然置换是双射函数，因而每一个置换都存在逆置换。置换 σ 的逆置换用 σ^{-1} 表示。

实例 6-23 设 $A=\{a,b,c,d\}$，双射函数 σ: $A\to A$ 为 $\sigma=\{\langle a,b\rangle,\langle b,c\rangle,\langle c,d\rangle,\langle d,a\rangle\}$，则 σ 是 A 上的一个置换，并且可表示为

$$\sigma=\begin{pmatrix} a & b & c & d \\ b & c & d & a \end{pmatrix}$$

例 6-17 给定有限集合 $A=\{1,2,3\}$，写出 A 上所有不同的置换。

解 因为集合 A 有 3 个元素，所以 A 上共有 $3!=6$ 种不同的置换，分别是

$$I=\sigma_1=\begin{pmatrix} 1 & 2 & 3 \\ 1 & 2 & 3 \end{pmatrix}, \quad \sigma_2=\begin{pmatrix} 1 & 2 & 3 \\ 2 & 1 & 3 \end{pmatrix}, \quad \sigma_3=\begin{pmatrix} 1 & 2 & 3 \\ 3 & 2 & 1 \end{pmatrix},$$

$$\sigma_4=\begin{pmatrix} 1 & 2 & 3 \\ 1 & 3 & 2 \end{pmatrix}, \quad \sigma_5=\begin{pmatrix} 1 & 2 & 3 \\ 2 & 3 & 1 \end{pmatrix}, \quad \sigma_6=\begin{pmatrix} 1 & 2 & 3 \\ 3 & 1 & 2 \end{pmatrix}$$

其中 I 是恒等函数,亦称为**恒等置换**或**单位置换**。

定义 6-27 设 σ 和 τ 都是 $S=\{a_1,a_2,\cdots,a_n\}$ 上的 n 元置换,则 σ 和 τ 的复合 $\sigma*\tau$ 也是 S 上的 n 元置换,称为 σ 与 τ 的**乘积**,记作 $\sigma\tau$。

例 6-18 设集合 $A=\{1,2,3,4,5\}$,两个置换 σ 和 τ 分别是

$$\sigma=\begin{pmatrix}1&2&3&4&5\\3&5&2&4&1\end{pmatrix},\quad \tau=\begin{pmatrix}1&2&3&4&5\\4&2&3&1&5\end{pmatrix}$$

求:$\sigma\tau,\tau\sigma,\sigma^{-1}$ 和 $\sigma\sigma^{-1}$。

解

$$\sigma\tau=\begin{pmatrix}1&2&3&4&5\\3&5&2&4&1\end{pmatrix}\begin{pmatrix}1&2&3&4&5\\4&2&3&1&5\end{pmatrix}=\begin{pmatrix}1&2&3&4&5\\4&5&2&3&1\end{pmatrix}$$

$$\tau\sigma=\begin{pmatrix}1&2&3&4&5\\4&2&3&1&5\end{pmatrix}\begin{pmatrix}1&2&3&4&5\\3&5&2&4&1\end{pmatrix}=\begin{pmatrix}1&2&3&4&5\\3&5&2&1&4\end{pmatrix}$$

$$\sigma^{-1}=\begin{pmatrix}1&2&3&4&5\\5&3&1&4&2\end{pmatrix}$$

$$\sigma\sigma^{-1}=\begin{pmatrix}1&2&3&4&5\\3&5&2&4&1\end{pmatrix}\begin{pmatrix}1&2&3&4&5\\5&3&1&4&2\end{pmatrix}=\begin{pmatrix}1&2&3&4&5\\1&2&3&4&5\end{pmatrix}=I$$

例 6-18 的解答表明,置换的乘积不满足交换律。

下面用轮换和对换的观点考察置换。

定义 6-28 设 σ 是 $S=\{a_1,a_2,\cdots,a_n\}$ 上的 n 元置换,若

$$\sigma(a_1)=a_2,\quad \sigma(a_2)=a_3,\quad \cdots,\quad \sigma(a_{k-1})=a_k,\quad \sigma(a_k)=a_1\quad (2\leqslant k\leqslant n)$$

而其他元素在置换 σ 下不变,则称 σ 为 S 上的一个 ***k* 阶轮换**,记作 $\sigma=(a_1a_2\cdots a_k)$。若 $k=2$,也称 σ 为 S 上的**对换**。

在例 6-18 中,σ 是一个 4 阶轮换,且 $\sigma=(1325)$;而 τ 是一个对换,且 $\tau=(14)$。

定理 6-21 有限非空集合 S 的所有置换构成的集合 S_n 关于置换的乘法 $*$ 构成一个群,称为 ***n* 元对称群**。

证明 因为置换是双射函数,置换的乘法就是函数的复合运算,因此,S_n 对置换乘法 $*$ 是封闭的,即置换乘法 $*$ 是 S_n 上的一个运算,从而 $\langle S_n,*\rangle$ 构成一个代数系统。

又因为置换乘法即函数的复合运算满足结合律,恒等置换 I 是 S_n 的幺元,S_n 中的每一个元素都有逆元。所以,$\langle S_n,*\rangle$ 构成一个群。

定义 6-29 n 元对称群的任何子群称为 ***n* 元置换群**。

实例 6-24 例 6-17 给出了集合 $A=\{1,2,3\}$ 上的所有置换 $\sigma_1,\sigma_2,\sigma_3,\sigma_4,\sigma_5$ 和 σ_6。设 $A_3=\{\sigma_1,\sigma_2,\sigma_3,\sigma_4,\sigma_5,\sigma_6\}$,$*$ 是 A_3 上关于置换的乘法,则 $\langle A_3,*\rangle$ 构成一个 3 元对称群。表 6-20 是 $\langle A_3,*\rangle$ 的运算表。

从表 6-20 可以看出,(1)σ_1 是幺元;(2)每个元素都有逆元:其中 $\sigma_1,\sigma_2,\sigma_3$ 和 σ_4 的逆元就是它们自己,而 σ_5 和 σ_6 互为逆元。

由于表 6-20 是不对称的,所以,$\langle A_3,*\rangle$ 不是阿贝尔群。

容易验证,3 元对称群 $\langle A_3,*\rangle$ 有 4 个非平凡子群:$\{\sigma_1,\sigma_2\},\{\sigma_1,\sigma_3\},\{\sigma_1,\sigma_4\}$ 和 $\{\sigma_1,\sigma_5,\sigma_6\}$;有两个平凡子群:$A_3$ 和 $\{\sigma_1\}$。它们都是 3 元置换群。

表 6-20

*	σ_1	σ_2	σ_3	σ_4	σ_5	σ_6
σ_1	σ_1	σ_2	σ_3	σ_4	σ_5	σ_6
σ_2	σ_2	σ_1	σ_5	σ_6	σ_3	σ_4
σ_3	σ_3	σ_6	σ_1	σ_5	σ_4	σ_2
σ_4	σ_4	σ_5	σ_6	σ_1	σ_2	σ_3
σ_5	σ_5	σ_4	σ_2	σ_3	σ_6	σ_1
σ_6	σ_6	σ_3	σ_4	σ_2	σ_1	σ_5

6.4 陪集和正规子群

陪集是群中一个非常重要的概念。利用陪集可以对群进行分解,从而揭示群的结构。

6.4.1 陪集

定义 6-30 设$\langle G, * \rangle$是群,$\langle H, * \rangle$为其子群。对 $a \in G$,称集合 $aH=\{a * h \mid h \in H\}$为子群 H 相应元素 a 的**左陪集**,称集合 $Ha=\{h * a \mid h \in H\}$为子群 H 相应元素 a 的**右陪集**。如果左陪集和右陪集相同,则称其为**陪集**。

左陪集与右陪集具有相似的性质,下面主要讨论左陪集。

一般情况下,左陪集与右陪集不相同。对于阿贝尔群,其任意一个子集的左陪集和右陪集都相同。

例 6-19 求实例 6-24 的群$\langle A_3, * \rangle$中各元素关于子群$\{\sigma_1, \sigma_2\}$的左陪集和右陪集。

解 由表 6-20 得

$$\sigma_1 * \{\sigma_1, \sigma_2\}=\{\sigma_1, \sigma_2\}, \quad \sigma_2 * \{\sigma_1, \sigma_2\}=\{\sigma_2, \sigma_1\},$$

$$\sigma_3 * \{\sigma_1, \sigma_2\}=\{\sigma_3, \sigma_6\}, \quad \sigma_4 * \{\sigma_1, \sigma_2\}=\{\sigma_4, \sigma_5\},$$

$$\sigma_5 * \{\sigma_1, \sigma_2\}=\{\sigma_5, \sigma_4\}, \quad \sigma_6 * \{\sigma_1, \sigma_2\}=\{\sigma_6, \sigma_3\}$$

所以,群$\langle A_3, * \rangle$中各元素关于子群$\{\sigma_1, \sigma_2\}$的左陪集共有 6 个,其中只有 3 个不相同:$\{\sigma_1, \sigma_2\}$,$\{\sigma_3, \sigma_6\}$和$\{\sigma_4, \sigma_5\}$。

同样,由表 6-20 可求得:群$\langle A_3, * \rangle$中各元素关于子群$\{\sigma_1, \sigma_2\}$的不相同的右陪集有 3 个:$\{\sigma_1, \sigma_2\}$,$\{\sigma_3, \sigma_5\}$和$\{\sigma_4, \sigma_6\}$。

本题的左陪集和右陪集不相同。

例 6-20 对于群$\langle \mathbf{N}_{12}, \oplus_{12} \rangle$,若令 $A=\{0,4,8\}$,求群$\langle \mathbf{N}_{12}, \oplus_{12} \rangle$中各元素关于子群$\langle A, \oplus_{12} \rangle$的陪集。

解 由于$\langle \mathbf{N}_{12}, \oplus_{12} \rangle$是阿贝尔群,所以其左陪集和右陪集相同。下面通过求左陪集来解答。因为

$$0 \oplus_{12} A=\{0 \oplus_{12} 0,\ 0 \oplus_{12} 4,\ 0 \oplus_{12} 8\}=\{0,4,8\}$$

$$1 \oplus_{12} A=\{1 \oplus_{12} 0,\ 1 \oplus_{12} 4,\ 1 \oplus_{12} 8\}=\{1,5,9\}$$

$$2 \oplus_{12} A=\{2 \oplus_{12} 0,\ 2 \oplus_{12} 4,\ 2 \oplus_{12} 8\}=\{2,6,10\}$$

$$3 \oplus_{12} A=\{3 \oplus_{12} 0,\ 3 \oplus_{12} 4,\ 3 \oplus_{12} 8\}=\{3,7,11\}$$

$$4 \oplus_{12} A=\{4,8,0\}$$

$$5 \oplus_{12} A=\{5,9,1\}$$
$$6 \oplus_{12} A=\{6,10,2\}$$
$$7 \oplus_{12} A=\{7,11,3\}$$
$$8 \oplus_{12} A=\{8,0,4\}$$
$$9 \oplus_{12} A=\{9,1,5\}$$
$$10 \oplus_{12} A=\{10,2,6\}$$
$$11 \oplus_{12} A=\{11,3,7\}$$

所以，群$\langle \mathbf{N}_{12},\oplus_{12}\rangle$中各元素关于子群$\langle\{0,4,8\},\oplus_{12}\rangle$的陪集共有12个，其中只有4个不同：$\{0,4,8\}$，$\{1,5,9\}$，$\{2,6,10\}$和$\{3,7,11\}$。

例6-19和例6-20的解答反映了陪集的一些共同性质。这些性质就是后面的几个定理。

定理6-22 设$\langle G,*\rangle$是有限群，$\langle H,*\rangle$是它的任一子群，则H中任意元素的左陪集都是H。

证明 设$H=\{h_1,h_2,\cdots,h_m\}$，对H中任意元素$h_i(1\leqslant i\leqslant m)$，左陪集为

$$h_iH=\{h_i*h_1,h_i*h_2,\cdots,h_i*h_m\}$$

由群的运算封闭性知，$h_i*h_1,h_i*h_2,\cdots,h_i*h_m$都属于$H$。

又由于$\langle H,*\rangle$是群，满足消去律，所以$h_i*h_1,h_i*h_2,\cdots,h_i*h_m$这$m$个元素各不相同。因$H$中仅有$m$个不同元素，所以$h_iH=H$。 证毕

实例6-25 对于群$\langle \mathbf{N}_6,\oplus_6\rangle$，若令$A=\{0,2,4\}$，则$\langle A,\oplus_6\rangle$是$\langle \mathbf{N}_6,\oplus_6\rangle$的子群。对于$A$上元素有

$$0\oplus_6 A=\{0\oplus_6 0,\ 0\oplus_6 2,\ 0\oplus_6 4\}=\{0,2,4\}$$
$$2\oplus_6 A=\{2\oplus_6 0,\ 2\oplus_6 2,\ 2\oplus_6 4\}=\{2,4,0\}$$
$$4\oplus_6 A=\{4\oplus_6 0,\ 4\oplus_6 2,\ 4\oplus_6 4\}=\{4,0,2\}$$

所以有

$$0\oplus_6 A=2\oplus_6 A=4\oplus_6 A=A$$

定理6-23 设$\langle G,*\rangle$是有限群，$\langle H,*\rangle$是它的任一子群，则H的所有不同的左陪集构成这样一个划分：

(1) $\forall a,b\in G$，有$aH=bH$或$aH\cap bH=\varnothing$；

(2) $\bigcup\{aH\mid a\in G\}=G$。

证明 证明(1)相当于证明这样一个命题：对于G中的任意两个元素a和b，当左陪集aH和bH有公共元素时，必有$aH=bH$。

设$H=\{h_1,h_2,\cdots,h_m\}$，c是aH和bH的公共元素。由于$c\in aH$，所以H中存在元素h_i，使得

$$c=a*h_i \tag{a}$$

又由于$c\in bH$，所以H中存在元素h_j，使得

$$c=b*h_j \tag{b}$$

由式(a)和式(b)得

$$a*h_i=b*h_j \tag{c}$$

从而有

$$(a * h_i) * h_i^{-1} = (b * h_j) * h_i^{-1}$$

根据结合律有

$$a = b * (h_j * h_i^{-1}) \tag{d}$$

由于 $h_j \in H, h_i^{-1} \in H$，所以 $h_j * h_i^{-1} \in H$。不妨设 $h_k = h_j * h_i^{-1} \in H$，则式(d)可写成

$$a = b * h_k$$

从而有

$$aH = (b * h_k) * H \tag{e}$$

再根据结合律，并将定理 6-22 应用于式(e)可得

$$aH = b * (h_k * H) = bH$$

证毕

(2) 是显而易见的。

对于有限群 $\langle G, *\rangle$，它的任一子群的阶与 $\langle G, *\rangle$ 的阶之间有下面的拉格朗日定理揭示的简单关系。

定理 6-24(拉格朗日定理) 设 $\langle G, *\rangle$ 是有限群，$|G| = n$，$\langle H, *\rangle$ 是其子群，$|H| = m$，则 m 必能整除 n。

证明 设 $a_1H, a_2H, \cdots, a_rH$ 分别是 H 的 r 个全部不同的左陪集。根据定理 6-23 有

$$G = a_1H \cup a_2H \cup \cdots \cup a_rH$$

且这些左陪集是两两不相交的。所以有

$$|G| = |a_1H| + |a_2H| + \cdots + |a_rH| \tag{a}$$

由于群的运算满足消去律，且由于 $h_j \neq h_k, h_j, h_k \in H (1 \leqslant j < k \leqslant m)$，所以对于 G 中的任意元素 $a_i (1 \leqslant i \leqslant r)$，左陪集 a_iH 中的元素 $a_i * h_j \neq a_i * h_k$。由此可见，每个左陪集 a_iH $(1 \leqslant i \leqslant r)$ 中元素个数都和子群 H 中元素个数相等，即

$$|a_1H| = |a_2H| = \cdots = |a_rH| = |H| \tag{b}$$

由式(a)和式(b)以及已知条件得

$$n = rm$$

证毕

推论 1 任何素数阶群没有非平凡子群。

推论 2 若 $\langle G, *\rangle$ 是有限群，则 G 的每个元素的周期是 $|G|$ 的因数。如果 $|G|$ 是素数，则 $\langle G, *\rangle$ 必是循环群。

实例 6-26 (1) 群 $\langle \mathbf{N}_6, \oplus_6\rangle$ 的阶 $|\mathbf{N}_6| = 6$，两个非平凡子群是 $\{0,3\}$ 和 $\{0,2,4\}$，它们的阶分别是 2 和 3，满足拉格朗日定理。

(2) 3 元对称群 $\langle A_3, *\rangle$（参看实例 6-24）的阶 $|A_3| = 6$，4 个非平凡子群是 $\{\sigma_1, \sigma_2\}$，$\{\sigma_1, \sigma_3\}$，$\{\sigma_1, \sigma_4\}$ 和 $\{\sigma_1, \sigma_5, \sigma_6\}$，它们的阶分别是 2,2,2 和 3，满足拉格朗日定理。

由定理 6-22～定理 6-24 可以得到有限群的如下性质：

群的任一子群和由该子群产生的所有不同左陪集（或右陪集）构成原群的一个划分，每个陪集就是一个划分块，并且每个划分块所含元素个数相等。

拉格朗日定理及其推论揭示了有限群的结构，并可以用来解答许多问题。

6.4.2 正规子群

定义 6-31 设 G 是群，H 是其子群，如果 $\forall a \in G$，都有 $aH = Ha$，则称 H 是 G 的**正规子群**。

实例 6-27 3 元对称群$\langle A_3, * \rangle$(参看实例 6-24)有两个平凡子群和 4 个非平凡子群:

$$A_3, \{\sigma_1\}, \{\sigma_1, \sigma_2\}, \{\sigma_1, \sigma_3\}, \{\sigma_1, \sigma_4\}, \{\sigma_1, \sigma_5, \sigma_6\}$$

容易验证,A_3,$\{\sigma_1\}$和$\{\sigma_1, \sigma_5, \sigma_6\}$是正规子群,而$\{\sigma_1, \sigma_2\}$,$\{\sigma_1, \sigma_3\}$和$\{\sigma_1, \sigma_4\}$不是正规子群。

实例 6-28 交换群$\langle \mathbf{N}_6, \oplus_6 \rangle$有两个平凡子群和两个非平凡子群:

$$\langle \mathbf{N}_6, \oplus_6 \rangle, \langle \{0\}, \oplus_6 \rangle, \langle \{0,3\}, \oplus_6 \rangle, \langle \{0,2,4\}, \oplus_6 \rangle$$

容易验证,这 4 个子群都是正规子群。

下面介绍正规子群的判定定理。

定理 6-25 设$\langle G, * \rangle$是群,H 是其子群,则 H 是正规子群的充分必要条件是:$\forall a \in G$ 和 $\forall h \in H$,都有 $a * h * a^{-1} \in H$。

证明 ① 充分性。任取 $a * h \in aH$,并令 $h_1 = a * h * a^{-1}$。由 $a * h * a^{-1} \in H$ 知 $h_1 \in H$,从而有

$$a * h = h_1 * a \in Ha$$

因此,

$$aH \subseteq Ha \tag{a}$$

任取 $h * a \in Ha$,再令 $h_2 = a^{-1} * h * a$。由于 $a^{-1} \in G$,由 $a^{-1} * h * (a^{-1})^{-1} = a^{-1} * h * a \in H$ 知 $h_2 \in H$,从而有

$$h * a = a * h_2 \in aH$$

因此,

$$Ha \subseteq aH \tag{b}$$

由式(a)和式(b)得

$$aH = Ha$$

② 必要性。$\forall a \in G$ 和 $\forall h \in H$,由 $aH = Ha$ 可知,存在 $h_1 \in H$ 使得 $a * h = h_1 * a$,从而有

$$a * h * a^{-1} = h_1 * a * a^{-1} = h_1 \in H$$

定理得证。

定理 6-26 设$\langle G, * \rangle$是群,H 是其子群,则 H 是正规子群的充分必要条件是:$\forall a \in G$,都有 $aHa^{-1} = H$。

证明 $\forall a \in G$,有

$$aHa^{-1} = H \Leftrightarrow aHa^{-1}a = Ha \Leftrightarrow aH = Ha$$

证毕

6.4.3 典型例题分析

例 6-21 证明阶数小于 6 的群都是阿贝尔群。

分析与提示 本题需要运用拉格朗日定理及其推论。

证明 1 阶群显然是阿贝尔群。

2,3,5 都是素数。由拉格朗日定理的推论 2 可知,2 阶、3 阶和 5 阶群都是阿贝尔群。

设 G 是 4 阶群,若 G 中有 4 次元,记它为 a,则 $G = \langle a \rangle$,从而 G 是阿贝尔群。

若 G 中没有 4 次元,根据拉格朗日定理,则 G 中只有 1 次元和 2 次元。由例 6-11 知,G 也是阿贝尔群。

证毕

例 6-22 设$\langle G, * \rangle$是群，H 是其子群，若$|H|=\frac{|G|}{2}$，则 H 是 G 的正规子群。

分析与提示 本题需要懂得陪集的概念和性质。

证明 $\forall a \in G$，

① 若 $a \in H$，则有

$$aH=H=Ha$$

② 若 $a \notin H$，则 $aH \neq H$，$Ha \neq H$。根据陪集的性质有

$$H \cap aH=\varnothing, \quad H \cap Ha=\varnothing$$

由$|H|=\frac{|G|}{2}$可知

$$G=H \cup aH, \quad G=H \cup Ha$$

从而有

$$aH=G-H=Ha$$

这就证明了 H 是 G 的正规子群。

6.5 群的同态与同构

同态与同构是一般代数系统的共同特征，本书仅在群中介绍同态与同构的初步知识。

从前面各节的介绍可以看出，有些群具有相似或完全相同的特征。本节用函数来刻画两个群之间的这种特征。

6.5.1 基本概念

定义 6-32 设$\langle A, * \rangle$和$\langle B, \circ \rangle$是两个群，如果存在一个映射 f: $A \to B$，使得 $\forall a, b \in A$ 都有 $f(a \Box b)=f(a) \circ f(b)$，则称 f 为$\langle A, \Box \rangle$到$\langle B, \circ \rangle$的**同态映射**，群$\langle A, * \rangle$与群$\langle B, \circ \rangle$**同态**，群$\langle f(A), \circ \rangle$为$\langle A, * \rangle$在群同态映射 f 下的**同态像**，且 $f(A) \subseteq B$。

定义 6-33 设 f 是从群$\langle A, * \rangle$到群$\langle B, \circ \rangle$的同态映射，

(1) 若 f 为满射，则称 f 为**满同态映射**，群$\langle A, * \rangle$与群$\langle B, \circ \rangle$**满同态**；

(2) 若 f 为单射，则称 f 为**单同态映射**，群$\langle A, * \rangle$与群$\langle B, \circ \rangle$**单同态**；

(3) 若 f 为双射，则称 f 为**同构映射**，群$\langle A, * \rangle$与群$\langle B, \circ \rangle$**同构**，记作 $A \cong B$。

若 $A=B$，则定义 6-32 和定义 6-33 中的相应概念分别称为**自同态**、**满自同态**、**单自同态和自同构**。

例 6-23 设 f: $\mathbf{Z} \to \mathbf{N}_5$ 定义为 $\forall x \in \mathbf{Z}$，有 $f(x)=x \bmod 5$。证明：f 是从$\langle \mathbf{Z}, + \rangle$到$\langle \mathbf{N}_5, \oplus_5 \rangle$的一个满同态映射。

证明 ① $\forall x, y \in \mathbf{Z}$，

$$f(x+y)=(x+y) \bmod 5=x \bmod 5 \oplus_5 y \bmod 5=f(x) \oplus_5 f(y)$$

② $\forall z \in \mathbf{N}_5$，一定 $\exists z \in \mathbf{Z}$，使 $f(z)=z \bmod 5=z$ 成立。

由①、②知，f 是从$\langle \mathbf{Z}, + \rangle$到$\langle \mathbf{N}_5, \oplus_5 \rangle$的一个满同态映射。

例 6-24 设 f: $\mathbf{N}_3 \to \mathbf{N}_6$ 定义为 $f(0)=0$，$f(1)=2$，$f(2)=4$。证明：f 是从$\langle \mathbf{N}_3, \oplus_3 \rangle$到$\langle \mathbf{N}_6, \oplus_6 \rangle$的一个单同态映射。

证明 ① $\forall x,y\in \mathbf{N}_3$，由已知条件得

$$f(x\oplus_3 y)=2[(x+y)\bmod 3]=(2x)\bmod 6\oplus_6(2y)\bmod 6=f(x)\oplus_6 f(y)$$

② $\forall x,y\in \mathbf{N}_3$，若 $x\neq y$，必定 $f(x)\neq f(y)$。

③ $f(\mathbf{N}_3)\subset \mathbf{N}_6$。

由①、②、③知，f 是同态映射，且是单射，但不是满射。所以，f 是从 $\langle \mathbf{N}_3,\oplus_3\rangle$ 到 $\langle \mathbf{N}_6,\oplus_6\rangle$ 的一个单同态映射。

例 6-25 设 f: $\mathbf{R}^+\to\mathbf{R}$ 定义为 $\forall x\in\mathbf{R}^+$，有 $f(x)=\lg x$。证明：f 是从 $\langle\mathbf{R}^+,\times\rangle$ 到 $\langle\mathbf{R},+\rangle$ 的同构映射。

证明 ① $\forall x,y\in\mathbf{R}^+$，由于

$$f(x\times y)=\lg(x\times y)=\lg x+\lg y=f(x)+f(y)$$

且 $f(x)+f(y)\in\mathbf{R}$，所以 f 是从 $\langle\mathbf{R}^+,\times\rangle$ 到 $\langle\mathbf{R},+\rangle$ 的同态映射。

② $\forall x,y\in\mathbf{R}^+$，若 $f(x)=f(y)$，则 $\lg x=a=\lg y$，即 $x=10^a=y$，所以 f 是单射。

③ $\forall y\in\mathbf{R}$，$\exists!x=e^y\in\mathbf{R}^+$，使得

$$f(x)=\lg x=\lg e^y=y$$

所以 f 是满射。结合②知，f 是双射。

综上所述，f 是从 $\langle\mathbf{R}^+,\times\rangle$ 到 $\langle\mathbf{R},+\rangle$ 的同构映射。

6.5.2 基本性质

群的同态与同构有许多性质，本书介绍以下两个定理。限于篇幅，省略定理的证明。

定理 6-27 设 $\langle A,*\rangle$ 和 $\langle B,\circ\rangle$ 是两个群，f 是从群 $\langle A,*\rangle$ 到群 $\langle B,\circ\rangle$ 的同态映射，则

(1) $\langle f(A),\circ\rangle$ 是 $\langle B,\circ\rangle$ 的子群；

(2) 若 $*$ 在 A 上满足交换律，则 $\circ$ 在 $f(A)$ 上满足交换律；

(3) 若 $*$ 在 A 上满足幂等律，则 $\circ$ 在 $f(A)$ 上满足幂等律；

(4) 若 e 是 $\langle A,*\rangle$ 的幺元，则 $f(e)$ 是 $\langle f(A),\circ\rangle$ 的幺元；

(5) 若 θ 是 $\langle A,*\rangle$ 的零元，则 $f(\theta)$ 是 $\langle f(A),\circ\rangle$ 的零元；

(6) $\forall a\in A$，若 a^{-1} 是 a 在 $\langle A,*\rangle$ 中的逆元，则 $f(a^{-1})$ 是 $f(a)$ 在 $\langle f(A),\circ\rangle$ 中的逆元。

定理 6-28 设 $\langle A,*\rangle$ 和 $\langle B,\circ\rangle$ 是两个群，f 是从群 $\langle A,*\rangle$ 到群 $\langle B,\circ\rangle$ 的同构映射，则

(1) $*$ 在 A 上满足交换律当且仅当 $\circ$ 在 $f(A)$ 上满足交换律；

(2) $*$ 在 A 上满足幂等律当且仅当 $\circ$ 在 $f(A)$ 上满足幂等律；

(3) $*$ 在 A 上满足消去律当且仅当 $\circ$ 在 $f(A)$ 上满足消去律；

(4) 若 e 是 $\langle A,*\rangle$ 的幺元，则 $f(e)$ 是 $\langle f(A),\circ\rangle$ 的幺元；若 $f(e')$ 是 $\langle B,\circ\rangle$ 的幺元，则 $f^{-1}(e')$ 是 $\langle A,*\rangle$ 的幺元；

(5) 若 θ 是 $\langle A,*\rangle$ 的零元，则 $f(\theta)$ 是 $\langle f(A),\circ\rangle$ 的零元；若 $f(\theta')$ 是 $\langle B,\circ\rangle$ 的幺元，则 $f^{-1}(\theta')$ 是 $\langle A,*\rangle$ 的幺元；

(6) $\forall a\in A$，若 a^{-1} 是 a 在 $\langle A,*\rangle$ 中的逆元，则 $f(a^{-1})$ 是 $f(a)$ 在 $\langle f(A),\circ\rangle$ 中的逆元；$\forall b\in B$，若 b^{-1} 是 b 在 $\langle B,\circ\rangle$ 中的逆元，则 $f^{-1}(b^{-1})$ 是 $f^{-1}(b)$ 在 $\langle A,*\rangle$ 中的逆元。

实例 6-29 由例 6-23 和例 6-25 得

(1) 若 f: $\mathbf{Z}\to\mathbf{N}_5$ 定义为 $\forall \boldsymbol{x}\in\mathbf{Z}$，有 $f(x)=x\bmod 5$，则 f 是从 $\langle\mathbf{Z},+\rangle$ 到 $\langle\mathbf{N}_5,\oplus_5\rangle$ 的一个同态映射。可以验证，f 满足定理 6-27 的全部 6 个性质。其中，$\langle\mathbf{N},+\rangle$ 和 $\langle\mathbf{N}_5,\oplus_5\rangle$ 的幺元都

是 0(因为 $f(0)=0$),但它们都没有零元。$\forall x\in \mathbf{Z}$,$\langle \mathbf{Z},+\rangle$中都存在逆元$-x$,而$\langle \mathbf{N}_5,\oplus_5\rangle$中 $x \bmod 5$ 的逆元恰是$(-x)\bmod 5$。

(2) 若 f: $\mathbf{R}^+\to\mathbf{R}$ 定义为$\forall x\in \mathbf{R}^+$,有 $f(x)=\lg x$,则 f 是从$\langle \mathbf{R}^+,\times\rangle$到$\langle \mathbf{R},+\rangle$的同构映射。可以验证,$f$ 满足定理 6-28 的全部 7 个性质。其中,$\langle \mathbf{R}^+,\times\rangle$的幺元是 1,$\langle \mathbf{R},+\rangle$的幺元是 0(因为 $f(1)=\lg 1=0$),但它们都没有零元。$\forall x\in \mathbf{R}^+$,$\langle \mathbf{R}^+,\times\rangle$中都存在逆元 $x^{-1}=\dfrac{1}{x}$,而$\langle \mathbf{R},+\rangle$中 $\lg x$ 的逆元恰是 $\lg\dfrac{1}{x}$。

6.6 环 和 域

前面各节介绍的代数系统都仅包含一个二元运算。本节将介绍包含两个二元运算的代数系统:环和域。

6.6.1 环

定义 6-34 设$\langle A,+,*\rangle$是代数系统,其中$+$、$*$都是 A 上的二元运算。若满足:

(1) $\langle A,+\rangle$是阿贝尔群;

(2) $\langle A,\square\rangle$是半群;

(3) 运算$\square$对$+$是可分配的。

则称$\langle A,+,\square\rangle$是**环**。

环中有两种运算,并且涉及多个代数常数。为了区分环中的两种运算,以及明确特定的代数常数,本书给出如下约定:

(1) 称运算$+$为环$\langle A,+,*\rangle$中的**加法**,称运算$*$为环中的**乘法**;

(2) 环中加法的幺元记为θ,如果乘法存在幺元,则将其记为 1,即$\forall a\in A$,有 $a+\theta=\theta+a=a$,$a*1=1*a=a$;

(3) $\forall a\in A$,称其加法逆元为 a 的**负元**,记作$-a$,仍称其乘法逆元(如果存在)为 a 的**逆元**,记作 a^{-1}。即$\forall a\in A$,有 $a+(-a)=(-a)+a=\theta$,$a*a^{-1}=a^{-1}*a=1$;

(4) 针对环中的加法,用 $a-b$ 表示 $a+(-b)$,用 na 表示 a 的 n 次加法幂 $a+a+\cdots+a$;

(5) 针对环中的乘法,a 的 n 次乘法幂仍用 a^n 表示,并且在不引起混淆的情况下用 ab 表示 $a*b$。

实例 6-30 (1) 整数集 $\mathbf{Z}$、有理数集 $\mathbf{Q}$、实数集 $\mathbf{R}$ 和复数集 $\mathbf{C}$ 关于普通加法和乘法构成的环$\langle \mathbf{Z},+,\times\rangle$,$\langle \mathbf{Q},+,\times\rangle$,$\langle \mathbf{R},+,\times\rangle$和$\langle \mathbf{C},+,\times\rangle$分别称为**整数环**、**有理数环**、**实数环**和**复数环**。

(2) $\mathbf{N}_m$ 关于模 m 加法 $\oplus_m$ 和模 m 乘法 $\otimes_m$ 构成的环$\langle \mathbf{N}_m,\oplus_m,\otimes_m\rangle$称为**模 m 的整数环**。

(3) n 阶($n\geqslant 2$)实矩阵集合 $\boldsymbol{M}_n(\mathbf{R})$关于矩阵加法和乘法构成的环$\langle \boldsymbol{M}_n(\mathbf{R}),+,\times\rangle$称为 **$n$ 阶实矩阵环**。

(4) 集合 S 的幂集 $P(S)$关于集合的对称差运算和并运算构成环$\langle P(S),\oplus,\cup\rangle$。

由于环$\langle A,+,*\rangle$的乘法运算$\langle A,*\rangle$构成半群,所以半群的一切性质都适合$\langle A,*\rangle$。

同样,阿贝尔群的一切性质都适合$\langle A,+\rangle$。此外,环还有如下性质。

定理 6-29 设$\langle A,+,*\rangle$是环,则$\forall a,b,c\in A$,有

(1) $a*\theta=\theta*a=\theta$;

(2) $a*(-b)=(-a)*b=-(a*b)$;

(3) $(-a)*(-b)=a*b$;

(4) $a*(b-c)=a*b-a*c$;

(5) $(b-c)*a=b*a-c*a$;

(6) $(na)b=a(nb)=n(ab)$,其中$n\in\mathbf{Z}^+$。

证明 (1) 因为

$$\theta*a=(\theta+\theta)*a=\theta*a+\theta*a$$

由消去律得

$$\theta*a=\theta$$

同理可证:$a*\theta=\theta$。

(2) 因为

$$a*b+a*(-b)=a*(b+(-b))=a*\theta=\theta$$

所以

$$a*(-b)=-(a*b)$$

同理可证:$(-a)*b=-(a*b)$。

(3) 因为

$$a*(-b)+(-a)*(-b)=(a+(-a))*(-b)=\theta*(-b)=\theta$$

所以

$$(-a)*(-b)=-(a*(-b)) \tag{a}$$

又因为

$$a*(-b)+a*b=a*((-b)+b)=a*\theta=\theta$$

所以

$$a*b=-(a*(-b)) \tag{b}$$

由式(a)和式(b)得

$$(-a)*(-b)=a*b$$

(4) 利用本定理的性质(2),得

$$\begin{aligned}a*(b-c)&=a*(b+(-c))=a*b+a*(-c)\\&=a*b+(-a*c)=a*b-a*c\end{aligned}$$

(5) 证明方法和(4)相似,请读者自己完成。

(6) 下面只证明$(na)b=n(ab)$。用同样的方法可以证明$a(nb)=n(ab)$。

用数学归纳法。当$n=1$时命题显然成立。

假设当$n=k$时命题成立,则有

$$(ka)b=k(ab)$$

当$n=k+1$时,

$$((k+1)a)b=((ka)+a)b=(ka)b+ab=k(ab)+ab=(k+1)ab$$

这意味着,当$n=k+1$时命题也成立。 证毕

定义 6-35 设$\langle A,+,*\rangle$是环,如果$\langle A,*\rangle$是可交换的,则称$\langle A,+,*\rangle$是**交换环**;如果$\langle A,*\rangle$含有幺元,则称$\langle A,+,*\rangle$是**含幺环**。

定义 6-36 设$\langle A,+,*\rangle$是环,若$a,b\in A\wedge a\neq\theta\wedge b\neq\theta$,但$a*b=\theta$,则称$a$是$\langle A,+,*\rangle$的一个**左零因子**,$b$是$\langle A,+,*\rangle$中的一个**右零因子**;若一个元素既是左零因子,又是右零因子,则称其为**零因子**。

实例 6-31 在环$\langle \mathbf{N}_6,\oplus_6,\otimes_6\rangle$中,$[2]\neq[0]$,$[3]\neq[0]$,但$[2]\otimes_6[3]=[0]$,$[3]\otimes_6[2]=[0]$,所以$[2]$和$[3]$都是零因子。

定义 6-37 设$\langle A,+,*\rangle$是环,$\forall a,b\in A$,若$a*b=\theta$,且$a=\theta\vee b=\theta$,则称$\langle A,+,*\rangle$是**无零因子环**。

定理 6-30 设$\langle A,+,*\rangle$是环,$\langle A,+,*\rangle$是无零因子环当且仅当$\langle A,+,*\rangle$中的乘法满足消去律,即$\forall a,b,c\in A\wedge a\neq\theta$,有

$$ab=ac\Rightarrow b=c,\quad ba=ca\Rightarrow b=c$$

证明 ① 充分性。由$\forall a,b\in A$,$ab=\theta$,且$a\neq\theta$,得

$$ab=\theta=a\theta$$

由消去律得

$$b=\theta$$

这就证明了$\langle A,+,*\rangle$无右零因子。

同理可证$\langle A,+,*\rangle$无左零因子。所以,$\langle A,+,*\rangle$是无零因子环。

② 必要性。$\forall a,b,c\in A$,$a\neq\theta$。由$ab=ac$得

$$a(b-c)=\theta$$

由于$\langle A,+,*\rangle$是无零因子环,若$a\neq\theta$,则必定$b-c=\theta$,即$b=c$。这就证明了左消去律成立。

同理可证右消去律也成立。所以,$\langle A,+,*\rangle$满足消去律。 证毕

实例 6-32 (1) $\langle \mathbf{N}_6,\oplus_6,\otimes_6\rangle$既是可交换环,又是含幺环,但不是无零因子环。

(2) $\langle \mathbf{Z},+,*\rangle$,$\langle \mathbf{Q},+,*\rangle$,$\langle \mathbf{R},+,*\rangle$既是无零因子环,又是可交换环,也是含幺环。

定义 6-38 设$\langle A,+,*\rangle$是代数系统,其中$+$和$*$是A上的二元运算。若

(1) $\langle A,+\rangle$是阿贝尔群;

(2) $\langle A,*\rangle$是可交换独异点且无零因子,即$\forall a,b\in A\wedge a\neq\theta\wedge b\neq\theta$,则必定$a*b\neq\theta$;

(3) 运算$*$对运算$+$是可分配的。

则称代数系统$\langle A,+,*\rangle$为**整环**。

定义 6-37 等价于:如果一个环既是交换环,又是幺环,又是无零因子环,则它就是整环。

整环$\langle A,+,*\rangle$上的两个二元运算有如下 6 个性质:

(1) $+$,$*$在A上满足交换律;

(2) $+$,$*$在A上满足结合律;

(3) $*$对$+$在A上满足分配律;

(4) $+$,$*$在A上满足消去律;

(5) $+$,$*$在A上有幺元;

(6) A中每一个元素对运算$+$都有逆元。

实例 6-33 (1) $\langle \mathbf{Z},+,*\rangle$,$\langle \mathbf{Q},+,*\rangle$,$\langle \mathbf{R},+,*\rangle$都是整环。

(2) $\langle \boldsymbol{M}_2(\mathbf{R}),+,\times\rangle$不是整环,因为$\langle \boldsymbol{M}_2(\mathbf{R}),\times\rangle$虽是独异点,但不可交换,且有零因子。

6.6.2 域

定义 6-39 设$\langle A,+,*\rangle$是环,且$|A|\geqslant 2$,若

(1) $\langle A,+\rangle$是阿贝尔群;

(2) $\langle A-\{\theta\},\square\rangle$是阿贝尔群;

(3) 运算$\square$对$+$是可分配的。

则称$\langle A,+,\square\rangle$为**域**。

实例 6-34 $\langle \mathbf{Z},+,*\rangle$,$\langle \mathbf{Q},+,*\rangle$,$\langle \mathbf{R},+,*\rangle$和$\langle \mathbf{N}_6,\oplus_6,\otimes_6\rangle$都是域。

定理 6-31 域一定是无零因子环。

根据定理 6-30,要证明$\langle A,+,*\rangle$是无零因子环,只要证明$\langle A,+,*\rangle$中的乘法满足消去律。

证明 设$\langle A,+,*\rangle$是域。$\forall a,b,c\in A\wedge a\neq\theta$,若$a*b=a*c$,则有

$$a^{-1}*a*b=a^{-1}*a*c$$

从而$b=c$。即域$\langle A,+,*\rangle$中的乘法满足消去律。所以,$\langle A,+,*\rangle$是无零因子环。

定理 6-32 有限整环一定是域。

由整环和域的定义可知,要证明有限整环$\langle A,+,*\rangle$是域,只需证明$\langle A-\{\theta\},*\rangle$是群,即证明$\langle A-\{\theta\},*\rangle$中的每一个元素都存在逆元。

证明 $\forall a,b,c\in A-\{\theta\}$,由于$c\neq\theta$,若$a\neq b$,则$a*c\neq b*c$。对于有限环,由运算的封闭性得$(A-\{\theta\})*c=A-\{\theta\}$。

对于$\langle A,+,*\rangle$中的乘法幺元 1,由$(A-\{\theta\})*c=A-\{\theta\}$知,必定$\exists d\in A-\{\theta\}$,使$d*c=1$。

再因整环$\langle A,+,*\rangle$中的$\langle A,*\rangle$是可交换的,所以又有$c*d=1$,所以d是c的逆元。

这就证明了$\langle A-\{\theta\},*\rangle$中的每一个元素都存在逆元。

综上所述,有限整环一定是域。

6.7 格

5.5.2 节介绍了偏序关系。本节先利用偏序关系定义一种特殊的代数系统——格,然后再从二元运算给出格的另一个等价定义。

6.7.1 格的定义

对偏序集$\langle A,\leqslant\rangle$而言,$A$中的任意一对元素$a$和$b$,其最小上界和最大下界不一定存在。显然,存在这样一类特殊的偏序集$\langle L,\leqslant\rangle$,$L$中的任意一对元素$a$和$b$,其最小上界和最大下界都存在。这就是下面定义的格。

定义 6-40 设$\langle L,\leqslant\rangle$是偏序集,如果$\forall a,b\in L$,$\{a,b\}$都有最小上界和最大下界,则称$\langle L,\leqslant\rangle$为**偏序格**,简称**格**。

由于$\{a,b\}$的最小上界和最大下界都是惟一的，可以把求$\{a,b\}$的最小上界 $\mathrm{lub}(a,b)$和最大下界 $\mathrm{glb}(a,b)$看成 a 与 b 的二元运算$\oplus$和$\otimes$，即 $a\oplus b$ 和 $a\otimes b$ 分别表示 a 与 b 的最小上界和最大下界。

对于偏序集来说，$a\leqslant b$ 当且仅当 $\mathrm{lub}(a,b)=b\wedge \mathrm{glb}(a,b)=a$。从而，对于格来说，若 $a\leqslant b$，则意味着 $a\oplus b=b\wedge a\otimes b=a$。

由 5.5.2 节的介绍知，全序集一定是格，因为当 a 和 b 可比时，$\mathrm{lub}(a,b)$和 $\mathrm{glb}(a,b)$一定存在。反之，格不一定是全序集，因为当 $\mathrm{lub}(a,b)$和 $\mathrm{glb}(a,b)$存在时，a 和 b 不一定可比。

实例 6-35 设 n 为正整数，T_n 为 n 的正因子的集合，"|"表示整除关系，则$\langle T_n,|\rangle$构成一个格。$\forall a,b\in T_n$，$a\oplus b=\mathrm{lcm}(a,b)$($a$ 与 b 的最小公倍数)，$a\otimes b=\gcd(a,b)$(a 与 b 的最大公约数)。图 6-4 中的(a)、(b)、(c)分别是格$\langle T_8,|\rangle$、$\langle T_{10},|\rangle$和$\langle T_{12},|\rangle$的哈斯图。

图 6-4 清楚地表明，$\langle T_8,|\rangle$是全序集，$\langle T_{10},|\rangle$和$\langle T_{12},|\rangle$不是全序集。

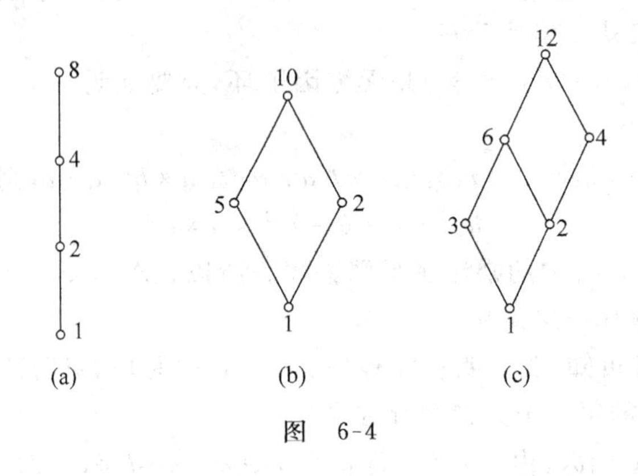

图 6-4

例 6-26 判断图 6-5 中的偏序集哪些是格，为什么？

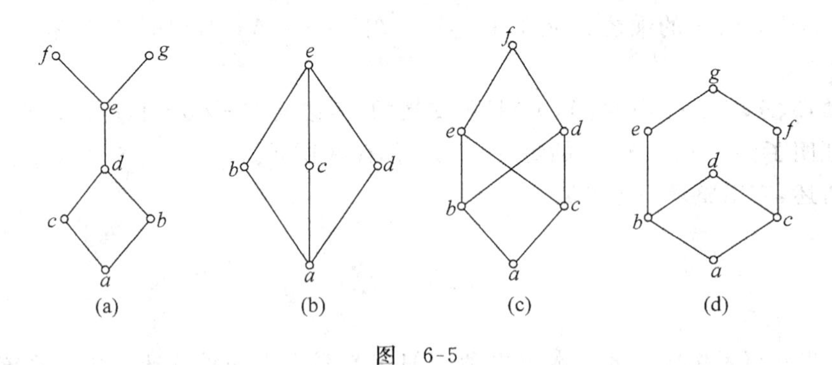

图 6-5

解 (b)是格，(a)、(c)和(d)都不是格，因为：

(a)中的$\{f,g\}$没有上界；

(c)中的$\{b,c\}$有上界 d,e,f，但没有最小上界。$\{d,e\}$有下界 a,b,c，但没有最大下界；

(d)中的$\{b,c\}$有上界 d,g，但没有最小上界。

实例 6-36 设 S 是一个非空集合，则偏序集$\langle P(S),\subseteq\rangle$是格，而且对于$\forall A,B\in P(S)$都有 $A\oplus B=\mathrm{lub}(A,B)=A\cup B$，$A\otimes B=\mathrm{glb}(A,B)=A\cap B$。

实例 6-37 每一个全序集都是格，而且如果 $a\leqslant b$，则 $a\oplus b=b\wedge a\otimes b=a$。例如，由整数

集及其上的小于等于关系≤组成的全序集$\langle Z,\leqslant\rangle$是格，因为$a\oplus b=\max(a,b)$，$a\otimes b=\min(a,b)$。

6.7.2 格的性质

既然格是一类特殊的偏序集，所以格具有偏序关系、最小上界、最大下界的所有性质。

定理 6-33 设$\langle L,\leqslant\rangle$是格，则对于$\forall a,b,c\in L$，必定有

(1) 自反性：$a\leqslant a$；

(2) 反对称性：若$a\leqslant b$，$b\leqslant a$，则$a=b$；

(3) 传递性：若$a\leqslant b$，$b\leqslant c$，则$a\leqslant c$；

(4) $a\leqslant a\oplus b$，$b\leqslant a\oplus b$；

(5) $a\otimes b\leqslant a$，$a\otimes b\leqslant b$。

定义 6-41 设f是由格$\langle L,\leqslant\rangle$中元素以及符号$=$，$\leqslant$，$\geqslant$，$\oplus$和$\otimes$组成的表达式，而$f^*$是将$f$中的$\leqslant$换成$\geqslant$、$\geqslant$换成$\leqslant$、$\oplus$换成$\otimes$、$\otimes$换成$\oplus$、最大元换成最小元、最小元换成最大元所得的表达式，称f^*为f的**对偶式**。

例如，在格中，$(a\oplus b)\otimes c\leqslant c$与$(a\otimes b)\oplus c\geqslant c$互为对偶式。

格有一个重要性质，即下面介绍的对偶原理。

定理 6-34(格的对偶原理) 设f和g是由格$\langle L,\leqslant\rangle$中元素以及运算符号$=$，$\leqslant$，$\geqslant$，$\oplus$和$\otimes$组成的表达式，而$f^*$和$g^*$是$f$和$g$相应的对偶式。若$f$为真，则$f^*$也为真。

(1) 若$f\leqslant g$，那么$g^*\leqslant f^*$；

(2) 若$f=g$，那么$f^*=g^*$。

例如，在格中，若$(a\oplus b)\otimes c\leqslant c$成立，则$c\leqslant(a\otimes b)\oplus c$亦成立。这实际上是定理 6-34 中令$f=(a\oplus b)\otimes c$，$g=c$(从而$f^*=(a\otimes b)\oplus c$、$g^*=c$)的具体结果。

定理 6-35 设$\langle L,\leqslant\rangle$是格，则对于$\forall a,b,c\in L$，求最小上界和最大下界的运算$\oplus$和$\otimes$满足以下 4 条运算律：

(1) 交换律：$a\oplus b=b\oplus a$，$a\otimes b=b\otimes a$；

(2) 结合律：$(a\oplus b)\oplus c=a\oplus(b\oplus c)$，$(a\otimes b)\otimes c=a\otimes(b\otimes c)$；

(3) 吸收律：$a\oplus(a\otimes b)=a$，$a\otimes(a\oplus b)=a$；

(4) 幂等律：$a\oplus a=a$，$a\otimes a=a$。

证明 这里只证明$a\oplus b=b\oplus a$和$(a\oplus b)\oplus c=a\oplus(b\oplus c)$，有兴趣的读者自己证明其他等式。

(1) 根据定理 6-33 的(4)有

$$b\leqslant a\oplus b,\quad a\leqslant a\oplus b$$

所以

$$b\oplus a\leqslant a\oplus b \tag{a}$$

再根据定理 6-33 的(4)有

$$a\leqslant b\oplus a,\quad b\leqslant b\oplus a$$

所以

$$a\oplus b\leqslant b\oplus a \tag{b}$$

由式(a)和式(b)根据定理 6-33 的(2)有

$$a \oplus b = b \oplus a$$ 证毕

(2) 设 $x=(a\oplus b)\oplus c, y=a\oplus(b\oplus c)$，根据定理 6-33 的(4)有

$$a\oplus b \leqslant x, \quad c \leqslant x$$

从而，$a\leqslant x, b\leqslant x$。

由 $b\leqslant x$ 和 $c\leqslant x$ 得

$$b\oplus c\leqslant x$$

由 $a\leqslant x$ 和 $b\oplus c\leqslant x$ 得

$$a\oplus(b\oplus c)\leqslant x$$

即

$$y \leqslant x \tag{c}$$

同理可得

$$x \leqslant y \tag{d}$$

由式(c)和式(d)根据定理 6-33 的(2)有

$$x = y$$

即

$$(a\oplus b)\oplus c = a\oplus(b\oplus c)$$ 证毕

定理 6-35 中格的运算满足的性质都是有规律成对出现的，这就是格的对偶原理的具体体现。

定理 6-36 设 $\langle L, *, \circ\rangle$ 是具有两个二元运算的代数系统，且运算 $*$ 和 $\circ$ 满足交换律、结合律和吸收律，在 L 中定义关系 $a\leqslant b \Leftrightarrow a*b=b$，则 $\langle L,\leqslant\rangle$ 构成格，且有 $a\oplus b=a*b, a\otimes b=a\circ b$。

证明 (1) 先证明运算 $*$ 和 $\circ$ 满足幂等律。因为运算 $*$ 和 $\circ$ 满足吸收律，所以 $\forall a\in L$ 有

$$a*a=a*(a\circ(a*a))=a$$

$$a\circ a=a\circ(a*(a\circ a))=a$$

(2) 其次证明关系 $\leqslant$ 是偏序关系。

① 由(1)知：$a*a=a$。所以 $\leqslant$ 是自反的。

② $\forall a,b\in L$，若 $a\leqslant b$，则 $a*b=b$；若 $b\leqslant a$，则 $b*a=a$。

又因为运算 $*$ 满足交换律，所以 $a*b=b*a$。

结合上述两点知，如果 $a\leqslant b$ 且 $b\leqslant a$，则必定 $b=a$。所以 $\leqslant$ 是反对称的。

③ $\forall a,b,c\in L$，若 $a\leqslant b, b\leqslant c$，根据运算 $*$ 满足结合律，有

$$a*c=a*(b*c)=(a*b)*c=b*c=c$$

因此有 $a\leqslant c$。所以 $\leqslant$ 是传递的。

既然 $\leqslant$ 同时具有自反性、反对称性和传递性，所以 $\leqslant$ 是偏序关系。

(3) 再证明 $\langle L,\leqslant\rangle$ 构成格。

① 先证明 $a*b$ 是 $\{a,b\}$ 的最小上界。$\forall a,b\in L$，有

$$a*(a*b)=(a*a)*b=a*b\Rightarrow a\leqslant a*b$$

$$b*(a*b)=a*(b*b)=a*b\Rightarrow b\leqslant a*b$$

所以 $a*b$ 是 $\{a,b\}$ 的上界。

假设 c 为 $\{a,b\}$ 的上界，则有

$$(a*b)*c=a*(b*c)=a*c=c\Rightarrow a*b\leqslant c$$

所以 $a*b$ 是 $\{a,b\}$ 的最小上界，即 $a\oplus b=a*b$。

② 再证明 $a\circ b$ 是 $\{a,b\}$ 的最大下界。先证

$$a*b=b\Leftrightarrow a\circ b=a$$

由 $a*b=b$ 可得

$$a\circ b=a\circ(a*b)=a$$

由 $a\circ b=a$ 可得

$$a*b=(a\circ b)*b=b*(b\circ a)=b$$

因此，$a*b=b\Leftrightarrow a\circ b=a$。

由(1)知：$a\circ a=a$。

$\forall a,b\in L$，有

$$a\circ(a\circ b)=(a\circ a)\circ b=a\circ b\Rightarrow a\circ b\leqslant a$$

$$b\circ(a\circ b)=a\circ(b\circ b)=a\circ b\Rightarrow a\circ b\leqslant b$$

所以 $a\circ b$ 是 $\{a,b\}$ 的下界。

假设 c 为 $\{a,b\}$ 的下界，则有

$$(a\circ b)\circ c=a\circ(b\circ c)=a\circ c=c\Rightarrow c\leqslant a\circ b$$

所以 $a\circ b$ 是 $\{a,b\}$ 的最大下界，即 $a\otimes b=a\circ b$。

综合(1)、(2)、(3)知，$\langle L,\leqslant\rangle$ 构成格。

由定理 6-36 知，格是具有两个二元运算的代数系统 $\langle L,*,\circ\rangle$，其中运算 $*$ 和 $\circ$ 满足交换律、结合律和吸收律。实际上可以像其他代数系统一样通过规定运算及其基本性质来定义格。

定义 6-42 设 L 是非空集合，$*$ 和 $\circ$ 是定义在集合 L 上的两个二元运算，若 $*$ 和 $\circ$ 满足交换律、结合律和吸收律，则称 $\langle L,*,\circ\rangle$ 为**代数格**，简称**格**。

偏序格和代数格是从不同的角度定义的，但它们是等价的，以后统称格。

读者可能已经注意到，定理 6-35 说明了格的 4 条运算律，但定义 6-42 中没有涉及其中的幂等律。这是因为，根据定理 6-36 的证明(1)，幂等律可以由吸收律推得。所以，定义 6-42 中仅要求满足 3 条运算律。

6.7.3 几种特殊的格

定义 6-43 设 $\langle L,\oplus,\otimes\rangle$ 是格，若 $\forall a,b,c\in L$ 都满足下面的分配律：

$$a\oplus(b\otimes c)=(a\oplus b)\otimes(a\oplus c)$$

$$a\otimes(b\oplus c)=(a\otimes b)\oplus(a\otimes c)$$

则称 $\langle L,\oplus,\otimes\rangle$ 是**分配格**。

由对偶原理知，上述两个等式是等价的。因此，只要其中一个等式成立，该格就是一个分配格。

实例 6-38 (1) 集合 A 的幂集构成的格 $\langle P(A),\cup,\cap\rangle$ 是一个分配格。

(2) 若 $\langle A,\leqslant\rangle$ 是全序集，则 $\langle A,\leqslant\rangle$ 是一个分配格。

例 6-27 试判断图 6-6 所示的格是不是分配格，并说明理由。

解 对于图 6-6(a)，因为

$$b\otimes(c\oplus d)=b\otimes e=b$$

而 $$(b\otimes c)\oplus(b\otimes d)=a\oplus a=a$$

不满足分配律。所以图 6-6(a)所示的格不是分配格。

对于图 6-6(b),因为

$$b\oplus(c\otimes d)=b\oplus a=b$$

而 $$(b\oplus c)\otimes(b\oplus d)=c\otimes e=c$$

不满足分配律。所以图 6-6(b)所示的格不是分配格。

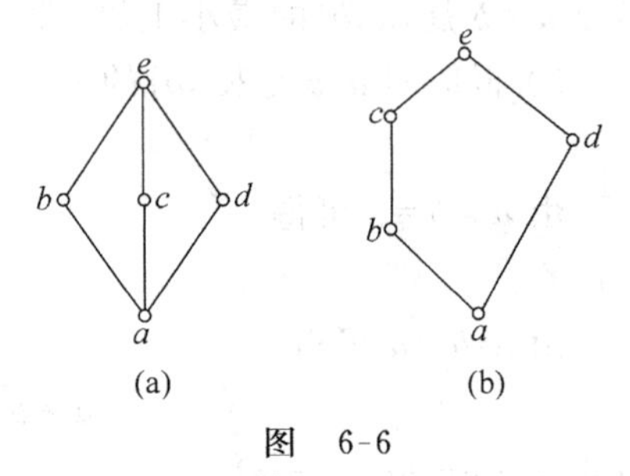

图 6-6

定理 6-37 设$\langle L,\oplus,\otimes\rangle$是分配格,$\forall a,b,c\in L$,如果 $a\oplus b=a\oplus c$,$a\otimes b=a\otimes c$,则$a=b$。

证明 根据格的吸收律、分配格的分配律和已知条件,有

$$\begin{aligned}a&=a\otimes(a\oplus c)=a\otimes(b\oplus c)\\&=(a\otimes b)\oplus(a\otimes c)=(a\otimes b)\oplus(b\otimes c)\\&=b\otimes(a\oplus c)=b\otimes(b\oplus c)=b\end{aligned}$$

证毕

定理 6-37 表明,在分配格中消去律成立,而在一般的格中消去律不成立。

定义 6-44 设$\langle L,\leqslant\rangle$是格,若$\exists a\in L$,使得$\forall x\in L$都有$a\leqslant x$,则称$a$是格$\langle L,\leqslant\rangle$的**全下界**。若$\exists b\in L$,使得$\forall x\in L$都有$x\leqslant b$,则称$b$是格$\langle L,\leqslant\rangle$的**全上界**。

通常将全下界记作 0,全上界记作 1。

实例 6-39 (1) 设A是有限集合,对于格$\langle P(A),\subseteq\rangle$,其全下界是$\varnothing$,全上界是$A$。

(2) 正整数集$\mathbf{Z}^+$中的整除关系构成的格中,全下界是 1,没有全上界。

(3) 整数集$\mathbf{Z}$中的小于等于关系构成的格中,既没有全下界,也没有全上界。

定理 6-38 如果格$\langle L,\leqslant\rangle$存在全下界(或全上界),则全下界(或全上界)是惟一的。

证明 用反证法。假设格$\langle L,\leqslant\rangle$有两个全下界$a$和$b$,$a,b\in L$且$a\neq b$。

因为a是全下界,所以$a\leqslant b$。又因为b是全下界,所以$b\leqslant a$。因此,$a=b$。这说明前面的假设是错误的。故全下界是惟一的。

同理可以证明,全上界也是惟一的。

定义 6-45 设$\langle L,\leqslant\rangle$是格,如果$\langle L,\leqslant\rangle$中既有全下界又有全上界,则称$\langle L,\leqslant\rangle$是**有界格**。

如果$\langle L,\oplus,\otimes\rangle$是有界格,为了突出全下界和全上界的存在,通常将其记为$\langle L,\oplus,\otimes,0,1\rangle$。

定理 6-39 设$\langle L,\oplus,\otimes,0,1\rangle$是有界格,则$\forall a\in L$,必有

$$a\oplus 0=a,\quad a\otimes 1=a,\quad a\oplus 1=1,\quad a\otimes 0=0$$

定义 6-46 设$\langle L,\oplus,\otimes,0,1\rangle$是有界格,对于$a\in L$,若$\exists b\in L$,使得$a\otimes b=0$和$a\oplus b=1$,则称$b$是$a$的**补元**,$a$的补元通常记为$\bar{a}$。

例 6-28 判断图 6-7 的 3 个有界格中各元素的补元情况。

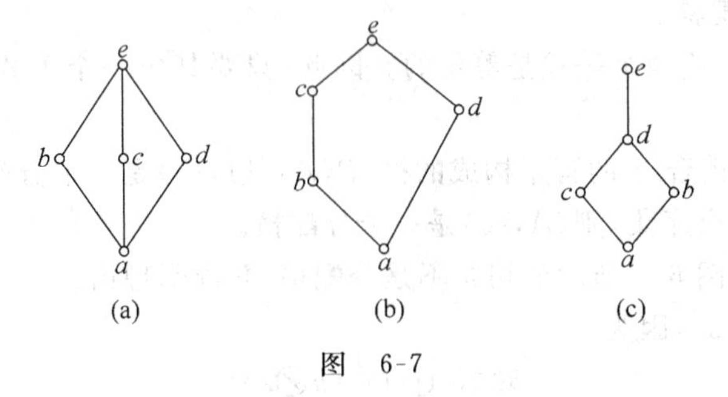

图 6-7

解 图6-7(a)中，b,c,d中任意两个都互为补元，a与e互为补元；图6-7(b)中，b,c的补元都是d，d的补元是b和c，a和e互为补元；图6-7(c)中，b,c,d都没有补元，a和e互为补元。

定理6-40 设$\langle L,\oplus,\otimes,0,1\rangle$是一个分配格，如果$a\in L$有补元，则此补元是惟一的。

证明 用反证法。假设对于$a\in L$，b和c都是a的补元，且$b\neq c$，则有

$$b=b\oplus 0=b\oplus(a\otimes c)=(b\oplus a)\otimes(b\oplus c)=1\otimes(b\oplus c)=b\oplus c$$

$$c=c\oplus 0=c\oplus(a\otimes b)=(c\oplus a)\otimes(c\oplus b)=1\otimes(c\oplus b)=c\oplus b=b\oplus c$$

从而有$b=c$，与假设矛盾。所以原命题得证。

定义6-47 如果格中每个元素都至少有一个补元，则称这个格为**有补格**。

显然，图6-6中的两个格都是有补格。

将前面介绍的内容进行归纳，可以得到如下3点结论。

(1) 有界格$\langle L,\oplus,\otimes,0,1\rangle$中，任何元素都可以有补元，也可以没有补元；如果有补元，可以有多个；

(2) 分配格$\langle L,\oplus,\otimes,0,1\rangle$中，任何元素都可以有补元，也可以没有补元；如果有补元，一定惟一；

(3) 有补格$\langle L,\oplus,\otimes,0,1\rangle$中，任何元素都有补元，其补元可以有多个。

6.8 布尔代数

6.8.1 布尔代数及其性质

定义6-48 如果一个格既是有补格，又是分配格，则称此格为**布尔格**或**布尔代数**。

由于布尔代数是有补格，所以格中的每一个元素都有补元；布尔代数又是分配格，根据定理6-40，格中的每一个元素的补元都是惟一的。所以，求补运算也可以被看作是A中的一元运算。因此，布尔代数可以记为$\langle B,\oplus,\otimes,\bar{\ },0,1\rangle$，其中$\bar{\ }$表示求补运算。通常称$\oplus$，$\otimes$与$\bar{\ }$为**布尔运算**，并且称$\oplus$与$\otimes$为**布尔和**与**布尔积**。

实例6-40 (1) 设$B=\{0,1\}$，在其上定义二元运算$\oplus$，$\otimes$和一元运算$\bar{\ }$，如表6-21所示。则$\langle B,\oplus,\otimes,\bar{\ },0,1\rangle$构成布尔代数，通常称为**电路代数**；

表 6-21

a	b	$a\oplus b$	$a\otimes b$	$\bar{b}$
0	0	0	0	1
0	1	1	0	0
1	0	1	0	1
1	1	1	1	0

(2) 设$B^n=\underbrace{B\times B\times\cdots\times B}_{n个}$，$B=\{0,1\}$。为简洁起见，通常把$B^n$的元素写成没有逗号的长度为$n$的位串形式。例如，$x=110001$和$y=001101$都是$B^6$中的元素。$B^n$中的运算$\oplus$，$\otimes$和$\bar{\ }$由各分量定义，如表6-21所示。例如，对于前面给出的x和y，有

$$x \oplus y = 111101, \quad x \otimes y = 000001, \quad \bar{y} = 110010$$

这样,$\langle B^n, \oplus, \otimes, ^-, 00\cdots0, 11\cdots1 \rangle$构成布尔代数,通常称为**逻辑代数**或**开关代数**。

实例 6-41 非空集合 A 的幂集在集合的并运算$\cup$、交运算$\cap$和补运算$\sim$下构成布尔代数$\langle P(A), \cup, \cap, \sim, \varnothing, A \rangle$,通常称为**集合代数**。

实例 6-42 设 B 是所有命题公式组成的集合,$\vee$,$\wedge$和$\neg$分别表示命题公式的合取、析取和否定运算,0 和 1 分别代表矛盾式和重言式,则$\langle B, \vee, \wedge, \neg, 0, 1 \rangle$构成布尔代数,通常称为**命题代数**。

例 6-29 设 $A=\{1,2,3,4,6,12\}$,"|"为整除关系,证明$\langle A, | \rangle$是一个布尔代数。

证明 参看图 6-4 的(c)。

首先,$\langle A, | \rangle$是一个有界格,其全下界是 1,全上界是 12。

其次,它是一个有补格,1 和 12 互补,2 和 6 互补,3 和 4 互补。

同时,它还是一个分配格。请读者自己验证。

所以,$\langle A, | \rangle$是一个布尔代数。

定理 6-41 设$\langle B, *, \circ \rangle$是代数系统,$*$和$\circ$是两个二元运算。如果运算$*$,$\circ$满足

(1) 交换律,即 $\forall a, b \in B$ 有

$$a * b = b * a, \quad a \circ b = b \circ a$$

(2) 分配律,即 $\forall a, b, c \in B$,有

$$a * (b \circ c) = (a * b) \circ (a * c), \quad a \circ (b * c) = (a \circ b) * (a \circ c)$$

(3) 同一律,即 $\exists 0, 1 \in B$,使得 $\forall a \in B$ 有

$$a * 0 = a, \quad a \circ 1 = a$$

(4) 补元律,即 $\forall a \in B$,$\exists \bar{a} \in B$ 使得

$$a * \bar{a} = 1, \quad a \circ \bar{a} = 0$$

则$\langle B, *, \circ \rangle$是一个布尔代数。

证明 由于定理 6-41 中的$*$和$\circ$已经满足补元律和分配律,所以只要证明$\langle B, *, \circ \rangle$满足结合律和吸收律,则$\langle B, *, \circ \rangle$就是一个布尔格,也即一个布尔代数。

(1) 证明结合律。

① 先证明以下命题:$\forall a, b, c \in B$,若 $a * b = a * c$,$\bar{a} * b = \bar{a} * c$,则 $b = c$。

由 $a * b = a * c$,$\bar{a} * b = \bar{a} * c$ 可得

$$(a * b) \circ (\bar{a} * b) = (a * c) \circ (\bar{a} * c)$$

根据分配律得

$$(a \circ \bar{a}) * b = (a \circ \bar{a}) * c$$

再由补元律得

$$0 * b = 0 * c$$

最后由交换律和同一律得

$$b = c$$

② 由分配律和吸收律得

$$a * ((a \circ b) \circ c) = (a * (a \circ b)) \circ (a * c) = a \circ (a * c) = a$$

$$a * (a \circ (b \circ c)) = a$$

所以

$$a * ((a \circ b) \circ c) = a * (a \circ (b \circ c)) \tag{a}$$

再根据分配律、交换律、补元律和同一律得

$$\begin{aligned}\bar{a} * ((a \circ b) \circ c) &= (\bar{a} * (a \circ b)) \circ (\bar{a} * c) \\ &= ((\bar{a} * a) \circ (\bar{a} * b)) \circ (\bar{a} * c) \\ &= (1 \circ (\bar{a} * b)) \circ (\bar{a} * c) \\ &= (\bar{a} * b) \circ (\bar{a} * c) \\ &= \bar{a} * (b \circ c) \\ \bar{a} * (a \circ (b \circ c)) &= (\bar{a} * a) \circ (\bar{a} * (b \circ c)) \\ &= 1 \circ (\bar{a} * (b \circ c)) = \bar{a} * (b \circ c)\end{aligned}$$

所以

$$\bar{a} * ((a \circ b) \circ c) = \bar{a} * (a \circ (b \circ c)) \tag{b}$$

根据①的结果，由式(a)和式(b)得

$$(a \circ b) \circ c = a \circ (b \circ c)$$

同理可证$(a * b) * c = a * (b * c)$，所以结合律成立。

(2) 证明吸收律。

① 先证明零律成立：$\forall a \in B$，有$a \circ 0 = 0, a * 1 = 1$。

根据同一律、补元律和分配律得

$$a \circ 0 = (a \circ 0) * 0 = (a \circ 0) * (a \circ \bar{a}) = a \circ (0 * \bar{a}) = a \circ \bar{a} = 0$$

同理可证$a * 1 = 1$，所以零律成立。

② 有了零律，再根据同一律、分配律和交换律，就可以证明吸收律了。

$\forall a, b \in B$，

$$a \circ (a * b) = (a * 0) \circ (a * b) = a * (0 \circ b) = a * 0 = a$$

同理可证$a * (a \circ b) = a$，所以吸收律成立。

这就完成了定理6-41的证明。

与其他代数系统一样，可以通过集合上的运算和运算性质来定义布尔代数。根据定理6-41，可以得到关于布尔代数的等价定义。

定义 6-49 设$\langle B, *, \circ \rangle$是具有两个二元运算$*$和$\circ$的代数系统，如果运算$*$，$\circ$满足交换律、分配律、同一律和补元律，则称$\langle B, *, \circ \rangle$是一个**布尔代数**。

由于布尔代数是有补分配格，所以布尔代数具有格、有补格、分配格的所有性质，即下面的定理6-42。

定理 6-42 设$\langle B, \oplus, \otimes, ^{-}, 0, 1 \rangle$是一个布尔代数，$\forall a, b, c \in B$，有以下定律成立：

(1) 交换律：$a \oplus b = b \oplus a, a \otimes b = b \otimes a$；

(2) 结合律：$(a \oplus b) \oplus c = a \oplus (b \oplus c), (a \otimes b) \otimes c = a \otimes (b \otimes c)$；

(3) 幂等律：$a \oplus a = a, a \otimes a = a$；

(4) 吸收律：$a \oplus (a \otimes b) = a, a \otimes (a \oplus b) = a$；

(5) 分配律：$a \oplus (b \otimes c) = (a \oplus b) \otimes (a \oplus c), a \otimes (b \oplus c) = (a \otimes b) \oplus (a \otimes c)$；

(6) 同一律：$a \oplus 0 = a, a \otimes 1 = a$；

(7) 零律：$a \oplus 1 = 1, a \otimes 0 = 0$；

(8) 互补律：$a\oplus\bar{a}=1, a\otimes\bar{a}=0, \bar{1}=0, \bar{0}=1$；

(9) 对合律：$\bar{\bar{a}}=a$；

(10) 德·摩根律：$\overline{a\oplus b}=\bar{a}\otimes\bar{b}, \overline{a\otimes b}=\bar{a}\oplus\bar{b}$。

6.8.2 布尔函数与布尔表达式

设$\langle B,\oplus,\otimes,^{-},0,1\rangle$是布尔代数，$B$中的元素称为**布尔常元**，将取值于$B$中元素的变元称为**布尔变元**。从$B^n$到$B$的函数称为$\boldsymbol{n}$**元布尔函数**，其中集合$B^n=\{(x_1,x_2,\cdots,x_n)\mid x_i\in B, 1\leqslant i\leqslant n\}$。布尔函数的值通常用表来表示。例如，对于某个电路代数$F(x,y)$，$F(1,0)=0$；当x,y取其他值时都为1。则$F(x,y)$可以用表6-22表示。

表 6-22

x	y	$F(x,y)$
0	0	1
0	1	1
1	0	0
1	1	1

布尔函数也可以用由布尔变元和布尔运算构成的表达式来表示，即下面定义的布尔表达式。

定义 6-50 设$\langle B,\oplus,\otimes,^{-},0,1\rangle$是布尔代数，$B$上的**布尔表达式**定义如下：

(1) B中任何布尔常元是布尔表达式；

(2) B中任何布尔变元是布尔表达式；

(3) 如果E和F是布尔表达式，则$\overline{E}$，$\overline{F}$，$E\oplus F$和$E\otimes F$也是布尔表达式；

(4) 当且仅当有限次使用上面(1)、(2)、(3)所得到的符号串是布尔表达式。

一个含有n个不同布尔变元的布尔表达式称为$\boldsymbol{n}$**元布尔表达式**，记为$F(x_1,x_2,\cdots,x_n)$。布尔表达式的值是指用布尔常元代替布尔表达式$F(x_1,x_2,\cdots,x_n)$中的布尔变元(即赋值)所得的结果。

实例 6-43 设$\langle B,\oplus,\otimes,^{-},0,1\rangle$是布尔代数，$B=\{0,a,b,1\}$，则$0,a,x\oplus b,(x\otimes a)\oplus\bar{y}$等都是布尔表达式，且$x\oplus b$是一元布尔表达式，$(x\otimes a)\oplus\bar{y}$是二元布尔表达式，其中$a,b$是布尔常元，$x,y$是布尔变元。

6.9 应用实例

本节将介绍布尔代数在电子电路设计中的应用。

6.9.1 门电路

电子计算机和其他电子装置都是由许多电路构成的，这些电路都有输入和输出，并且输入和输出都只有两种不同状态。这些电路可以用任何具有两种不同状态的基本元件来构造。例如，开关可能处于“开”或“关”的位置，光学装置可能处于“亮”或“不亮”的状态。

在计算机中，所有的指令、程序和数据都是以二进制位的形式存储的。计算机使用各种设备来存储位，电子线路使这些存储设备可以互相通信。位以电压的形式从电路的某处传送到另一处，位的电压有“高电压”或“低电压”两种情形。

正因为输入和输出都只有两种不同状态，所以可以用1和0表示这两种不同状态。例如，用1表示高电压，用0表示低电压。

因此，实例 6-40(2)中的逻辑代数（开关代数）可以用来作为电子装置的电路模型，而且可以根据逻辑运算（布尔运算）的规则来进行设计。这些电路的基本元件称为**门**，每一种类型的门实现一种布尔运算。本节将介绍 3 种类型的门。通过这 3 种门的合理组合就可以设计出不同的电路来执行各种各样的任务。这样的电路通常称为**逻辑电路**或**组合电路**。

下面分别介绍与门、或门和非门。

定义 6-51 **与门**接收 a,b 作为输入，其中 a,b 都可以是 1 或 0，输出是 a 和 b 的逻辑乘，用 $a\otimes b$ 表示，即

$$a\otimes b=\begin{cases}1 & (a=b=1)\\0 & (\text{其他})\end{cases}$$

与门的电路图如图 6-8 所示。

定义 6-52 **或门**接收 a,b 作为输入，其中 a,b 都可以是 1 或 0，输出是 a 和 b 的逻辑加，用 $a\oplus b$ 表示，即

$$a\oplus b=\begin{cases}0 & (a=b=0)\\1 & (\text{其他})\end{cases}$$

或门的电路图如图 6-9 所示。

定义 6-53 **非门**接收 a 作为输入，a 可以是 1 或 0，输出是 a 的逻辑非，用 $\bar{a}$ 表示，即

$$\bar{a}=\begin{cases}1 & (a=0)\\0 & (a=1)\end{cases}$$

非门的电路图如图 6-10 所示。

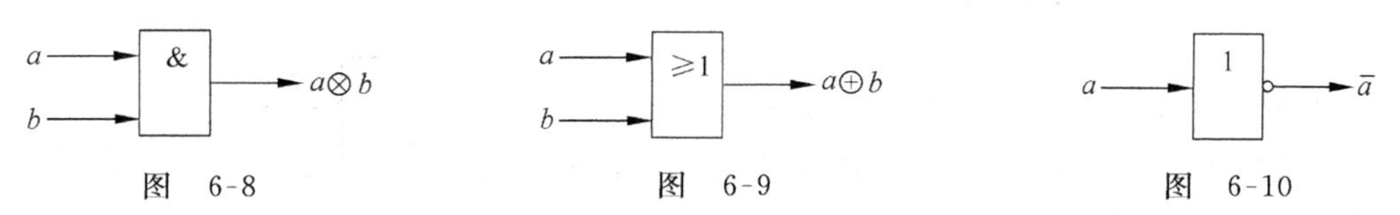

图 6-8　　图 6-9　　图 6-10

由于逻辑代数、命题、门电路对同一个问题的表示方法不同，为方便读者，表 6-23 列出了与门、或门、非门及其对应的逻辑代数表示法和命题表示法。

表 6-23

门电路	命题表示法	逻辑代数表示法
a—[1]o—F	$F=\neg a$	$F=\bar{a}$
a, b—[&]—F	$F=a\wedge b$	$F=a\otimes b$
a, b—[≥1]—F	$F=a\vee b$	$F=a\oplus b$

6.9.2 逻辑电路设计

逻辑电路没有记忆能力，系统以前的输入和状态不会影响组合电路当前的输出，它的输出由它的每一组输入惟一确定。

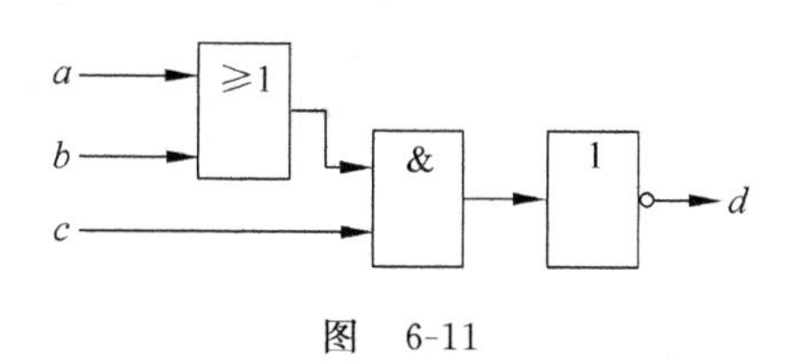

图 6-11

实例 6-44 图 6-11 是一个组合电路，a,b,c 的每一组输入惟一确定输出 d 的值。

该组合电路所对应的布尔表达式为

$$d=\overline{((a\oplus b)\otimes c)}$$

表 6-24 是这个组合电路的逻辑真值表。表中列出了输入 a,b,c 的所有可能值的组合。而对于给定的一组输入值,可以通过组合电路来计算出 d。例如,表中第 5 行给出的输入为:$a=1$、$b=0$、$c=0$。这时输出 d 的值为 1,如图 6-12 所示。

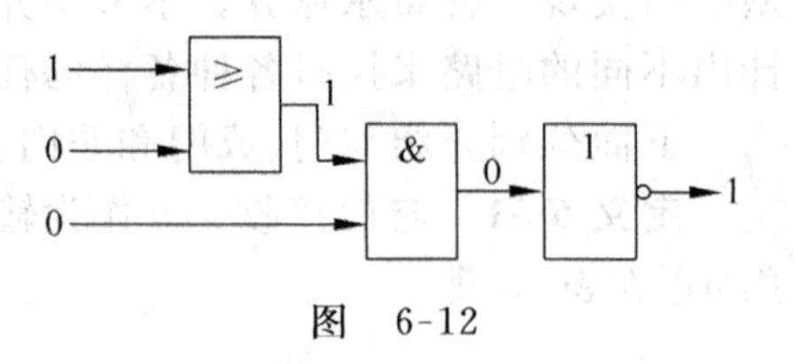

图 6-12

表 6-24

a	b	c	d
0	0	0	1
0	0	1	1
0	1	0	1
0	1	1	0
1	0	0	1
1	0	1	0
1	1	0	1
1	1	1	0

例 6-30 画出与布尔表达式

$$(a\otimes(\bar{b}\oplus c))\oplus b$$

对应的组合电路,并写出电路的逻辑真值表。

解 从最内层括号中的表达式 $\bar{b}\oplus c$ 开始,画出其对应的组合电路,如图 6-13 所示。

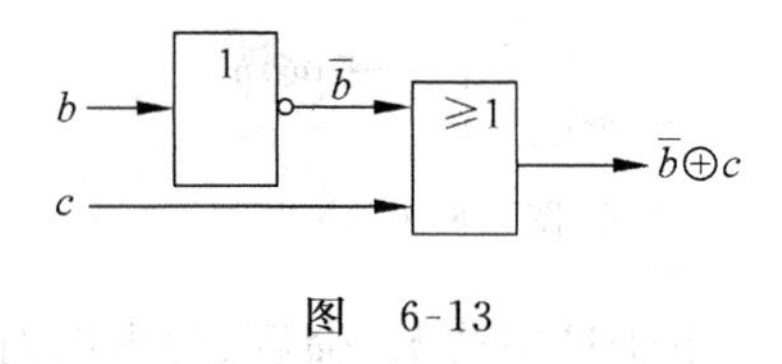

图 6-13

将这个电路的输出与 a 构成与门,得到如图 6-14 所示的组合电路。

图 6-14 所示的电路的输出再与 b 构成或门就得到最终所要的电路,如图 6-15 所示。

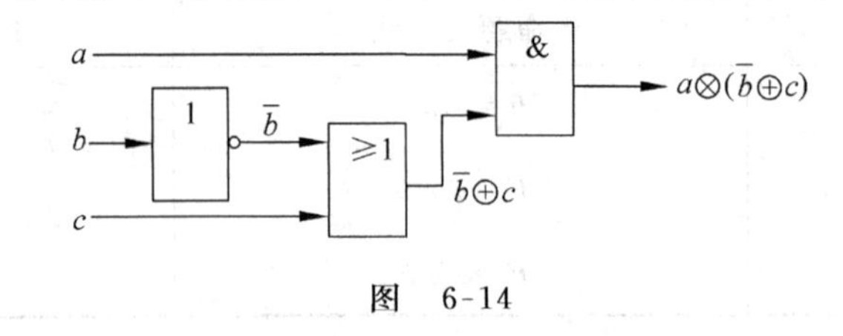

图 6-14

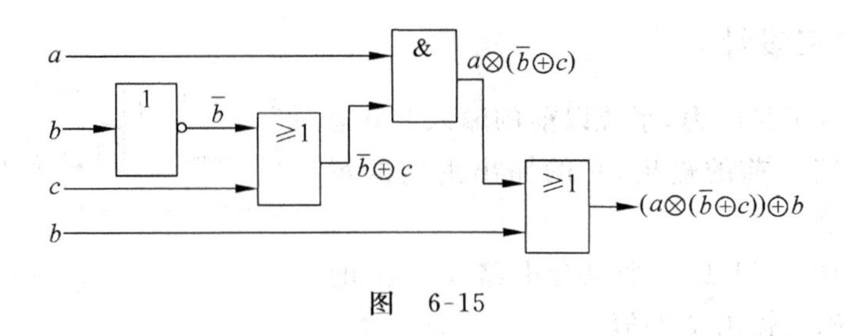

图 6-15

表 6-25 是该组合电路的逻辑真值表。

表 6-25

a	b	c	$(a\otimes(\bar{b}\oplus c))\oplus b$
0	0	0	0
0	0	1	0
0	1	0	1
0	1	1	1
1	0	0	1
1	0	1	1
1	1	0	1
1	1	1	1

下面的例 6-31 是含有两个开关的逻辑电路设计。

例 6-31 实际生活中需要用两个开关对某个灯实现这样的控制：当灯处于关闭状态时，改变任意一个开关的状态都可以打开此灯；反之，当灯处于打开状态时，改变任意一个开关的状态都可以关闭此灯。要求：先写出完成这个功能的逻辑电路的逻辑真值表，再设计出合理的逻辑电路。

解 设 x 和 y 是两个布尔变元，它们分别表示这两个开关的状态。用 $x=1$ 表示第 1 个开关处于打开状态，$x=0$ 表示第 1 个开关处于关闭状态；用 $y=1$ 表示第 2 个开关处于打开状态，$y=0$ 表示第 2 个开关处于关闭状态；用 $F(x,y)=1$ 表示灯是打开的，$F(x,y)=0$ 表示灯是关闭的。实现题目给出的功能有多种方案，其中一种是：当两个开关都处于打开状态时，灯是打开的，即 $F(1,1)=1$。这个假定决定了 F 的所有其他值：当两个开关中有一个处于关闭状态、另一个处于打开状态时灯是关闭的，即 $F(1,0)=F(0,1)=0$；当两个开关都处于关闭状态时灯是打开的，即 $F(0,0)=1$。

表 6-26 是这个逻辑电路的逻辑真值表。从表 6-26 可以看出，$F(x,y)=(x\otimes y)\oplus(\bar{x}\otimes\bar{y})$。据此，可以得到实现这个函数的电路如图 6-16 所示。

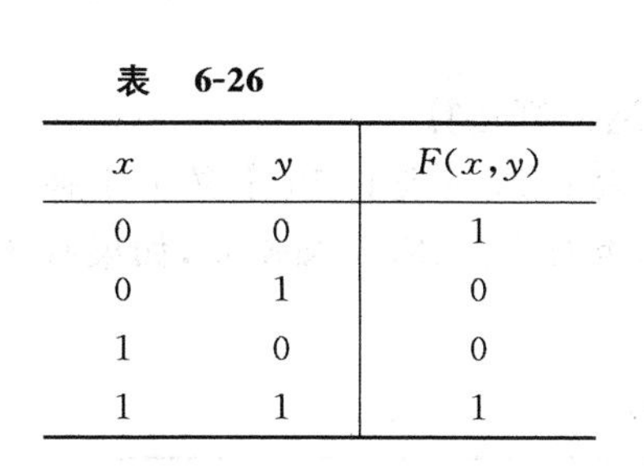

表 6-26

x	y	$F(x,y)$
0	0	1
0	1	0
1	0	0
1	1	1

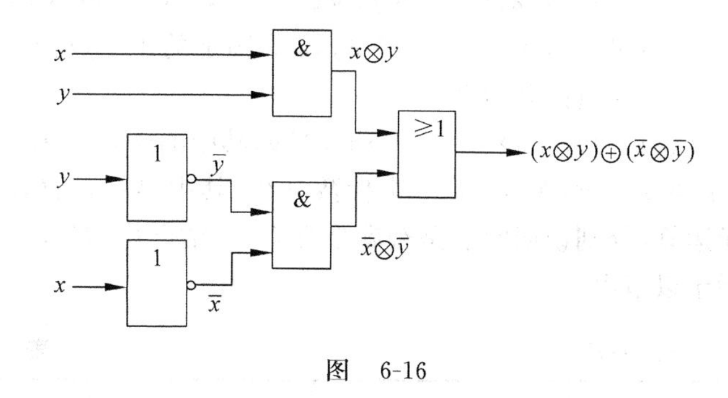

图 6-16

6.10 本章小结

本章介绍了半群、群、格和布尔代数等代数系统的基本知识，重点是二元运算、半群、独异点、群、阿贝尔群、幂、元素的周期、子群、循环群、陪集、正规子群、格和布尔代数等概念，二元运算的性质与特殊元素，子群的判定定理，循环群的性质，拉格朗日定理及其推论，格和布尔代数的性质。

下面是本章知识的要点以及对它们的要求。

- 熟练掌握二元运算的概念、性质与特殊元素。
- 知道代数系统与子代数的概念。
- 熟练掌握半群、独异点、群、阿贝尔群、幂的概念，懂得群的性质，会判定常见的代数系统是否是半群、独异点、群、阿贝尔群，会计算幂。
- 熟练掌握元素的周期、子群的概念，知道子群的判定定理，会判定子群。
- 熟练掌握循环群、生成元的概念，知道循环群的性质，会判定常见的群是否是循环群，会确定循环群的生成元。
- 知道置换群的概念，会进行置换的复合运算。
- 懂得陪集、正规子群的概念，掌握拉格朗日定理及其推论，会判定常见群的正规子群。
- 知道群的同态与同构的基本概念和基本性质。
- 知道环和域的概念。
- 熟练掌握格、分配格、有界格、有补格的概念，会判定是否是格、分配格、有界格、有补格。
- 懂得格和布尔代数的性质，知道布尔函数与布尔表达式。
- 了解门电路和逻辑电路设计。

6.11 习　题

6-1　判断集合 A 和二元运算 $*$ 是否构成代数系统，其运算是否满足交换律、结合律、幂等律。

(1) $A=\{1,2,3,\cdots,10\}$，$\forall x,y\in A$，$x*y=\max(x,y)$。

(2) $A=\{1,2,3,\cdots,10\}$，$\forall x,y\in A$，$x*y=\gcd(x,y)$。

(3) $A=n\mathbf{Z}=\{n\times k\mid k\in\mathbf{Z}\}$，$n$ 为固定的正整数，$\forall x,y\in A$，$x*y=x\times x+y\times y$，其中的 $+$，$\times$ 是普通四则运算。

(4) $A=\mathbf{R}$，$x*y=x-y+x\times y$，其中的 $+$，$-$，$\times$ 是普通四则运算。

6-2　设 $\langle A,*\rangle$ 是一个代数系统，其中 $A=\{a,b,c\}$。表 6-27～表 6-30 定义了 4 种二元运算，分别说明它们是否满足交换律、结合律、幂等律，是否有幺元、零元和逆元，如果有的话予以指出。

表　6-27

$*$	a	b	c
a	a	b	c
b	b	c	a
c	c	a	b

表　6-28

$*$	a	b	c
a	a	b	c
b	b	a	c
c	c	c	c

表 6-29

*	a	b	c
a	a	b	c
b	a	b	c
c	a	b	c

表 6-30

*	a	b	c
a	a	b	c
b	b	b	c
c	c	c	b

6-3 设函数 $f:\mathbf{Z}\times\mathbf{Z}\to\mathbf{Z}$ 定义为

$$f(x,y)=x*y=x+y-x\times y$$

(1) 证明二元运算 * 是可交换的和可结合的。

(2) 求出幺元。

(3) 指出每个元素的逆元。

6-4 已知集合 A 上的运算 * 满足结合律和交换律,证明:对 A 中的任意元素 a,b,c,d,有

$$(a*b)*(c*d)=((d*c)*a)*b$$

6-5 指出下列各个代数系统的代数常数:

(1) $\langle\mathbf{Z},+\rangle$。 (2) $\langle\mathbf{N}_m,\otimes_m\rangle$。 (3) $\langle\boldsymbol{M}_n(\mathbf{R}),+\rangle$。 (4) $\langle P(S),\cup\rangle$。

6-6 说明下列集合 G 及其集合上的运算 * 是否构成半群、独异点、群;如果是独异点或群,指出其幺元。

(1) $G=\left\{\begin{pmatrix}a & b\\ 0 & 0\end{pmatrix}\middle| a,b\in\mathbf{N}\right\}$, * 为矩阵加法。

(2) $G=\left\{\begin{pmatrix}1 & 0\\ a & 1\end{pmatrix}\middle| a\in\mathbf{Z}\right\}$, * 为矩阵乘法。

6-7 对于代数系统 $\langle\mathbf{N}_k,\otimes_k\rangle$,

(1) 写出当 $k=4$ 时的运算表。

(2) 对于任意正整数 k,证明 $\langle\mathbf{N}_k,\otimes_k\rangle$ 是半群。

(3) 对于任意正整数 k,证明 $\langle\mathbf{N}_k,\otimes_k\rangle$ 是群。

6-8 在整数集 $\mathbf{Z}$ 上定义运算 · 为

$$x\cdot y=\frac{x+y}{1+x\times y}$$

$\langle\mathbf{Z},\cdot\rangle$ 是半群吗? 是有幺半群吗? 为什么?

6-9 非空集合 A 上的运算 * 定义为: $\forall a,b\in A$ 都有 $a*b=a$,且 $|A|>1$。$\langle A,*\rangle$ 是半群吗? 是可交换半群吗? 有幺元吗? 为什么?

6-10 设 $\langle A,*\rangle$ 是半群,a,b,c 为 A 中的给定元素,证明:如果 a,b,c 满足 $a*c=c*a$ 和 $b*c=c*b$,则必定有

$$(a*b)*c=c*(a*b)$$

6-11 $\mathbf{Z}$ 上的二元运算 * 定义为: $a*b=a+b-2$,其中的 +,− 是普通四则运算,证明 $\langle\mathbf{Z},*\rangle$ 是群。

6-12 设 $A=\{0,2,4,6,8,10\}$,A 上的二元运算为模 12 的加法,证明 $\langle A,\oplus_{12}\rangle$ 是群。

6-13　设$\langle G, * \rangle$是群，证明：如果$\forall a,b\in G$，都有$(a*b)^{-1}=a^{-1}*b^{-1}$，则$\langle G, * \rangle$是阿贝尔群。

6-14　设$\langle G, * \rangle$是群，证明：如果$\forall a,b\in G\wedge n\in \mathbf{Z}$，都有$(a*b)^n=a^n*b^n$，则$\langle G, * \rangle$是阿贝尔群。

6-15　证明：如果群的每个元素的逆元都是它自身，则该群必是阿贝尔群。

6-16　计算下列各元素的幂：

(1) 群$\langle \mathbf{R}, + \rangle$中的$3^4$。　　(2) 群$\langle \mathbf{Z}, + \rangle$中的$4^{-2}$。

(3) 群$\langle \mathbf{N}_5, \oplus_5 \rangle$中的$3^2$。　　(4) 群$\langle \mathbf{N}_5, \otimes_5 \rangle$中的$3^2$。

(5) 群$\langle \boldsymbol{M}_2(\mathbf{R}), + \rangle$中的$\begin{pmatrix}3 & 0\\ 0 & 1\end{pmatrix}^2$。　　(6) 群$\langle \boldsymbol{M}_2(\mathbf{R}), \times \rangle$中的$\begin{pmatrix}3 & 0\\ 0 & 1\end{pmatrix}^2$。

6-17　写出$\langle \mathbf{N}_{12}, \oplus_{12} \rangle$的所有子群。

6-18　设$\langle G, * \rangle$是群，对于任意$a\in G$，令$H=\{y\mid y*a=a*y,\ y\in G\}$，证明$\langle H, * \rangle$是$\langle G, * \rangle$的子群。

6-19　设$\langle G, * \rangle$是群，H是其子群，$\forall a\in H$，令

$$aHa^{-1}=\{a*h*a^{-1}\mid h\in H\}$$

证明aHa^{-1}是$\langle G, * \rangle$的子群。

6-20　设$\langle H, * \rangle$和$\langle K, * \rangle$都是$\langle G, * \rangle$的子群，令

$$HK=\{h*k\mid h\in H,k\in K\}$$

证明$\langle HK, * \rangle$是$\langle G, * \rangle$的子群的充分必要条件是：$HK=KH$。

6-21　写出$\langle \mathbf{N}_{15}, \oplus_{15} \rangle$的所有生成元。

6-22　阶数是6,11,14,18的循环群的生成元分别有几个？

6-23　写出$\langle \mathbf{N}_5, \oplus_5 \rangle$和$\langle \mathbf{N}_8, \oplus_8 \rangle$的所有循环子群。

6-24　证明：阶为奇数的群必是循环群。

6-25　证明：循环群的任何子群必定也是循环群。

6-26　设集合$A=\{1,2,3,4,5\}$，两个置换σ和τ分别是

$$\sigma=\begin{pmatrix}1 & 2 & 3 & 4 & 5\\ 2 & 1 & 4 & 5 & 3\end{pmatrix},\quad \tau=\begin{pmatrix}1 & 2 & 3 & 4 & 5\\ 3 & 2 & 5 & 1 & 4\end{pmatrix}$$

求：$\sigma\tau,\tau\sigma,\tau^{-1}$和$\tau^{-1}\tau$。

6-27　求6阶循环群$\langle \mathbf{N}_6, \oplus_6 \rangle$中子群$H=\{0,3\}$的左陪集和右陪集，左陪集与右陪集是否相同？

6-28　设$f:\mathbf{Z}\to\mathbf{R}^*$定义为$\forall x\in\mathbf{Z}$，有$f(x)=\begin{cases}1 & (x\text{是偶数})\\ -1 & (x\text{是奇数})\end{cases}$。证明：$f$是从$\langle \mathbf{Z}, + \rangle$到$\langle \mathbf{R}^*, \times \rangle$的同态映射，但既不是满同态，也不是单同态。

6-29　设$f:\mathbf{R}\to\mathbf{R}^+$定义为$\forall x\in\mathbf{R}$，有$f(x)=3^x$。证明：$f$是从$\langle \mathbf{R}, + \rangle$到$\langle \mathbf{R}^+, \times \rangle$的同构映射。

6-30　若环$\langle A, +, * \rangle$满足$\forall a\in A, a^2=a$，证明：

(1) $\forall a\in A, a+a=0$。　　(2) $\langle A, +, * \rangle$是交换环。

6-31　判断图 6-17 中的偏序集哪些是格，为什么？

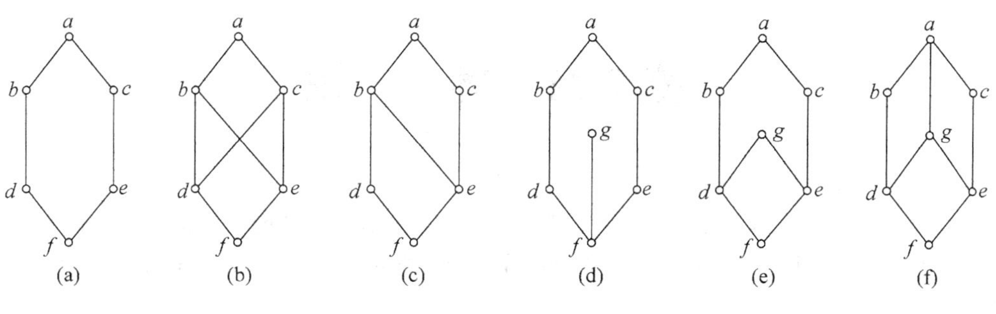

图　6-17

6-32　根据图 6-18 所示有界格回答下列问题。

(1) a 和 d 的补元分别是哪些元素？

(2) 该有界格是分配格吗？

(3) 该有界格是有补格吗？

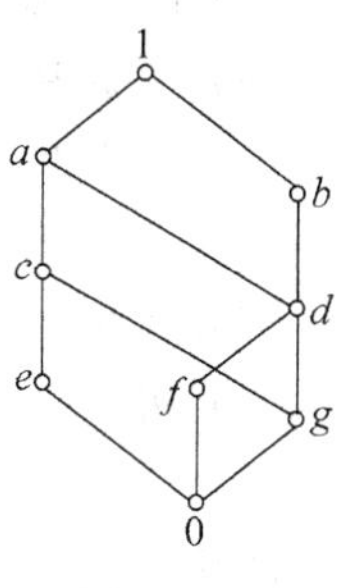

图　6-18

6-33　设集合 $A=\{a,b,c\}$，$R_{\subseteq}$ 是幂集 $P(A)$ 上的包含关系。证明代数系统 $\langle P(A),R_{\subseteq}\rangle$ 构成布尔代数。

6-34　设集合 $A=\{a,b,c\}$，$P(A)$ 是 A 的幂集。证明代数系统 $\langle P(A),\cup,\cap\rangle$ 构成布尔代数。

6-35　画出与布尔表达式

$$(a\oplus(b\otimes\bar{c}))\otimes(\bar{b}\oplus c)$$

对应的组合电路，并写出电路的逻辑真值表。

第7章 图 论

本章主要介绍以下内容：

(1) 图、同构的图、简单图、完全图、带权图、生成子图、结点的度、路径、回路、图的连通性、欧拉图、哈密顿图、带权图的最短路、树、生成树、根树、最优二元树、前最码、树的遍历等重要概念。

(2) 握手定理等几个关于图的重要定理。

(3) 图的关联矩阵、邻接矩阵等基本知识。

(4) 欧拉路、欧拉回路(欧拉图)的判别方法和求欧拉路(回路)的 Fleury 算法。

(5) 求最短路的 Dijkstra 算法。

(6) 求带权无向连通图最小生成树的避圈法(其中的 Kruskal 算法)和破圈法。

(7) 求最优二元树的 Huffman 算法。

(8) 利用二元树产生二元前缀码的方法。

(9) 树的3种遍历方法。

图论起源于数学游戏的难题研究。关于图论的最早论文是瑞士数学家欧拉(L. Euler)在1736年发表的，该论文的背景是这样一个问题：

当时在俄罗斯哥尼斯堡(今加里宁格勒)郊区的普雷格尔(Pregel)河中有两座小岛，有7座桥将这两个小岛与河两岸连接起来，如图7-1所示。在欧拉的年代，有人想从4块陆地 a，b，c，d 中任一地出发，不重复地走遍7座桥，但行走多次皆未成功。

有人就这个问题向欧拉请教，欧拉对此进行了深入研究。他用4个点表示陆地 a，b，c，d，每座桥用点与点间的连线表示，这样就得到了如图7-2所示的图。哥尼斯堡7桥问题便抽象为从图7-2中任一点出发，不重复地经过每一条边而回到原来的点的路径是否存在的问题。欧拉的研究得出了一些重要的结论，从而奠定了图论的基础。

图 7-1　　　　图 7-2

经过近300年的发展，图论的内容已经十分丰富，在许多学科都有广泛的运用。在计算机学科中，数据结构、计算机网络、数据库原理和人工智能等方面都需要图论知识。

7.1 图的基本概念

7.1.1 图的定义

在现实世界，许多事情都可以用由点和线组成的图来描述。下面是3个典型的实例。

实例 7-1 图 7-3 用点表示城市，用点间的连线表示这两个城市间有航班。

实例 7-2 图 7-4 用点表示人，用点间的连线表示这两个人握过手。

实例 7-3 图 7-5 表示 7 个计算机程序 $p_1, p_2, p_3, p_4, p_5, p_6$ 和 p_7 间的调用关系：p_1 调用 p_2 和 p_3，p_2 调用 p_4 和 p_5，p_3 调用 p_5，p_5 调用 p_6 和 p_7。

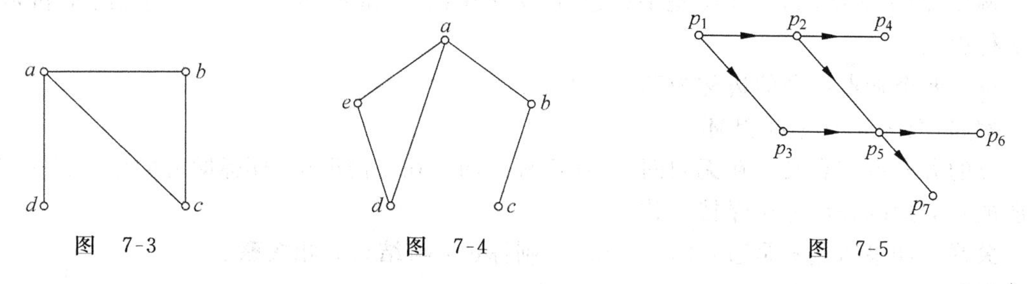

图 7-3 图 7-4 图 7-5

上述 3 个图与地图、交通图和数学上的函数图像有所不同，这 3 个图是二元关系的一种直观表达方式，它们没有形状、大小、比例的概念。

这种由**点集**和**边集**组成的整体就是下面定义的图。

定义 7-1 **图** G 是由非空结点集合 $V=\{v_1, v_2, \cdots, v_n\}$ 以及边集合 $E=\{e_1, e_2, \cdots, e_m\}$ 两部分组成，简记为 $G=\langle V, E\rangle$。

为了方便后面有关内容的叙述和便于读者学习理解，在这里有必要介绍一些与图有关的术语。

结点 图 $G=\langle V, E\rangle$ 中集合 V 中的元素称为**结点**(或**顶点**)，简称**点**。

无向边 图中没有标方向的边称为**无向边**。

无向边可用一个结点对表示。例如，图 7-6 中，$e_2=(v_1, v_3)$。

有向边 图中标明方向的边称为**有向边**。

有向边也可用一个结点对表示。例如，图 7-7 中，$e_2=\langle v_2, v_3\rangle$。注意，用一个结点对表示有向边和无向边的方法不同，有向边要体现边的方向。例如，图 7-6 中的 e_2 也可以用 (v_3, v_1) 表示，但图 7-7 中的 e_2 不可以用 $\langle v_3, v_2\rangle$ 表示。

图 7-6 图 7-7

边 无向边和有向边都可以简称为**边**(有些书籍将有向边简称为**弧**)。

本书用空心小圆圈表示结点，用直线段或一段弧线表示无向边，边上加箭头表示有向边。

端点 一条边连接的两个结点称为该边的两个**端点**。

始点和终点 一条有向边的起始点称为该边的**始点**，终了点称为该边的**终点**。

无向图 如果图中所有的边都是无向边，则称该图为**无向图**。

有向图　如果图中所有的边都是有向边，则称该图为**有向图**。

有向图一般用 $D=\langle V,E\rangle$ 表示。有时候，$G=\langle V,E\rangle$ 既表示无向图，也表示有向图。

平行边　如果无向图中两条边的两个端点相同，或有向图中两条边的始点和终点分别相同，则称这两条边为**平行边**。

例如，图 7-6 中的 e_3 和 e_4 是平行边，图 7-7 中的 e_2 和 e_3 也是平行边(注意：e_4 和 e_5 不是平行边)。

环　两个端点重合的边称为**环**(或圈)。

例如，图 7-6 中的 e_1 是环。

环的方向没有意义。在无向图中，环不标方向。在有向图中，环标明方向仅仅是为了和一般的有向边的表示方法保持一致。

关联　如果结点 v 是边 e 的一个端点，则称边 e 与结点 v 相**关联**。

例如，图 7-6 中，边 e_2 与结点 v_1，v_3 相关联。

邻接　如果结点 u 和 v 间有一条无向边，则称 u 和 v 是**邻接的**；如果有一条有向边以结点 u 为始点，以结点 v 为终点，则称 u **邻接到** v，或 v **邻接于** u。若两条边有公共的结点，则称这两条边是邻接的。

例如，图 7-7 中，结点 v_1 邻接到结点 v_2，边 e_1 与边 e_2 邻接，边 e_2 与边 e_4 不邻接。

孤立点　与任何边都不关联的结点称为**孤立点**。

例如，图 7-6 中的 v_2 是孤立点。

有限图和无限图　仅含有限个结点和有限条边的图称为**有限图**；否则称为**无限图**。

本书只介绍有限图，并称含有 n 个结点的图(包括无向图和有向图)为 ***n* 阶图**。

图 7-8 中的两个图看上去似乎不同，但是，如果确定它们的结点 a 与 1、b 与 3、c 与 5、d 与 2、e 与 4 一一对应，则对应结点间的边也一一对应。根据定义 7-1 知，图 7-8 中的两个图实质上是一样的。这就是图的同构的概念。

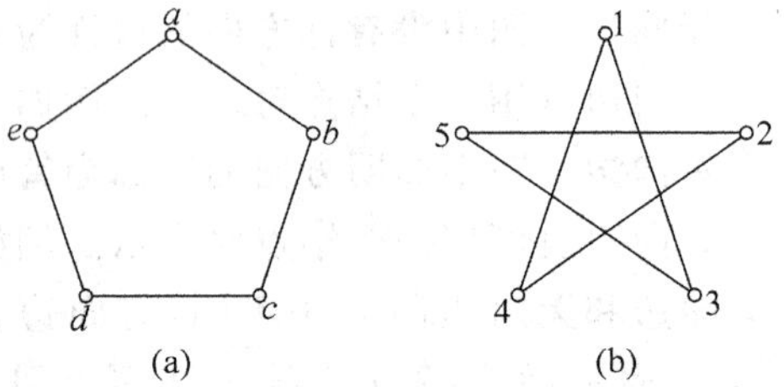

a b c d e 1 2 3 4 5

(a)　(b)

图　7-8

定义 7-2　设 $G=\langle V,E\rangle(V=\{v_1,v_2,\cdots,v_n\}$，$E=\{e_1,e_2,\cdots,e_m\})$ 和 $G'=\langle V',E'\rangle(V'=\{v_1',v_2',\cdots,v_n'\}$，$E'=\{e_1',e_2',\cdots,e_m'\})$ 是两个图，如果在两个图的每一条边以及它们所关联的结点之间存在一一对应关系(有向图要区别始点和终点)，则称 G 和 G' 是**同构的图**。

根据定义 5-31 知，两个图同构的充分必要条件是这两个图的所有结点和所有边之间存在着双射。

例 7-1　图 7-9 中哪些图是同构的?

解　在图 7-9 中，(a)和(d)同构，(b)和(e)同构，(c)和(f)同构，(g)和(i)同构，(h)和(j)同构，(m)、(n)和(o)同构。

例 7-2　图 7-10 中哪些图是同构的?

解　在图 7-10 中，(a)和(c)同构，(b)和(d)同构。

【说明】　看两个有向图是否同构要注意对应有向边的方向是否一致。

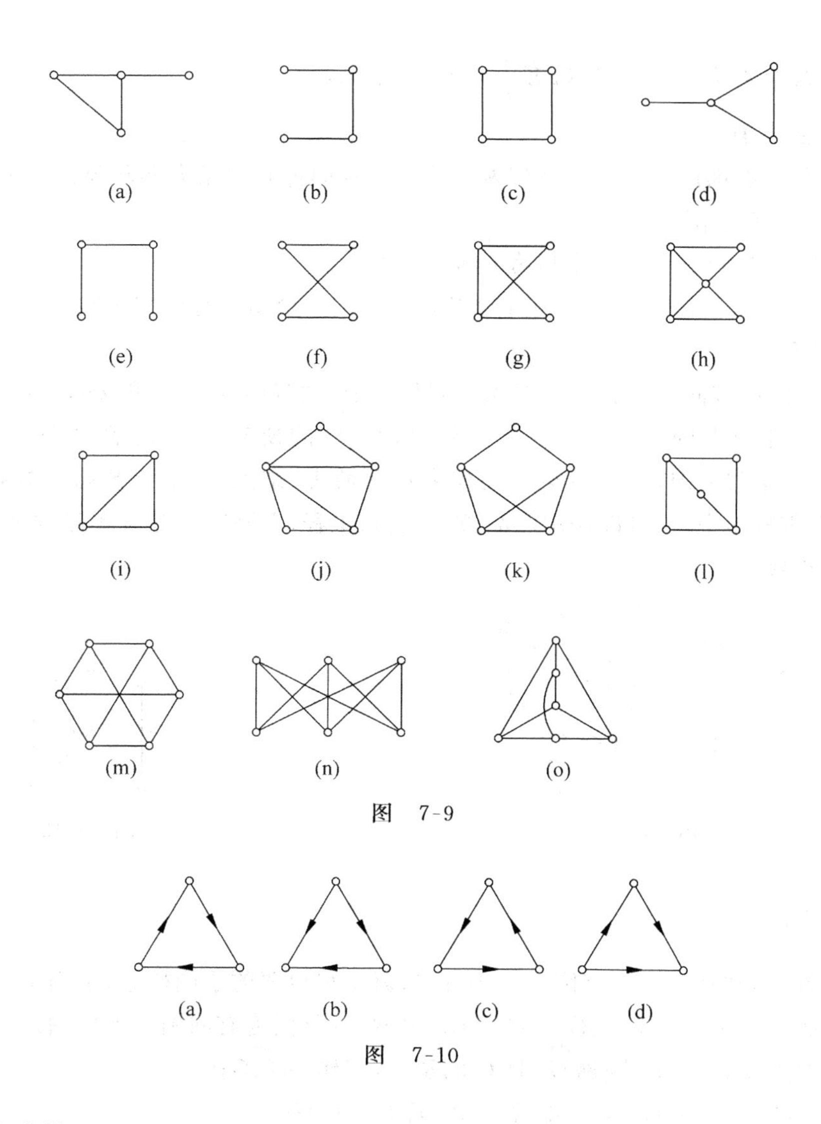

图 7-9

(a) (b) (c) (d)

图 7-10

7.1.2 特殊的图

下面介绍几种特殊的图，其中有些图具有很重要的性质。

1. 平凡图

仅有一个结点的图称为**平凡图**。

2. 零图

仅由一些孤立的点组成的图称为**零图**。

3. 简单图

既无平行边又无环的图称为**简单图**。本书只介绍简单图。

4. 多重图

含平行边的图称为**多重图**。

5. 无向完全图

设 G 是 n 阶简单无向图，若它的任何两个不同结点间都有一条边，这样的无向图称为**无向完全图**，通常用 K_n 表示。

显然，n 阶简单无向完全图 K_n 有 $\frac{1}{2}n(n-1)$ 条边。

6. 有向完全图

设 D 是简单有向图。若它的任何两个不同结点间都有两条方向相反的有向边，这样的有向图称为**有向完全图**。

容易证明，n 阶简单有向完全图有 $n(n-1)$ 条边。

图 7-11 中的(a)和(b)分别是有 4 个结点的无向完全图和有向完全图。

7. 带权图

如果无向图或有向图 G 的每一条边 e 附加一个正实数 $w(e)$，则称 $w(e)$ 为边 e 上的**权**。G 连同附加在各边上的实数 $w(e)$ 称为**带权图**。G 的所有边上权的总和称为 G 的权。图 7-12 就是一个带权图，其中每边上的权表示两城市(结点)间的航班数。根据所反映的实际问题，在带权图中，权可以表示产品数量、公路里程、上网时间等有实际意义的数。一般情况下权为正数。

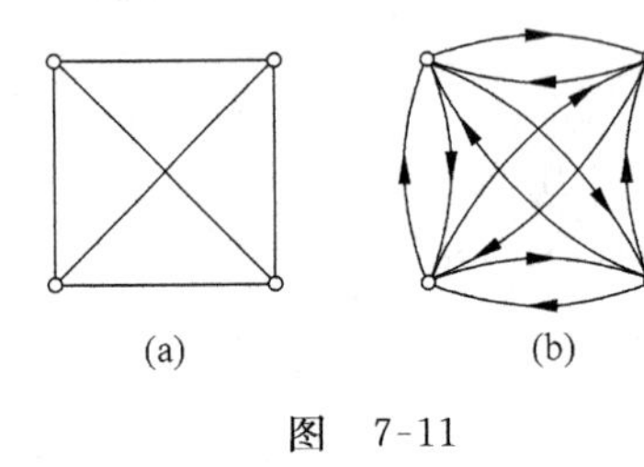

图 7-11

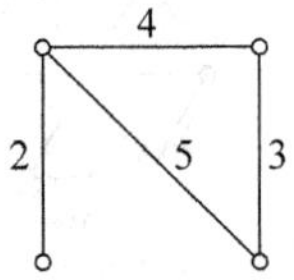

图 7-12

7.1.3 子图

在研究图时，往往需要研究图的一部分，这就是很重要的子图概念，下面予以介绍。

定义 7-3 设 $G=\langle V,E\rangle$，$G_1=\langle V_1,E_1\rangle$ 是两个图(同为有向图或无向图)。

(1) 若 $V_1\subseteq V$，$E_1\subseteq E$，则称 G_1 是 G 的**子图**，记作 $G_1\subseteq G$；

(2) 若 $E_1\subset E$，则称 G_1 是 G 的**真子图**，记作 $G_1\subset G$；

(3) 若 $V_1=V$，$E_1\subseteq E$，则称 G_1 是 G 的**生成子图**；

(4) 若 G_1 中的边恰是 G 中与 V_1 中所有结点相关联的所有边，则称 G_1 是 G 的**导出子图**。

通俗地说，保留原图的所有结点，去掉一些边(也可以没有去掉边)所得的子图就是原图的生成子图；在原图中取一些结点(可以是全部结点)和与这些结点相关联的所有边所得的子图就是原图的导出子图。

【说明】 每个图都是自身的子图，并且既是生成子图，又是导出子图。

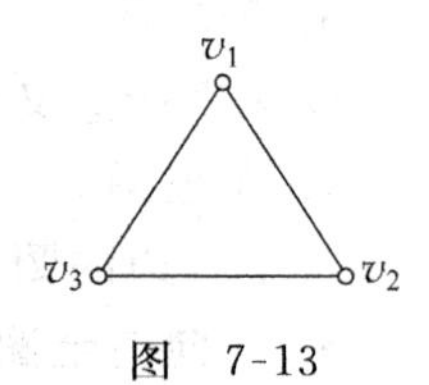

图 7-13

例 7-3 画出图 7-13 的全部不同构的生成子图。

解 全部不同构的生成子图共有 4 个，见图 7-14。

例 7-4 图 7-15 中哪些是(a)的导出子图？

解 图 7-15(a)、(b)、(d)、(e)是图 7-15(a)的导出子图。

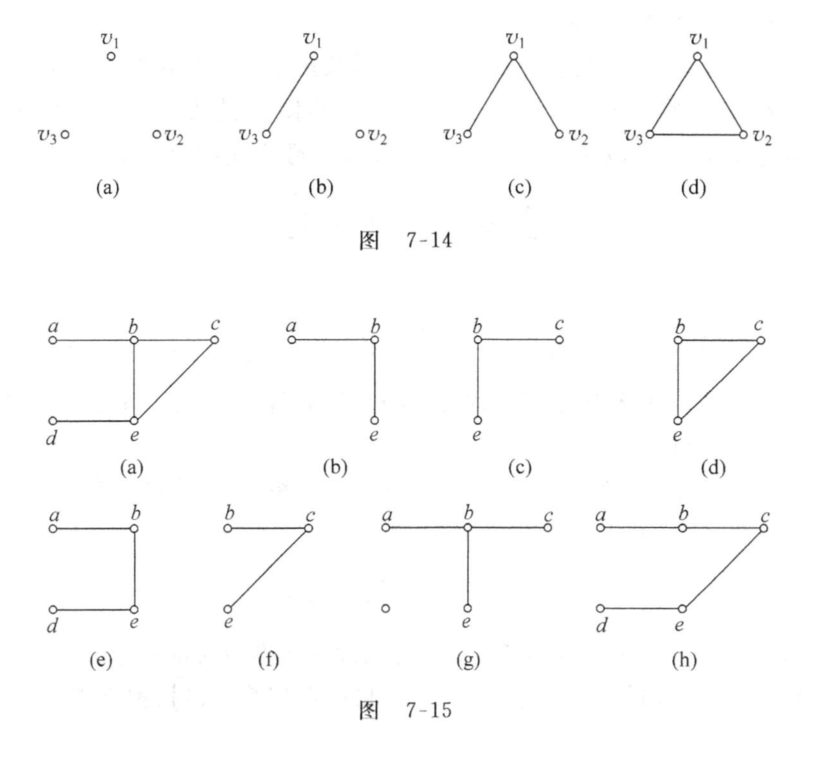

图 7-14

图 7-15

7.1.4 结点的度

由于图是由若干个结点和若干条边组成,并且每一条边都和两个结点相关联,所以,图的结点数和边数间有简单的数量关系。为了表示这种数量关系,需要先介绍结点的度的概念。

定义 7-4 设 $G=\langle V,E\rangle$ 为无向图或有向图,v 是 G 的结点,称以 v 为端点的边的数目为 v 的**度数**,简称**度**,记作 $\deg(v)$。

如果某结点有环,则一个环对该结点的度数以 2 计,因为该结点可以看成一个环的两个端点。

定义 7-5 设 $D=\langle V,E\rangle$ 为一有向图,v 是 D 的结点,称以 v 为始点的边的数目为 v 的**出度**,记作 $\deg^+(v)$;称以 v 为终点的边的数目为 v 的**入度**,记作 $\deg^-(v)$。

显然,由定义 7-4 和定义 7-5 知,对于有向图的任一结点 v,有

$$\deg(v)=\deg^+(v)+\deg^-(v) \tag{7-1}$$

有了结点的度的概念,就可以介绍定理 7-1 了。

定理 7-1 设 G 是一个有 n 个结点、m 条边的图(无向图或有向图),则该图所有结点的度数之和等于边数的两倍,即

$$\sum_{i=1}^{n}\deg(v_i)=2m \tag{7-2}$$

定理 7-1 是图论中的基本定理,通常称为**握手定理**。

证明 由于每一条边(包括环)都有两个端点,在计算图的各个结点的度数时每一条边被计了两次,因此定理 7-1(即式(7-2))显然成立。

定理 7-1 有下面的重要推论。

推论 对于任意一个图 G(有向图或无向图),该图中度数为奇数的结点的个数是偶数。

证明 设 G 是一个有 n 个结点、m 条边的图。将图 G 的所有结点分为两组:一组是度数为奇数的结点 $x_1,x_2,\cdots,x_p(0\leqslant p\leqslant n)$,另一组是度数为偶数的结点 $y_1,y_2,\cdots,y_{n-p}$。令

$$S=\sum_{i=1}^{p}\deg(x_i),\quad T=\sum_{i=1}^{n-p}\deg(y_i)$$

根据定理 7-1 有

$$S+T=\sum_{i=1}^{p}\deg(x_i)+\sum_{i=1}^{n-p}\deg(y_i)=\sum_{i=1}^{n}\deg(v_i)=2m$$

这表明,$S+T$ 是偶数。由于 T 是偶数的和,所以 T 是偶数。因此,S 必然是偶数。又因为 S 是 p 个奇数的和,所以 p 是偶数。

定理 7-2 设 D 是一个有 n 个结点、m 条边的有向图,则该图中所有结点的出度之和等于所有结点的入度之和,且等于该图的边数,即

$$\sum_{i=1}^{n}\deg^{+}(v_i)=\sum_{i=1}^{n}\deg^{-}(v_i)=m \tag{7-3}$$

证明 由于每一条有向边(包括环)在计算出度和入度数时都各计了一次,因此,任何一个图所有结点的出度之和与所有结点的入度之和肯定相等。再根据定理 7-1,定理 7-2 当然成立。

设 $V=\{v_1,v_2,\cdots,v_n\}$是图 G 的结点集,称$(\deg(v_1),\deg(v_2),\cdots,\deg(v_n))$为图 G 的**度数序列**。

例 7-5 解答下列各题:

(1) 无向完全图 K_n 有 36 条边,问它的结点数 n 是多少?

(2) 图 G 的度数序列是(2,3,4,5,6,8),问边数 m 是多少?

(3) 图 G 有 12 条边,度数为 3 的结点共有 6 个。其余结点的度数均小于 3,问至少有多少个结点?

解 (1) 因为无向完全图 K_n 有$\frac{1}{2}n(n-1)$条边,所以

$$\frac{1}{2}n(n-1)=36$$

解得:$n=9$。($n=-8$ 不符合要求,舍去。)

(2) 根据握手定理有

$$2m=\sum\deg(v)=2+3+4+5+6+8=28$$

解得:$m=14$。

(3) 根据握手定理有

$$\sum\deg(v)=2m=2\times12=24$$

6 个度数为 3 的结点的度数和为 $3\times6=18$。因而,余下结点的度数之和是 $24-18=6$。

按题意,其余结点的度数只能是 0,1,2,当它们的度数都是 2 时结点最少。由 $6\div2=3$ 知,其余结点最少是 3 个。所以,该图至少有 9($=6+3$)个结点。

7.2 图的连通性

7.2.1 路径和回路

图不但可以用来表达本章开头介绍的哥尼斯堡7桥问题，还可以表达许许多多实际问题，并且通过对图的研究可以解答各种实际问题。下面先介绍有关的概念。

定义 7-6 给定无向图(或有向图)$G=\langle V,E\rangle$，设G中前后相互关联的点边序列为$W=v_0e_1v_1e_2\cdots e_kv_k$，则称$W$为从结点$v_0$到结点$v_k$的**路径**，$v_0$和$v_k$分别称为此路径的**起点**和**终点**。$W$中边的数目$k$称为$W$的**长度**。特别地，当$v_k=v_0$时，称此路径为**回路**。

如果路径$v_0e_1v_1e_2\cdots e_kv_k$中所有边$e_1,e_2,\cdots,e_k$互不相同，则称该路径为**简单路径**；否则称为**复杂路径**。

如果回路$v_0e_1v_1e_2\cdots v_{k-1}e_kv_0$中所有边$e_1,e_2,\cdots,e_k$互不相同，则称该路径为**简单回路**；否则称为**复杂回路**。

如果路径$v_0e_1v_1e_2\cdots e_kv_k$中所有结点$v_0,v_1,v_2,\cdots,v_k$互不相同，则称该路径为**初级路径**。

如果回路$v_0e_1v_1e_2\cdots v_{k-1}e_kv_0$中除终点和起点相同($v_k=v_0$)外，其余结点各不相同，则称该路径为**初级回路**。

显然，在任何一条路径中，如果所有结点(终点和起点除外)互不相同，则必定所有边互不相同。因此，*初级路径(回路)一定是简单路径(回路)，简单路径(回路)不一定是初级路径(回路)*。

路径通常简记为π,π_1等。

例如，在图7-16中：

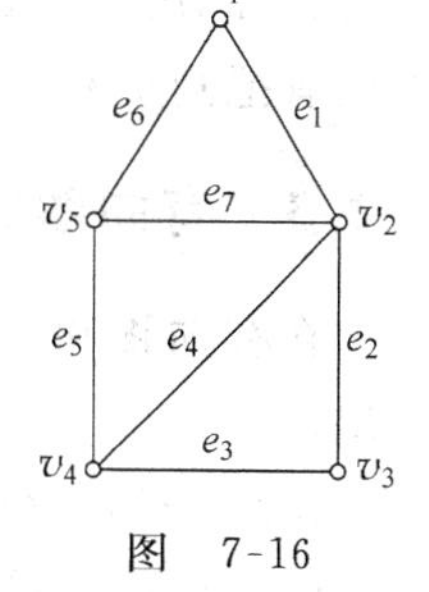

图 7-16

(1) $\pi_1:v_1e_6v_5e_5v_4e_4v_2e_2v_3e_3v_4e_4v_2$仅是一条路径，长度是6。

(2) $\pi_2:v_2e_2v_3e_3v_4e_4v_2e_7v_5e_5v_4e_4v_2$是一条路径，也是一条回路，长度是6。

(3) $\pi_3:v_1e_1v_2e_4v_4e_5v_5e_7v_2e_2v_3$是一条简单路径，但不是初级路径，长度是5。

(4) $\pi_4:v_1e_1v_2e_4v_4e_5v_5$是一条初级路径，也是一条简单路径，长度是3。

(5) $\pi_5:v_1e_1v_2e_2v_3e_3v_4e_4v_2e_7v_5e_6v_1$是一条简单回路，但不是初级回路，长度是6。

(6) $\pi_6:v_1e_1v_2e_4v_4e_5v_5e_6v_1$既是一条简单回路，也是一条初级回路，长度是4。

由于简单无向图的任意两个邻接的结点间只有一条边，所以，可以用以下更简单的方法表示路径和回路：只依次列出结点而省略边。例如，上面的一条初级回路π_6可以表示为$\pi_6:(v_1,v_2,v_4,v_5,v_1)$。

在一个n阶图中，初级路径最多含有n个结点，所以有下面的定理7-3。

定理 7-3 *在一个n阶图中，任一初级路径的长度均不大于$n-1$，任一初级回路的长度均不大于n。*

定义 7-7 设 u,v 是有向图(或无向图)的两个结点,如果存在一条从 u 到 v 的路径,则称结点 u 到 v 是**可达的**。

通常约定,图的任一结点到自身总是可达的。

7.2.2 无向图的连通性

在局域网中,任意两台计算机之间能否相互访问可以转化为图中任意两个结点之间是否可达。这就是定义 7-8 所述的连通的概念。

定义 7-8 若无向图 G 中任意两个结点之间都可达,则称此图是**连通图**;否则称 G 为**非连通图**。

通常约定,图的任一结点到自身总是连通的。

对非连通图,可以把它分成几部分,使每一部分都是连通的,且各部分之间无公共结点。这样分成的每一部分成为该非连通图的**连通分支**。

如果将结点的连通看作图中点集上的一个关系,由定义知,此关系满足自反性、对称性和传递性。所以,无向图中结点之间的连通关系是等价关系。

定义 7-9 在无向连通图 G 中:

(1) 如果去掉某一条边,图 G 将不连通,则称这条边为图 G 的**割边**或**桥**;

(2) 与图 G 的任意一个割边相关联的结点称为图 G 的**割点**;

(3) 若 S 为图 G 的至少含有一条边的子集,图 G 去掉 S 则不连通,而去掉 S 的任一真子集仍然连通,则称 S 为图 G 的**割集**。

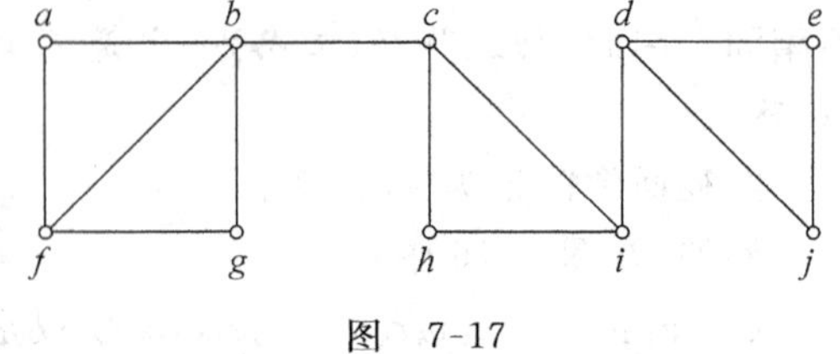

图 7-17

例如,在图 7-17 所示的图中,(b,c),(d,i) 是割边,b,c,d,i 是割点,$\{(b,c)\}$,$\{(d,i)\}$,$\{(a,b),(a,f)\}$,$\{(a,f),(b,f),(f,g)\}$ 是割集,而 $\{(a,b)\}$,$\{(a,b),(b,g)\}$ 不是割集。这里没有把割集和非割集全部列出。

7.2.3 有向图的连通性

在有向图中,边是有方向性的。因此,有向图的连通性比无向图复杂,由定义 7-10 给出。

定义 7-10 在简单有向图 $D=\langle V,E\rangle$ 中,

(1) 如果对 D 中任意两个结点 u 和 v,不但有从 u 到 v 的路径,而且也有从 v 到 u 的路径,则称图 D 是**强连通的**;

(2) 如果对 D 中任意两个结点 u 和 v,从 u 到 v 或者从 v 到 u 至少有一条路径,则称图 D 是**单向连通的**;

(3) 如果忽略 D 中全部有向边的方向后得到的无向图是连通的,则称图 D 是**弱连通的**。

由定义 7-10 知,强连通的一定是单向连通的,单向连通的一定是弱连通的;反之则不然。

例 7-6 指出图 7-18 中所示各有向图哪些是强连通的?哪些是单向连通的?哪些是弱连通的?

解 图 7-18(d)、(e)是强连通的，图 7-18(a)、(f)是单向连通的，图 7-18(b)、(c)是弱连通的。

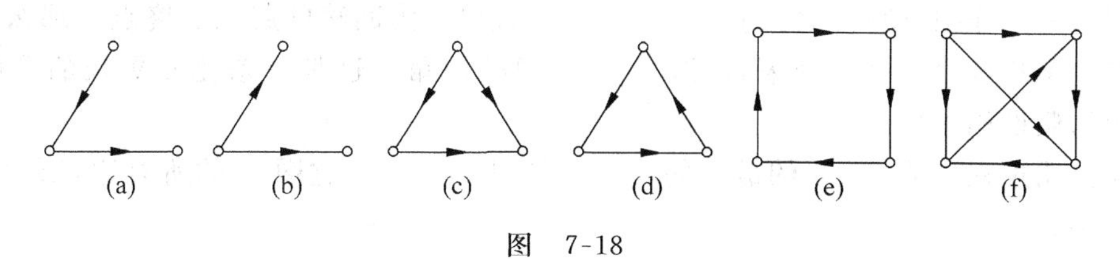

图 7-18

7.2.4 欧拉图

定义 7-11 设 $G=\langle V,E\rangle$ 是连通无向图，

(1) 如果 G 中存在一条路径，经过 G 中每一条边且只经过一次，则称该路径为**欧拉路径**；

(2) 如果 G 中存在一条回路，经过 G 中每一条边且只经过一次，则称该路径为**欧拉回路**。

存在欧拉回路的图称为**欧拉图**。

定理 7-4 无向图 $G=\langle V,E\rangle$ 具有欧拉回路的充分必要条件是：G 是连通的，并且 G 中所有结点的度数都是偶数。

证明 先证明充分性。分以下两步。

① 所有结点的度数都是偶数的无向连通图 G 必然存在回路。

对于无向连通图 G，任意两个结点间均存在路径，并且该图存在最长的简单路径(可以有多条)。记其中一条最长的简单路径为 $\pi:(v_1,v_2,\cdots,v_{s-1},v_s)$。

如果 π 或 π 中的一部分构成回路，则命题已经得证。

下面对 π 不构成回路的情况继续讨论。

由于 $d(v_s)$ 是大于等于 2 的偶数，所以除 v_{s-1} 外，必然至少还有另外一结点和 v_s 邻接，不妨记该结点为 v_r。则 $v_1,v_2,\cdots,v_{s-1},v_s,v_r$ 是比 $v_1,v_2,\cdots,v_{s-1},v_s$ 更长的简单路径，这与 $v_1,v_2,\cdots,v_{s-1},v_s$ 是图 G 中一条最长的简单路径的假设相矛盾。

综上所述，一条最长的简单路径 π 必然包含回路。这就证明了无向连通图 G 必然存在回路。

② 所有结点的度数都是偶数的无向连通图 G 必然存在欧拉回路。

不失一般性，记其中最长的一条简单回路为 $\pi:(v_1,v_2,\cdots,v_{s-1},v_s=v_1)$。

如果 π 经过了图 G 的所有边，则它已经是欧拉回路了。

如果 π 没有经过图 G 的所有边，则将 π 经过的所有边连同和这些边相关联的结点所得到的图记为图 G_1；删除图 G 中 π 经过的所有边，再删除可能存在的所有孤立点，将所得到的图记为图 G_2。

图 G_2 可能不连通，但至少可以从中找出这样一个连通分支(记为图 G_3)，它与图 G_1 至少有一个公共结点(否则，图 G_2 与图 G_1 不连通，这与 G 是连通图相矛盾)，不妨记该结点为 v。

显然，图 G_1 的所有结点的度数都是偶数。图 G_2 中与每一个结点相关联的边是在图 G_1

的基础上没有删除或删除 2 条边得到的，因此图 G_2 的所有结点的度数都是偶数。进而可知，图 G_3 的所有结点的度数也都是偶数。

根据前面的证明，图 G_3 必然存在回路 π_1，并且以 v 为回路的起点和终点。那么，在图 G 中就存在一条从 v 出发沿 π 回来，再沿 π_1 走一遭的回路。这是一条比 π 更长的简单回路。这与前面的假设相矛盾。

上述证明过程说明，图 G 的最长的一条简单回路必然经过图 G 的所有边，所以图 G 存在欧拉回路。

该定理的必要性是显而易见的，不再赘述。

定理 7-5 *无向图 $G=\langle V,E\rangle$ 具有欧拉路的充分必要条件是：G 是连通的，并且 G 中恰有两个度数是奇数的结点或者没有度数是奇数的结点。*

证明 先证明充分性。

① 如果无向连通图 G 中所有结点的度数都是偶数，根据定理 7-4，图 G 一定存在欧拉回路，因而一定存在欧拉路。

② 如果无向连通图 G 中恰有两个度数是奇数的结点，不妨分别记为 v_1 和 v_2。在 v_1 和 v_2 间添加一条边就将图 G 改为所有结点的度数都是偶数的图 G_1。

根据定理 7-4，图 G_1 一定存在欧拉回路，并注意到图 G_1 的任意一个结点都可以是欧拉回路的起点或终点。因此，在该欧拉回路中去掉 v_1 和 v_2 间添加的那一条边就得到图 G 的以 v_1 为起点、v_2 为终点（或以 v_2 为起点、v_1 为终点）的一条欧拉路。

该定理的必要性是显而易见的，不再赘述。

定理 7-6 *度数是奇数的结点多于两个的无向连通图 $G=\langle V,E\rangle$ 不存在欧拉路。*

证明 由定理 7-5 的证明知，仅有两个度数是奇数的结点的无向连通图存在欧拉路，并且只能以这两个度数是奇数的结点为起点和终点。图 G 的其他所有结点都是该欧拉路的中间点，并且它们的度数都是偶数。

如果无向连通图 $G=\langle V,E\rangle$ 中度数是奇数的结点多于两个，不妨将其中的 3 个分别记为 v_1，v_2 和 v_3。如果图 G 存在欧拉路，那么，它的任意一条欧拉路都只能以 v_1，v_2 和 v_3 中的任意两个分别为起点和终点，而第 3 个结点既不能是起点和终点，也不能是中间点（中间点的度数一定是偶数）。所以，这样的图 G 不存在欧拉路。

有了前面介绍的知识，现在可以讨论本章开头介绍的哥尼斯堡 7 桥问题了。因为图 7-2 中所有 4 个结点的度数都是奇数，所以该图既不存在欧拉回路，也不存在欧拉路。所以，不重复地走遍这 7 座桥是不可能的。

例 7-7 指出图 7-19 中哪些图具有欧拉回路？哪些图具有欧拉路？并说明原因。

解 图 7-19(a)、(d)既没有欧拉回路，也没有欧拉路。因为这两个图中度数为奇数的结点都超过 2 个。

图 7-19(b) 没有欧拉回路，但有欧拉路。因为图中恰有两个度数为奇数的结点(a,c)。其中的一条欧拉路是：(c,a,b,c,d,e,b,d,a)。

图 7-19(c)、(e) 既有欧拉路，也有欧拉回路。因为图中没有度数为奇数的结点。图 7-19(c)中的一条欧拉回路是：(a,b,c,e,b,f,e,d,f,a)。

例 7-7 虽然分别给出了有关图的一条欧拉路和一条欧拉回路。但是，有没有一个普遍适用的求欧拉路的算法？答案是肯定的。下面通过例 7-8 的解答介绍一种求欧拉路的

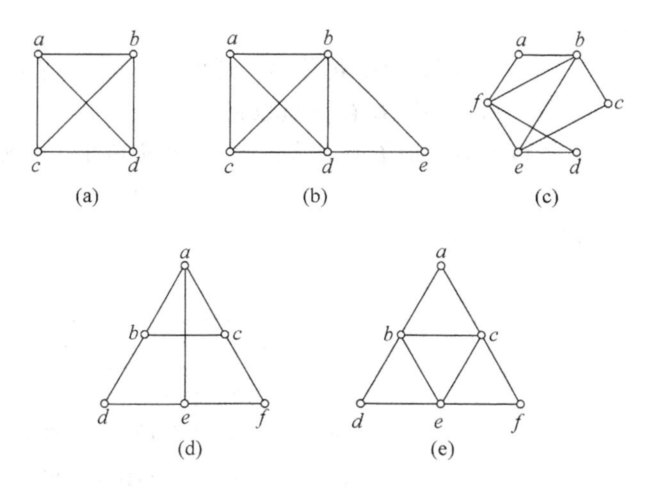

图 7-19

算法。

例 7-8 求图 7-20 的一条欧拉路。

解 图 7-20 是连通的,并且只有 g,i 两个结点的度数是奇数,因此,欧拉路是存在的。

① 从结点 i 出发,选某一条边到第 2 个结点 e。将这条路径记为 π_1,则 $\pi_1=(i,e)$。然后,将 i 与 e 间的边删除,再将孤立点 i 删除,得到图 G_1。对于本题,和结点 i 关联的只有 1 条边(当然它是桥)。如果有多条边,应该在不是桥的那些边中任选 1 条到第 2 个结点。

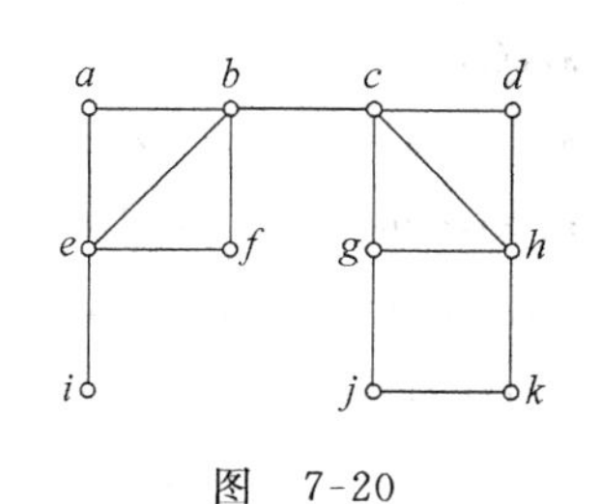

图 7-20

② 在图 G_1 中,和结点 e 关联的有 3 条边(它们都不是桥),选其中的某一条边到第 3 个结点 b。将这条路径记为 π_2,则 $\pi_2=(i,e,b)$。然后,将 e 与 b 间的边删除,得到图 G_2。

为了节省篇幅,把后面的步骤省略,而将各步的过程列成如下的表 7-1。为清晰起见,表中将起点记为当前路径 π_0。最后得到的 $\pi_{15}:(i,e,b,a,e,f,b,c,d,h,c,g,h,k,j,g)$ 就是求得的一条欧拉路。

例 7-8 的解答实际上是按照称为 **Fleury 算法**(Fleury's Algorithm)的一种算法进行的。下面介绍求欧拉路的 Fleury 算法。为叙述方便起见,将两个度数是奇数的结点分别记为 v_0 和 u。

(1) 从结点 v_0 出发,沿某一条边到第 2 个结点 v_1(由于图 G 是连通的,所以必然有与结点 v_0 邻接的结点存在)。将这条路径记为 π_1,则 $\pi_1=(v_0,v_1)$。但是,除非结点 v_0 只有一条边与其他结点相连,否则这一步不能选桥。然后,将 v_0 与 v_1 间的边删除,如果 v_0 成了孤立点,也把它删除,得到图 G_1。

实施步骤(1)后得到的图 G_1 仍然是连通的(可能不包括结点 v_0),并且有以下两种可能。①结点 v_1 就是结点 u,则图 G_1 的所有结点的度数都是偶数。②结点 v_1 不是结点 u,则图 G_1 中只有 v_1 和 u 这两个结点的度数是奇数。无论哪种情形,图 G_1 都存在欧拉路。

(2) 假设到目前为止已经构造出从结点 v_0 出发到第 $k+1$ 个结点 v_k 的一条路径 $\pi_k=(v_0,v_1,\cdots,v_k)$(至少已经得到了路径 π_1)。逐步将 π_k 所经过的边删除,也将可能存在的那些孤立点删除，得到图 G_k。

如前所述，实施步骤(2)后得到的图 G_k 仍然是连通的，并且所有结点的度数都是偶数或仅有两个结点的度数是奇数。所以，图 G_k 存在欧拉路。

(3) 重复步骤(2)，直至路径中包括了所有边。这样，就构造出了从始点 v_0 到达了终点 u 的一条欧拉路。

Fleury 算法的伪代码见第 8 章。

表 7-1

当前路径	下一条边	选择的依据
π_0	(i,e)	惟一与结点 i 关联的边
$\pi_1:(i,e)$	(e,b)	从 e 开始的 3 条边都不是桥，任选一边
$\pi_2:(i,e,b)$	(b,a)	(b,c)是桥，任选其他一边
$\pi_3:(i,e,b,a)$	(a,e)	惟一与结点 a 关联的边
$\pi_4:(i,e,b,a,e)$	(e,f)	惟一与结点 e 关联的边
$\pi_5:(i,e,b,a,e,f)$	(f,b)	惟一与结点 f 关联的边
$\pi_6:(i,e,b,a,e,f,b)$	(b,c)	惟一与结点 b 关联的边
$\pi_7:(i,e,b,a,e,f,b,c)$	(c,d)	从 c 开始的 3 条边都不是桥，任选一边
$\pi_8:(i,e,b,a,e,f,b,c,d)$	(d,h)	惟一与结点 d 关联的边
$\pi_9:(i,e,b,a,e,f,b,c,d,h)$	(h,c)	从 h 开始的 3 条边都不是桥，任选一边
$\pi_{10}:(i,e,b,a,e,f,b,c,d,h,c)$	(c,g)	惟一与结点 c 关联的边
$\pi_{11}:(i,e,b,a,e,f,b,c,d,h,c,g)$	(g,h)	从 g 开始的 2 条边都不是桥，任选一边
$\pi_{12}:(i,e,b,a,e,f,b,c,d,h,c,g,h)$	(h,k)	惟一与结点 h 关联的边
$\pi_{13}:(i,e,b,a,e,f,b,c,d,h,c,g,h,k)$	(k,j)	惟一与结点 k 关联的边
$\pi_{14}:(i,e,b,a,e,f,b,c,d,h,c,g,h,k,j)$	(j,g)	惟一与结点 j 关联的边
$\pi_{15}:(i,e,b,a,e,f,b,c,d,h,c,g,h,k,j,g)$		

例 7-9 图 7-21 为一个街道图。邮递员从邮局 a 出发沿路投递邮件。问是否存在一条投递路线，使邮递员从邮局出发通过所有街道一次再回到邮局？

解 这实际上是判断图 7-21 是否是欧拉图。由于该图是连通的，并且每一个结点的度数都是偶数。根据定理 7-4 知，这是一个欧拉图，所求的投递线路是存在的。欧拉回路有多条，下面是其中的一条：

$$\pi:(a,b,c,g,e,b,d,e,i,g,l,k,i,h,k,j,f,h,d,f,a)$$

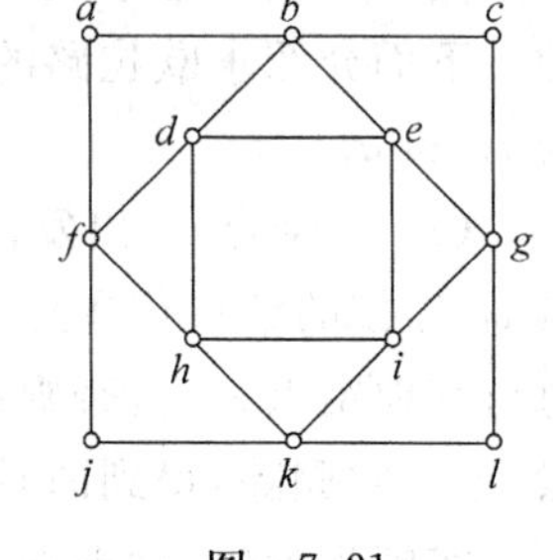

图 7-21

有一种叫做一笔画的智力游戏，实际上就是判断是否存在欧拉路的问题。

例 7-10 判断图 7-22 中的 4 个图哪些可以一笔画？并说明原因。

解 图 7-22(a)、(b)两个图中都只有两个结点的度数是奇数，所以存在欧拉路，但不存在欧拉回路。从其中的一个奇数度数的结点开始可以一笔画到另一个奇数度数的结点结

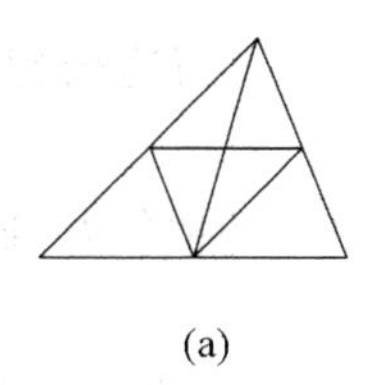

(a)

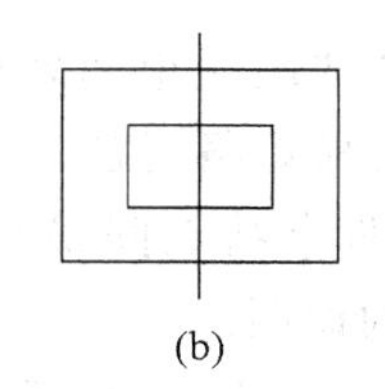

(b)

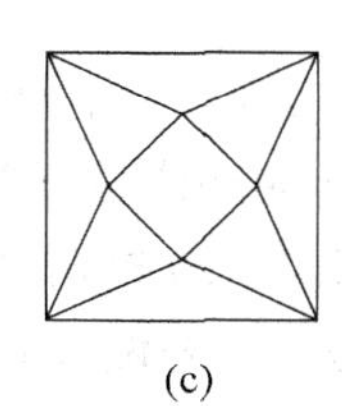

(c)

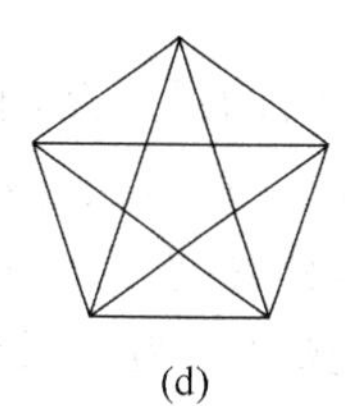

(d)

图 7-22

束，并且每条边只经过一次。

图 7-22(c)、(d)两个图中每个结点的度数都是偶数，所以存在欧拉回路。从其中的任何一个结点开始都可以一笔画回该点结束。

7.2.5 哈密顿图

哈密顿图是与欧拉图性质类似的另一类连通图。

定义 7-12 设 $G=\langle V,E\rangle$是连通无向图，

(1) 如果 G 中存在一条路径，经过 G 中每个结点且只经过一次，则称该路径为**哈密顿路径**；

(2) 如果 G 中存在一条回路，经过 G 中每个结点且只经过一次，则称该路径为**哈密顿回路**。

存在哈密顿回路的图称为**哈密顿图**。

表面上看，哈密顿路(回路)与欧拉路(回路)类似，但两者实质上差别很大，前者比后者难很多。令人惊奇的是，到目前为止，还没有找到无向图具有哈密顿路和哈密顿回路的充分必要条件(有几个充分条件，本书不作介绍)，也没有找到构造哈密顿路和哈密顿回路的通行方法，只能具体问题具体考察。

例 7-11 指出图 7-23 中哪些图具有哈密顿回路？在没有哈密顿回路的图中哪些图具有哈密顿路？

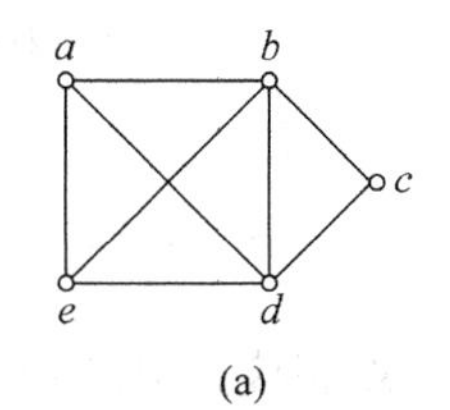

(a)

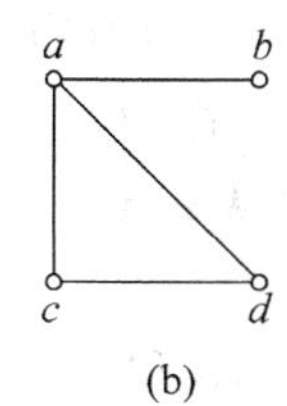

(b)

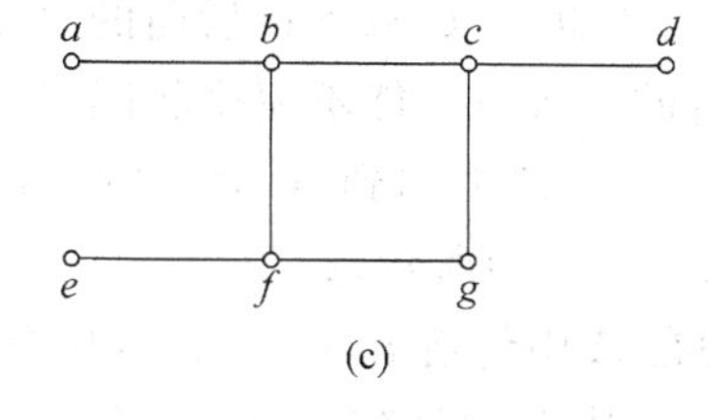

(c)

图 7-23

解 图 7-23(a)有哈密顿回路(a,b,c,d,e,a)。

图 7-23(b)没有哈密顿回路，但有哈密顿路(b,a,c,d)。

图 7-23(c)既没有哈密顿回路，也没有哈密顿路。

7.2.6 带权图的最短路

定义 7-13 设 $G=\langle V,E\rangle$是带权无向图，如果两个结点可达，则这两个结点间的一条路径上所有权的和称为这条路径的**长度**。两个结点间长度最小的路径称为这两个结点间的最

短路径。

带权图的最短路问题很有实际意义。例如,"两座城市间怎样的一条高速公路最短"和"邮递员送一份特快专递沿怎样的路线最近"都是最短路问题。

下面介绍迪克斯特拉(Dijkstra)提出的求两个结点间最短路的一种算法,通常称为**Dijkstra 算法**。为了后面叙述方便,先做些必要的说明。

将所求最短路的起点和终点分别记为 v_1 和 u。将图 G 看成由 A 和 B 两部分和不属于 A 和 B 的一些边所组成,A 包括有起点 v_1 在内的原图的部分结点以及从起点 v_1 到这些结点的最短路中的边,B 包括原图中不属于 A 的那部分结点以及这些结点间原来存在的边。

图 G 中任一结点 v_i 到起点 v_1 长度最小的路径就是 v_i 与起点间的最短路,记作 $d(v_i)$。

下面是 Dijkstra 算法的步骤:

(1) 开始时 A 只包括最短路的起点 v_1,其余的结点以及这些结点间原来存在的边属于 B;

(2) 对 B 中直接和 A 中某些结点邻接的那些结点(记作结点集 C)进行考察,找出 C 中与起点距离最短的一个结点 v(如果存在多个这样的结点,任选其中一个),并将这条最短路的长度记为 $d(v)$;

(3) 将找到的结点 v 从 B 中划到 A 中,并且在 A 中增加从起点 v_1 到结点 v 的最短路的边。在 B 中去掉结点 v 以及与结点 v 关联的所有边;

(4) 重复(2)、(3)两步,直到终点 u 出现在 A 中为止。

上述过程中不但找出了起点到终点的最短路,同时也找出了该最短路的长度。

下面以例 7-12 具体说明 Dijkstra 算法。

例 7-12 图 7-24 表示一个带权图,求出该图中结点 v_1 到其余各结点的最短路。

解 按本题的要求,直到将所有结点都划入 A 中为止,即求出结点 v_1 到各结点的最短路。下面是部分步骤:

① 开始时 A 只包括结点 v_1,其余的结点属于 B;

② B 中只有 v_2,v_5 和 A 中 v_1 邻接。记录 $d(v_2)=1$(选 $d(v_5)=1$ 也可以,只不过后面的每步的具体内容有所不同,最后的结果也可能不完全相同,但实质是一样的);

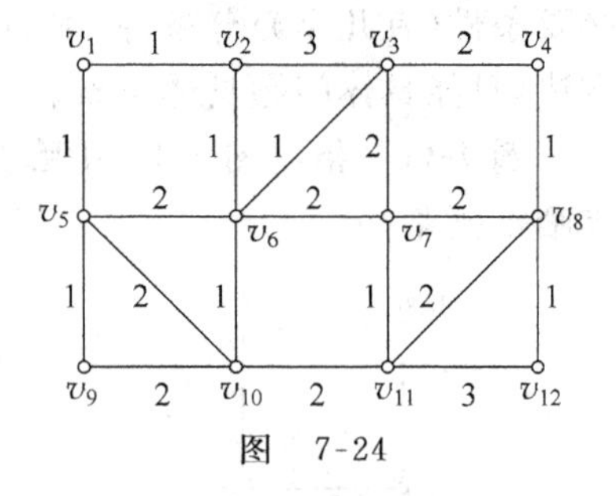

图 7-24

③ 将 v_2 从 B 中划到 A 中,并在 A 中增加从 v_1 到 v_2 的边(如图 7-25(a)所示);

④ 现在 A 中包括 v_1 和 v_2,而 B 中只有 v_3,v_5,v_6 和 A 中某些结点邻接。记录 $d(v_5)=1$;

⑤ 将 v_5 从 B 中划到 A 中,并在 A 中增加从 v_1 到 v_5 的边;

⑥ 现在 A 中包括 v_1,v_2 和 v_5,而 B 中只有 v_3,v_6,v_9,v_{10} 和 A 中某些结点邻接。记录 $d(v_6)=2$;

⑦ 将 v_6 从 B 中划到 A 中,并在 A 中增加从 v_2 到 v_6 的边(如图 7-25(b)所示)。

为了节省篇幅,后面的步骤省略,只把记录到的各个最短路的长度顺序列出:$d(v_9)=2$,$d(v_3)=3$,$d(v_{10})=3$(有两条不同的路径),$d(v_7)=4$,$d(v_4)=5$,$d(v_{11})=5$,$d(v_8)=6$,$d(v_{12})=7$。

为了便于读者理解,图 7-25 画出了 11 个步骤中的 4 个,分别如图 7-25 中的(a)、(b)、(c)、(d)所示。

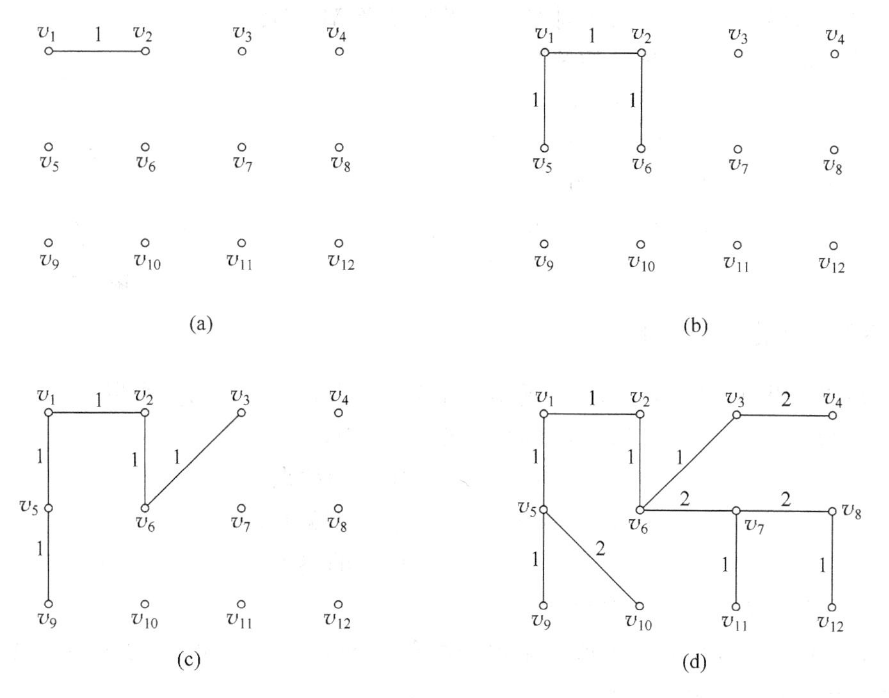

图 7-25

从例 7-12 可以看出,完全用人工找,越到后面越困难。所幸的是,有了电子计算机,即使是很复杂的图,也可以通过编写程序很快得到结果(参阅第 8 章)。

7.3 图的矩阵表示

本节介绍用矩阵表示图的方法。用矩阵表示图,可以把图的信息存储在计算机中,以便对图进行各种运算,并揭示图的有关性质。

由于矩阵的行和列有固定的顺序,因此,要先将图的所有结点和边排序,才能写出有关矩阵(关于这一点,读者可参看实例 5-6)。下面介绍的每一种矩阵都可以完全描述一个图。

7.3.1 无向图的关联矩阵

定义 7-14 设无向图 $G=\langle V,E\rangle$ 的结点集为 $V=\{v_1,v_2,\cdots,v_n\}$,边集为 $E=\{e_1,e_2,\cdots,e_m\}$,则矩阵 $\boldsymbol{M}(G)=(m_{ij})_{n\times m}$ 称为 G 的**关联矩阵**,其中,

$$m_{ij}=\begin{cases}1 & (v_i\text{ 与 }e_j\text{ 关联})\\0 & (v_i\text{ 与 }e_j\text{ 不关联})\end{cases}$$

无向图的关联矩阵具有下列性质:

(1) 矩阵的每一行各元素的和等于相应结点的度;

(2) 矩阵的每一列恰有两个 1,其余元素都是 0。

例 7-13 写出图 7-26 所示无向图 G 的关联矩阵 $\boldsymbol{M}(G)$。

解 图 7-26 所示无向图 G 的关联矩阵为

$$\boldsymbol{M}(G)=\begin{pmatrix}1&0&1&1&0&0&0\\1&1&0&0&1&0&0\\0&1&0&0&0&1&0\\0&0&1&0&0&0&1\\0&0&0&1&1&1&1\end{pmatrix}$$

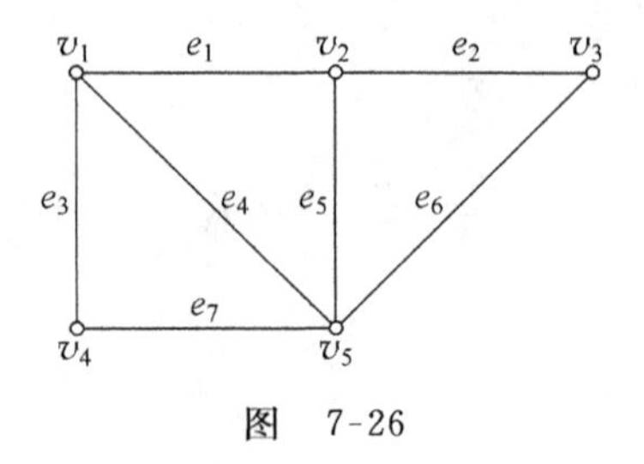

图 7-26

7.3.2 有向图的关联矩阵

定义 7-15 设有向图 $D=\langle V,E\rangle$ 的结点集为 $V=\{v_1,v_2,\cdots,v_n\}$，边集为 $E=\{e_1,e_2,\cdots,e_m\}$，则矩阵 $\boldsymbol{M}(D)=(m_{ij})_{n\times m}$ 称为 D 的**关联矩阵**，其中，

$$m_{ij}=\begin{cases}1 & (v_i\text{ 为 }e_j\text{ 的始点})\\0 & (v_i\text{ 与 }e_j\text{ 不关联})\\-1 & (v_i\text{ 为 }e_j\text{ 的终点})\end{cases}$$

有向图的关联矩阵具有下列性质：

(1) 矩阵的每一行中等于 1 的元素的个数等于相应结点的出度，每一行中等于 -1 的元素的个数等于相应结点的入度；

(2) 矩阵的每一列恰有一个 1 和一个 -1，其余元素都是 0。

例 7-14 写出图 7-27 所示有向图 D 的关联矩阵 $\boldsymbol{M}(D)$。

解 图 7-27 所示有向图 D 的关联矩阵为

$$\boldsymbol{M}(D)=\begin{pmatrix}1&0&-1&0&0&0&0\\-1&1&0&1&0&0&0\\0&-1&0&0&-1&1&0\\0&0&1&0&0&0&-1\\0&0&0&-1&1&-1&1\end{pmatrix}$$

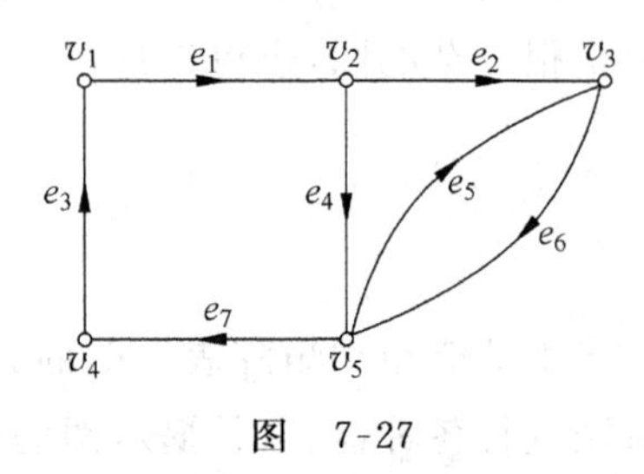

图 7-27

7.3.3 有向图的邻接矩阵

定义 7-16 设有向图 $D=\langle V,E\rangle$ 的结点集 $V=\{v_1,v_2,\cdots,v_n\}$，则 n 阶方阵 $\boldsymbol{A}(D)=(a_{ij})_{n\times n}$ 称为 D 的**邻接矩阵**，其中，

$$a_{ij}=\begin{cases}1 & (\langle v_i,v_j\rangle\in E)\\0 & (\langle v_i,v_j\rangle\notin E)\end{cases}$$

简单有向图的邻接矩阵具有下列性质：

(1) 主对角线元素皆为 0；

(2) 矩阵的每一行中等于 1 的元素的个数等于相应结点的出度，每一列中等于 1 的元素的个数等于相应结点的入度。

例 7-15 写出图 7-27 所示有向图 D 的邻接矩阵 $\boldsymbol{A}(D)$。

解 图 7-27 所示有向图 D 的邻接矩阵为

$$\boldsymbol{A}(D)=\begin{pmatrix}0&1&0&0&0\\0&0&1&0&1\\0&0&0&0&1\\1&0&0&0&0\\0&0&1&1&0\end{pmatrix}$$

7.3.4 无向图的邻接矩阵

定义 7-17 设无向图 $G=\langle V,E\rangle$ 的结点集 $V=\{v_1,v_2,\cdots,v_n\}$，则 n 阶方阵 $\boldsymbol{A}(G)=(a_{ij})_{n\times n}$ 称为 G 的**邻接矩阵**，其中，

$$a_{ij}=\begin{cases}1 & ((v_i,v_j)\in E)\\ 0 & ((v_i,v_j)\notin E)\end{cases}$$

简单无向图的邻接矩阵具有下列性质：

(1) 简单无向图的邻接矩阵是对称矩阵；

(2) 主对角线元素皆为 0；

(3) 矩阵每一行(以及每一列)各元素的和等于相应结点的度。

例 7-16 写出图 7-26 所示无向图 G 的邻接矩阵 $\boldsymbol{A}(G)$。

解 图 7-26 所示无向图 G 的邻接矩阵为

$$\boldsymbol{A}(G)=\begin{pmatrix}0&1&0&1&1\\1&0&1&0&1\\0&1&0&0&1\\1&0&0&0&1\\1&1&1&1&0\end{pmatrix}$$

例 7-13～例 7-16 表明，如果给出了图的有关矩阵，就可以画出该图。

例 7-17 已知无向图 G 的邻接矩阵为

$$\boldsymbol{A}(G)=\begin{pmatrix}0&1&0&1&1&0\\1&0&1&0&1&1\\0&1&0&0&0&1\\1&0&0&0&1&0\\1&1&0&1&0&1\\0&1&1&0&1&0\end{pmatrix}$$

画出相应的无向图 G。

解 该无向图 G 如图 7-28 所示。

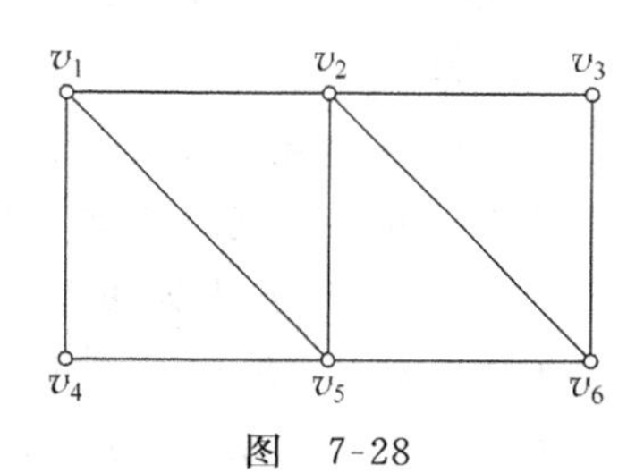

图 7-28

由于简单无向图的邻接矩阵是对称矩阵，因此可以用一个矩阵的左下半部表示它。例如，例 7-17 中的邻接矩阵可以表示为

$$
\boldsymbol{A}(G)=\begin{pmatrix}
0 & & & & & \\
1 & 0 & & & & \\
0 & 1 & 0 & & & \\
1 & 0 & 0 & 0 & & \\
1 & 1 & 0 & 1 & 0 & \\
0 & 1 & 1 & 0 & 1 & 0
\end{pmatrix}
$$

这种方法的主要优点是：用计算机存储一个简单无向图的信息时，只需要用原来（整个矩阵）一半略多一点儿的空间。在处理大型图时，可以节省大量存储空间。

这里需要指出，同构的图有着相同的关联矩阵和邻接矩阵。

7.4 树

树是一类特殊的图，有着广泛的应用。例如，计算机硬盘中的文件结构、体育竞赛进程、组织机构、家谱等都可以用树表示。计算机技术中的各种数据结构都可以用树方便地表达。

实例 7-4 图 7-29(a)给出了一次乒乓球男子单打比赛半决赛和决赛的进程。图 7-29(a)表明，在半决赛中刘国梁胜了马林，王涛胜了孔令辉。决赛中王涛战胜刘国梁夺得冠军。

显然，可以用一个图表示图 7-29(a)。图 7-29(b)就是本节要介绍的树。如果将图 7-29(b)倒置，就很像一棵自然界的树了。

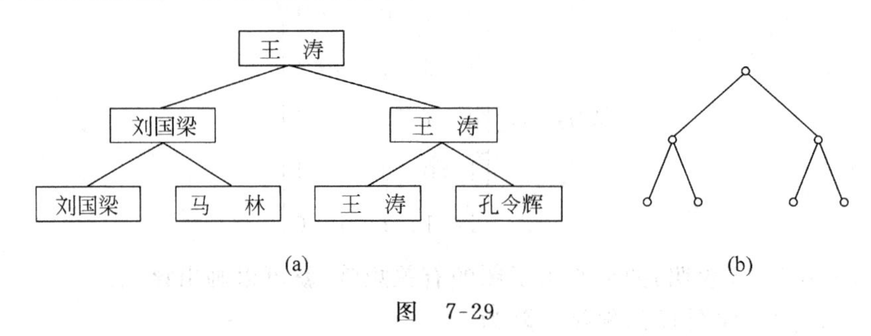

图 7-29

7.4.1 无向树与生成树

定义 7-18 不含回路的连通无向图称为**无向树**，简称**树**，通常用 T 表示。

树中度数为 1 的结点称为**树叶**，度数大于 1 的结点称为**分支点**。树中的边称为**树枝**。

连通分支数大于 1 且每个连通分支均是树的非连通图称为**森林**。

定理 7-7 设 G 是含有 n 个结点、m 条边的简单无向图，则下列命题等价：

(1) G 是树；

(2) G 连通且不含回路；

(3) G 中任意两结点间有惟一的简单路径；

(4) G 连通，且去掉任意一条边就不再连通；

(5) G 连通，且 $n=m+1$；

(6) G 中无回路，且 $n=m+1$；

(7) G 中无回路，但在任意两个不邻接结点间加一条边就形成一个回路。

定义 7-19 设 $G=\langle V,E\rangle$ 是无向连通图，T 是 G 的生成子图，并且 T 是树，则称 T 是 G 的**生成树**，G 的不在 T 中的边称为 T 的**弦**。

定理 7-8 设 $G=\langle V,E\rangle$ 是无向连通图，则 G 至少有一棵生成树。

推论 设 G 是含有 n 个结点、m 条边的简单无向连通图，则 $m\geqslant n-1$。

根据定理 7-7，可以得到生成树的一种算法：逐步去掉图 G 中的回路的任意一条边，直至破掉图 G 中原来的所有回路。这样得到的图就是图 G 的一棵生成树。这种方法通常称为**破圈法**。

例 7-18 画出图 7-30 所示的简单无向图的 3 个生成树。

解 用破圈法，可以得到如图 7-31 所示的 3 个生成树。

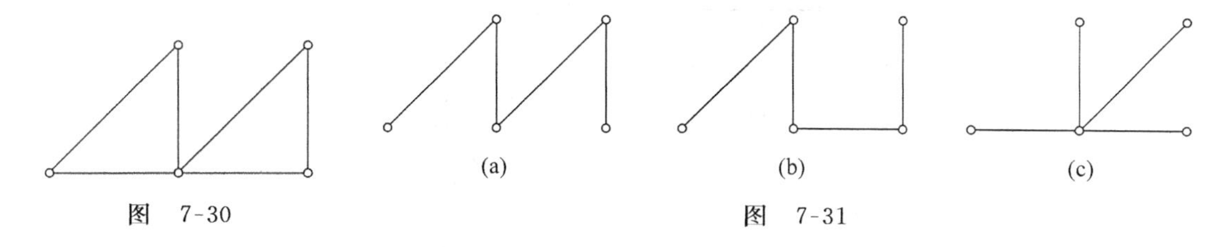

图 7-30

(a) (b) (c)

图 7-31

显然，图 7-30 所示的简单无向图的生成树不止上述 3 个。

定义 7-20 设 $G=\langle V,E\rangle$ 是带权无向连通图，则 G 中具有最小权的生成树 T_G 称为 G 的**最小生成树**。

最小生成树很有实际意义。例如，在一座大楼里敷设一个局域网线路，将各个房间内的计算机连起来。如何设计线路才能够使敷设的总长最短就是一个最小生成树问题。

求带权无向连通图 G 的最小生成树有两种算法：**避圈法**和破圈法。避圈法有多种，下面介绍由克鲁斯卡尔(Kruskal)提出的一种算法，通常称为 **Kruskal 算法**(Kruskal's Algorithm)，其伪代码参阅第 8 章。

求最小生成树的破圈法本质上与求最小生成树的避圈法一样，只是要在保证连通的前提下尽可能去掉权大的边。

例 7-19 图 7-32 是一个局域网的示意图，图中每个结点表示一台计算机，每一条边表示关联的两台计算机之间可以直接敷设网络线，边上的数字表示该网络线的敷设距离。问选择怎样的线路使敷设的网络线总长最小。

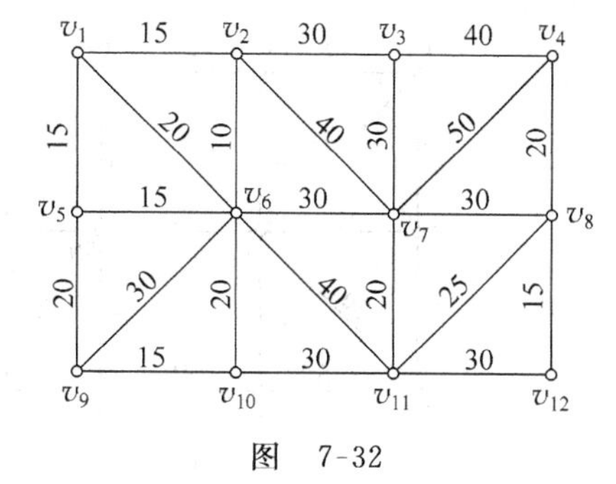

图 7-32

解 这实质上是求该图的最小生成树。用避圈法，步骤如下：

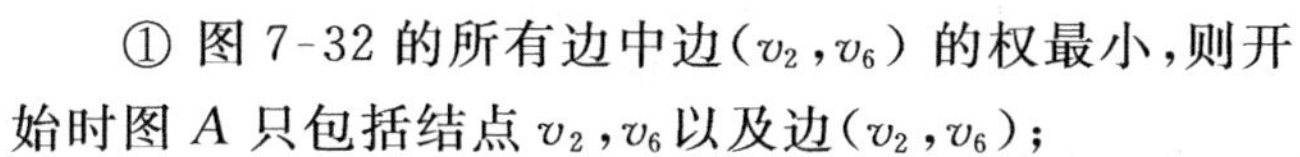

① 图 7-32 的所有边中边(v_2,v_6) 的权最小，则开始时图 A 只包括结点 v_2，v_6 以及边(v_2,v_6)；

② 图 7-32 中与图 A 邻接的所有边中权最小的一条边是(v_1,v_2)。将(v_1,v_2) 连同其一个端点 v_1 添加到图 A 中；

③ 图 7-32 中与图 A 邻接的所有边中权最小的一条边是(v_5,v_6)。将(v_5,v_6) 连同其一个端点 v_5 添加到图 A 中。到现在为止，图 A 如图 7-33(a)所示。

为了节省篇幅，后面的步骤省略。图 7-33 画出了全部步骤中的 3 个。最后的

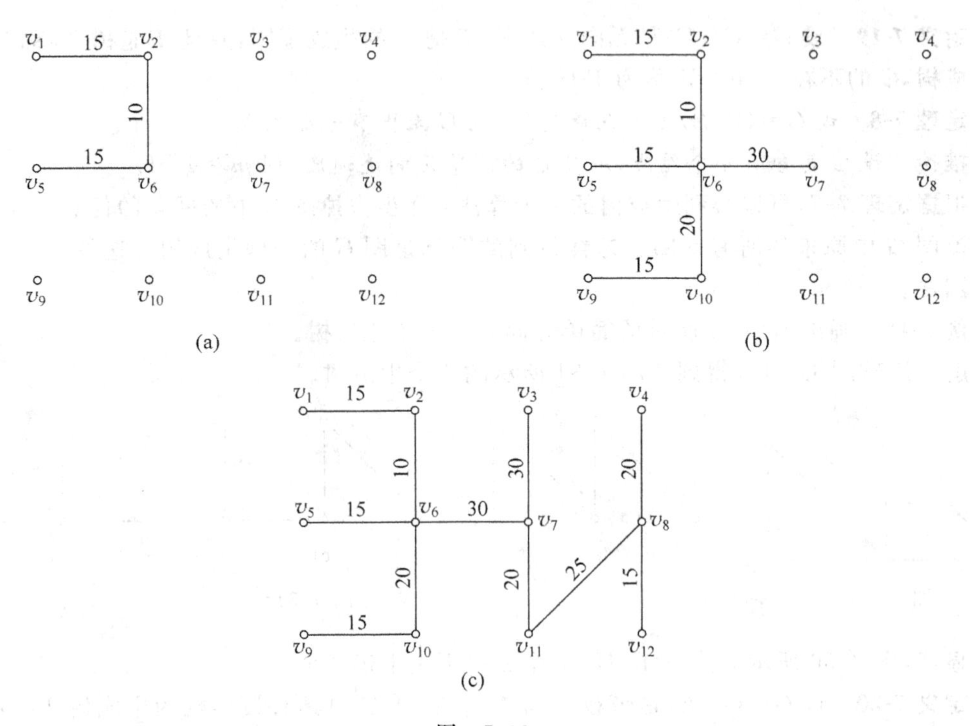

图 7-33

图 7-33(c)就是所求的最小生成树。或者说,沿这样的线路敷设网络线总长最小。

利用破圈法解本题的步骤如下:

(1) 首先去掉权大于或等于 40 的边。去掉这些边后,图仍然连通,如图 7-34(a)所示;

(2) 再去掉一些权等于 30 的边。为了保证图仍然连通,必须至少保留一条权等于 30 的边。如图 7-34(b),保留了边(v_6,v_7)和边(v_3,v_7);

(3) 为了破掉剩下的圈,并保证图仍然连通,再去掉 3 条权较大的边。最后得到图 7-33(c)。

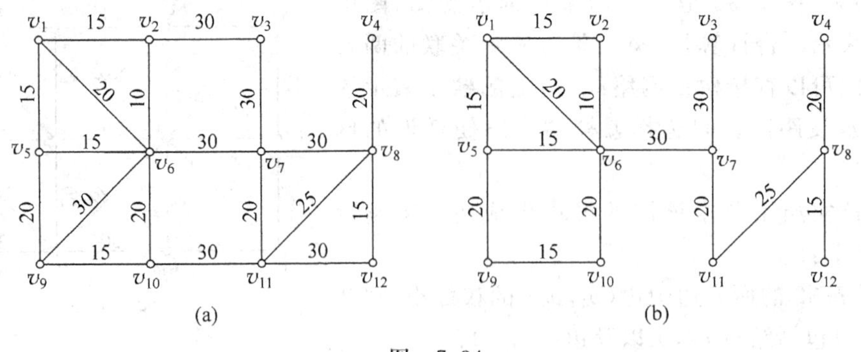

图 7-34

7.4.2 有向树

定义 7-21 如果一个有向图在不考虑边的方向时是树,则称此有向图为**有向树**,简称**树**。

在有向树中，最有实际意义的是根树。

定义 7-22 一棵有向树，如果仅有一个结点的入度为 0，其余结点的入度均为 1，则称此有向树为**根树**。入度为 0 的结点称为**树根**，出度为 0 的结点称为**树叶**，出度不为 0 的结点称为**分支点**。

例如，图 7-35(a)是一棵有向树，但不是根树，因为有两个结点 b 和 c 的入度是 0。

图 7-35(b)既是一棵有向树，也是一棵根树，因为仅有一个结点 b 的入度为 0。

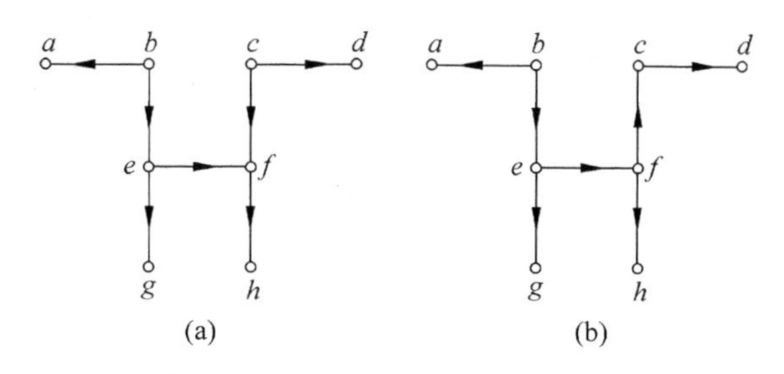

图 7-35

如果在画树时把树根放在最上面，分支点及树叶一层一层顺序往下放置，则根树中有向边的方向均一致向下。所以，这样画树时，可以不把方向标出。这样图面就显得很清晰(参看图 7-36 和图 7-37)。

计算机硬盘中的文件目录就是树形结构。

在根树中，从树根到任意结点的简单路径的长度称为该结点的**层数**，记为 $l(v)$；称层数相同的结点在**同一层**上，层数最大的结点的层数称为**树高**。根树 T 的树高记为 $h(T)$。

根树可以看成如下结构的**家族树**：

(1) 若结点 a 邻接到结点 b，则称 b 是 a 的**儿子**，a 是 b 的**父亲**；

(2) 若 b,c 同是 a 的儿子，则称 b,c 是**兄弟**；

(3) 若结点 $d \neq a$，而 a 可达 d，则称 d 是 a 的**后代**，a 是 d 的**祖先**。

在图 7-36 的根树 T_1 中，g 是 c 的儿子，c 是 h 的父亲，b,c,d 是兄弟，g 是 a 的后代，a 是 f 的祖先。

定义 7-23 设 T 为一棵根树，a 为 T 中一个分支点，称 a 及其后代构成的子图 T' 为 ***T* 以 *a* 为根的子树**，简称**根子树**。

在图 7-36 的根树 T_1 中，b 及其儿子 e,f 就构成 T_1 的一棵根子树。

定义 7-24 如果将根树中每一层次上的结点都规定次序，这样的根树称为**有序树**。

根据每个分支点的儿子数以及是否有序，可将根树分成定义 7-25 所述的几类。

定义 7-25 设 T 是根树，

(1) 如果 T 的每个分支点至多有 n 个儿子，则称 T 为 ***n* 元树**；

(2) 如果 T 的每个分支点都恰好有 n 个儿子，则称 T 为 ***n* 元正则树**；

(3) 如果 n 元树 T 是有序的，则称 T 为 ***n* 元有序树**；

(4) 如果 n 元正则树 T 是有序的，则称 T 为 ***n* 元有序正则树**；

(5) 如果 T 是 n 元正则树，且所有树叶的层数相同，都等于树高，则称 T 为 ***n* 元完全正则树**；

(6) 如果 n 元完全正则树 T 是有序的，则称 T 为 ***n* 元有序完全正则树**。

例 7-20 图 7-36 中的根树各属于哪一类?

解 T_1 是三元树,T_2 是二元正则树,T_3 是二元完全正则树。

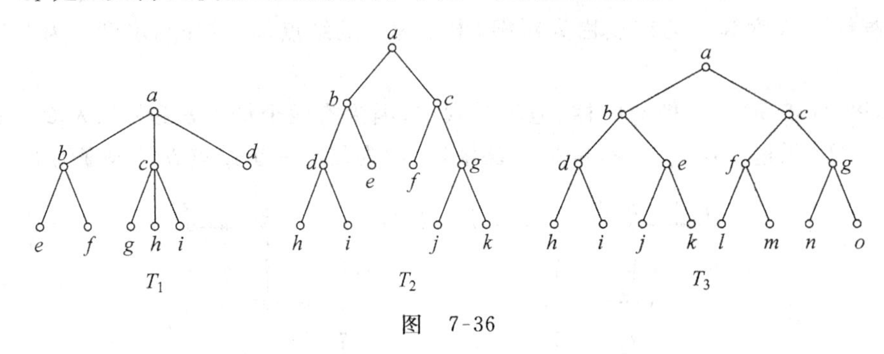

图 7-36

7.4.3 最优二元树

在所有的 n 元有序正则树中,二元有序正则树最重要,在实际问题中有广泛的应用。在数据结构中通常将二元树称为**二叉树**。

定义 7-26 设二元树 T 有 t 片树叶,分别带权 $w_1, w_2, \cdots, w_t$(w_i 为实数,$i=1,2,\cdots,t$),称 $W(T)=\sum_{i=1}^{t} w_i l(w_i)$为 T 的**权**,其中 $l(w_i)$为带权 w_i 的树叶 v_i 的层数。在所有带权 $w_1, w_2, \cdots, w_t$ 的二元树中,带权最小的二元树称为**最优二元树**。

例 7-21 图 7-37 所示的 3 棵树的各个树叶的权都分别是 1,2,2,3,4,5,求它们的权。

解 $W(T_1)=4\times(1+3)+3\times5+2\times(4+2+2)=47$

$W(T_2)=3\times(1+2+3+4)+2\times(2+5)=44$

$W(T_3)=3\times(4+2+2+3)+2\times(1+5)=45$

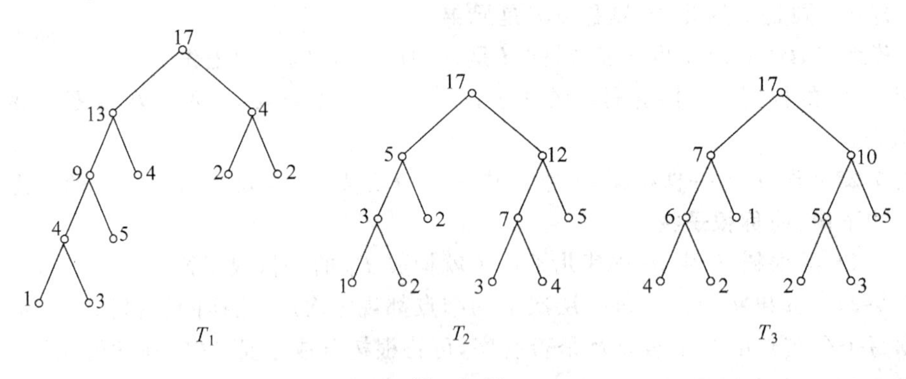

图 7-37

实际上,例 7-21 中的 3 棵二元树都不是最优二元树。如何求最优二元树呢? 1952 年,霍夫曼(Huffman)给出了求最优二元树的一种算法,通常称为 **Huffman 算法**(Huffman's Algorithm),其伪代码参阅第 8 章。

求最优二元树的问题可以这样表述:已知 $w_1, w_2, \cdots, w_t$,且 $w_1 \leqslant w_2 \leqslant \cdots \leqslant w_t$,求以 $w_1, w_2, \cdots, w_t$ 为权的最优二元树。为了方便后面的表达,现在引用记号 $S_0=\{w_1, w_2, \cdots, w_t\}$。这样,Huffman 算法的步骤叙述如下:

(1) 连接权为 w_1,w_2 的两片树叶,产生一个分支点,其权为 w_1+w_2。记 $w_{01}=w_1+w_2$,并用 w_{01} 替换 S_0 中的 w_1 和 w_2,这样就得到新的集合 $S_1=\{w_{01},w_3,\cdots,w_t\}$。显然,集合 S_1 比集合 S_0 少 1 个元素;

(2) 假设到目前为止已经得到新的集合 $S_k=\{w_{01},\cdots,w_{0k},\cdots,w_t\}$(至少已经得到了集合 S_1)。显然,集合 S_k 比集合 S_0 少 k 个元素。如果 S_k 中的元素不少于两个,则从中选出两个最小者,连接它们对应的顶点(可以是树叶或分支点)产生一个新的分支点。记其权为 w_{k+1},并用 w_{k+1} 替换 S_k 中被代替的两个元素,这样就得到新的集合 S_{k+1}。显然,集合 S_{k+1} 比集合 S_k 少 1 个元素;

(3) 重复步骤(2),直至得到仅含有 1 个元素的集合 $S_t=\{w_{0t}\}$。由此画出的图就是以 $w_1,w_2,\cdots,w_t$ 为权的最优二元树。

例 7-22 求以 1,2,2,3,4,5 为权的最优二元树,并计算它的权 $W(T)$。

解 ① 连接权为 1,2 的两片树叶,产生一个新的分支点,其权为 3(如图 7-38 中的(a)所示)。并得到新的集合 $S_1=\{3,2,3,4,5\}$(说明:S_1 中的两个 3 表示的是两个不同的点,下同);

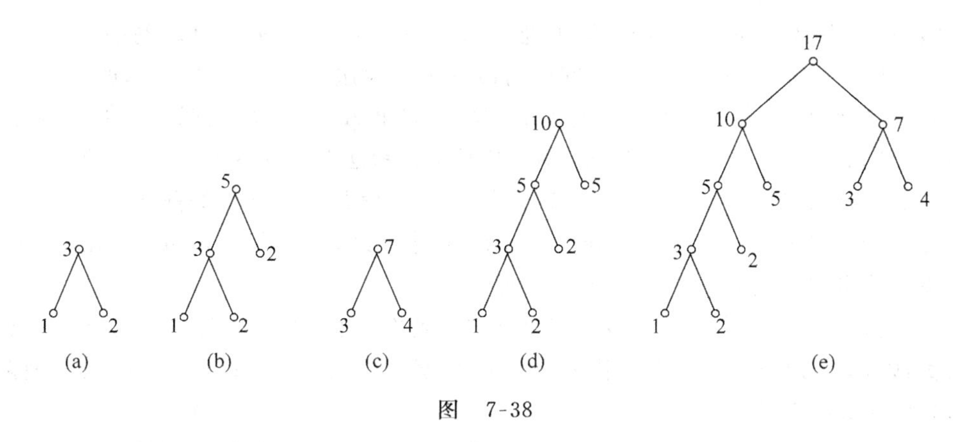

图 7-38

② 在集合 $S_1=\{3,2,3,4,5\}$ 中选两个最小的数 3 和 2(分别对应权为 3 的分支点和权为 2 的树叶),连接它们对应的顶点产生一个新的分支点,其权为 5(如图 7-38 中的(b)所示)。并得到新的集合 $S_2=\{5,3,4,5\}$;

这一步也可以选择权为 3 和 2 的两片树叶,那将得到另一个答案,如图 7-39 所示。

③ 在集合 $S_2=\{5,3,4,5\}$ 中选两个最小的数 3 和 4(分别对应权为 3 和 4 的两片树叶),连接它们对应的顶点产生一个新的分支点,其权为 7(如图 7-38 中的(c)所示)。并得到新的集合 $S_3=\{5,7,5\}$;

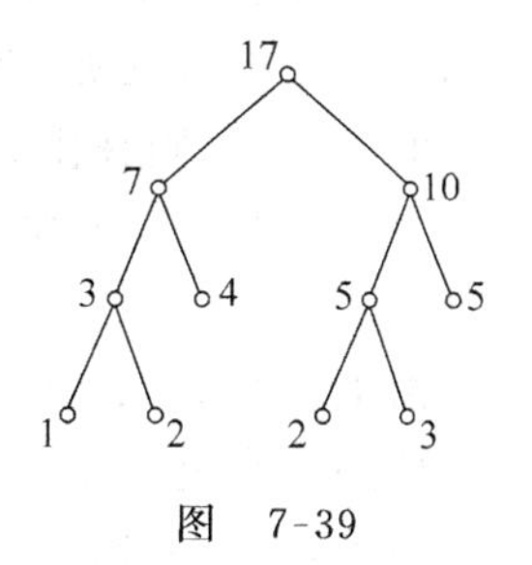

图 7-39

④ 在集合 $S_3=\{5,7,5\}$ 中选两个最小的数 5 和 5(分别对应权为 5 的分支点和权为 5 的树叶),连接它们对应的顶点产生一个新的分支点,其权为 10(如图 7-38 中的(d)所示)。并得到新的集合 $S_4=\{10,7\}$;

⑤ 集合 $S_4=\{10,7\}$ 中仅有两个数 10 和 7(分别对应权为 10 和 7 的两个分支点),连接它们对应的顶点产生一个新的分支点,其权为 17(如图 7-38 中的(e)所示)。

图 7-38 中的(e)就是以 1,2,2,3,4,5 为权的最优二元树。这里,$W(T)=3\times(1+2+2+3)+2\times(4+5)=42$。读者可以自己算一下,图 7-39 所示的最优二元树的权也是 42。

实际上,同一层的树叶互换位置后不改变树的权。

7.4.4 前缀码

在计算机科学中,最优二元树的用途之一是求最佳前缀码。

什么是前缀码呢?先看两个实例。

实例 7-5 在我国,打外地的固定电话要加长途区号。部分地区的长途区号是:北京:010,广州:020,上海:021,天津:022,南京:025,太原:0311,深圳:0755,……。这一套编码有这样的特点:无论你怎样拨号,都只能惟一地确定一个目的地,绝不会出现无法分辨的情况。例如,拨 075587654321 就一定接通深圳的某个电话(除非是空号),而不可能是其他地方。

显然,作为长途区号的编码应该是越短越好。具体到我国地广人多的国情,用两位数作为长途区号是不可能的。目前,我国的部分大城市用 3 位数,其他地区是 4 位数。这里的长途区号实际上就是一种前缀码。

实例 7-6 在计算机及远程通信中,通常用二进制编码表示字符。例如,可用 00,01,10,11 分别表示字母 A,B,C,D,这种方法叫做等长表示法。在传输过程中,如果 A,B,C,D 出现的频率接近相等,这是一种很好的表示方法。如果 A,B,C,D 出现的频率相差较大,如 A 占 50%,B 占 25%,C 占 20%,D 占 5%,用等长表示法就不是最好。用一种适当的非等长表示法既能节约二进制位,又能准确无误地传送,这就是下面介绍的前缀码。

定义 7-27 设 $a_1a_2\cdots a_{n-1}a_n$ 为长度为 n 的字符串,称其子串 $a_1,a_1a_2,\cdots,a_1a_2,\cdots,a_{n-1}$ 分别为该字符串的长度为 $1,2,\cdots,n-1$ 的**前缀**。

设 $A=\{b_1,b_2,\cdots,b_m\}$ 是一个字符串的集合,若对于任意的 $b_i,b_j\in A,b_i\neq b_j$,b_i 和 b_j 互不为前缀,则称 A 为一个**前缀码**。若 A 的每一个字符串 $b_i(i=1,2,\cdots,m)$ 中只出现两个字符,则称 A 为**二元前缀码**。

例如,{1,01,000,001},{00,10,11,011,0100,0101}都是前缀码。而{1,01,0100,1001}不是前缀码,因为 1 是 1001 的前缀,01 是 0100 的前缀。

怎样产生二元前缀码呢?利用二元树产生二元前缀码是最有效的一种方法,具体步骤如下:

(1) 给定一棵二元树 T,它的每一个分支点都至少有一个儿子,至多有两个儿子。对于有两个儿子的分支点,在由它引出的两条边上,左边的标上 0,右边的标上 1;对于只有一个儿子的分支点,则在由它引出的边上标 0 或 1;

(2) 对于每一个树叶 v_i,将从树根到 v_i 的路径上各边的编号(0 或 1)组成的符号串放在 v_i 处。

由上述步骤知,该二元树 T 的所有不同树叶处的符号串肯定互不为前缀。所以,由它们组成的集合就一定是一个二元前缀码。

另外,若二元树 T 存在带一个儿子的分支点,则由 T 产生的二元前缀码肯定不惟一;若 T 为二元正则树,则由 T 产生的二元前缀码肯定是惟一的。

综上所述,得到下面的定理 7-9。

定理 7-9 由一棵给定的二元正则树,可以产生惟一的一个二元前缀码。

例如，图 7-40 所示的二元正则树产生的二元前缀码为

$$\{00,10,11,010,0110,0111\}$$

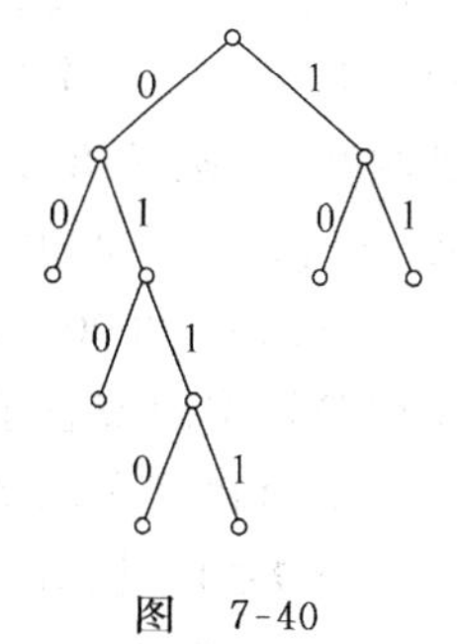

图 7-40

用 Huffman 算法求最优二元树，由此产生的前缀码称为**最佳前缀码**。如果已经知道要传输的符号的频率，可以用各符号出现的频率作为权。用最佳前缀码传输对应的符号可以使传输的二进制位数最省。

下面通过一个例题说明最佳前缀码的产生过程。

例 7-23 大量的数据统计表明，在通信中，八进制数字出现的频率分别是

0：30%，　　1：20%，
2：15%，　　3：10%，
4：10%，　　5：5%，
6：5%，　　7：5%

求传输它们的最佳前缀码。

解 为简洁起见，将各频率乘 100 得到的整数作为权，并由小到大排序，得 $w_1=5$，$w_2=5$，$w_3=5$，$w_4=10$，$w_5=10$，$w_6=15$，$w_7=20$，$w_8=30$（它们各对应数字 5,6,7,3,4,2,1 和 0）。用 Huffman 算法得到的最优二元树如图 7-41 所示。

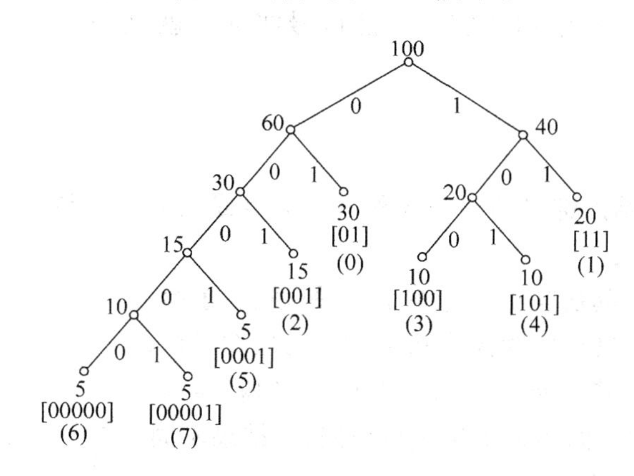

图 7-41

图 7-41 中每个树叶下面的数是权，方框中的编码组成的集合就是最佳前缀码，圆括号中的数字就是该编码所表示的数字，即

01 传输 0，　　11 传输 1，
001 传输 2，　　100 传输 3，
101 传输 4，　　0001 传输 5，
00000 传输 6，　　00001 传输 7

在最优二元树中，相同长度编码表示的符号可以互换。例如，对于本题，可以改用 001 传输 3,100 传输 4,101 传输 2 等。

现在分析用等长编码和最佳前缀码表示例 7-23 有什么不同。

对于例 7-23，可以用 3 位二进制数表示这 8 个数。例如，用 000 传输 0、001 传输 1、010

传输 2、…、111 传输 7。如果用这种编码按例 7-23 给出的比例传输 10000 个八进制数字。则需要用 30000 个二进制位。如果用例 7-23 解答中得到的最佳前缀码传输这 10000 个八进制数字，则这 8 个数所传输的数量分别为：3000 个、2000 个、1500 个、1000 个、1000 个、500 个、500 个和 500 个，因而所需的二进制位是

$$(3000+2000)\times 2+(1500+1000+1000)\times 3+500\times 4+(500+500)\times 5=27500$$

比用等长编码节省了 2500 个二进制位。

下面解答实例 7-6 提出的 A,B,C,D 的编码问题。

例 7-24 已知在某种传输过程中，A,B,C,D 出现的频率分别是：A 占 50%，B 占 25%，C 占 20%，D 占 5%。求传输它们的最佳前缀码。

解 为简洁起见，将各频率乘 20 得到的整数作为权，并由小到大排序，得 $w_1=1,w_2=4,w_3=5,w_4=10$（它们各对应字母 D，C,B 和 A）。用 Huffman 算法得到的最优二元树如图 7-42 所示。

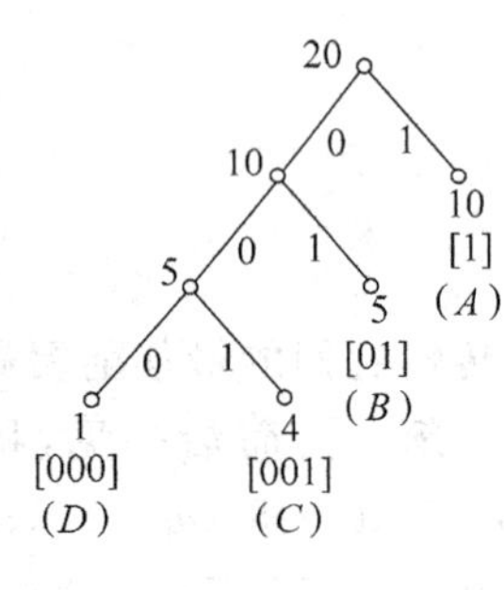

图 7-42

从图 7-42 可以看出，传输 A,B,C,D 的最佳前缀码是

1 传输 A，　　　　01 传输 B，

000 传输 D，　　　001 传输 C

用这样一个最佳前缀码按题给频率传输 A,B,C,D 四个字母是最节省的。

实例 7-5 介绍的我国电信系统的长途区号实际上就是一个 10 元最佳前缀码。

7.4.5 树的遍历

对根树中的每个结点都只访问一次称为可**遍历**或**周游**一棵树，对于二元有序正则树主要有以下 3 种遍历方法。

(1) **中序遍历法**：其访问次序为左子树、树根、右子树；

(2) **前序遍历法**：其访问次序为树根、左子树、右子树；

(3) **后序遍历法**：其访问次序为左子树、右子树、树根。

对同一棵根树，按不同的遍历法进行访问，其结果不同。对于图 7-43 所示的根树，按上述 3 种遍历法访问的结果如下。

按中序遍历法访问的结果是

$$(db(hei))a(fcg)$$

按前序遍历法访问的结果是

$$a(bd(ehi))(cfg)$$

按后序遍历法访问的结果是

$$(d(hie)b)(fgc)a$$

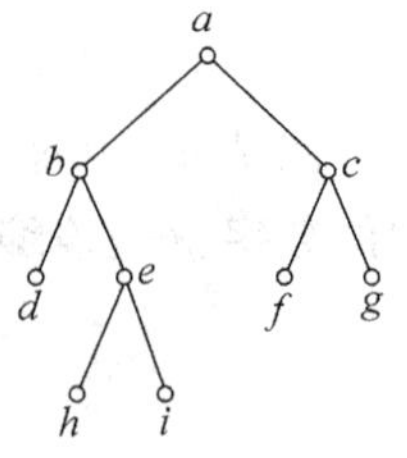

图 7-43

利用二元有序树可以表示各种算式，然后根据不同的遍历法可以产生不同的算法。

用二元有序树表达算式时必须符合下面的规定：

(1) 运算符必须放在分支点上；

(2) 数字或表示数值的字母放在树叶上；

(3) 被减数或被除数放在左枝树的树叶上。

计算机中存储非线性数据结构主要用树，其中更多的是用二元树。下面的例 7-25 就是一个典型的例子。

例 7-25 (1) 用二元有序树表示下面的算式：

$$((a\times(b-c))\div d+b)-(c-d)$$

(2) 用 3 种遍历法访问此根树，并写出遍历结果。

解 (1) 所得根树如图 7-44 所示。

(2) 按中序遍历法访问的结果是

$$((a\times(b-c))\div d+b)-(c-d) \tag{a}$$

按前序遍历法访问的结果是

$$-(+(\div(\times a(-bc))d)b)(-cd) \tag{b}$$

按后序遍历法访问的结果是

$$(((a(bc-)\times)d\div)b+)(cd-)- \tag{c}$$

式(a)和原算式一致。

将式(b)中的全部括号去掉得

$$-+\div\times a-bcdb-cd \tag{d}$$

如果在式(d)中规定每个运算符仅与它后面紧邻的两个数进行运算，则计算结果与式(a)是一样的。在这种算法中，因为运算符在参加运算的两个数前面，因而称为**前缀符号法**或**波兰符号法**。

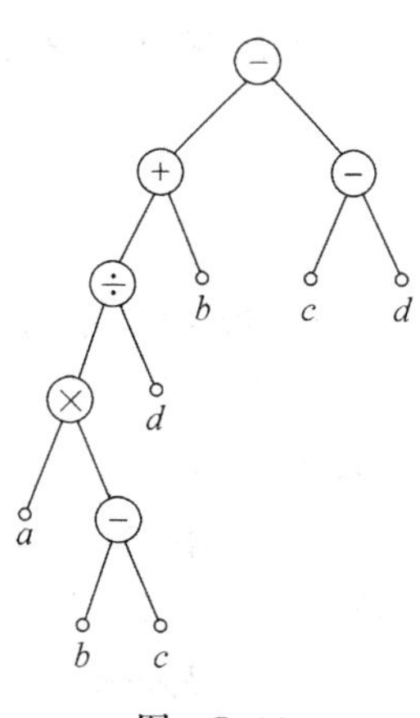

图 7-44

将式(c)中的全部括号去掉得

$$abc-\times d\div b+cd-- \tag{e}$$

如果在式(e)中规定每个运算符仅与它前面紧邻的两个数进行运算，则计算结果与式(a)是一样的。在这种算法中，因为运算符在参加运算的两个数后面，因而称为**后缀符号法**或**逆波兰符号法**。

7.5 本章小结

本章介绍了图和树的基本知识，重点是图、简单图、图的连通性、欧拉图、树、生成树、根树、最小生成树等概念，握手定理等重要定理，最短路问题，用矩阵表示图。

下面是本章知识的要点以及对它们的要求。

- 知道图、同构的图、简单图、完全图、带权图、生成子图等概念。
- 会判断比较简单的图是否同构。
- 懂得结点的度，掌握握手定理等关于图的结点的度数与边的数量间关系的定理。
- 知道路径、回路、图的连通性等概念。
- 掌握欧拉路、欧拉回路(欧拉图)的判别方法。
- 掌握求欧拉路(回路)的 Fleury 算法。
- 掌握求带权图的最短路的 Dijkstra 算法。
- 会写出图的关联矩阵、邻接矩阵，会根据图的有关矩阵画出图。

- 知道树、生成树、根树、最优二元树、前缀码、树的遍历等重要概念，知道根树的分类。
- 掌握求带权无向连通图最小生成树的 Kruskal 算法。
- 会用避圈法和破圈法求带权无向连通图的最小生成树。
- 掌握二元有序正则树的应用。
- 掌握求最优二元树的 Huffman 算法。
- 会利用二元树产生二元前缀码。
- 知道树的 3 种遍历方法。

7.6 习　　题

7-1　设 $V=\{a,b,c,d,e\}$，画出下列图。

(1) 无向图 $G=(V,E)$，其中 $V=\{a,b,c,d,e\}$，$E=\{(a,b),(a,c),(a,e),(b,c),(c,d),(c,e)\}$。

(2) 有向图 $D=(V,E)$，其中 $V=\{a,b,c,d,e\}$，$E=\{\langle a,b\rangle,\langle a,e\rangle,\langle b,a\rangle,\langle b,c\rangle,\langle c,d\rangle,\langle c,e\rangle,\langle d,c\rangle\}$。

7-2　设无向图 G 有 5 个结点、4 条边，在不同构的前提下，画出简单无向图 G 的所有形式。

7-3　分别画出无向完全图 K_2，K_3 和 K_5。

7-4　画出图 7-45 的全部生成子图。

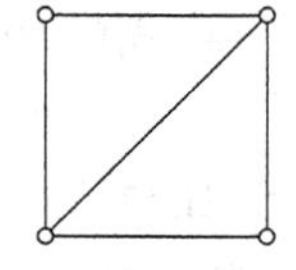

图　7-45

7-5　是否可以画出一个 6 阶简单无向图，使该图的度数序列与下面的序列一致？如能，画出一个符合条件的图；如不能，说明理由。

(1) 2,2,2,2,2,2。

(2) 1,2,3,4,4,5。

(3) 1,2,3,4,5,5。

(4) 3,3,3,3,3,3。

7-6　解答下列各题：

(1) 无向完全图 K_n 有 28 条边，问它的结点数 n 是多少？

(2) 图 G 的度数序列是(1,2,3,3,4,4,5)，问边数 m 是多少？

(3) 一个简单图 G 有 10 条边，度数为 2 和 3 的结点分别有 2 个，度数为 4 的结点只有 1 个，其他结点度数都是 1，问该图一共有多少个结点？

(4) 一个简单图 G 有 14 条边，度数为 3 的结点共有 8 个，其他结点度数只可能为 1 或 2，问该图最少有多少个结点？

7-7　指出图 7-46 中哪些图具有欧拉回路？在没有欧拉回路的图中哪些图具有欧拉路？在有欧拉回路或欧拉路的图中，各列举一条欧拉回路或欧拉路。

7-8　用 Fleury 算法为图 7-47 构造一条欧拉回路。

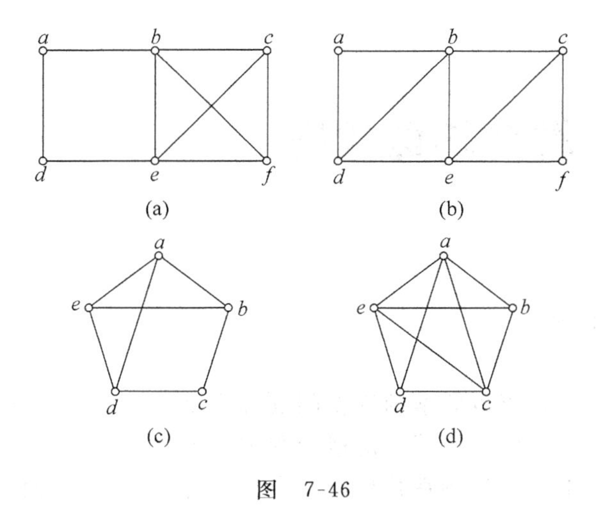

图 7-46

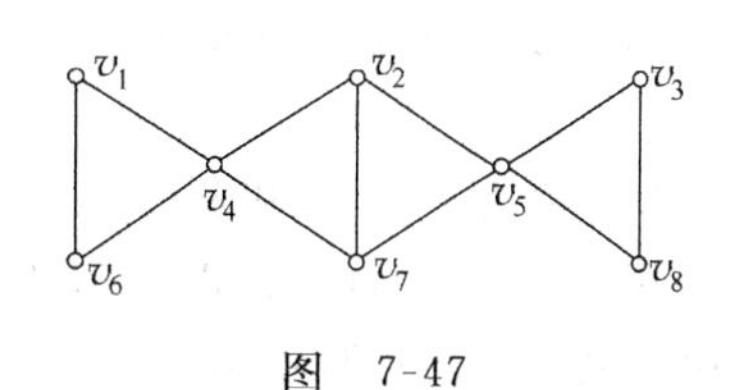

图 7-47

7-9 图 7-24 表示一个权图，求出该图中结点 v_7 到其余所有结点的最短路。要求至少画出全部步骤中的 3 个。

7-10 一个城市的街道及长度如图 7-48 所示，求 a,l 两点的最短路。要求至少画出全部步骤中的 3 个。

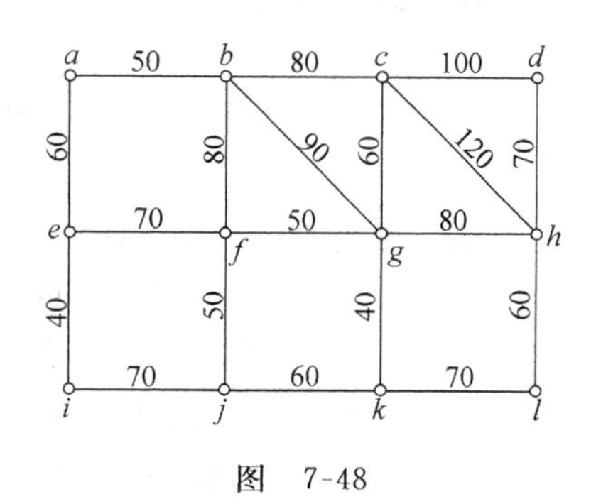

图 7-48

7-11 已知无向图 G 的关联矩阵为

$$\boldsymbol{M}(G)=\begin{pmatrix}1&1&1&0&0&0&0\\1&0&0&1&0&0&0\\0&0&1&1&1&1&0\\0&1&0&0&1&0&1\\0&0&0&0&0&1&1\end{pmatrix}$$

画出相应的无向图 G。

7-12 已知无向图 G 的邻接矩阵为

$$\boldsymbol{A}(G)=\begin{pmatrix}0&1&0&0&1&0\\1&0&1&1&0&1\\0&1&0&0&0&0\\0&0&0&0&0&0\\1&0&0&1&0&1\\0&0&0&0&1&0\end{pmatrix}$$

画出相应的无向图 G。

7-13 求图 7-48 的最小生成树。要求至少画出全部步骤中的 3 个。

7-14 求以 2,3,4,5,6 为权的最优二元树，并计算它的权 $W(T)$。

7-15 已知在某种传输过程中，A,B,C,D,E 出现的频率分别是：A 占 40%，B 占 15%，C 占 15%，D 占 10%，E 占 20%。求传输它们的最佳前缀码，并画出对应的最优二元树。

7-16 (1) 用二元有序树表示下面的算式：

$$((2\times x)-(3\times y))\div(a-((2\times b)+(4\div c)))$$

(2) 用 3 种遍历法访问此根树，并写出遍历结果。

第 8 章 算法与伪代码

本章主要介绍以下内容:

(1) 算法概述。

(2) 离散数学中 8 个常见算法的伪代码。

离散数学和计算机科学有着紧密的联系,离散数学的许多问题都可以通过编程用计算机解答。为了帮助读者提高编程能力,本章首先介绍算法的概念和本书编写伪代码的统一表达方式,然后详细介绍离散数学中 8 个常见算法的伪代码。其中绝大部分算法的伪代码非常详尽,并尽可能给出注释,读者据此可以很容易改编成诸如 C++、Java 等程序设计语言。如果读者这样做,必将会加深对离散数学有关概念和方法的理解,并提高自己的编程能力和解决实际问题的能力。

8.1 算法概述

算法是为完成一项任务或一种计算而设定的有限步骤表。算法的步骤可以是留下许多细节有待填写的一般性描述,也可以是每一步都已是完全精确的描述。

例如,某先生从起床到上班的过程是:(1)起床,(2)脱掉睡衣,(3)洗澡,(4)穿衣服,(5)吃早餐,(6)上班。这就可以看成是"起床上班算法"。

从计算机应用的角度来说,算法是用于求解某个特定问题的一些指令的集合。具体地说,用计算机所能实现的操作或指令来描述问题的求解过程,就是这一特定问题的计算机算法。

目前有多种形式的算法描述工具,常见的有自然语言、程序流程图、N-S 图、PAD 图、伪代码、程序设计语言等方式。其中,伪代码是介于自然语言与计算机语言之间的一种文字和符号相结合的算法描述工具,主要说明程序"怎么做"的步骤。在算法的逐步求精细化过程中,它可以很好地描述问题的求解模型。伪代码通常借助于某种高级语言的控制结构,中间的操作可以用自然语言(中文或英文)描述,也可以用程序设计语言描述,甚至可以两者混合使用。

为了方便阅读和帮助理解,本书介绍的各种具体算法的伪代码统一采用如下表达方式。

(1) 按顺序在每一行代码前写出行号;

(2) 代码中用"="作为赋值号;

(3) 代码中的"+"和"-"各有两个含义,在数字运算中分别是普通的加法和减法,在字符串运算中分别是增加字符和减少字符;

(4) 每一个算法的完整伪代码以过程方式给出,即以过程名开始,输入量放在过程名后面的圆括号内,后面的整个过程放在一对花括号{}内,并且过程行以缩进的方式书写;

下面的伪代码是求给定的两个实数的和。

```
1.  sum(x, y) {                    //x, y 是预先给定的两个任意实数
```

```
2.      a=x+y                    //a 是 x 与 y 的和
3.  }
```

(5) 注释以“//”开始,注释不影响程序的执行;

(6) “循环”以 **for** (start value) **to** (end value) **step** (step value) {}的格式给出,{}中的子过程行以缩进的方式书写(下同)。当 step value 等于 1 时,短语 **step** (step value)可以省略;

下面的伪代码是求前 n 个正整数的和。

```
1.  sum_n(n) {               //n 是预先给定的正整数的个数
2.      s=0                  //s 是前 n 个正整数的和
3.      for i= 1 to n {
4.          s=s+i
5.      }
6.  }
```

(7) “条件”以 **while** (condition) {}的格式给出;

下面的伪代码是求正整数 x 被正整数 y 除所得的商和余数。

```
1.  divide(x, y) {               //x, y 是预先给定的两个任意正整数
2.      q=0                      //q 开始时赋 0,最后是 x 被 y 除所得的商
3.      r=x                      //r 开始时赋 x,最后是 x 被 y 除所得的余数
4.      while r≥y {
5.          r=r-y
6.          q=q+1
7.      }
8.  }
```

(8) “选择”以 **if** (condition) **then** {} **else** {}的格式给出。当只需要 **then**{}部分时,**else**{}部分省略。这时,**if** (condition) **then** {}和 **while** (condition) {}的作用是一样的。因此,**if** (condition) **then** {} **else** {}实际上是 **while** (condition) {}的推广;

下面的伪代码是统计给定的 n 个正整数中偶数和奇数的个数。

```
1.  even(n, a(n)) {                      //n 是正整数的个数,a(n)是给定的 n 个正整数
2.      e=0                              //e 开始时赋 0,最后是偶数的个数
3.      for i=1 to n {
4.          if (int(a(i)/2)×2=a(i)) then {
5.              e=e+1
6.          }
7.      }                                //n-e 是奇数的个数
8.  }
```

上面的简单例子都写出了具体的赋值语句。实际上,伪代码中完全可以用自然语句描述。例如,“统计给定的 n 个正整数中偶数和奇数的个数”的伪代码也可以写成如下的形式。

```
1.  even(n, a(n)) {                      //n 是正整数的个数,a(n)是给定的 n 个正整数
2.      e=0                              //e 开始时赋 0,最后是偶数的个数
3.      对 1≤i≤n,若 a(i) 为偶数,则 e=e+1
```

```
4.  }                                   //n-e 是奇数的个数
```

8.2 判断素数算法

判断一个正整数是否为素数的方法很多,至今还没有找到一种公认是最好的方法。这里介绍的一种方法最容易理解,但运行速度不是最快。

由定理1-3知,对于大于1的正整数 n,如果没有不大于$\sqrt{n}$的因数,则 n 必定是素数。据此得到这样一种算法:依次用 $1,2,\cdots,\text{int}(\sqrt{n})$去除 n,如果都不能整除,则 n 是素数;否则,n 不是素数(而是合数)。

下面介绍这种方法的伪代码。

引入参数 p。$p=1$:表示 n 是素数,$p=0$:表示 n 不是素数。开始时,p 赋值 1。

代码要求

输入:n(大于 1 的正整数)

输出:p

```
1.  prime(n) {
2.      p=1
3.      l=int(√n)
4.      while p=1 {
5.          for i=1 to l {
6.              if int(n÷i)×i=n then {
7.                  p=0
8.              }
9.          }
10.     }
11. }
```

8.3 求最大数算法

求有限数列的最大数是许多算法的最重要、最基本的部分。

这里介绍的方法基于这样的逻辑:假定数列中的第 1 项是最大数,然后依次考察该数列中所有其他项,如果有更大的数,则选这个更大的数为最大数。

下面介绍这种方法的伪代码。

引入参数 max,其最后为给定有限数列的最大数。

代码要求

输入:n(大于 1 的正整数)

输出:max

```
1.  maximum(n,a(i) (1≤i≤n)) {
2.      max=a(1)
3.      for i=2 to n {
```

```
4.          if max<a(i) then {
5.              max=a(i)
6.          }
7.      }
8.  }
```

8.4 求最大公约数的欧几里得算法

欧几里得算法是求两个正整数的最大公约数的最主要的算法。下面介绍这种方法的伪代码。

引入参数 x,其最后为给定两个正整数的最大公约数。

代码要求

输入：a,b(都是正整数)

输出：x

```
1.  Euclidean_algorithm(a,b) {
2.      x=a
3.      y=b
4.      r=x
5.      while r≠0 {                          //一旦 r=0,计算结束
6.          z=int(x÷y)
7.          r=x-z×y
8.          x=y
9.          y=r
10.     }                                    //最后所得的 x 即为最大公约数
11. }
```

8.5 求拓扑排序的算法

求拓扑排序的算法有多种,这里介绍的一种方法最容易理解,但效率不是最高。

为了方便编写伪代码,需要将给定的偏序规范化。这里规定,集合为 $A=\{a_1,a_2,\cdots,a_n\}$,偏序为 $R=\{\langle x_1,y_1\rangle,\langle x_2,y_2\rangle,\cdots,\langle x_m,y_m\rangle\}$,其中 $x_i,y_i\in A(1\leqslant i\leqslant m)$。由于忽略 R 中的 I_A 并不影响编写伪代码。所以,下面介绍的求拓扑排序的算法仅针对 $R-I_A$,即 $x_i\neq y_i$ $(1\leqslant i\leqslant m)$。

根据偏序关系的定义和性质可知:

(1) 集合 A 中的每一个元素都可能作为 $R-I_A$ 的有序对的第一个元素出现,而且还可能出现多次;

(2) 集合 A 中的 n 个元素肯定不全部作为 $R-I_A$ 的有序对的第一元素出现(因为偏序关系 R 至少有一个极大元存在);

(3) 如果集合 A 中的某个元素 a_i 是偏序关系 R 的极小元,则 a_i 必定不会作为 $R-I_A$ 的有序对的第二元素出现。

上述 3 点对排序过程中得到的子集以及对应的子偏序关系也同样成立。

根据以上分析，这里给出的求拓扑排序的算法是：首先找出 R 中全部极大元，然后按 5.5.3 节的步骤对 R 中其他元素进行排序，再把先前找出的所有极大元排在后面。

针对计算机的特有功能，本算法采用如下一些特殊方法：

(1) 引入参数 $S1$ 和 S。$S1$：最后为 R 中全部极大元的一个排序，S：最后为与 R 相容的一个全序；

(2) 引入数组 $b(n)$ 记录集合 A 中的相应元素是否已经排序。$b(i)=0$：$a(i)$ 还没有排序，$b(i)=1$：$a(i)$ 已经排序；

(3) 引入数组 $c(m)$ 记录偏序关系 R 中的相应有序对是否已经排序。$c(j)=0$：与 R 中第 j 个有序对的第一元素相同的集合 A 中的元素还没有排序，$c(j)=1$：与 R 中第 j 个有序对的第一元素相同的集合 A 中的元素已经排序。

代码要求

输入：$n,m,a(i)\ (1\leqslant i\leqslant n),x(j)\ (1\leqslant j\leqslant m),y(j)\ (1\leqslant j\leqslant m)$

输出：S

```
1.  topological_sort (n,m,a(i) (1≤i≤n),x(j) (1≤j≤m),y(j) (1≤j≤m)) {
2.        S="{"
3.        S1=∅
4.        for i=1 to n {
5.            b(i)=0                              //开始时 b(i) (1≤i≤n)都赋 0
6.        }
7.        for j=1 to m {
8.            c(j)=0                              //开始时 c(j) (1≤j≤m)都赋 0
9.        }
10.        for i=1 to n {                         //本循环找出 R 中全部极大元,并进行排序
11.           b(i)=1
12.           while (b(i)=1) {                    //一旦 b(i)≠1,终止后面的过程
13.               for j=1 to m {
14.                   if x(j)=a(i) then {         //选择的条件为 a(i)不是极大元
15.                       b(i)=0
16.                   }
17.               }
18.           }
19.           if b(i)=1 then {                    //选择的条件为 a(i)是极大元
20.               S1=S1+a(i)+","
21.           }
22.       }
23.       S1=S1-","
24.       for i=1 to n {                          //本循环找出 R 中全部极小元,并进行排序
25.           if b(i)=0 then {
26.               b(i)=1
27.               while (b(i)=1) {                //一旦 b(i)=0,终止后面的过程
28.                   for j=1 to m {
29.                       if c(j)=0 and y(j)=a(i) then {   //选择的条件为 a(i)不是极小元
```

```
30.                             b(i)=0
31.                         }
32.                     }
33.                 }
34.                 if b(i)=1 then {      //选择的条件为 a(i)是极小元
35.                     S=S+a(i)+","
36.                     for j=1 to m {  //本循环设定和极小元 a(i)有关的有序对已经排序
37.                         if y(j)=a(i) then {
38.                             c(j)=1
39.                         }
40.                     }
41.                 }
42.             }
43.             S=S-","+S1+"}"
44.         }
45.  }
```

8.6 求欧拉路的 Fleury 算法

Fleury 算法是在一个仅有两个结点的度数为奇数的简单连通图 $G(G=\langle V,E\rangle,V=\{v_1,v_2,\cdots,v_n\})$中构造一条欧拉路，并且两个度数为奇数的结点就是 v_1 和 v_n。程序运行完毕，得到一条从 v_1 到 v_n 的欧拉路。

该算法也可以在所有结点的度数都是偶数的图 G 中构造一条欧拉回路。方法是，先去掉图 G 中某两个结点(不妨记为 v_1 和 v_n)间的边(但不能是桥)得到图 G_1，然后用该算法在图 G_1 中构造一条从 v_1 和 v_n 的欧拉路，再加上前面去掉的边(v_n,v_1)就得到一条欧拉回路。

针对计算机的特有功能，本算法采用如下一些特殊方法：

(1) 记录图中结点间的邻接情况。最简捷的方法是利用邻接矩阵(见 7.3.4 节)。在邻接矩阵 A 中，$a(i,j)=1$ 表示 v_i 和 v_j 邻接，$a(i,j)=0$ 表示 v_i 和 v_j 不邻接。为了方便编程，规定 $a(i,i)=0$ $(1\leqslant i\leqslant n)$；

(2) 引入数组 $d(n)$记录各结点的实际度数。开始时就是图 G 的各结点的度数，随着构造的不断进展，逐渐减小，最后为 0；

(3) 引入参数 l。l：欧拉路的中间结点编号。

代码要求

输入：$n,a(i,j)$ $(1\leqslant i\leqslant n,\ 1\leqslant j\leqslant n)$

输出：从起点 v_1 到终点 v_n 的一条欧拉路 pi

```
1.  Fleury(n,a(i,j) (1≤i≤n,1≤j≤n)) {
2.      pi="(1"                       //开始时 pi 仅含结点 v1 的编号
3.      for i=1 to n {                //本循环计算图 G 中各结点的度数
4.          d(i)=0
5.          for j=1 to n {
6.              d(i)=d(i)+a(i,j)
```

```
7.          }
8.       }
9.       l=1
10.       for k=1 to n-1 {               //依次确定欧拉路上的 n-1 条边
11.          if d(l)>1 then {            //如果该结点的度数大于 1,应找不是桥的边
12.             j=与 vl 邻接的结点 vj 的编号,但 (vl,vj)不是图 G 剩余部分的桥
13.          }
14.          else {                      //如果该结点的度数等于 1,应找这条边
15.             j=与 vl 邻接的结点 vj 的编号
16.          }
17.          d(l)=d(l)-1
18.          a(l,j)=0
19.          a(j,l)=0
20.          l=j
21.          pi=pi+","+l
22.       }
23.       pi=pi+")"
24.    }
```

8.7 求最短路径的 Dijkstra 算法

Dijkstra 算法是在一个带权简单连通图 $G(G=\langle V,E\rangle, V=\{v_1,v_2,\cdots,v_n\})$中寻找一条从起点 v_1 到结点 $v_m(v_m\in V, 1<m\leqslant n)$的最短路径,并求出其长度。程序运行完毕,得到一条从起点 v_1 到结点 v_m 的最短路径 pi 和该最短路径的长度 $d(m)$。

针对计算机的特有功能,本算法采用如下一些特殊方法:

(1) 记录每个结点的编号。用 $w(i,j)$表示连接结点 v_i 和 v_j 的边的权,并且,所有边的权 $w(i,j)$ $(1\leqslant i<j\leqslant n)$都为正数。若 v_i 和 v_j 不邻接,则 $w(i,j)=\infty$。为了方便编程,规定 $w(i,i)=0$ $(1\leqslant i\leqslant n)$;

(2) 引入数组 $v(n)$反映结点是否加入到 A 中。$v(i)=0$:v_i 还没有加入到 A 中,$v(i)=1$:v_i 已加入到 A 中。利用数组 $v(n)$可以简便地表达所选的边不形成回路;

(3) 引入数组 $c(n-1)$和 $b(n-1)$记录依次选中的边的前、后两个结点的标号。数组 $c(n-1)$和 $b(n-1)$用来确定从 v_1 到 v_m 的最短路径。为了方便编程,规定 $b(0)=1$;

(4) 引入数组 $d(i)$记录从起点 v_1 到结点 v_i 的路径的长度。不断变小,最后为从 v_1 到 v_m 的最短路径的长度。

代码要求

输入:$n,m,w(i,j)>0$ $(1\leqslant i<j\leqslant n)$

输出:从起点 v_1 到结点 v_m 的最短路径 pi 和该最短路径的长度 $d(m)$

```
1.  Dijkstra(n,m,w(i,j)>0 (1≤i<j≤n)) {
2.       pi=∅                          //开始时 pi 赋空
3.       A=∅                           //开始时 A 赋空
4.       v(1)=1                        //以下 4 行确定有关量的初始值
```

```
5.      d(1)=0
6.      b(0)=1
7.      w(1,1)=0
8.      for i=2 to n {                    //该循环确定除 v1 外的其余结点的有关量的初始值
9.          v(i)=0
10.         d(i)=∞
11.         w(i,i)=0
12.     }
13.     for l=1 to n-1 {                  //该循环找出 n-1 条边的有关数据
14.         if v(m)=0 then {              //若已经到达 vm,则停止寻找
15.             for i=0 to l-1 {          //i 是已经找到的边的序号
16.                 for j=2 to n {        //找第 l 条边的两个结点和从 v1 到 vb(l) 的路径的长度
17.                     if v(j)=0 and d(b(i))+w(b(i),j)<d(j) then {
                                          //找各条边的筛选条件
18.                         d(j)=d(b(i))+w(b(i),j)
19.                         v(j)=1
20.                         c(l)=b(i)
21.                         b(l)=j
22.                     }
23.                 }
24.             }
25.             A=A∪{(c(l), b(l))}
26.         }
27.     }
28.     pi=b(l)
29.     for i=l to 1 step -1 {            //以下确定从 v1 到 vm 的最短路径上的其他结点
30.         while i<=k {
31.             for j=i-1 to 0 step -1 {
32.                 if b(j)=c(i) then {
33.                     pi="b(j)"+","+pi
34.                     k=j
35.                 }
36.             }
37.         }
38.     }
39.     pi="("+pi+")"
40. }
```

8.8 求最小生成树的 Prim 算法

Prim 算法的步骤如下：

(1) 在图 G 中选取权最小的一条边(如果存在多个权最小的边，任选其中一个)，并记该边连同其两个端点为图 A；

(2) 在图 G 中与图 A 邻接的所有边中找权最小的一条边，把它连同其端点添加到图

A 中；

(3) 重复第(2)步，但要在保证图 A 不出现回路的前提下找权最小的一条边，直至包含了图 G 中的所有结点。

最后的图 A 就是图 G 的最小生成树 MST（计算机程序常用符号，即 minimal spanning tree）。

下面介绍 Prim 算法的伪代码。

Prim 算法是在一个带权简单连通图 $G(G=\langle V,E\rangle, V=\{v_1,v_2,\cdots,v_n\})$ 中寻找一棵最小生成树 MST。程序运行完毕，得到最小生成树 MST 的边的集合 A。

针对计算机的特有功能，本算法采用如下一些特殊方法：

(1) 记录每个结点的编号。用 $w(i,j)$ 表示连接结点 v_i 和 v_j 的边的权，并且，所有边的权 $w(i,j)$ $(1\leqslant i<j\leqslant n)$ 都为正数。若 v_i 的 v_j 不邻接，则 $w(i,j)=\infty$。为了方便编程，规定 $w(i,i)=0$ $(1\leqslant i\leqslant n)$；

(2) 引入参数 li,lj,mi。li,lj：与权最小的边相关联的结点编号，开始时都赋 0。mi：每一步骤选中的最小权。每一步骤开始时 mi 赋 ∞；

(3) 引入数组 $w1(i,j)$ 记录最后得到的最小生成树 MST 中各边的权，开始时皆赋 0。一旦图 G 中某边被选中，则 $w1(li,lj)=w(li,lj)$；

(4) 引入数组 $v(n)$ 反映结点是否加入到 MST 中。$v(i)=0$：v_i 还没有加入到 MST 中，$v(i)=1$：v_i 已加入到 MST 中。

代码要求

输入：$n, w(i,j)>0$ $(1\leqslant i<j\leqslant n)$

输出：最小生成树 MST 的边的集合 A

```
1.  Prim(n,w(i,j) (1≤i<j≤n)) {
2.       A=∅                          //开始时 A 赋空
3.       mi=∞
4.       li=0
5.       lj=0
6.       for i=1 to n {               //确定开始时所有结点都还没有加入到 A 中
7.            v(i)=0
8.       }
9.       for i=1 to n-1 {             //先给最小生成树全部 n-1 条边 (树枝) 的权赋初值 0
10.           for j=i+1 to n {
11.                w1(i,j)=0
12.           }
13.      }
14.      for i=1 to n-1 {             //以下的二重循环是找图 G 中权最小的边
15.           for j=1 to n {
16.                if w(i,j)<mi then {
                                     //以下 3 句记录最小权以及该最小权对应边所关联的结点编号
17.                     mi=w(i,j)
18.                     li=i
```

```
19.                 lj=j
20.             }
21.         }
22.     }
23.     A={(li,lj)}
24.     v(li)=1
25.     v(lj)=1
26.     w1(li,lj)=w(li,lj)
27.     for k=2 to n-1 {          //以下找最小生成树 MST 中另 n-2 条边
28.         mi=∞
29.         li=0
30.         lj=0
31.         for i=1 to n-1 {
32.             for j=1 to n {
33.                 if v(i)=1 and v(j)=0 and w(i,j)<mi then {   //各条边的筛选条件
34.                     mi=w(i,j)
35.                     li=i
36.                     lj=j
37.                 }
38.             }
39.         }
40.         A=A+"(li,lj)"
41.         v(lj)=1
42.         w1(li,lj)=w(li,lj)
43.         k=k+1
44.     }
45. }
```

8.9 求最优二元树的 Huffman 算法

Huffman 算法是已知 $w_1 \leqslant w_2 \leqslant \cdots \leqslant w_n (n \geqslant 3)$，求以 $w_1, w_2, \cdots, w_n$ 为权的最优二元树。程序运行完毕，得到最优二元树的所有分支点的权 $w(n+i)$ 以及它们所联系的下层结点的两个编号 $a(i)$ 和 $b(i)$ $(1 \leqslant i \leqslant n-1)$。

针对计算机的特有功能，本算法采用如下一些特殊方法：

(1) 记录每个点的权。其中，$w(1) \sim w(n)$ 表示 n 个树叶的权，$w(n+1) \sim w(2n-1)$ 表示 $(n-1)$ 个分支点的权；

(2) 引入参数 $l1, l2, m1, m2$。$l1, l2$：每一次选中的最小权值和第 2 小权值对应点的编号，最初都赋 0。$m1, m2$：每一次选中的最小权值和第 2 小权值，每一次挑选开始时都赋 ∞；

(3) 引入数组 $a(n-1)$ 和 $b(n-1)$ 记录相应分支点所联系的下层点的两个编号。$a(i)$ 和 $b(i)$ 记录第 i 个分支点 $w(n+i)$ 所联系的下层点的两个编号；

(4) 引入数组 $v(2n-2)$ 反映对应的点是否已被选中。$v(i)=0$：$w(i)$ 还没有被选中，

$v(i)=-1$：$w(i)$还没有产生，$v(i)=1$：$w(i)$已被选中。

代码要求

输入：$n, w(i)>0\ (1\leqslant i\leqslant n)$

输出：最优二元树的所有分支点的权 $w(n+i)$以及它们所联系的下层点的两个编号$a(i)$和$b(i)\ (1\leqslant i\leqslant n-1)$

```
1.  Huffman(n,w(i) (1≤i≤n)) {
2.        l1=0
3.        l2=0
4.        for i=1 to n {
5.             v(i)=0                      //确定开始时所有树叶都还没有参与挑选
6.        }
7.        for i=n+1 to 2n-2 {
8.             w(i)=∞                      //开始时所有分支点的权都赋∞
9.             v(i)=-1                     //确定开始时所有分支点都还没有产生
10.        }
11.        for i=1 to n-1 {
12.             a(i)=0                     //开始时所有分支点所联系的下层点的两个编号都赋 0
13.             b(i)=0
14.        }
15.        for i=1 to n-1 {                //该循环产生 n-1 个分支点
16.             m1=∞
17.             m2=∞
18.             for j=1 to n+i-1 {         //该循环找第 1 个能参与挑选的点的权值和编号
19.                  if v(j)=0 and w(j)<m1 then {
20.                       m1=w(j)
21.                       l1=j
22.                  }
23.                  a(i)=l1
24.                  v(l1)=1
25.             }
26.             for j=1 to n+i-1 {         //该循环找第 2 个能参与挑选的点的权值和编号
27.                  if v(j)=0 and w (j)<m2 then {
28.                       m2=w(j)
29.                       l2=j
30.                  }
31.                  b(i)=l2
32.                  v(l2)=1
33.             }
34.             v(n+i)=0
35.             w(n+i)=w(l1)+w(l2)
36.        }
37.  }
```

附录 A　离散数学常用符号

离散数学包括多个分支，常用符号很多，而且不同的书籍使用的符号也有差异。本书尽量使用最普遍使用的符号。为了便于读者学习和阅读其他书籍，本附录具有以下 3 个特点：(1)常用符号在本书使用范围的基础上适当扩展；(2)包括函数符号；(3)所列绝大多数符号包括符号、含义、举例和说明 4 部分。

符号	含义	举例	说明
0	格的全下界		
1	格的全上界		
$(x)_8$	八进制数 x(由下标 8 体现，余类推)	$(101)_2$	二进制数 101
$\langle A,\preccurlyeq\rangle$	偏序集		
$\langle B,\oplus,\otimes,^{-},0,1\rangle$	布尔代数		
$\langle g\rangle$	(循环群的)生成元		
$\langle G,*\rangle$	群 G		
$\langle L,\preccurlyeq\rangle$	偏序格		
$\langle L,*,\circ\rangle$	代数格		
$\langle S,*\rangle$	代数系统		
$\langle V,E\rangle$	构成图的点集 V 和边集 E		
$\langle x,y\rangle$	两个数 x,y 构成的序偶	$\langle 1,2\rangle$	
$\{x,y,\cdots\}$	集合的列举法表示	$\{1,2,3\}$	
$[x],[x]_R$	x 关于 R 的等价类		
$\lfloor x\rfloor$	不大于 x 的最大整数(x 的下整数)	$\lfloor 3.5\rfloor=3$	
$\lceil x\rceil$	不小于 x 的最小整数(x 的上整数)	$\lceil -4.1\rceil=-4$	
$\begin{pmatrix}a & b\\ c & d\end{pmatrix}$	矩阵	$\begin{pmatrix}1 & 0\\ 0 & 1\end{pmatrix}$	
$\cdot$	复合关系	$R\cdot S$	
$^{-}$	求补运算	$\bar{a}$	元素 a 的补元
$^{+}$	相应数集的正数集合	$\mathbf{R}^{+}$	正实数集
$^{-1}$	① 逆元	a^{-1}	元素 a 的逆元
$^{-1}$	② 逆矩阵	$\mathbf{A}^{-1}$	矩阵 $\mathbf{A}$ 的逆矩阵

续表

符号	含　义	举例	说　明
$^{-1}$	③ 逆函数	f^{-1}	函数 f 的逆函数
$^{-1}$	④ 逆关系	R^{-1}	关系 R 的逆关系
*	① 对偶式	f^{*}	格 f 的对偶式
*	② 不包括 0 的相应数集	$\mathbf{R}^{*}$	不包括 0 的实数集
^{T}	转置矩阵	$\boldsymbol{A}^{\mathrm{T}}$	矩阵 $\boldsymbol{A}$ 的转置矩阵
$*,\circ,\otimes,\cdots$	代数系统的运算符		
$\mid$	① 在描述法中表示集合的性质	$A=\{x\mid x>0\}$	
$\mid$	② 整除	$2\mid 6$	2 整除 6
$\nmid$	不整除	$2\nmid 5$	2 不整除 5
$\lvert A\rvert$	① 集合 A 的基数		
$\lvert G\rvert$	② 有限群 G 的阶		
$\lvert x\rvert$	③ x 的绝对值	$\lvert -3\rvert$	-3 的绝对值
$\neg$	否定联结词	$\neg p$	
$\wedge$	合取联结词	$p\wedge q$	
$\vee$	析取联结词	$p\vee q$	
$\rightarrow$	① 蕴涵联结词	$p\rightarrow q$	
$\rightarrow$	② 表示运算	$f: S^{n}\rightarrow S$	n 元代数运算
$\rightarrow$	③ 表示函数或映射	$f: A\rightarrow B$	从 $A\rightarrow B$ 的函数或映射
$\leftrightarrow$	双条件联结词	$p\leftrightarrow q$	
$\uparrow$	与非联结词	$p\uparrow q$	
$\downarrow$	或非联结词	$p\downarrow q$	
$\overline{\vee}$	异或联结词	$p\overline{\vee} q$	
$\stackrel{c}{\rightarrow}$	条件否定联结词	$p\stackrel{c}{\rightarrow} q$	
$\Rightarrow$	由一个命题推出另一个命题	$A\Rightarrow B$	由命题 A 可推出命题 B
$\Leftrightarrow$	两个命题等价	$A\Leftrightarrow B$	命题 A 与 B 等价
$\forall$	全称量词符	$\forall x$	
$\exists$	存在量词符	$\exists x$	
$\exists !$	惟一存在量词符	$\exists ! x$	
$\sim$	① 求补运算	$\sim A$	
$\sim$	② 两个关系等价	$a\sim b$	
$\cap$	两个集合的交集	$A\cap B$	

续表

符号	含义	举例	说明
$\cup$	两个集合的并集	$A\cup B$	
$\bigcap$	若干集合的交集	$\bigcap_{i=1}^{n} A_i$	
$\bigcup$	若干集合的并集	$\bigcup_{i=1}^{n} A_i$	
$\oplus$	两个集合的对称差	$A\oplus B$	
$\oplus_m$	模 m 加法	$2\oplus_6 3$	2 与 3 的模 6 加法
$\otimes_m$	模 m 乘法	$2\otimes_6 3$	2 与 3 的模 6 乘法
$\preccurlyeq$	① 偏序关系	$x\preccurlyeq y$	$\langle x,y\rangle\in\preccurlyeq$
$\prec$	② 偏序关系	$x\prec y$	$\langle x,y\rangle\in\preccurlyeq$但 $x\neq y$
$\succcurlyeq$	偏序关系的逆关系	$x\succcurlyeq y$	$\langle y,x\rangle\in\succcurlyeq$
$\leqslant$	表示一个群是另一个群的子群	$H\leqslant G$	H 是 G 的子群
$<$	表示一个群是另一个群的真子群	$H<G$	H 是 G 的真子群
$\equiv$	(与 mod 连用)两个整数同余	$10\equiv 1(\mathrm{mod}\ 9)$	10 和 1 模 9 同余
$\subseteq$	(集合的)含于、包含	$A\subseteq B$	A 含于 B(B 包含 A)
$\subset$	(集合的)真含于、真包含	$A\subset B$	A 真含于 B(B 真包含 A)
$\in$	表示一个元素属于某集合	$a\in A$	a 属于集合 A
$\notin$	表示一个元素不属于某集合	$a\notin A$	a 不属于集合 A
$\varnothing$	空集		
$-$	表示两个集合间的差集(或相对补集)	$A-B$	B 关于 A 的相对补集
$\times$	表示集合的笛卡儿积	$A\times B$	集合 A 和 B 的笛卡儿积
$/$	表示划分	A/R	A 上等价关系 R 确定的集合 A 的划分
$a,b,c,\cdots$	① 集合中的元素		
$a,b,c,\cdots$	② 个体常元		
aH	群 G 中 H 的左陪集		
$\boldsymbol{A}(D)$	有向图的邻接矩阵		
$\boldsymbol{A}(G)$	无向图的邻接矩阵		
$A,B,C,\cdots$	集合		
$\boldsymbol{A},\boldsymbol{B},\boldsymbol{C},\cdots$	矩阵		
B	布尔代数		
B^A	所有从 A 到 B 的函数的集合		

符号	含义	举例	说明
$\mathbf{C}$	复数集合		
$d(v_i)$	v_i 与起点间的最短路		
$\deg(v)$	结点 v 的度数		
$\deg^-(v)$	结点 v 的入度		
$\deg^+(v)$	结点 v 的出度		
$\mathrm{dom}\ f$	函数 $f(x)$的定义域		
D	图 D(专指有向图)		
e	幺元(单位元)		
e_l, e_r	左单位元和右单位元		
E	① 图的边集		
$\mathbf{E}$	② 偶数集合		
E	③ 全集		
$\mathbf{E}, \mathbf{E}_n$	n 阶单位矩阵		
E_A	A 上的全域关系		
$f, g, h, \cdots$	函数符号	$f(x)$	
$F, G, H, \cdots$	谓词符号	$G(a)$	
$\gcd(x, y)$	x 和 y 的最大公约数	$\gcd(12, 15)=3$	12 和 15 的最大公约数为 3
G	① 群 G		
G	② 图 G(无向图或有向图)		
$G=\langle V, E\rangle$	由结点集 V 和边集 E 构成的图		
Ha	群 G 中 H 的右陪集		
iff	当且仅当	p iff q	p 当且仅当 q
$\mathrm{int}(x)$	不大于 x 的最大整数(取整函数)	$\mathrm{int}(-3.6)=-4$	
I_A	A 上的恒等关系		
K_n	n 阶简单无向完全图		
$\mathrm{lcm}(x, y)$	x 和 y 的最小公倍数	$\mathrm{lcm}(12, 15)=60$	12 和 15 的最小公倍数为 60
L	格		
m_{xyz}	小项	m_{101}	
$\bmod n$	模 n 运算	$17 \bmod 4=1$	4 除 17 的余数为 1

续表

符 号	含 义	举 例	说 明
M_{xyz}	大项	M_{001}	
$\boldsymbol{M}(D)$	有向图的关联矩阵		
$\boldsymbol{M}(G)$	无向图的关联矩阵		
$\boldsymbol{M}_n(\mathbf{R})$	实数域上所有 n 阶矩阵组成的集合		
$\boldsymbol{M}_R$	关系 R 的关系矩阵		
$\hat{\boldsymbol{M}}_n(\mathbf{R})$	实数域上所有 n 阶可逆矩阵组成的集合		
$\mathbf{N}$	自然数集合(包括正整数和 0)		
$\mathbf{N}_m$	介于 0 和 $m-1$ 之间的 m 个整数的集合		
$\boldsymbol{O},\boldsymbol{O}_{m\times n}$	零矩阵		
$p,q,r,\cdots$	命题常元或命题变元		
$P(A)$	集合 A 的幂集(即 A 中所有子集的集合)		
$\mathbf{P}$	素数集合		
$\mathbf{Q}$	有理数集合		
$\mathrm{ran}\ f$	函数 $f(x)$的值域		
$\mathrm{res}_n(x)$	整数 x 被整数 n 除所得的余数	$\mathrm{res}_5(7)=2$	5 除 7 的余数为 2
$\mathbf{R}$	实数集合		
T	树 T		
T_G	图 G 的最小生成树		
V	图的结点集		
$w(e)$	边 e 上的权		
$W(T)$	树 T 的权		
$x,y,z,\cdots$	个体变元		
x^n	代数运算的 n 次幂		
$\mathbf{Z}$	整数集合		
$\mathbf{Z}^+$	正整数集(余类推)	$\mathbf{R}^+$	正实数集
$\mathbf{Z}^*$	不含 0 的整数集(余类推)	$\mathbf{R}^*$	不含 0 的实数集
φ_A	集合 A 的特征函数		
θ	零元		
θ_l,θ_r	左零元和右零元		
σ	① 轮换	$\sigma=(1325)$	
σ	② 置换	$\sigma=\begin{pmatrix}1 & 2 & 3\\3 & 1 & 2\end{pmatrix}$	
τ	对换	$\tau=(14)$	

附录 B　中英文名词术语对照表

为了帮助学生学习，扩展知识，加深理解，本书提供了附录 B——中英文名词术语对照表和附录 C——英中文名词术语对照表。离散数学涉及的名词术语很多，附录 B 和附录 C 仅收录了本书涉及的名词和术语。

为方便读者查阅，附录 B 这样编排：(1)全表按中文术语的汉语拼音进行排序，同音字参照《现代汉语词典》按笔画排列。以英文字母或数字开头的术语排在正文的最前面；(2)当同一中文术语对应多个英文术语时，不同英文术语间用分号“;”分开；(3)圆括号中的内容是与其左边术语含义相近的中文术语。例如，变元(变量，变项)表示变元、变量或变项；(4)方括号中是可以省略的字。例如，元[素]表示元或元素。

0 元谓词	0-ary predicate
A 上的 n 元关系	n-ary relation on A
a 与 b 模 n 同余	a is congruent to b modulo n
b 整除 a	a divided exactly by b
Dijkstra 算法	Dijkstra's algorithm
Huffman 算法	Huffman's algorithm
Kruskal 算法	Kruskal's algorithm
n 次元	n-degree element
n 的阶乘	factorial n
n 阶图	graph of order n
n 元对称群	n-ary symmetric group
n 元关系	n-ary relation
n 元树	n-ary tree
n 元完全树	n-ary complete tree
n 元谓词	n-ary predicate
n 元有序树	n-ary ordered tree
n 元有序完全正则树	n-ary ordered complete regular tree
n 元有序正则树	n-ary ordered regular tree
n 元运算	n-ary operation
n 元真值函数	n-ary truth function
n 元正则树	n-ary regular tree
n 元置换	n-ary permutation
n 元置换群	n-ary permutation group
Prim 算法	Prim's algorithm
x 的等价类	equivalence classes of x
x 关于 R 的等价类	equivalence classes of x with respect to R

A

阿贝尔群(Abel 群)	Abelian group

B

八进制数	octal number
八进制数系	octal number system
半群	semigroup
包含	inclusion
包含关系	inclusion relation
倍数(多重)	multiple
悖论	paradox
闭包	closure
闭式	closed form
必要条件	necessary condition
边	edge
边的权	weight of edge
边集	edge set
编码	coding
编码理论	coding theory
变换	transform; transformation
变元(变量，变项)	variable
遍历	ergode; traversal
并	union

并集	union; union set
并且(且)	and
波兰符号法	Polish traversal
补	complement
补集	complement of a set
补交转换律	conversion law of complement and intersect
补图	complement of a graph
补元	complement of an element
不可比的	incomparable
不可兼(排斥,排除)	exclusive
不可兼或	exclusive or; XOR
不可兼析取	exclusive disjunction
不可数集	uncountable set
不同余的	non-congruent
不相交的	disjoint
布尔变元(布尔变量)	Boolean variable
布尔表达式	Boolean expression
布尔常元(布尔常量)	Boolean constant
布尔代数	Boolean algebra
布尔代数的单位元	unity of a Boolean algebra
布尔格	Boolean lattice
布尔函数	Boolean function
布尔和	Boolean sum
布尔积	Boolean product
布尔矩阵	Boolean matrix
布尔矩阵的模 2 和	mod-2 sum of Boolean matrices
布尔矩阵的模 2 积	mod-2 product of Boolean matrices
布尔运算	Boolean operations

C

参数	parameter
层	level
层次	hierarchic
层数	level number
叉积(矢量积,向量积)	cross product
差	difference
差集	difference set
长度	length
常值函数(常数函数)	constant function
成假赋值	false-value valuation
成真赋值	truth-value valuation
乘法逆元	multiplicative inverse
乘法幺元	multiplicative identity
乘法原理	multiplication principle; rule of product
乘积	product
充分必要条件	sufficient and necessary condition
充分条件	sufficient condition
重复计数	overcounting
重言式(永真式)	tautology
重言蕴涵式	tautology implication form
抽象代数	abstract algebra
出度	out degree
初级回路	primary circuit
初级路径	primary path
初始项	initial term
除数(因数,因子)	divisor
传递闭包	transitive closure
传递的	transitive
传递性	transitivity
串(字符串)	string
存在量词	existential quantifier
存在量词消去规则	rule of existential specification
存在量词引入规则	rule of existential generalization
存在量化	existential quantification
存在性定理	existence theorem
存在性证明	existence proof

D

大项	major term; maxterm
代换(代入)	substitute; substitution
代数	algebra
代数常数	algebraic constant
代数格	algebraic lattice
代数结构	algebraic structure
代数系统	algebraic system
带权图	weighted graph
带余除法	division with remainder

单射	injection; one to one; single projection
单射函数	injective function; one to one function
单同态	single homomorphism
单同态映射	single homomorphic mapping
单位矩阵	identity matrix; unitary matrix
单位元	identity element; unit element
单位置换	unit permutation
单向连通的	unilateral connected
当且仅当	if and only if; iff
导出子图	induced subgraph
倒数	inverse of a number
道路	path
德·摩根律	DeMorgen's law
等比级数(几何级数)	geometric series
等比数列	geometric sequence of number
等差级数(算术级数)	arithmetic series
等差数列	arithmetic sequence of number
等价	equivalence
等价的	equivalent
等价关系	equivalence relation
等价类	equivalence class
等价命题	equivalent proposition
等价演算	equivalent calculus
等于	equal
等值推理	equational reasoning; equivalent reasoning
笛卡儿积	Descartes product
递归	recurrence; recursion
递归定义(递推定义)	recursive definition
递归公式	recursive formula
递归函数	recursive function
第二元素	the second component
第一元素	the first component
点	point
点积(数[标]量积)	dot product
点集	point set
顶点(极点)	vertex
顶点的出度	out degree of a vertex; outgoing degree of a vertex
顶点的入度	incoming degree of a vertex; in degree of a vertex
定理	theorem
定律(律)	law
定义域(域)	domain
独立事件	independent events
独异点	monoid
度数(次,次数,度)	degree
度数序列	degree of sequence
端点(终点)	endpoint
对称	symmetry
对称闭包	symmetric closure
对称差	symmetric difference
对称的	symmetric
对称群	symmetric group
对称性	symmetry
对合律	law of the double complement; involution law
对换	exchange
对偶理论	duality theory
对偶命题	duality proposition
对偶式	duality
对偶性	duality
对偶原理	principle of duality
对象	object
多重图	multigraph

E

儿子	son
二进制的	binary
二进制数	binary number
二元的	binary
二元关系	binary relation
二元前缀码	binary prefix code
二元树(二叉树)	binary tree
二元运算	binary operation

F

翻译	translation
反对称的	anti-symmetric

反对称性	anti-symmetry
反函数(逆函数)	converse function; inverse function; reversal function
反证法(归谬法)	reduction to absurdity
反自反的	irreflexive
反自反关系	irreflexive relation
反自反性	anti-reflexivity
范式	normal form
范式存在定理	existence theorem on normal form
非负整数	nonnegative integers
非连通图	disconnected graph
非门	NOT gate
非平凡子半群	non-trivial sub-semigroup
非平凡子独异点	non-trivial submonoid
非平凡子群	non-trivial subgroup
斐波那契数(Fibonacci 数)	Fibonacci number
斐波那契序列(Fibonacci 序列)	Fibonacci sequence
分步计数原理	fractional enumeration principle
分类计数原理	classified enumeration principle
分量(分支)	component
分配格	distributive lattice
分配律	law of distribution; distributive law
分支点	branch node
封闭的	closed
封闭的谓词公式	closed predicate formula
否定(非)	negation
否定词	negation
否定联结词	negative connective
否定律	negation law
否定式	negative form
否命题	negative proposition
符号化	signify
符号逻辑	symbol logic
父亲	father
负元[素]	negative element
附加前提	additional premise; subsidiary premise
复合	composition
复合关系	composite relation; compositive relation; compound relation
复合函数(合成函数)	composite function; compositive function; compound function
复合命题	compositive proposition; compound proposition
复数集	set of complex numbers
复杂回路	complex circuit
复杂路径	complex path
赋值	assignment; evaluation; valuation
覆盖	covering

G

高(高度)	height
个体	individual
个体变元(个体变项)	individual variable; object variable
个体常元(个体常项)	individual constant; object constant
个体域	individual domain; object domain
哥尼斯堡 7 桥问题	Seven Bridges of Konigsberg
鸽巢[抽屉,鞋盒]原理	pigeonhole principle
割边	cut edge
割点	cut vertex
割集	cutset
格	lattice
根	root
根树(有根树)	rooted tree
根子树	rooted subtree
公倍数	common multiple
公差	common difference
公式	formula
公因子(公因数,公约数)	common divisor; common factor
构造性二难	constructive dilemma
构造性证明	constructive proof
孤点(孤立[顶]点)	isolated point; isolated ve-

	rtex
关联	incidence
关联矩阵	incidence matrix
关系	relation
关系代数	relational algebra; relationship algebra
关系的传递闭包	transitive closure of a relation
关系的对称闭包	symmetric closure of a relation
关系的逆	converse of a relation
关系的自反闭包	reflexive closure of a relation
关系矩阵	matrix of a relation
关系数据库	relational database
关系图	graph of a relation
归纳	induction
归纳步骤	inductive step
归纳法	induction; inductive method
规则(法则)	rule

H

哈密顿回路	Hamiltonian circuit
哈密顿路径	Hamiltonian path
哈密顿图	Hamiltonian graph
哈斯图	Hasse diagram
孩子	child
含幺半群	semigroup with identity
含幺环(幺环)	ring with identity
函数	function
和(总数)	sum
合法结论	legal conclusion
合取	conjunction
合取范式	c. n. f. ; conjunctive normal form
合取联结词	conjunctive connective
合取式	conjunctive form
合式公式	well formed formula; wff
合式谓词公式	well formed predicated formula
合数	composite
恒等关系	equality relation; identity relation
恒等函数	identity function
恒等置换	identity permutation
后代(后继结点)	descendant
后件(后项)	consequent
后序遍历法	post-order tree traversal
后缀	postfix; suffix
后缀符号法	postfix notation; suffix notation
弧	arc
互补律	inverse law
互素的	coprime; mutually prime; relatively prime
互素数	coprime numbers; relatively prime numbers
划分	partition
划分块	block; cell
环	ring
环的单位元	unity in a ring
回路	circuit; loop
或	or
或非门	NOR gate
或非式	nor form
或门	OR gate

J

奇函数	odd function
奇偶性	parity
奇排列(奇置换)	odd permutation
奇数	odd number
奇数集	set of odd numbers
基(基数)	base
基本函数	fundamental function
基本合取式	functional conjunction
基本和	basic sum
基本积	basic product
基本联结词	basic connective
基本析取式	functional disjunction
基本原理	fundamental principle; radical principle
基础步骤(基本步骤)	basis step
基数	cardinal number
级数	series

极大元	maximal element
极小元	minimal element
集合(集)	set
集合代数	algebra of sets
集合的并	union of sets
集合恒等式	set equality; set identity
集合论	set theory; theory of sets
计数	counting
记录	record
加法逆元	additive inverse
加法幺元	additive identity
加法原理	addition principle; rule of sum
加密信息	encrypted massage
家族树	family tree
假	false
假命题	false proposition
假设	hypothesis
假言三段论	hypothetical syllogism
假言三段论规则	law of the syllogism
假言推理	modus ponens
假言易位	hypothetical transposition
简单合取式	simple conjunction
简单回路	simple circuit
简单路径	simple path
简单命题	primitive proposition
简单图	simple graph
简单析取式	simple disjunction
间接证明	indirect proof
交(相交)	intersection; meet
交换环	commutative ring
交换律	law of commutation; commutative law
交换群	commutative group
交集	intersection; intersection set; meet
阶(次,度,级)	order
结点	node
结合律	associative law; law of association
结论	conclusion
结论引入规则	rule of conclusion generalization
解密(破译密码)	decipher; decryption
解释	interpretation
界(边界)	bound
矩阵	matrix
矩阵[乘]积	matrix product
矩阵 A 与矩阵 B 的乘积	multiplication of matrix A with matrix B
矩阵乘法	matrix multiplication
拒取式规则	modus tollens
绝对补集	absolute complement set
绝对值	absolute value

K

开关代数	switching algebra
开关函数	switching function
可比的(可比较的)	comparable
可除加法群	divisible additive group
可达的	accessible
可兼的	inclusive
可兼或	inclusive or
可交换半群	commutative semigroup
可交换的	commutative
可交换独异点	commutative monoid
可结合的	associative
可满足的	satisfiable
可满足式	satisfiable formula
可逆的	invertible
可逆函数	invertible function
可逆元	invertible element
可数集	countable set
可数无限集	countable infinite set
空关系	empty relation; void relation
空行(空串)	null string
空集	empty set; null set
空字符串	empty string
块	block; cell

L

拉格朗日定理	Lagrange's theorem
类(级,组)	class
离散数学	discrete mathematics
连接	connect

连通的	connected
连通分支	connected component
连通图	connected graph
连通性	connectivity
联结词	connective
联结词功能完备集	complete function set on connective
联结词极小功能完备集	minimal complete function set on connective
链	chain
量词	quantifier
量词分配等价式	equivalence of quantifier distribution
量词否定等价式	equivalence of quantifier negation
量词辖域扩张与收缩等价式	equivalence of quantifier scope extension and constriction
量词转换律	conversion law of quantifiers
量词作用域	scope of quantifier
量化	quantify
列举法	enumeration method
邻接	adjacent
邻接到	adjacent to
邻接的(相邻的)	adjacent
邻接矩阵	adjacency matrix
邻接于	adjacent from
零矩阵	null matrix;zero matrix
零律	law of nullity
零图	null graph
零元[素]	zero element
路径	path
轮换(交替,轮流)	alternate
论域(全域)	universe of discourse
论证	argument
逻辑	logic
逻辑代数	algebra of logic;logic algebra
逻辑的	logic
逻辑等价(逻辑等值)	logically equivalence
逻辑等价的(逻辑等值的)	logically equivalent
逻辑电路	logic circuit
逻辑结论	logical consequence
逻辑联结词	logical connective
逻辑有效式	logical valid formula
逻辑运算符	logical operator

M

满二元树(满二叉树)	full binary tree
满射	onto; surjection
满射函数	onto function; surjective function
满同态	surjective homomorphism
满同态映射	surjective homomorphic mapping
满自同态	full endomorphism
矛盾	contradiction
矛盾律	law of contradiction
矛盾式(永假式)	contradiction;falsity
枚举法	enumeration method
门	gate
门电路	gate
密码	cipher code
密码系统	cryptosystem
密码学(密码术)	cryptography; cryptology
密匙	cipher key
密文	cipher text; cryptogram
幂等律	idempotent law; law of idempotency
幂等元[素]	idempotent element
幂集	power set
描述法	description method
明文	explicit text; plaintext
命题	proposition; statement
命题变元(命题变项)	propositional variable
命题标识符	propositional identifier
命题常元(命题常项)	propositional constant
命题代数	algebra of propositions;propositional algebra
命题符号化	propositional signify
命题公式	propositional formula
命题联结词	propositional connective
命题逻辑	propositional logic
命题运算符	propositional operator

模	modulo; modulus
模 n 同余	congruence modulo n
模 n 同余关系	congruence relation modulo n
模运算	modulo operation
目标	object
目标函数	objective fuction

N

逆[的](反[的])	converse; inverse
逆波兰符号法	reverse Polish traversal
逆否命题	inverse and negative proposition
逆关系	converse relation; inverse relation
逆矩阵(逆阵)	inverse matrix
逆命题	converse proposition; inverse proposition
逆映射	inverse mapping
逆元[素]	inverse element

O

欧几里得算法(辗转相除法)	Euclidean algorithm
欧拉回路	Euler circuit
欧拉路径	Euler path
欧拉图	Euler graph
偶函数	even function
偶排列(偶置换)	even permutation
偶然性	contingency
偶数	even number
偶数集	set of even numbers

P

排列	arrangement; permutation
排列数	number of arrangements; number of permutations
排中律	law of excluded middle
陪集	coset
偏序	partial order
偏序格	partial order lattice
偏序关系	partial order relation
偏序集	partial order set; poset
偏序集的不可比较元	incomparable elements of a poset
偏序集的极大元	maximal element of a poset
平凡图	trivial graph
平凡子半群	trivial sub-semigroup
平凡子代数	trivial subalgebra
平凡子环	trivial subring
平凡子群	trivial subgroup
平均数(平均值)	average
平行边	parallel edge
破坏性二难	distractive dilemma

Q

起点	initial point; starting point
前件	antecedent
前束范式	prenex normal form
前提	antecedent; hypothesis; premise
前提引入规则	rule of premise generalization
前序遍历法	pre-order tree traversal
前缀(前束)	prefix
前缀符号法	prefix notation
前缀码	prefix code
强连通的	strongly connected
桥	bridge
求和	sum
穷举法	method of exhaustion
权	weight
全称量词	universal quantifier
全称量词消去规则	rule of universal specification
全称量词引入规则	rule of universal generalization
全称量化	universal quantification
全集	universal set
全排列	total arrangement
全上界	whole upper bound
全下界	whole lower bound
全序	total order
全序的	totally ordered

全序关系	total ordering relation
全序集	total order set
全域关系	total relation
全总个体域	universal domain
群	group
群同构	group isomorphism
群同态	group homomorphism

R

容斥原理	inclusion-exclusion principle; principle of inclusion and exclusion
冗余联结词	redundant connective
入度	in degree
弱连通的	weakly connected

S

森林	forest
善意推定	goodwill presumption
商	quotient
商集	quotient set
商群	quotient group
上界	upper bound
上取整函数	ceiling function
上确界	sup;supremum
上限	upper limit
上整数	ceiling
生成树	spanning tree
生成元[素]	generating element
生成子图	spanning subgraph
十进制数	decimal number; ten's digit
十六进制数	hexadecimal number
实例代换	instance substitution
实数集	set of real numbers
始点	initial point;starting point
树	tree
树高	tree height
树根	root of a tree
树叶	leaf
树枝	branch
数	number
数 k 与矩阵 A 的乘积	multiplication of matrix A with a scalar k
数乘(标乘,标量乘法)	scalar multiplication
数集	set of numbers
数据结构	data structures
数据库	database
数理逻辑	logic for mathematicians
数量积(标量积)	scalar product
数列	sequence of numbers
数学归纳法	mathematical induction
数学归纳法原理	Principle of Mathematical Induction
数学结构	mathematical structure
数字	digit
双重否定律	double negation law;law of double negation
双射	bijection; bijective mapping
双射函数	bijective function
双射映射	bijective mapping
双条件命题	biconditional proposition
素数	prime integer; prime number
素数的	prime
素因数(素因子)	prime factor
算法	algorithm

T

特性谓词	characteristic predicate
替换	substitution
条件否定联结词	conditional negative connective
条件否定式	conditional negative form
条件命题	conditional proposition
条件命题联结词	conditional propositional connective
条件证明引入规则	rule of condition proof generalization
通项公式	general term formula
同构	isomorphism
同构的图	isomorphic graphs
同构映射	isomorphic mapping
同或	inclusive or
同态像	homomorphic image
同态映射	homomorphic mapping
同型矩阵	matrices of same dimensions

同一律	identity law;law of identity;rule of inentity
同余	congruence
投影(射影)	project; projection
图	diagram;graph
图论	graph theory
推理	argument; inference
推理不正确	incorrect inference
推理定律	law of inference
推理规则	rule of inference
推理正确	correct inference
推论	consequece

W

完全二元树	complete binary tree
完全图	complete graph
完全有向图	complete directed graph
惟一存在量词	unique existence quantifier
维数	dimension
伪代码	pseudocode
伪代码程序	pseudocode procedure
位	bit
位串	bit string
谓词	predicate
谓词变元(谓词变项)	predicate variable
谓词常元(谓词常项)	predicate constant
谓词符号表示法	predicate symbol notation
谓词公式	predicate formula
谓词逻辑	predicate logic
文氏图	Venn diagram
文字	literal
握手定理	handshaking theorem
无理数	irrational number
无零因子环	ring without zero divisor
无穷[大]的(无限[大]的)	infinite
无穷序列(无限序列)	infinite sequence
无限次元	infinite degree element
无限集(无穷集合)	infinite set
无限群	infinite group
无限图	infinite graph
无限循环群	infinite cyclic group
无向边	undirected edge
无向树	undirected tree
无向图	undirected graph
无向完全图	undirected complete graph

X

吸收律	absorption law;law of absorption
析取	disjunction
析取范式	d. n. f. ;disjunctive normal form
析取附加规则	rule of disjuctive amplification
析取联结词	disjunctive connective
析取三段论规则	rule of disjuctive syllogism
析取式	disjunctive form
辖域	scope; universe
下标	index
下界	lower bound
下取整函数	floor function
下确界	inf;infimum
下限	lower limit
下整数	floor
弦	cotree
显式	explicit form; explicit formulation
显式的	explicit
显式公式	explicit formula
现代逻辑	modern logic
线性次序	linear order
线性电路	linear circuit
相等	equality
相等的	equal
相对补集	relative complement set
相同层(同[一]层)	same level
项(项目)	term
像(映像)	image
像源	source image
消去量词等价式	equivalence of elimination of quantifier
消去律	cancellation law
小项	minterm
小于等于	less than or equal to
形式证明(形式证法)	formal proof

性质	property
兄弟	brother
序列	sequence
序偶	ordered pair
选择	select; selection
循环	recurrence; recursion
循环群	cyclic group

Y

演绎推理	deductive reasoning
演绎证明	deductive proof
幺元	identity element; unit element
一对一函数	one-one function
一阶逻辑	first order logic
一阶谓词逻辑	predicate logic of first order
一元运算	monary operation; unary operation
异或(异或式)	exclusive or; XOR
异或联结词	exclusive or connective
因数	submultiple
隐式的	implicit
映射	mapping
永真公式	valid formula
有补格	complement lattice
有界格	bound lattice; bounded lattice
有理数	rational number
有理数集	set of rational numbers
有穷数列	finite sequence of number
有限的(有穷的)	finite
有限集(有穷集合)	finite set
有限群	finite group
有限图	finite graph
有限循环群	finite cyclic group
有限状态机	finite state automata; finite state machine
有向边	directed edge
有向树	directed tree
有向图	digraph; directed graph
有向完全图	directed complete graph
有效公式	valid formula
有效结论	effective consequence
有序 n 元组	n-type vector
有序对	ordered pair
有序树	ordered tree
右单位元	right unit element
右复合	right composition
右零因子	right zero divisor
右零元	right zero element
右逆元	right inverse element
右陪集	right coset
右消去律	right cancellation law
右子树	right subtree
余	complement
余数	remainder
与非式	not and form
与门	AND gate
域	domain; field; universe
元[素]	element
元素的阶	element order
元组	tuple
原理	principle
原命题	original proposition
原像(反像,逆像)	inverse image
原子公式	atomic formula
原子合取式	atomic conjunctive form
原子命题	atomic proposition
原子谓词公式	atomic predicate formula
原子析取式	atomic disjunctive form
约数	submultiple
约束	constraint
约束变元	bound variable
约束部分	bondage part; bound part
约束出现	bondage occurrence; bound occurrence
约束的	bound
运算	operation
运算表	operational table
运算符	operational sign
运算律	operational law
蕴涵	if... then; implication; imply
蕴涵联结词	implication connective
蕴涵命题	implication; implication pr-

	oposition

Z

真	true
真包含关系	proper inclusion relation
真命题	true proposition
真因数(真因子)	proper factor
真值	truth value
真值表	truth table
真值赋值(真值指派)	true value assignment
真值函数	truth function; truth-value function
真子代数	proper subalgebra
真子独异点	proper submonoid
真子环	proper subring
真子集	proper subset
真子群	proper subgroup
真子图	proper subgraph
整除	exact division; exactly division
整除关系	exactly division relation
整环	integral domain
整数环	integral ring
整数集	set of integers
正规子群	normal subgroup
正则图	regular graph
正整数	positive integer
正整数集	set of positive integers
证明(证)	proof
直接证法(直接证明)	direct proof
值(数值)	value
值域	range
指导变元	guide variable
指派	assignment
质数	prime integer; prime number
置换	permutation
置换规则	substitution rule
置换群	permutation group
中序遍历法	in-order tree traversal
中缀表示法	infix form of an expression
终点	terminal point
周期	cycle; period
主范式	principal normal form
主合取范式	principal conjunctive normal form
主析取范式	principal disjunctive normal form
转置(移项)	transpose
转置矩阵	transposed matrix
子半群	sub-semigroup
子代数	subalgebra
子代数系统	subalgebra system
子格	sublattice
子环	subring
子集	subset
子群	subgroup
子群的右陪集	right coset of a subgroup
子群的左陪集	left coset of a subgroup
子树	subtree
子图	subgraph
子序列(部分序列)	subsequence
自变量	argument
自动机理论	automata theory
自反闭包	reflexive closure
自反的(反射的)	reflexive
自反关系	reflexive relation
自反性	reflexivity
自然数集	set of natural numbers
自然演绎	natural deduction
自同构	automorphism
自同态	endomorphism
自由变元(自由未知量)	free variable
自由出现	free occurrence
字典顺序	lexicographical order
字符串	alphabetic string; character string
字节	byte
字母表	alphabet
组合	combination
组合电路	combinational circuit
组合数	number of combinations
祖先	ancestor
最大公约数(最大公因数,最大公因子)	gcd; greatest common divisor

最大公约数算法	greatest common divisor algorithm
最大下界(下确界)	glb;greatest lower bound
最大元	greatest element
最短路径(最短路)	shortest path
最小公倍数	lcm;least common multiple
最小上界(上确界)	lub;least upper bound
最小生成树	minimal spanning tree
最小元	least element
最优二元前缀码(最佳二元前缀码)	optimal binary prefix code
最优二元树	optimal binary tree
最优前缀码(最佳前缀码)	optimal prefix code
左单位元	left unit element
左复合	left composition
左零因子	left zero divisor
左零元	left zero element
左逆元	left inverse element
左陪集	left coset
左消去律	left cancellation law
左子树	left subtree
作用域	scope; universe

附录C 英中文名词术语对照表

为了便于读者查阅,附录C这样编排:(1)全表按英文术语排序,英文术语中的空格、连字符等特殊字符不参与排序;(2)当同一英文术语对应多个中文术语时,其意义相同或相近者用逗号“,”分开,其意义不同者用分号“;”分开;(3)中文术语中圆括号中为可替代其左边字或词的内容。例如,向(矢)量积表示向量积或矢量积;方括号中为可省略内容。例如,代数[学]表示代数或代数学。

0-ary predicate 0元谓词

A

Abelian group Abel群,阿贝尔群
absolute 绝对
absorption 吸收
abstract algebra 抽象代数
accessible 可达的
additional premise 附加前提
addition principle 加法原理
additive 加法的
a divided exactly by b b整除a
adjacency matrix 邻接矩阵
adjacent 邻接;邻接的,相邻的
adjacent from 邻接于
adjacent to 邻接到
a is congruent to b modulo n a与b模n同余
algebra 代数[学]
algebraic 代数的
algorithm 算法
alphabet 字母;字母表
alphabetic string 字符串
alternate 轮换,轮流,交替
ancestor 祖先
and 且,并且
AND gate 与门
antecedent 前件,前项,前提
anti-reflexivity 反自反性
anti-symmetric 反对称的
anti-symmetry 反对称性
arc 弧
argument 自变量;论证,推理
arithmetic sequence of number 等差数列
arithmetic series 等差级数,算术级数
arrangement 排列
assignment 赋值,指派,分配,分派
association 结合
associative [可]结合的
atomic 原子的
automata theory 自动机理论
automorphism 自同构
average 平均;平均数,平均值

B

base 基数;底,基
basic 基本的,基础的;基
biconditional 双条件的
biconditional statement 双条件命题,等价命题
bijection 双射
bijective 双射的
binary 二元的;二进制的
binary number 二进制数
bit 位
bit string 位串
block 块,划分块;程序块
bondage occurrence 约束出现
bondage part 约束部分
Boolean 布尔的,逻辑的
bound 约束;界,边界;

	约束的
bounded lattice	有界格
bound lattice	有界格
branch	树枝
branch node	分支点
bridge	桥
brother	兄弟
byte	字节

C

cancellation law	消去律
cardinal number	基数
ceiling	上整数
ceiling function	上取整函数
cell	块,划分块;单元;元件
chain	链
characteristic predicate	特性谓词
character string	字符串
child	孩子
cipher code	密码
cipher key	密匙
cipher text	密文
circuit	回路,线路,电路,闭迹
class	类,组,级
classified enumeration principle	分类计数原理
closed	闭合的,封闭的
closed form	闭式
closure	闭包,闭合
c. n. f.	合取范式
code	码,代码,密码;编码
coding	编码,编程序
coding theory	编码理论
combination	组合,配合
combinational circuit	组合电路
common	公有的,共通的
commutation	交换
commutative	可交换的
comparable	可比[较]的
complement	补,余,补元,补码,补集
complementary	余的,补的
complement lattice	有补格
complete	完全的
complete function set on connective	联结词功能完备集
complex circuit	复杂回路
complex number	复数
complex path	复杂路径
component	分量,分支,成分
composite	复合的,合成的;合数
composition	复合,合成
compositive	复合的,合成的
compound	复合的,合成的
conclusion	结论
conditional	有条件的
conditional negative form	条件否定式
congruence	同余,叠合,全等
congruence modulo n	模 n 同余
conjunction	合取
conjunctive connective	合取联结词
conjunctive form	合取式
conjunctive normal form	合取范式
connect	连接
connected	连通的,连接的
connective	联结词;连通性;连接的
connectivity	连通性,连通度
consequence	结论,推论
consequent	后件,后项
constant	常元,常项,常数,常值
constant function	常值函数,常数函数
constraint	约束
constructive dilemma	构造性二难
constructive proof	构造性证明
contingency	偶然;偶然性;偶然的事;不定式
contradiction	矛盾;矛盾式,永假式
converse	逆,反;逆的,反的
conversion law of complement and intersect	补交转换律
conversion law of quantifiers	量词转换律
coprime	互素;互素的

correct inference	推理正确
coset	陪集,傍系
cotree	弦
countable infinite set	可数无限集
countable set	可数集
counting	计数
covering	覆盖
cross product	叉积,向(矢)量积
cryptogram	密码,密文
cryptography	密码学,密码术
cryptology	密码学
cryptosystem	密码系统
cut edge	割边
cutset	割集
cut vertex	割点
cycle	圈;循环,周期
cyclic group	循环群

D

database	数据库
data structures	数据结构
decimal number	十进制数
decipher	解密,破译密码
decryption	解密,破译密码
deductive proof	演绎证明
deductive reasoning	演绎推理
degree	秩,次,次数,度,度数
degree of sequence	度数序列
DeMorgen's law	德·摩根律
Descartes product	笛卡儿积
descendant	后代,后继结点
description method	描述法
diagram	图
difference	差,差分
difference set	差集
digit	数字
digraph	有向图,双图
Dijkstra's algorithm	Dijkstra 算法
dimension	维数;因次;量纲
directed	有向的
direct proof	直接证法,直接证明
disconnected graph	非连通图,不连通图
discrete mathematics	离散数学
disjoint	不相交的
disjunction	析取
disjunctive connective	析取联结词
disjunctive form	析取式
disjunctive normal form	析取范式
distractive dilemma	破坏性二难
distribution	分配;分布
distributive	分配的
divisible additive group	可除加法群
division with remainder	带余除法
divisor	除数,因数,因子
d. n. f.	析取范式
domain	定义域,域
dot product	点积,数(标)量积
double negation	双重否定
duality	对偶式;对偶性
duality proposition	对偶命题
duality theory	对偶理论

E

edge	边,棱
effective consequence	有效结论
element	元素,元
element order	元素的阶
elimination	消元法;消去
empty	空
encrypted massage	加密信息
endomorphism	自同态
endpoint	端点,终点
enumeration method	枚举法,列举法
equal	相等;等于;相等的
equality	相等;恒等式
equality relation	恒等关系
equational reasoning	等值推理
equivalence	等价,等值;等价式,等值式
equivalence of elimination of quantifier	消去量词等价式
equivalence relation	等价关系
equivalent	等价的,等值的
ergode	遍历
Euclidean algorithm	欧几里得算法,辗转相除法

Euler circuit	欧拉回路,欧拉闭迹
Euler graph	欧拉图
Euler path	欧拉路径,欧拉道路
evaluation	赋值;值的计算,计值
even	偶;偶数
exact division	整除
exactly division	整除
exchange	对换,对调
exclusive	不可兼,排除,排斥
exclusive disjunction	不可兼析取
exclusive or	异或,不可兼[的]或;异或式
exclusive or connective	异或联结词
existence proof	存在性证明
existence theorem	存在性定理
existential quantification	存在量化
existential quantifier	存在量词
explicit	显式;显式的
explicit text	明文
expression	表达式

F

factorial	阶乘,析因;阶乘[因子]的
factorial n	n 的阶乘
false	假,不成立
false-value valuation	成假赋值
falsity	假值;矛盾式
family tree	家族树
father	父亲
Fibonacci number	斐波那契数
Fibonacci sequence	Fibonacci 序列,斐波那契数列
field	域;场;字段,符号组
finite	有限的,有穷的
finite sequence of number	有穷数列
finite state automata	有限状态机
finite state machine	有限状态机
first order logic	一阶逻辑
floor	下整数,弱取整,取最小
floor function	下取整函数
forest	森林
formal proof	形式证明,形式证法
formula	公式
fractional enumeration principle	分步计数原理
free	自由
free occurrence	自由出现
full	满,全,完全;整
function	函数
fundamental	基本的

G

gate	门;门电路
gcd	最大公约数(因数,因子)
general term formula	通项公式
generating element	生成元[素]
geometric sequence of number	等比数列
geometric series	等比级数,几何级数
glb	最大下界(下确界)
goodwill presumption	善意推定
graph	图
graph of order n	n 阶图
greatest common divisor	最大公约数(因数,因子)
greatest common divisor algorithm	最大公因子算法
greatest element	最大元
greatest lower bound	最大下界(下确界)
group	群
group homomorphism	群同态
group isomorphism	群同构
guide variable	指导变元

H

Hamiltonian circuit	哈密顿回路
Hamiltonian graph	哈密顿图
Hamiltonian path	哈密顿路径
handshaking theorem	握手定理
Hasse diagram	哈斯图
height	高;高度;树高
hexadecimal number	十六进制数
hierarchic	层次

homomorphic	同态的,同形的
homomorphic image	同态像
homomorphic mapping	同态映射
homomorphism	同态
Huffman's algorithm	Huffman 算法
hypothesis	假设;前提
hypothetical syllogism	假言三段论
hypothetical transposition	假言易位

I

idempotent	幂等的
idempotent element	幂等元[素]
idempotent law	幂等律
identifier	标识符
identity	单位元,幺元;恒等;恒等式
identity element	单位元,幺元
identity function	恒等函数,恒等映射
identity law	同一律
identity matrix	单位矩阵
identity permutation	恒等置换
identity relation	恒等关系;恒等关系式
if and only if	当且仅当
iff	当且仅当
image	像,映像
implication	蕴涵,隐含;蕴涵命题
implication connective	蕴涵联结词
implication proposition	蕴涵命题
implicit	隐[式]的;隐式
imply	蕴涵
incidence	关联,接合
incidence matrix	关联矩阵
inclusion	包含
inclusion relation	包含关系
inclusive or	同或,可兼或
incoming degree	入度
incoming degree of a vertex	顶点的入度
incomparable	不可比的
incomparable elements of a poset	偏序集的不可比较元
incorrect inference	推理不正确
in degree	入度
in degree of a vertex	顶点的入度
independent event	独立事件
index	下标
indirect proof	间接证明
individual	个体
individual constant	个体常元,个体常项
individual domain	个体域
individual variable	个体变元,个体变项
induced subgraph	导出子图
induction	归纳法;归纳
inductive method	归纳法
inductive step	归纳步骤
inf	下确界
inference	推理;推论
infimum	下确界
infinite	无穷[大]的,无限[大]的
infinite cyclic group	无限循环群
infinite degree element	无限次元
infinite graph	无限图
infinite group	无限群
infinite sequence	无限序列,无穷序列
infinite set	无穷集合,无限集
infix form of an expression	中缀表示法,中缀表达式
initial point	始点,起点
initial term	初始项
injection	单射,内射
injective function	单射函数
in-order tree traversal	中序遍历法
instance substitution	实例代换
integer	整数
integral domain	整环,整域
integral ring	整数环
interpretation	解释,说明;翻译
intersection	交,相交;交集;交点;交线
intersection set	交集
inverse	逆,反;逆的,反的
inverse and negative proposition	逆否命题
inverse element	逆元[素]
inverse function	逆函数,反函数,逆

映射

inverse image 原像,逆像,反像
inverse law 互补律
inverse mapping 逆映射
inverse matrix 逆[矩]阵
inverse of a number 倒数
inverse proposition 逆命题
inverse relation 逆关系
invertible 可逆的
invertible element 可逆元
invertible function 可逆函数
involution law 对合律
irrational number 无理数
irreflexive 反自反的
irreflexive relation 反自反关系
isolated point 孤点,孤立点
isolated vertex 孤立顶点,孤立点
isomorphic 同构的
isomorphic graphs 同构的图
isomorphic mapping 同构映射
isomorphism 同构

K

Kruskal's algorithm Kruskal 算法

L

Lagrange's theorem 拉格朗日定理
lattice 格
law 律,定律
law of absorption 吸收律
law of association 结合律
law of commutation 交换律
law of contradiction 矛盾律
law of distribution 分配律
law of double negation 双重否定律
law of excluded middle 排中律
law of idempotency 幂等律
law of identity 同一律
law of inference 推理定律
law of nullity 零律
law of the double complement 对合律
law of the syllogism 假言三段论规则
lcm 最小公倍数;最小公倍式
leaf 树叶
least common multiple 最小公倍数;最小公倍式
least element 最小元
least upper bound 最小上界,上确界
left 左,左方
left cancellation law 左消去律
left composition 左复合
left coset 左陪集
left inverse element 左逆元
left subtree 左子树
left unit element 左单位元
left zero divisor 左零因子
left zero element 左零元
legal conclusion 合法结论
length 长,长度
less than or equal to 小于等于
level 层,级,阶层;水准,水平
level number 层数
lexicographical order 字典顺序
linear circuit 线性电路
linear order 线性次序
literal 文字
logic 逻辑;逻辑的
logical 逻辑的
logical connective 逻辑联结词
logical consequence 逻辑结论
logic algebra 逻辑代数
logically equivalence 逻辑等价,逻辑等值
logically equivalent 逻辑等价的,逻辑等值的
logical operator 逻辑运算符
logical valid formula 逻辑有效式
logic circuit 逻辑电路
logic for mathematicians 数理逻辑
loop 闭路,回路;循环;圈,环
lower bound 下界
lower limit 下限
lub 最小上界,上确界

M

major term	大项,大词
mapping	映射,映像,变换
mathematical induction	数学归纳法
mathematical structure	数学结构
matrices of same dimensions	同型矩阵
matrix	矩阵;真值表;母式
matrix multiplication	矩阵乘法
matrix product	矩阵[乘]积
maximal element	极大元
maxterm	大项,最大项,极大项
meet	交,会;交集
method of exhaustion	穷举法
minimal complete function set on connective	联结词极小功能完备集
minimal element	极小元
minimal spanning tree	最小生成树
minterm	小项
mod-2 product of boolean matrices	布尔矩阵的模 2 积
mod-2 sum of boolean matrices	布尔矩阵的模 2 和
modern logic	现代逻辑
modulo	模;模数
modulo operation	模运算
modulus	模;模数
modus ponens	假言推理
modus tollens	拒取式规则
monary operation	一元运算
monoid	独异点
multigraph	多重图
multiple	倍数,多重;复合
multiplication	乘法;乘积
multiplication of matrix A with a scalar k	数 k 与矩阵 A 的乘积
multiplication of matrix A with matrix B	矩阵 A 与矩阵 B 的乘积
multiplication principle	乘法原理
multiplicative identity	乘法幺元
multiplicative inverse	乘法逆元
mutually prime	互素的,两两互素

N

n-ary	n 元
n-ary complete tree	n 元完全树
n-ary operation	n 元运算
n-ary ordered complete regular tree	n 元有序完全正则树
n-ary ordered regular tree	n 元有序正则树
n-ary ordered tree	n 元有序树
n-ary permutation	n 元置换
n-ary predicate	n 元谓词
n-ary regular tree	n 元正则树
n-ary relation	n 元关系
n-ary relation on A	A 上的 n 元关系
n-ary substitution group	n 元置换群
n-ary symmetric group	n 元对称群
n-ary tree	n 元树
n-ary truth function	n 元真值函数
natural deduction	自然演绎
necessary condition	必要条件
negation	否定,非;否定词
negational connective	否定联结词
negation law	否定律
negative element	负元素,负元
negative form	否定式
negative proposition	否命题
node	结点,节点
non-congruent	不同余的
nonnegative integers	非负整数
non-trivial	非平凡的
non-trivial subgroup	非平凡子群
non-trivial submonoid	非平凡子独异点
non-trivial sub-semigroup	非平凡子半群
nor form	或非式
NOR gate	或非门
normal form	范式,正规形式
normal subgroup	正规子群,不变子群
not and form	与非式
NOT gate	非门
n-type vector	有序 n 元组
null	零,空;零的,空的
null graph	零图
null matrix	零矩阵

null set 空集,零集
null string 空行,空串
number 数;数量;号,编号
number of arrangement 排列数
number of combination 组合数
number of permutations 排列数

O

object 对象;目标;个体;结果
object constant 个体常元,个体常项
object domain 个体域
objective fuction 目标函数
object variable 个体变元,个体变项
octal number 八进制数
octal number system 八进制数系
odd 奇;奇数
odd function 奇函数
odd number 奇数
odd permutation 奇排列;奇置换
one-one function 一对一函数
one to one 单射
one to one function 单射函数
onto 满射
onto function 满射函数,到上函数
operation 运算,操作;动作
operational law 运算律
operational sign 运算符
operational table 运算表
operator 运算符,操作符
optimal binary prefix code 最优二元前缀码
optimal binary tree 最优二元树
optimal prefix code 最优前缀码
or 或
order 阶,次,度,级;序,次序;元数
ordered pair 有序对,序偶,序对
ordered tree 有序树
OR gate 或门
original proposition 原命题
out degree 出度
out degree of a vertex 顶点的出度
outgoing degree 出度
outgoing degree of a vertex 顶点的出度
overcounting 重复计数

P

paradox 悖论
parallel edge 平行边
parameter 参数,参量
parity 奇偶性
partial 偏的,部分的
partial order 偏序
partial order lattice 偏序格
partial order relation 偏序关系
partial order set 偏序集
partition 划分;分类;分拆;分配
path 路径,道路;轨道
period 周期
permutation 置换;排列
permutation group 置换群;排列群
pigeonhole principle 鸽巢(抽屉,鞋盒)原理
plaintext 明文
point 点,小数点
point set 点集
Polish traversal 波兰符号法
poset 偏序集
positive integer 正整数
postfix notation 后缀符号法
post-order tree traversal 后序遍历法
power set 幂集
predicate 谓词;断定
predicate constant 谓词常元,谓词常项
predicate formula 谓词公式
predicate logic 谓词逻辑
predicate logic of first order 一阶谓词逻辑
predicate symbol notation 谓词符号表示法
predicate variable 谓词变元,谓词变项
prefix 前缀,前束
prefix code 前缀码
prefix notation 前缀符号法
premise 前提
prenex normal form 前束范式
pre-order tree traversal 前序遍历法

primary circuit 初级回路
primary path 初级路径
prime 最初的;主要的;素数的;素数
prime factor 素因数,素因子
prime integer 素数,质数
prime number 素数,质数
primitive proposition 简单命题
Prim's algorithm Prim 算法
Principal 主要的
principal conjunctive normal form 主合取范式
principal disjunctive normal form 主析取范式
principal normal form 主范式
principle 原理
principle of duality 对偶原理
principle of inclusion and exclusion 容斥原理
principle of mathematical induction 数学归纳法原理
product 乘积,积;分量;求积
project 投影,射影
projection 投影,射影
proof 证明,证
proper 真;正常
proper factor 真因数,真因子
proper inclusion relation 真包含关系
proper subalgebra 真子代数
proper subgraph 真子图
proper subgroup 真子群
proper submonoid 真子独异点
proper subring 真子环
proper subset 真子集
property 性质;性能
proposition 命题;论点
propositional 命题的
propositional algebra 命题代数
propositional connective 命题联结词
propositional constant 命题常元,命题常数
propositional formula 命题公式
propositional identifier 命题标识符
propositional logic 命题逻辑
propositional operator 命题运算符
propositional signify 命题符号化
propositional variable 命题变元,命题变项
pseudocode 伪代码
pseudocode procedure 伪代码程序

Q

quantifier 量词
quantify 量化,使定量
quotient 商
quotient group 商群
quotient set 商集

R

radical principle 基本原理
range 值域,域;区域,范围;类,列
rational number 有理数
real number 实数
record 记录;资料,数据
recurrence 递归,循环,重复
recursion 递归,递推,循环;递归式
recursive definition 递归定义,递推定义
recursive formula 递归公式
recursive function 递归函数
reduction to absurdity 反证法,归谬法
redundant connective 冗余联结词
reflexive 自反的,反射的
reflexive closure 自反闭包
reflexive relation 自反关系
reflexivity 自反性
regular 正则的
regular graph 正则图
relation 关系;关系式;关系曲线
relation graph 关系图
relation matrix 关系矩阵
relational 有关系的
relational algebra 关系代数
relational database 关系数据库
relationship algebra 关系代数
relative complement 相对补

relatively prime	互素;互素的
remainder	剩余,余;余数,余项
reversal function	逆函数
reverse Polish traversal	逆波兰符号法
right	右,右方
right cancellation law	右消去律
right composition	右复合
right coset	右陪集
right inverse element	右逆元
right subtree	右子树
right unit element	右单位元
right zero divisor	右零因子
right zero element	右零元
ring	环
ring with identity	含幺环,幺环
ring without zero divisor	无零因子环
root	根
root of a tree	树根
rooted subtree	根子树
rooted tree	根树,有根树
rule	规则,法则
rule of conclusion generalization	结论引入规则
rule of condition proof generalization	条件证明引入规则
rule of existential generalization	存在量词引入规则
rule of existential specification	存在量词消去规则
rule of identity	同一律
rule of premise generalization	前提引入规则
rule of product	乘法原理
rule of sum	加法原理
rule of universal generalization	全称量词引入规则
rule of universal specification	全称量词消去规则

S

same level	相同层,同层,同一层
satisfiable	可满足的
satisfiable formula	可满足式
scalar multiplication	数乘,标乘,标量乘法
scalar product	数[标]量积,标量积
scope	辖域,作用域
scope of quantifier	量词作用域
select	选择
selection	选择
semigroup	半群
semigroup with identity	含幺半群
sequence	序列
sequence of numbers	数列
series	级数;[系]列;串联
set	集合,集;组;位置;设置
set equality	集合恒等式
set identity	集合恒等式
set of complex numbers	复数集
set of even numbers	偶数集
set of integers	整数集
set of natural numbers	自然数集
set of numbers	数集
set of odd numbers	奇数集
set of positive integers	正整数集
set of rational numbers	有理数集
set of real numbers	实数集
set theory	集合论
Seven Bridges of Konigsberg	哥尼斯堡 7 桥问题
shortest path	最短路
signify	符号化
simple circuit	简单回路
simple conjunction	简单合取式
simple disjunction	简单析取式
simple graph	简单图
simple path	简单路径
single homomorphic mapping	单同态映射
single homomorphism	单同态
single projection	单射
son	儿子
source image	像源
spanning subgraph	生成子图
spanning tree	生成树
starting point	起点

statement 陈述;语句;命题
step 步骤;步长;阶段;级
string 串,字符串;行
strongly connected 强连通;强连通的
subalgebra 子代数
subalgebra system 子代数系统
subgraph 子图
subgroup 子群
sublattice 子格
submonoid 子独异点
submultiple 因数,约数
subring 子环
sub-semigroup 子半群
subsequence 子序列,部分序列
subset 子集
subsidiary prime 附加前提
substitute 代换,代入
substitution 置换,替换,代换,代入
substitution rule 置换规则
subtree 子树
sufficient and necessary condition 充分必要条件
sufficient condition 充分条件
suffix 后缀,词尾;下标
suffix notation 后缀符号法
sum 和,总数;求和
sup 上确界
supremum 上确界
surjection 满射,到上函数
surjective function 满射函数
surjective homomorphic mapping 满同态映射
surjective homomorphism 满同态
switching 开关;转接;交换
switching algebra 开关代数
switching function 开关函数
symbol logic 符号逻辑
symmetric 对称的
symmetric closure 对称闭包
symmetric closure of a relation 关系的对称闭包
symmetric difference 对称差[分]
symmetric group 对称群
symmetry 对称性;对称

T

tautology 重言式,永真式
tautology implication form 重言蕴涵式
ten's digit 十进制数[字]
term 项,条;术语
terminal point 终点
the first component 第一元素
theorem 定理
theory of sets 集合论
the second component 第二元素
total 全[体]的,总的
total arrangement 全排列
totally ordered 全序的
total order 全序
total ordering relation 全序关系
total order set 全序集
total relation 全域关系
transform 变换
transformation 变换,转换;变形
transitive 传递的,可递的
transitive closure 传递闭包
transitivity 传递性
translation 翻译;转移,平移
transpose 转置,移项
transposed matrix 转置矩阵
traversal 遍历
tree 树,树形
trivial 平凡的
trivial graph 平凡图
trivial subalgebra 平凡子代数
trivial subgroup 平凡子群
trivial subring 平凡子环
trivial sub-semigroup 平凡子半群
true 真;成立;真的
true proposition 真命题
true value assignment 真值赋值,真值指派
truth function 真值函数
truth table 真值表
truth value 真值
truth-value function 真值函数

truth-value valuation 成真赋值
tuple 元组

U

unary operation 一元运算
uncountable set 不可数集
undirected 无向的
undirected complete graph 无向完全图
undirected edge 无向边
undirected graph 无向图
undirected tree 无向树
unilateral connected 单向连通的
union 并;并集;连接,结合,联合
union of sets 集合的并
union set 并集
unique existence quantifier 惟一存在量词
unit 单位;单元
unitary matrix 单位矩阵
unit element 单位元[素],幺元
unit permutation 单位置换
unity in a ring 环的单位元
unity of a Boolean algebra 布尔代数的单位元
universal 泛的,通用的,万有的
universal domain 全总个体域,万有域
universal quantification 全称量化
universal quantifier 全称量词
universal set 全集,通用集,泛集
universe 域,辖域,作用域;全集,全总个体域
universe of discourse 论域,全域
upper bound 上界
upper limit 上限

V

valid formula 永真公式,有效公式
valuation 赋值;计算;估价
value 值,数值
variable 元,变元,变量,变项
Venn diagram 文氏图
vertex 顶点,极点
void relation 空关系

W

weakly connected 弱连通的
weight 权,重;重量;砝码
weighted graph 带权图
weight of edge 边的权
well formed formula 合式公式
well formed predicated formula 合式谓词公式
wff 合式公式
whole lower bound 全下界
whole upper bound 全上界

X

XOR 异或,不可兼[的]或;异或式

Z

zero 零;零点

附录D　习题答案与提示

第　1　章

1-1　(1) 正确。　(2) 不正确。　(3) 不正确。　(4) 正确。

1-4　$87=(1010111)_2$

1-5　(1) $129=2\times55+19$。　(2) $48=8\times6+0$。

(3) $7=0\times29+7$。　(4) $-31=-3\times12+5$。

1-6　(1) $\gcd(35,15)=5, \mathrm{lcm}(35,15)=105$。

(2) $\gcd(20,30)=10, \mathrm{lcm}(20,30)=60$。

(3) $\gcd(34,58)=2, \mathrm{lcm}(34,58)=986$。

1-7　$\gcd(35,15)=35-2\times15$

1-8　5,16,27

1-9　(1) $17 \bmod 2=1$。　(2) $119 \bmod 18=11$。

(3) $147 \bmod 7=0$。　(4) $-29 \bmod 6=1$。

1-10　9点

1-11　(1) $7\oplus_9 8=6$。　(2) $5\oplus_{12} 11=4$。

(3) $3\otimes_8 7=5$。　(4) $4\otimes_7 5=6$。

1-12　iwxh bthhpvt xh tcrgneits

1-13　$a_1=1, a_2=13, a_3=19, a_4=97$

1-14　$a_{100}=2$

1-16　(1) $\sum_{k=0}^{4}(-2)^k=11$。　(2) $\sum_{k=2}^{5}(2k+1)=32$。

(3) $\sum_{i=1}^{3}\sum_{j=1}^{4}(i+1)(j-1)=54$。

1-17　$C_{12}^{10}=C_{12}^2=66$

1-18　(1) $C_6^2=15$。　(2) $A_6^2=30$。

1-19　$C_8^2\cdot C_{10}^3=3360$

1-20　$(36^3-26^3)+(36^4-26^4)=1251720$

1-21　(1) $A_4^4=24$。　(2) $A_4^1+A_4^2+A_4^3+A_4^4=64$。

1-22　$C_8^3=56$

1-23　$26^3\times10^3=17576000$

1-24　(1) $A_4^4=24$。　(2) $A_5^5/A_2^2=60$。

1-25　$5^3=125, C_5^1\cdot C_4^1\cdot C_2^1=40$

1-26　$A_5^3-A_4^2-A_4^2+A_3^1=39$

1-27　$(-2)^7C_8^7=-1024$

1-28 $2^3(-3)^2C_5^2=720$

1-29 提示：8 次课是“鸽子”，周一至周五这 5 天是“鸽巢”。

1-30 提示：6 个正整数是“鸽子”，任何整数被 5 除的不同余数是“鸽巢”。

1-31 $x=-1, y=1$

1-32 $\boldsymbol{A}+\boldsymbol{B}=\begin{bmatrix}1 & 4 & 4 & 7\\ 4 & 0 & 5 & 4\\ 2 & 0 & 3 & 5\end{bmatrix}$，$2\boldsymbol{A}+3\boldsymbol{B}=\begin{bmatrix}2 & 10 & 9 & 17\\ 12 & 1 & 10 & 10\\ 4 & -3 & 8 & 15\end{bmatrix}$

1-33 $\boldsymbol{A}+\boldsymbol{B}=\begin{pmatrix}5 & 0 & -2\\ -2 & 3 & -4\end{pmatrix}$，$2\boldsymbol{A}-3\boldsymbol{B}=\begin{pmatrix}0 & 5 & -4\\ 11 & 1 & 17\end{pmatrix}$

1-34 $\boldsymbol{AB}=\begin{pmatrix}-10 & 11\\ 32 & 24\end{pmatrix}$，$\boldsymbol{BA}\begin{pmatrix}9 & -7 & 14\\ -7 & -22 & 25\\ 21 & -12 & 27\end{pmatrix}$

1-35 提示：直接计算$(\boldsymbol{AB})^{\mathrm{T}}$和$\boldsymbol{B}^{\mathrm{T}}\boldsymbol{A}^{\mathrm{T}}$进行验证。

1-36 提示：直接计算 $\boldsymbol{AB}$ 进行验证。

第 2 章

2-1 (3)不是命题，其他都是命题。其中，(1)、(5)是假命题，(2)是真命题，(4)、(6)、(7)、(8)的真值视具体情况惟一确定。

2-2 (1) 设 p:地球上有生物。则该命题符号化为：$\neg p$。

(2) 设 p:地球绕着太阳转。则该命题符号化为：p。

(3) 设 p:小王会游泳，q:小王会下棋。则该命题符号化为：$p \wedge q$。

(4) 设 p:小王在游泳，q:小王在下棋。则该命题符号化为：$(p \wedge \neg q) \vee (\neg p \wedge q)$。

(5) 设 p:美国位于亚洲，q:3+2=6。则该命题符号化为：$p \leftrightarrow q$。

(6) 设 p:阿兰和阿芳是两姐妹。则该命题符号化为：p。

(7) 设 p:小明贫穷，q:小明乐观。则该命题符号化为：$p \wedge q$。

(8) 设 p:小红喜欢看书，q:小红喜欢画画。则该命题符号化为：$p \wedge q$。

(9) 设 p:天气炎热，q:小梅去游泳。则该命题符号化为：$p \rightarrow q$。

(10) 设 p:天气炎热，q:小梅去游泳。则该命题符号化为：$q \rightarrow p$。

2-3 (1) 设 p:2 是偶数，q:2 是素数。则该命题符号化为：$p \wedge q$。

(2) 设 p:天气很冷，q:老李一直坚持露天站岗。则该命题符号化为：$p \wedge q$。

(3) 设 p:(某人)是耕者，q:(某人)有田。则该命题符号化为：$p \rightarrow q$。

(4) 设 p:小李是河南人，q:小李是陕西人。则该命题符号化为：$(p \wedge \neg q) \vee (\neg p \wedge q)$或者 $p \overline{\vee} q$。

(5) 设 p:章华有使用 C++ 的经验，q:章华有使用 Java 的经验。则该命题符号化为：$p \vee q$。

(6) 设 p:一个整数是奇数，q:一个整数能被 2 整除。则该命题符号化为：$p \leftrightarrow \neg q$。

2-4 只有(1)与命题 $p \wedge \neg q \leftrightarrow r$ 的含义相同。

2-5 (1)、(3)是命题公式，(2)、(4)不是公式。

2-6 (1) 101 101 001。　　(2) 001 010 100。

2-7 (1) 按位 AND：00 010 001， 按位 OR：10 110 101。

(2) 按位 AND：10 000 100， 按位 OR：10 001 110。

2-8 (1) 3 层。 (2) 5 层。

2-9 (1)、(2)、(3)、(4)的真值表分别如下。由各自的真值表知，(1)是重言式，(2)、(3)、(4)是偶然式。

习题 2-9(1)

p q	$p\vee q$	$p\rightarrow p\vee q$
0 0	0	1
0 1	1	1
1 0	1	1
1 1	1	1

习题 2-9(2)

p q	$p\vee q$	$q\rightarrow p$	$(p\vee q)\leftrightarrow(q\rightarrow p)$
0 0	0	1	0
0 1	1	0	0
1 0	1	1	1
1 1	1	1	1

习题 2-9(3)

p q r	$p\vee(q\wedge r)$	$p\vee r$	$(p\vee(q\wedge r))\wedge(p\vee r)$
0 0 0	0	0	0
0 0 1	0	1	0
0 1 0	0	0	0
0 1 1	1	1	1
1 0 0	1	1	1
1 0 1	1	1	1
1 1 0	1	1	1
1 1 1	1	1	1

习题 2-9(4)

p q r	$p\rightarrow q$	$p\rightarrow r$	$(p\rightarrow q)\wedge(p\rightarrow r)$
0 0 0	1	1	1
0 0 1	1	1	1
0 1 0	1	1	1
0 1 1	1	1	1
1 0 0	0	0	0
1 0 1	0	1	0
1 1 0	1	0	0
1 1 1	1	1	1

2-10 (1) 由真值表知，$p\rightarrow q$ 与 $\neg p\rightarrow\neg q$ 是不等价的。

(2) 由真值表知，$p\rightarrow(q\rightarrow r)$与$(p\wedge q)\rightarrow r$ 是等价的。

习题 2-10(1)

p q	$p\rightarrow q$	$\neg p\rightarrow\neg q$
0 0	1	1
0 1	1	0
1 0	0	1
1 1	1	1

习题 2-10(2)

p q r	$q\to r$	$p\wedge q$	$p\to(q\to r)$	$(p\wedge q)\to r$
0 0 0	1	0	1	1
0 0 1	1	0	1	1
0 1 0	0	0	1	1
0 1 1	1	0	1	1
1 0 0	1	0	1	1
1 0 1	1	0	1	1
1 1 0	0	1	0	0
1 1 1	1	1	1	1

2-12 (1) $(p\to q)\wedge(\neg p\to q)$为偶然式。

(2) $(p\wedge q)\to(p\vee q)$为重言式。

(3) $\neg(p\to q)\wedge q\wedge r$ 为矛盾式。

(4) $((p\to q)\wedge(q\to r))\to(p\to r)$为重言式。

2-13 (1)是析取范式,(2)、(3)是合取范式,(4)、(5)、(6)既是析取范式又是合取范式。

2-14 (3)、(5)、(6)是主析取范式,(2)是主合取范式。

2-15 (1) 析取范式和合取范式都是 $p\wedge q$。

(2) 析取范式是$(p\wedge\neg q)\vee(p\wedge r)\vee(\neg q\wedge r)\vee r$,合取范式是$(p\vee r)\wedge(\neg q\vee r)$。

(3) 析取范式和合取范式都是 $p\vee\neg q\vee r$。

2-16 全部真值表略。证明略。

(1) 主析取范式是 m_{11},主合取范式是 $M_{00}\wedge M_{01}\wedge M_{10}$。

(2) 主析取范式是 0,主合取范式是 $M_{00}\wedge M_{01}\wedge M_{10}\wedge M_{11}$。

(3) 主析取范式是 $m_{000}\vee m_{111}$,主合取范式是 $M_{001}\wedge M_{010}\wedge M_{011}\wedge M_{100}\wedge M_{101}\wedge M_{110}$。

2-17 p:章蕾努力学习;q:章蕾能考上研究生。

前提:$p\to q,p$

结论:q

推理的形式结构为:$((p\to q)\wedge p)\to q$。

2-18 提示:统一设 p:张山喜欢羽毛球,q:张山喜欢篮球。则各小题的前提和结论如下:

(1) 前提:$p\wedge\neg q$,结论:p。

(2) 前提:$p\vee q,q$,结论:$\neg p$。

(3) 前提:$p\vee q,\neg q$,结论:p。

(4) 前提:$p\to q,p$,结论:q。

(5) 前提:$p\to q,q$,结论:p。

(6) 前提:$q\to p,q$,结论:p。

2-20 该推理是正确的。证明略。

第 3 章

3-1 (1) 提示:令 $F(x)$:x 会说英语,$G(x)$:x 会说日语,a:李华。

(2) 提示：令 $O(x)$：x 是奇数，$P(x)$：x 是素数。

3-2 (1) $\forall x(A(x)\to B(x))\Leftrightarrow(A(a)\to B(a))\wedge(A(b)\to B(b))\wedge(A(c)\to B(c))$。

(2) $\exists xA(x)\wedge\exists y(\neg B(y))\Leftrightarrow(A(a)\vee A(b)\vee A(c))\wedge(\neg B(a)\vee\neg B(b)\vee\neg B(c))$。

(3) $\forall x\neg P(x)\vee\forall xQ(x)\Leftrightarrow(\neg P(a)\wedge\neg P(b)\wedge\neg P(c))\vee(Q(a)\wedge Q(b)\wedge Q(c))$。

3-3 提示：令 $P(x)$：x 是素数，$Q(x)$：x 是有理数，$N(x)$：x 是自然数，$E(x)$：x 是奇数，$R(x)$：x 是实数，$G(x,y)$：y 大于 x，$S(x,y)$：y 不等于 x，a：2。

(1) $\forall x(P(x)\to N(x))$。 (2) $\exists x(N(x)\wedge P(x))$。

(3) $\forall x(R(x)\to Q(x))$。 (4) $\forall x(N(x)\to\exists yG(x,y))$。

(5) $\forall x(P(x)\wedge S(a,x)\to E(x))$。 (6) $\neg\exists y(N(y)\wedge\forall x(N(x)\wedge G(x,y)))$。

3-4 提示：令 $T(x)$：x 是火车，$C(x)$：x 是汽车，$F(x,y)$：x 比 y 跑得快。

3-5 (1) 提示：令 $N(x)$：x 是正整数，$F(x,y)$：$34=x^2+y^2$。

(2) 提示：令 $E(x)$：x 是偶数，$P(x)$：x 是素数，$F(x,y,z)$：$x=y+z$。

3-11 (1) $\forall x(P(x)\wedge\neg Q(x))$。 (2) $\forall x\forall y(P(x)\vee\neg Q(x))$。

(3) $\forall x\forall z\forall t((F(x,y)\wedge\neg G(z))\vee H(t,y))$。

3-12 (1) 1。 (2) 0。 (3) 0。

3-13 (1) 1。 (2) 0。

3-14 (1) 0。 (2) 1。

3-19 提示：首先将命题符号化。设个体域是全总个体域。令 $S(x)$：x 是大学生，$L(x)$：x 是文科学生，$T(x)$：x 是优等生，a：小张。

3-20 提示：首先将命题符号化。设个体域是全总个体域。令 $C(x)$：x 是计算机系的学生，$I(x)$：x 会安装系统软件，b：阿芳。

3-21 提示：首先将命题符号化。设个体域是全总个体域。令 $F(x)$：x 是一年级学生，$S(x)$：x 是二年级学生，$G(x)$：x 选修高等数学，$D(x)$：x 选修离散数学，c：他。

第 4 章

4-1 (1) $\{12,14,15,16,18,20,21,22,24,25,26,27,28\}$。

(2) $\{12,3,4\}$。

(3) $\{(0,10),(1,9),(2,8),\cdots,(10,0)\}$。

4-2 (1) $\{x\mid x=2n\wedge n\in\mathbf{Z}^+\}$。

(2) $\{x\mid x=5m\wedge m\in\mathbf{Z}\}$。

(3) $\{a_i\mid 1\leqslant i\leqslant 100\}$。

4-3 (1)、(2)、(3)、(6)、(8)正确；(4)、(5)、(7)错误。理由略。

4-4 (1)、(2)、(4)、(5)、(6)正确；(3)错误。

4-5 $P(A)=\{\varnothing,\{a\},\{b\},\{a,b\}\}$。

4-6 (1) $P(A)=\{\varnothing,\{\varnothing\}\}$。

(2) $P(A)=\{\varnothing,\{a\},\{\{\varnothing\}\},\{\{a\},\{\varnothing\}\}\}$。

(3) $P(A)=\{\varnothing,\{\{a,b\}\},\{\{a,c\}\},\{\{a,b\},\{a,c\}\}\}$。

4-7　$A\cap B=\{2,8\}$，　$B-A=\{0,4,6\}$，　$A-B=\{1,3,7\}$，
$A\oplus B=\{0,1,3,4,6,7\}$，　$\sim B=\{1,3,5,7,9\}$

4-8　提示：$B=\{-3,-2,-1,0,1,2,3,4,5,6,7\}$，$C=\{1,2,3,6\}$，$D=\{1,2,4,8,16\}$。

(1) $A\cup(B\cup(C\cup D))=\{-3,-2,-1,0,1,2,3,4,5,6,7,8,16\}$。

(2) $A\cap(B\cap(C\cap D))=\{2\}$。

(3) $(A-B)\cup(C-D)=\{3,6,8\}$。

(4) $(A\oplus B)\cap(C\oplus D)=\{3,8\}$。

4-9　提示：根据定义直接证明，即设 $\forall x\in A\cup C$，证明 $x\in B\cup D$。

4-10　提示：根据定义直接证明，即设 $\forall X\in P(A)\cup P(B)$，证明 $X\in P(A\cup B)$。

4-11　提示：利用基本恒等式进行证明。

4-12　$\varnothing$

4-15　提示：设全班小朋友为全集 E，学钢琴的小朋友为集合 A，学围棋的小朋友为集合 B。求的是 $|E|$。

答案：28 人。

4-16　提示：设全部 60 名学生为全集 E，阅读“武汉晚报”的学生为集合 A，阅读“中国青年报”的学生为集合 B，阅读“长江日报”的学生为集合 C。(1)求的是 $|A\cap B\cap C|$。(2)求的是 $|C-A-B|$。

答案：(1) 3 人。(2) 12 人。

4-17　提示：设从 1 到 500 的整数中，全部这 500 个整数为全集 E，能被 3 整除的整数为集合 A，能被 5 整除的整数为集合 B，能被 7 整除的整数为集合 C。所求的是 $|A\cup B\cup C|$。其中，$|A|=\left\lfloor\frac{500}{3}\right\rfloor=166$。余类推。

答案：271。

第 5 章

5-1　$A\times B=\{\langle a,\{1,2\}\rangle,\langle a,3\rangle,\langle b,\{1,2\}\rangle,\langle b,3\rangle,\langle c,\{1,2\}\rangle,\langle c,3\rangle\}$

$B\times A=\{\langle\{1,2\},a\rangle,\langle\{1,2\},b\rangle,\langle\{1,2\},c\rangle,\langle 3,a\rangle,\langle 3,b\rangle,\langle 3,c\rangle\}$

$B^2=\{\langle\{1,2\},\{1,2\}\rangle,\langle\{1,2\},3\rangle,\langle 3,\{1,2\}\rangle,\langle 3,3\rangle\}$

5-2　(1) $(A\times C)\times B=\{\langle\langle a,2\rangle,1\rangle,\langle\langle a,2\rangle,3\rangle,\langle\langle a,3\rangle,1\rangle,\langle\langle a,3\rangle,2\rangle,\langle\langle b,2\rangle,1\rangle,\langle\langle b,2\rangle,3\rangle,\langle\langle b,3\rangle,1\rangle,\langle\langle b,3\rangle,2\rangle\}$。

(2) $C\times(B\times A)=\{\langle a,\langle 2,1\rangle\rangle,\langle a,\langle 2,2\rangle\rangle,\langle a,\langle 3,1\rangle\rangle,\langle a,\langle 3,2\rangle\rangle,\langle b,\langle 2,1\rangle\rangle,\langle b,\langle 2,2\rangle\rangle,\langle b,\langle 3,1\rangle\rangle,\langle b,\langle 3,2\rangle\rangle\}$。

5-3　$A\times(B\cap C)=\{\langle a,3\rangle,\langle b,3\rangle\}$

$(A\times B)\cap(A\times C)=\{\langle a,3\rangle,\langle b,3\rangle\}$

5-4　提示：按集合相等的定义证明 $A\subseteq B$ 且 $B\subseteq A$。

5-5　提示：参照定理 5-2(1)的证明方法。

5-6　提示：按集合相等的定义证明$(A\cap B)\times(C\cap D)\subseteq(A\times C)\cap(B\times D)$，且$(A\times C)\cap(B\times D)\subseteq(A\cap B)\times(C\cap D)$。

5-7 $E_A=\{\langle 1,1\rangle,\langle 1,2\rangle,\langle 2,1\rangle,\langle 2,2\rangle\}$, $I_A=\{\langle 1,1\rangle,\langle 2,2\rangle\}$

5-8 (1) $R=\{\langle 1,4\rangle,\langle 2,5\rangle,\langle 3,6\rangle,\langle 4,1\rangle,\langle 5,2\rangle,\langle 6,3\rangle\}\cup I_A$。

(2) $S=\{\langle 2,1\rangle,\langle 3,1\rangle,\langle 4,1\rangle,\langle 4,2\rangle,\langle 5,1\rangle,\langle 6,1\rangle,\langle 6,2\rangle,\langle 6,3\rangle\}\cup I_A$。

(3) $G_A=\{\langle 2,1\rangle,\langle 3,1\rangle,\langle 3,2\rangle,\langle 4,1\rangle,\langle 4,2\rangle,\langle 4,3\rangle,\langle 5,1\rangle,\langle 5,2\rangle,\langle 5,3\rangle,\langle 5,4\rangle,\langle 6,1\rangle,\langle 6,2\rangle,\langle 6,3\rangle,\langle 6,4\rangle,\langle 6,5\rangle\}\cup I_A$。

(4) $D_A=\{\langle 1,2\rangle,\langle 1,3\rangle,\langle 1,4\rangle,\langle 1,5\rangle,\langle 2,4\rangle,\langle 2,6\rangle,\langle 3,6\rangle\}\cup I_A$。

5-9 (1) $R=\{\langle 2,1\rangle,\langle 3,1\rangle,\langle 3,2\rangle,\langle 4,1\rangle,\langle 4,2\rangle,\langle 4,3\rangle\}\cup I_A$。

(2) $\boldsymbol{M}_R=\begin{pmatrix}1&0&0&0\\1&1&0&0\\1&1&1&0\\1&1&1&1\end{pmatrix}$。

(3) 关系图略。

5-10 (1) $R=\{\langle 2,5\rangle,\langle 3,3\rangle,\langle 4,4\rangle,\langle 5,5\rangle,\langle 7,4\rangle\}$。

(2) $\boldsymbol{M}_R=\begin{pmatrix}0&0&1\\1&0&0\\0&1&0\\0&0&1\\0&1&0\end{pmatrix}$。

(3) 关系图略。

5-11 $R\cdot S=\{\langle 1,5\rangle,\langle 2,5\rangle,\langle 3,2\rangle\}$

$S\cdot R=\{\langle 1,4\rangle,\langle 3,2\rangle,\langle 4,2\rangle\}$

$R\cdot R=\{\langle 1,2\rangle,\langle 2,2\rangle\}$

$S\cdot S=\{\langle 1,1\rangle,\langle 3,3\rangle,\langle 4,5\rangle\}$

5-12 $\boldsymbol{M}_{R\cdot S}=\begin{pmatrix}0&0&0&0&1\\0&0&0&0&1\\0&1&0&0&0\\0&0&0&0&0\\0&0&0&0&0\end{pmatrix}$, $\boldsymbol{M}_{S\cdot R}=\begin{pmatrix}0&0&0&1&0\\0&0&0&0&0\\0&1&0&0&0\\0&1&0&0&0\\0&0&0&0&0\end{pmatrix}$

5-13 $(R\cdot S)^{-1}=\{\langle 2,3\rangle,\langle 5,1\rangle,\langle 5,2\rangle\}$

$S^{-1}\cdot R^{-1}=\{\langle 2,3\rangle,\langle 5,1\rangle,\langle 5,2\rangle\}$

5-14 提示：参照定理 5-3 的证明方法。

5-15 提示：按对称关系的定义证明。例如，若$\langle a,b\rangle\in R_1\cap R_2$，必定$\langle b,a\rangle\in R_1\cap R_2$。

5-16 提示：参照定理 5-4(1)的证明方法。

5-17 $R^2=\{\langle a,b\rangle,\langle b,c\rangle,\langle c,a\rangle,\langle d,b\rangle\}$, $R^3=\{\langle a,a\rangle,\langle b,b\rangle,\langle c,c\rangle,\langle d,a\rangle\}$

5-18 $r(R)=\{\langle a,a\rangle,\langle a,b\rangle,\langle b,a\rangle,\langle b,b\rangle,\langle b,c\rangle,\langle c,c\rangle,\langle c,d\rangle,\langle d,d\rangle\}$

$s(R)=\{\langle a,b\rangle,\langle b,a\rangle,\langle b,c\rangle,\langle c,b\rangle,\langle c,d\rangle,\langle d,c\rangle\}$

$t(R)=\{\langle a,a\rangle,\langle a,b\rangle,\langle a,c\rangle,\langle a,d\rangle,\langle b,a\rangle,\langle b,b\rangle,\langle b,c\rangle,\langle b,d\rangle,\langle c,d\rangle\}$

关系图略。

5-19 提示：$R=\{\langle 1,3\rangle,\langle 1,5\rangle,\langle 2,4\rangle,\langle 3,1\rangle,\langle 3,5\rangle,\langle 4,2\rangle,\langle 5,1\rangle,\langle 5,3\rangle\}\cup I_A$。

5-20　$R=\{\langle 1,1\rangle,\langle 2,2\rangle,\langle 2,3\rangle,\langle 3,2\rangle,\langle 3,3\rangle\}$

5-21　(1) $\boldsymbol{M}_R=\begin{bmatrix}1&1&1\\0&1&1\\0&0&1\end{bmatrix}$,(2)、(3)、(4)略。

5-22　(1) $D_A=\{\langle 2,6\rangle,\langle 2,12\rangle,\langle 2,24\rangle,\langle 2,36\rangle,\langle 3,6\rangle,\langle 3,12\rangle,\langle 3,24\rangle,\langle 6,12\rangle,\langle 6,24\rangle,\langle 6,36\rangle,\langle 12,24\rangle,\langle 12,36\rangle\}\cup I_A$。

(2) 略。

5-23　上界是 24 和 36,下界是 2。

5-24　上界是$\{a,c\}$和$\{a,b,c\}$,下界是$\varnothing$,最小上界是$\{a,c\}$,最大下界是$\varnothing$。

5-26　(1) 仅是满射。

(2) 是满射,也是单射,故也是双射。

(3) 仅是单射。

5-27　(1) $A\times C\times B=\{\langle a,1,2\rangle,\langle a,1,3\rangle,\langle a,2,2\rangle,\langle a,2,3\rangle,\langle b,1,2\rangle,\langle b,1,3\rangle,\langle b,2,2\rangle,\langle b,2,3\rangle\}$。

(2) $C\times B\times A=\{\langle 1,2,a\rangle,\langle 1,2,b\rangle,\langle 1,3,a\rangle,\langle 1,3,b\rangle,\langle 2,2,a\rangle,\langle 2,2,b\rangle,\langle 2,3,a\rangle,\langle 2,3,b\rangle\}$。

第 6 章

6-1　(1)、(2)、(3)、(4)都构成代数系统,其中(1)、(2)满足结合律、交换律和幂等律,(3)满足结合律和交换律。

6-2　表 6-27 定义的二元运算满足交换律和结合律,幺元是 a,无零元,a,b,c 的逆元分别是 a,c,b。

表 6-28 定义的二元运算满足交换律和结合律,幺元是 a,零元是 c,a,b 的逆元分别是 a,b,c 无逆元。

表 6-29 定义的二元运算满足交换律和幂等律,左幺元是 a,无零元,每个元素都没有逆元。

表 6-30 定义的二元运算满足交换律和结合律,幺元是 a,无零元,仅 a 有逆元 a,b 和 c 都没有逆元。

6-3　(1)略。(2)幺元是 0。(3)不等于 0 的任意元素 a 的逆元是$\frac{a}{a-1}$,0 没有逆元。

6-4　提示:直接根据结合律和交换律进行证明。

6-5　(1) $\langle \mathbf{Z},+\rangle$的幺元是 0,无零元。

(2) $\langle \mathbf{N}_m,\otimes_m\rangle$的幺元是 1,零元是 0。

(3) $\langle \boldsymbol{M}_n(\mathbf{R}),+\rangle$的幺元是 n 阶零矩阵,无零元。

(4) $\langle P(S),\cup\rangle$的幺元是$\varnothing$,零元是 S。

6-6　(1) 构成半群和独异点,但不是群,它的幺元是 2 阶零矩阵。

(2) 构成半群、独异点和群,它的幺元是 2 阶单位矩阵。

6-7　(1)略。(2)、(3)提示:按定义进行证明。

6-8　是半群,但不是有幺半群。提示:按定义证明它是半群,用反证法证明不存在幺元。

6-9　是半群，但不是可交换半群，也没有幺元。提示：按定义证明它是半群，再证明运算是不可交换的，用反证法证明不存在幺元。

6-11　提示：证明二元运算 $*$ 满足结合律，有幺元 2，$\mathbf{Z}$ 中的每个元素都有逆元。

6-12　提示：参考例 6-8 的方法进行证明。

6-13　提示：先利用逆元定义和题给条件证得 $e=(a*b)*a^{-1}*b^{-1}$，再证 $b*a=a*b$。

6-14　提示：需要对 n 是正整数和负整数分别进行证明，并利用习题 6-13 的结果。

6-15　提示：利用题给条件证得 $(a*b)*(a*b)=(a*a)*(b*b)$，再根据定理 6-5 的结论。

6-16　(1) $3^4=12$。　　(2) $4^{-2}=-8$。

(3) $3^2=1$。　　(4) $3^2=4$。

(5) $\begin{pmatrix}3 & 0\\0 & 1\end{pmatrix}^2=\begin{pmatrix}6 & 0\\0 & 2\end{pmatrix}$。 (6) $\begin{pmatrix}3 & 0\\0 & 1\end{pmatrix}^2=\begin{pmatrix}9 & 0\\0 & 1\end{pmatrix}$。

6-17　$\langle \mathbf{N}_{12},\oplus_{12}\rangle$ 的所有子群是：$\langle\{0\},\oplus_{12}\rangle$，$\langle\{0,6\},\oplus_{12}\rangle$，$\langle\{0,4,8\},\oplus_{12}\rangle$，$\langle\{0,3,6,9\},\oplus_{12}\rangle$，$\langle\{0,2,4,6,8,10\},\oplus_{12}\rangle$ 和 $\langle \mathbf{N}_{12},\oplus_{12}\rangle$。

6-18　提示：有多种证明方法，参考例 6-13 的证明。

6-21　$\langle \mathbf{N}_{15},\oplus_{15}\rangle$ 共有 8 个生成元，它们是 1,2,4,7,8,11,13 和 14。

6-22　阶数是 6 的循环群的生成元有 2 个，阶数是 11 的循环群的生成元有 10 个，阶数是 14 的循环群的生成元有 11 个，阶数是 18 的循环群的生成元有 6 个。

6-23　$\langle \mathbf{N}_5,\oplus_5\rangle$ 的循环子群有 2 个，它们是 $\langle\{0\},\oplus_5\rangle$ 和 $\langle \mathbf{N}_5,\oplus_5\rangle$；$\langle \mathbf{N}_8,\oplus_8\rangle$ 的循环子群有 4 个，它们是 $\langle\{0\},\oplus_8\rangle$，$\langle\{0,4\},\oplus_8\rangle$，$\langle\{0,2,4,6\},\oplus_8\rangle$ 和 $\langle \mathbf{N}_8,\oplus_8\rangle$。

6-26　$\sigma\tau=\begin{bmatrix}1 & 2 & 3 & 4 & 5\\4 & 1 & 3 & 2 & 5\end{bmatrix}$，　$\tau\sigma=\begin{bmatrix}1 & 2 & 3 & 4 & 5\\2 & 3 & 1 & 4 & 5\end{bmatrix}$，

$\tau^{-1}=\begin{bmatrix}1 & 2 & 3 & 4 & 5\\4 & 2 & 1 & 5 & 3\end{bmatrix}$，　$\tau^{-1}\tau=\begin{bmatrix}1 & 2 & 3 & 4 & 5\\1 & 2 & 3 & 4 & 5\end{bmatrix}=I$

6-27　全部不相同的左陪集是：$\{0,3\}$，$\{1,4\}$，$\{2,5\}$，全部不相同的右陪集是：$\{0,3\}$，$\{1,4\}$，$\{2,5\}$。

本题的左陪集与右陪集完全相同。

6-28　提示：参照例 6-23 的证明。

6-29　提示：参照例 6-25 的证明。

6-30　提示：(1) 通过证明 $a+a+a+a=a+a$ 进行证明。(2) 设法证明 $ab=ba$。

6-31　只有(a)是格，其余都不是格。理由略。

6-32　(1) a 的补元是：b，d 的补元是 c，e。

(2) 提示：找出不满足分配律的例子。

(3) 提示：检查每一个元素是否都有补元。

6-33　提示：按定义 6-48 进行证明。

6-34　提示：按定义 6-49 进行证明。

6-35 答案如下图：

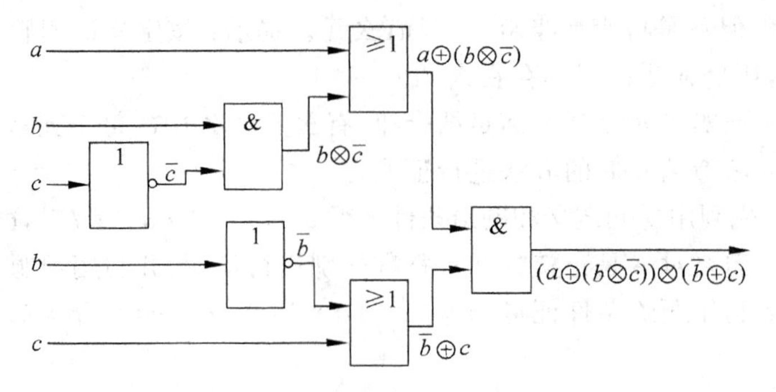

逻辑真值表略。

第 7 章

7-5 (1)、(4)能，(2)、(3)不能。理由略。

7-6 (1) 8。 (2) 11。 (3) 11 (4) 10。

7-7 图 7-46(d)既有欧拉路，也有欧拉回路。列举略。

图 7-46(a)和(b)没有欧拉回路，但有欧拉路。列举略。

图 7-46(c)既没有欧拉回路，也没有欧拉路。

7-9 最后结果是

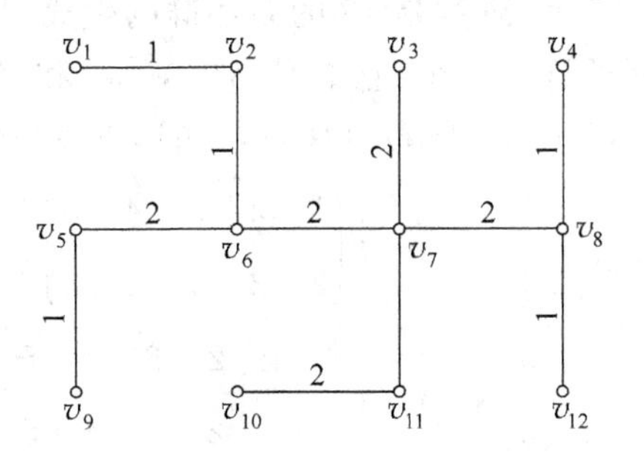

7-10 最后结果是

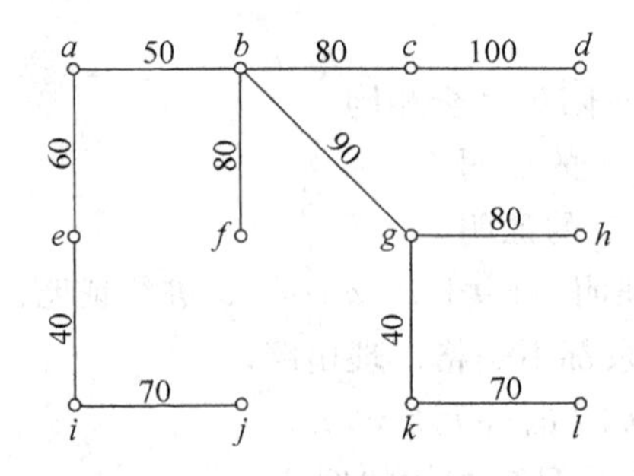

从 a 到 l 的最短路是：(a,b,g,k,l)。

7-13 最后结果是

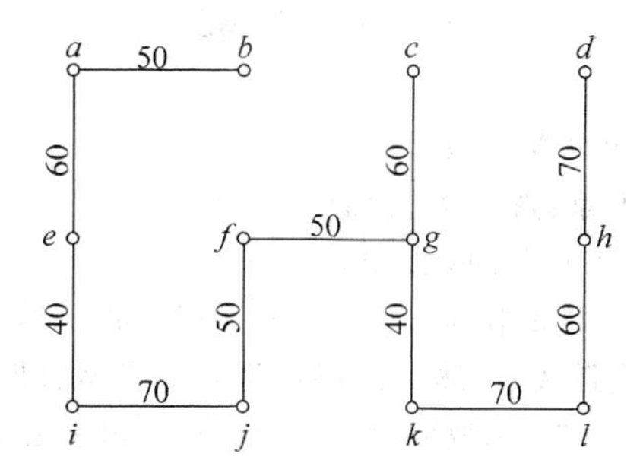

7-14 树略,$W(T)=45$。

7-15 最佳前缀码是:1 传输 A,010 传输 B,001 传输 C,000 传输 D,011 传输 E。
最优二元树如下图:

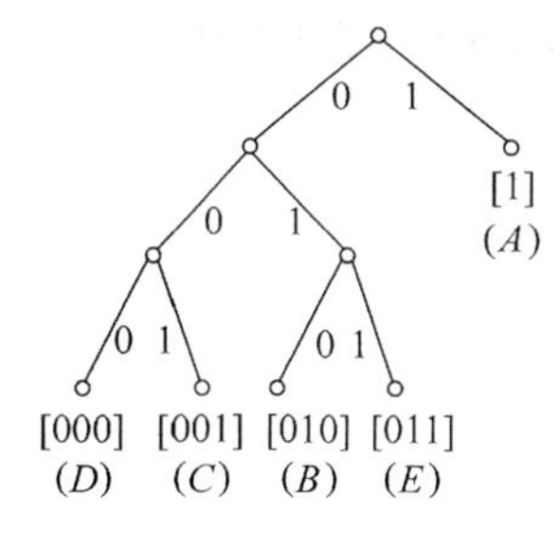

7-16 (1) 二元有序树如下图:

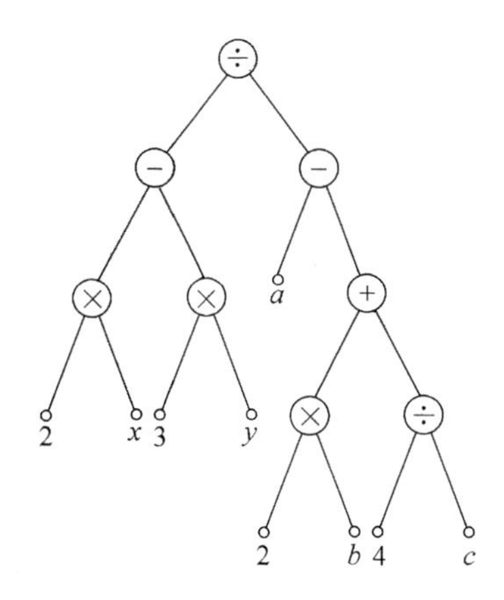

(2) 按中序遍历法访问的结果是

$$((2\times x)-(3\times y))\div(a-((2\times b)+(4\div c)))$$

按前序遍历法访问的结果是

$$\div(-(\times 2x)(\times 3y))(-(a(+(\times 2b)(\div 4c))))$$

按后序遍历法访问的结果是

$$((2x\times)(3y\times)-)(a((2b\times)(4c\div)+)-)\div$$

参考文献

1. 屈婉玲等. 离散数学. 北京:清华大学出版社,2005
2. 李盘林等. 离散数学. 第2版. 北京:高等教育出版社,2005
3. 耿素云等. 离散数学. 北京:北京大学出版社,2004
4. Ralph P Grimaldi. 林永钢译. 离散数学与组合数学. 第5版. 北京:清华大学出版社,2007
5. Bernard Kolman等. 罗平译. 离散数学结构. 第5版. 北京:高等教育出版社,2005
6. Richard Johnsonbaugh. 石纯一等译. 离散数学. 第6版. 北京:电子工业出版社,2005
7. Andrew Simpson. 冯速译. 离散数学导学. 北京:机械工业出版社,2005
8. Kenneth H. Rosen. 袁崇义等译. 离散数学及其应用. 北京:机械工业出版社,2002
9. 周忠荣. 计算机数学. 北京:清华大学出版社,2006
10. 方景龙,王毅刚. 应用离散数学. 北京:人民邮电出版社,2005
11. 徐凤生等. 离散数学及其应用. 北京:机械工业出版社,2006

读者意见反馈

亲爱的读者：

感谢您一直以来对清华版计算机教材的支持和爱护。为了今后为您提供更优秀的教材，请您抽出宝贵的时间来填写下面的意见反馈表，以便我们更好地对本教材做进一步改进。同时如果您在使用本教材的过程中遇到了什么问题，或者有什么好的建议，也请您来信告诉我们。

地址：北京市海淀区双清路学研大厦 A 座 602　　计算机与信息分社营销室 收

邮编：100084　　电子邮件：jsjjc@tup.tsinghua.edu.cn

电话：010-62770175-4608/4409　　邮购电话：010-62786544

教材名称：　离散数学及其应用

ISBN：978-7-302-16574-3

个人资料

姓名：________________ 年龄：_______ 所在院校/专业：_____________________

文化程度：____________ 通信地址：_______________________________________

联系电话：____________ 电子信箱：_______________________________________

您使用本书是作为：□指定教材 □选用教材 □辅导教材 □自学教材

您对本书封面设计的满意度：

□很满意 □满意 □一般 □不满意　改进建议_______________________________

您对本书印刷质量的满意度：

□很满意 □满意 □一般 □不满意　改进建议_______________________________

您对本书的总体满意度：

从语言质量角度看 □很满意 □满意 □一般 □不满意

从科技含量角度看 □很满意 □满意 □一般 □不满意

本书最令您满意的是：

□指导明确 □内容充实 □讲解详尽 □实例丰富

您认为本书在哪些地方应进行修改？（可附页）

____

____

您希望本书在哪些方面进行改进？（可附页）

____

____

高等学校计算机专业教材精选

计算机硬件

单片机嵌入式应用的在线开发方法　邵贝贝

计算机基础

大学计算机应用基础　陈良银

计算机科学导论教程　黄思曾

计算机原理

PC系列机汇编语言程序设计　张虹

计算机系统结构　李文兵

计算机组成原理(第三版)　李文兵

微型计算机操作系统基础——基于Linux/i386　任哲

微型计算机原理与接口技术应用　陈光军

软件工程

软件工程实用教程　范立南

数理基础

离散数学及其应用　周忠荣

算法与程序设计

C语言程序设计基础　覃俊

C语言上机实践指导与水平测试　刘恩海

Java程序设计教程　孙燮华

Visual Basic上机实践指导与水平测试　郭迎春

计算机程序设计经典题解　杨克昌

数据结构　冯俊

算法实践与问题求解　孙广中

图形图像与多媒体技术

AutoCAD 2008中文版机械设计标准实例教程　蒋晓

网络与通信技术

Web数据库系统开发教程　文振焜

计算机网络技术与实验　王建平

计算机网络原理与通信技术　陈善广